新能源开发与利用丛书

海洋波浪与潮流能电气系统设计

[爱尔兰] 雷·阿尔科姆（Ray Alcorn）
达拉·奥沙利文（Dara O'Sullivan） 等著
刘臻 黎明 译

机 械 工 业 出 版 社

海洋可再生能源完全绿色、无温室气体排放，储量丰富，分布广泛。政府间气候变化专门委员会与国际能源署的报告均指出，海洋能将成为未来可再生能源供给中的重要组成部分，在应对全球气候变化与传统化石能源衰竭等方面都将发挥重要作用。海洋能属于新兴产业，发展迅速。预计在未来10~20年中，欧洲、美国、亚洲与南美洲都将出现吉瓦级的商业化项目。

本书从电气工程师的角度出发，主要针对离岸波浪能与潮流能发电场并网与输配电问题展开内容，涉及发电机的选择与功率定级、电力存储、脐带缆与阵列布置、数值建模与仿真技术、控制理论与实现策略、电力系统及海洋能电气系统的经济问题等。

本书可供海洋能行业特别是电气方向的科研人员、工程师与研究生等专业人员阅读，也可供相关行业的行政管理人员参阅。

译 者 序

21 世纪被称为海洋的世纪，是因为面对世界人口急剧膨胀、陆上资源日渐枯竭、环境条件不断恶化这三大问题，人类只能将未来发展的希望寄托于尚未得到充分开发的海洋。海洋约占地球表面积的 71%，水量约占地球上总水量的 97%。海洋中蕴含着极其丰富的能量，仅波浪能的理论可开发量就与当前全球电力需求处于同一数量级水平。因此，海洋能具有重要的战略价值。可以预见，海洋能的开发与利用将渗透并直接作用于未来海上生产生活与国防建设，成为可再生能源供给中的重要组成部分。

我国拥有 18000 多公里海岸线，7600 多个岛屿，蕴藏着丰富的海洋能资源。另一方面，我国沿海地区面临着能源紧缺问题，客观上需要开发海洋能资源缓解上述地区的能源不足。此外，岛屿居民缺少淡水和能源供应，也可利用海洋能。海洋能在发电过程中不产生温室气体排放，对调整我国能源结构、缓解气候变化具有重要意义。遵循“海能海用、就地取能、多能互补、独立供电”的原则，未来海洋可再生能源在深远海与海岛开发中将大有可为。

近年来，我国海洋能技术发展迅速，各类装置与技术开发方兴未艾。目前市面上可见的海洋能类书籍多偏重于科学普及与装置介绍，针对海洋能电气系统的专业书籍仍属空白。迄今为止，本书是世界上唯一一部关于海洋能电气系统的专业著作，可供海洋能行业特别是电气工程方向的科研人员、工程师与研究生等专业人员阅读，也可供相关行业的行政管理人员参阅。

感谢机械工业出版社引进本书的版权，感谢出版社领导与编辑在我们翻译过程中给予的大力支持与热忱帮助。本书的翻译还得到了山东省自然科学基金重大基础研究项目“潮流、波浪能高效捕获与转换基础研究”（ZR2017ZA0202）的支持。感谢中国海洋大学自动化及测控系同事张立强、陈震、迟书凯与周琳的热情参与，以及研究生朱丽宁、曲娜、张强与秦坤的鼎力协助。

鉴于译者专业与英文水平有限，译稿中难免存在疏漏，恳请广大读者予以批评指正。

译 者

原书前言

全世界人口总数预计在22世纪末将达到100亿，必将给人类社会带来史无前例的巨大挑战。我们可以依靠海洋解决对于食物与能源的巨大需求。可持续的、安全的能源供给将事关地球村的生存安危。可再生能源一直被认为在未来能源供给中可扮演重要角色，并将减少传统能源对气候变化的影响。陆上可再生能源开发受到多种社会经济因素的掣肘，海洋上的能源利用受到的影响则较小。未来在海洋中寻找持续稳定的能源供给才能保证人类社会的长期发展。政府间气候变化专门委员会（IPCC）最近的报告显示，可再生能源可减缓气候变化。该报告还指出，海洋能可供给的电力远超当前全世界需求数倍之多。国际能源署海洋能系统委员会已明确指出，到2050年，全世界海洋能装机容量将达到750GW，并在2030年直接创造16万个工作岗位。

作为新兴产业，海洋能正处在快速发展阶段。未来10~20年中，吉瓦级的商业化海洋能项目将出现在欧洲、美国、亚洲和南美洲。

海洋能的发展方兴未艾，本书的出版恰逢其时。我相信，本书将为海洋能电气系统领域的研究工作提供重要依据，也可作为教学与工业应用的参考资料。

本书各章节的作者在海洋能电气系统的不同领域拥有丰富经验，相关主题均来自工作实践，书中的内容将帮助读者全面了解海洋能电气系统各方面的知识。

我衷心希望本书的读者能够将相关知识应用于海洋能产业实践之中，并为世界能源供给与减缓气候变化贡献自己的力量。

Tony Lewis
科克大学能源工程系教授
爱尔兰科克

致　谢

编者衷心感谢各位作者对本书所做的贡献，正是他们的帮助使我们完成了该领域的首部著作。我们也希望本书能为未来的相关工作提供参考。

本书编者还要感谢科克大学及其水力与海洋研究中心为本书提供的帮助。

特别感谢水力与海洋研究中心的 Darren Mollaghan 与 Anne Blavette 博士。正是他们孜孜不倦的工作，保证了我们与各位作者的有效沟通及书稿的顺利出版。

感谢英国工程技术学会（IET）对本书出版的大力支持。

在此，我们还要感谢爱尔兰科学基金 Charles Parsons 能源研究奖励计划、爱尔兰可持续能源管理局、海洋局、爱尔兰企业发展局、国际能源署海洋能系统实施协议工作组、国际电工委员会及欧盟第七框架研究计划对本书的支持。

贡献者名单

Raymond Alcorn
水力与海洋研究中心，科克大学，爱尔兰

Judicaël Aubry
高等航空技术与汽车制造学校，法国

Jochen Bard
弗劳恩霍夫风能与能源系统技术研究所，德国

Hamid Ben Ahmed
信息与能源技术应用系统实验室，卡尚高等师范学校，法国

Mohamed Benbouzid
布雷斯特大学，法国

Seifeddine Benelghali
艾克斯-马赛大学，法国

Anne Blavette
水力与海洋研究中心，科克大学，爱尔兰

Salvador Ceballos Tecnalia
Tecnalia 研究院，西班牙

Jean - Frederic Charpentier
法国海军学院研究中心，法国

Gordon Dalton
水力与海洋研究中心，科克大学，爱尔兰

Fernando Salcedo Fernandez
Tecnalia 研究院，西班牙

Damian Flynn
都柏林大学，爱尔兰

Olav Fosso
挪威科技大学，挪威

Alejandro Garces
佩雷拉科技大学，西班牙

David Kavanagh
ESB 国际能源咨询公司，爱尔兰

Andrew Keane
都柏林大学，爱尔兰

Peter Kracht
弗劳恩霍夫风能与能源系统技术研究所，德国

Joe MacEnri
ESB 国际能源咨询公司，爱尔兰

Joseba Lopez Mendia
Tecnalia 研究院，西班牙

Marta Molinas
Tecnalia 研究院，西班牙

Darren Mollaghan
水力与海洋研究中心，科克大学，爱尔兰

Bernard Multon
信息与能源技术应用系统实验室，卡尚高等师范学校，法国

Dónal Murray
电气工程系，科克大学，爱尔兰

Dara O'Sullivan
亚德诺半导体技术有限公司（ADI）（前水力与海洋研究中心成员），爱尔兰

Pierpaolo Ricci
全球海事咨询有限公司（前 Tecnalia 研究院人员）

John Ringwood
爱尔兰国立大学，梅努斯，爱尔兰

Eider Robles
Tecnalia 研究院能源研究部，西班牙

Maider Santos－Mugica
Tecnalia 研究院能源研究部，西班牙

Fergus Sharkey
ESB 国际能源咨询公司，爱尔兰

Elisabetta Tedeschi
Tecnalia 研究院能源研究部，西班牙

目　录

第8章 控制系统——设计与实现 ··· 214

第9章 建模与仿真技术 ··········· 244

第10章 海洋能电气系统经济学 ··· 264

第1章
引 言

我最早接触海洋能是在20世纪90年代中期，当时是一名本科学历的电气工程师。彼时的海洋能电气工程师屈指可数。

那时候，新概念层出不穷，人们更关心海洋能装置的水动力学及其他基本性能。在那个阶段，这是理所当然的。大家对于电气系统的想法是其可直接作为一个黑盒接驳在终端。海洋能项目中的电气系统部分总被看轻或忽略，这往往是由项目组内部缺乏电气系统的专业人才造成的。我获得博士学位后，前往澳大利亚负责了一个并网的全尺度波浪能装置的电气系统设计、建造与运行。我获得的最重要经验就是电气系统及其控制必须与海洋能装置的基本运行与性能评价全面结合。此外，由于缺乏相关的指南、参考文献、标准等，这些都需要从其他领域借鉴。提醒大家一下，这可是一个全新的、等待发掘的领域。

值得庆幸的是，上述情况在过去10年间已有较大改观。现在，我们已能看到不少全尺度的并网波浪能与潮流能装置。目前，还有正在规划的更大规模的阵列化装置将在未来几年投放。当然，这也将使工程技术人员面临更为艰巨的挑战。我希望本书能成为正在该领域工作和学习的工程师们的重要参考，并能帮助他们迎接上述挑战。我们已经通过国际合作为工业界在指南、标准与操作实践方面提供过帮助。本书的两位编者，Dara O' Sullivan博士和我一直积极参与该领域的各项国际事务。国际能源署海洋能系统实施协议工作组（IEA - OES）（www. IEA - oceans. org）在过去几年协调组织20个国家制定了多项技术附件。这些附件可为海洋能装置的不同领域提供指导。我们参与的其中一项技术附件即与波浪能与潮流能系统的并网有关。

近几年，依托于国际能源署（IEA）的工作，国际电工委员会（IEC）专门建立了一个技术委员会TC114，其主要工作是起草海洋能转换系统的国际标准。同样地，其中几项标准也涉及电能质量与电气性能。

本书各章的作者多年来一直通过IEA、IEC及欧盟的第七框架资助计划与我们保持合作关系。他们均是各自领域的专家，我也为他们同意参与本书的编写而深感荣幸。

本书涉及的范围较为宽泛。电气系统的每个部分均作为单独章节进行讨论，这些不同的部分可合并为一个可控的系统并入电网。为了更好地说明上述问题，我们还在书中给出了工程实例进行展示。

第2章主要讨论的是发电机的选择及其与电力电子系统的相互作用。这些内容并非无足轻重，与风机相比有很多细微差别。比如说，波浪能装置峰均功率比的变化非常明显。第 3 章讨论的内容为电缆、连接器与脐带缆，这也是一个快速发展的领域。第 4 ~ 6 章讨论的内容为并网、电能质量及工程实例。第 7 章的内容为储能系统，并明确说明了即使少量储能对系统也不无裨益。第 8 章主要为海洋能装置的控制系统，包括了一些背景知识和研究现状，以及具体的波浪能与潮流能装置的实例。第 9 章讨论了“资源到电能”的全过程模型与数值仿真，并介绍了一些正在发展的代码与方法。第 10 章讨论了不同系统的相对成本，并论述了电力系统设计对项目的全周期成本存在显著影响的原因。只有经济性满足要求并具备价格竞争力时，才能大规模采用波浪能与潮流能装置。第 10 章的内容对于理解上述问题非常重要。也就是说，工业界只有在这些离岸电站传输的电力可作为商品投入市场时才会投资建设。

通过阅读本书，你可以明确一个概念，那就是电气系统特别是控制系统绝对不能孤立于海洋能装置的其他能量转换系统之外。与传统思维中电气系统可作为独立部分置于终端相比，我们现在非常清楚，电气系统必须在装置开发的初始阶段就纳入整体设计。电气系统的一个微小变化可能导致装置工作性能、生存能力、设备质量、项目投资成本的显著变化，甚至决定项目的成败。

海洋能正发展成为一个新兴产业，本书的出版恰逢其时。作为该领域的第一本著作，我们愿将世界各国专家的知识与经验汇聚于此，以飨读者。

Ray Alcorn

第2章 海洋能装置中的发电机

专业术语

CP	涡轮机功率系数
DFIG	双馈感应发电机
DTC	直接转矩控制
FOC	磁场定向控制
MMF	磁动势
OEC	海洋能转换装置（简称：海洋能装置）
O&M	运行与维护（简称：运维）
OTS	成品
OWC	振荡水柱
PMSG	永磁同步发电机
PTO	能量摄取
SCIG	鼠笼型感应发电机
SG	同步发电机
SVM	空间矢量调制
TEC	潮流能转换装置（简称：潮流能装置）
TSR	水轮机叶片的无量纲尖速比（简称：尖速比）
VF - DPC	虚拟磁链直接功率控制
VFOC	虚拟磁链定向控制
VOC	电压定向控制
WEC	波浪能转换装置（简称：波浪能装置）

2.1 引言

D. O' Sullivan

并网的同步发电机是支撑传统化石能源发电系统的主要形式，它们与电网同步并以优化的定速运行。功率、转矩以及故障电流等参数的额定值均已有明确定义与执行标准。

但在可再生能源领域，发电机的选择、评级与设计是一个更为复杂的过程。该过程也不可避免地与整个能量转换系统的运行密切相关。可再生能源通常随时间的变化幅度较大，因此为了最大程度提升初级能量摄取（PTO）效率，涡轮发电机的变速控制通常是至关重要的。以风力发电机为例，随着风速的增加，按预设函数控制转速提高，会有效提升风机获能，系统摄取的能量将随之增大。这种被称为最大功率跟踪的控制策略，也促使风力发电机从定速、双速发展至变速。类似的，从机械的角度考虑，在强阵风条件下，定速发电机主轴将承受更严重的冲击荷载。此时若允许增大转速，系统惯性将使其能够吸收部分额外能量。基于这一考虑，最先在基于感应发电机的风机系统中采用了变速方案，利用感应发电机的滑差提供小范围的速度变化。通过改变极对数与转子电阻，也可扩大转速的变化范围。近年来，随着大功率半导体器件性能与成本的改善，发电机开始采用全变速控制。该类发电机主要包括：带齿轮箱的双馈感应发电机（DFIG），采用电力电子技术控制转子电压与频率；直驱同步发电机（SG），包括无刷励磁同步发电机或永磁同步发电机，采用电力电子技术控制定子电压频率。其发展过程如图 2-1 所示。

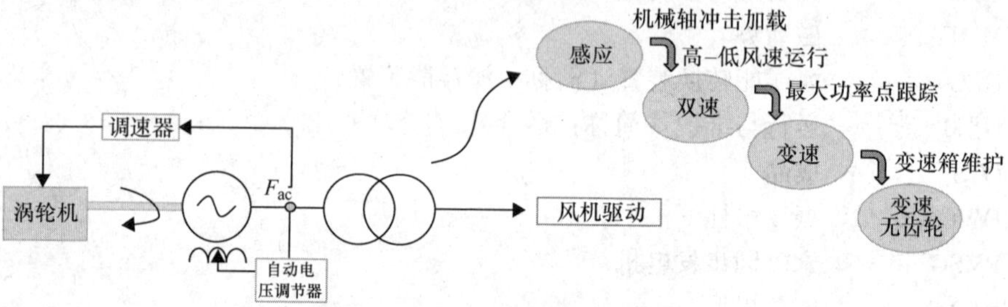

图 2-1　发电机技术发展路线图

本章将详细介绍包括波浪能与潮流能在内的海洋能发电机传动系要求，特别阐述波浪能与潮流能装置技术对发电机设计选择的主要影响。发电机变速控制的电力电子控制器设计将在最后介绍。

2.2　发电机传动系选择综述

发电机传动系的拓扑结构总体上可分为定速与变速两种方案。

2.2.1　定速方案

定速方案中，发电机与电网直连（见图 2-2）。因此，转子的固定转速主要取决于电网频率、齿轮传动比以及发电机的极对数。通常来讲，定速方案的电气部分结构简单、可靠性较高、易于维护且更为经济。鼠笼型感应发电机是该类拓扑结构的首选方案，当然绕线转子同步发电机也可考虑。

尽管定速方案比变速方案更为简便，但也存在以下缺点：

较低的能量捕获效率：能量捕获效率的大小通常取决于波浪或潮流条件以及原动机

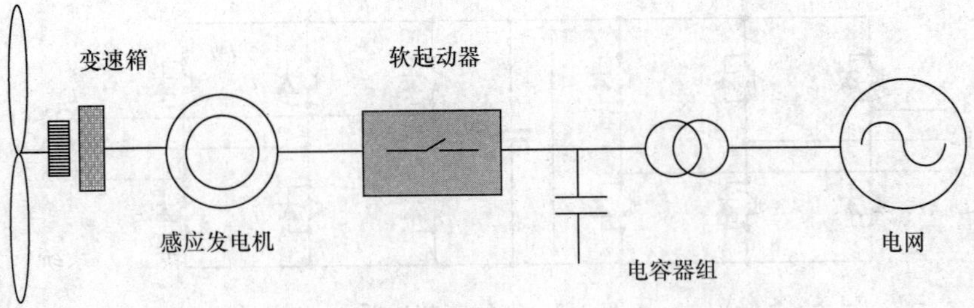

图2-2　定速方案拓扑结构（以涡轮机为例）

转子的转速。不同条件下均存在一个最优转速。一般来讲，当采用变速方案时，发电机效率可提高5%~20%[1]。

机械应力：由于转子转速固定，功率的波动主要来自于转矩脉动，这也将导致机械应力变化。由于瞬变时的滑差效应，鼠笼型感应发电机比绕线转子发电机对机械结构的要求更低。

电能质量：机械能的波动不仅传递至传动系，还会影响电网。因此，当定速方案采用低惯量传动系时，电功率的波动将降低电能质量。

无功能量补偿：由于鼠笼型感应发电机将消耗无功能量，因此需配置无功补偿元件以补偿该部分无功消耗。

2.2.2　变速方案

定速方案中的问题可通过采用变速方案克服。变速主要通过在电网与发电机间连接变流器实现。

与定速方案相比，变速方案的主要优势包括：

- 电力电子设备将发电机与电网解耦；
- 原动机转速与资源条件匹配更好，使能量摄取率提高成为可能；
- 转子与传动系可作为飞轮存储或传递能量，因此可有效减小电能波动；
- 变速系统所特有的柔性，降低了系统对机械方面的要求；
- 有功与无功功率均可被完全控制。

变速方案的主要劣势在于由电力电子设备使用而增加的成本。目前，根据不同类型的发电机和电力电子技术，已有多种变速控制的拓扑结构。目前最常见的方案为背靠背变流器（见图2-3），包括双馈式背靠背变流器（见图2-4）及背靠背全桥式变流器（见图2-5）。

在双馈感应发电机配置中，转子绕组通过双向变流器与电网连接。变流器容量通常约为额定功率的30%~40%，可在一定范围内实现变速操作与有功/无功功率控制。该类拓扑结构的一个重要缺点是需配置集电环，这也增加了维护成本。这一点对于离岸式的装置尤为重要，因为其维护窗口多受制于天气或海况。详细内容将在2.4.1节讨论。

在全桥式背靠背变流器中，定子通过全功率双向变流器与电网连接，如图2-5所

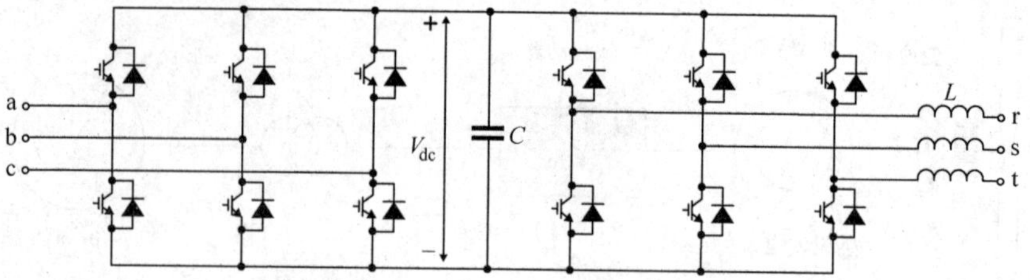

图 2-3　背靠背变流器

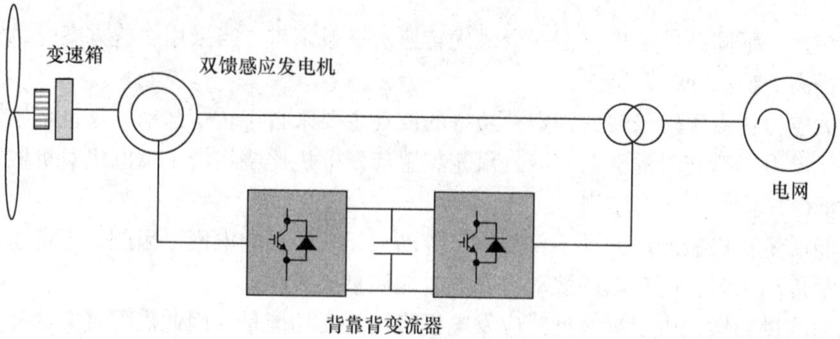

图 2-4　双馈感应发电机拓扑结构

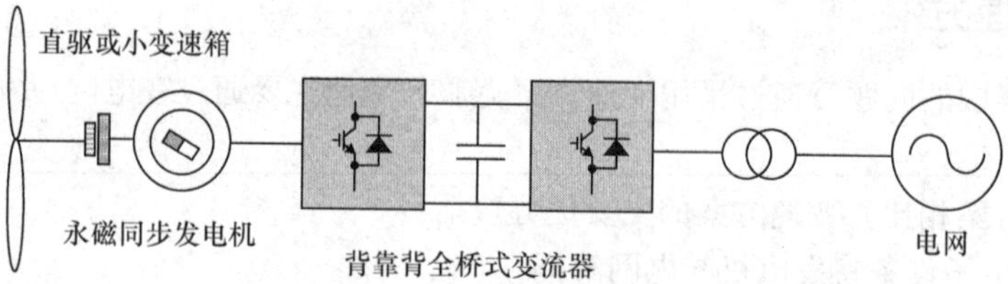

图 2-5　全桥式变流器拓扑结构

示。该类拓扑结构通常可采用永磁同步发电机、绕组同步发电机及鼠笼型感应发电机。由于不再需要配置集电环，因此维护需求也随之降低。该方案除了对转速控制更好之外，也可在全区间实现有功与无功功率控制（从标称值的0%到至少100%）。发电机技术方案选择主要考虑造价、效率、可制造性、离岸应用的适用性等因素，不同方案的并网性能则基本相同。

2.3　海洋能装置发电机功能综述

无论是波浪能还是潮流能，海洋能转换装置发电机类型和容量的选择主要取决于其在整个能量转换系统中的作用。即使是同类设备，其功能也可能极不相同。本节将主要讨论发电机的不同运行功能，以及它们对发电机设计参数的影响。

2.3.1 能量转换

海洋能装置发电机的最基本功能是将机械能转换为电能，这与其在化石能源发电中的功能相似。在此情况下，发电机不参与能量摄取的控制，仅简单地将输入的机械功率转换为电能输出。举例如下：

- 定速潮流能水轮机；
- 配置液压能量摄取机构、平滑流量的蓄能器以及定速液压马达与发电机的点吸收式波浪能装置；
- 配置多级定速水轮机的越浪式波浪能装置。

在此情况下，发电机的转矩范围将完全取决于一次能量捕获与原动机机制，以及其固有的能量存储方式。发电机将在较大的负荷范围内连续工作，因此部分负荷效率将成为一个重要参量。典型情况下，发电机将定速运行并直接与电网相连。

2.3.2 原动机效率优化

原动机效率优化可能是海洋能装置中最常见的需求，类似于大多数变速风机对发电机的功能要求。通过专门控制发电机的转速与（或）转矩实现原动机工作性能与效率的优化[2]。举例如下：

- 配置变速空气透平的振荡水柱波能装置；
- 变速潮流能水轮机；
- 配置变流量或可变喷嘴水轮机的越浪式装置或泵送设备。

在此情况下，发电机控制是优化原动机效率的主要手段。为了优化效率，发电机转速与转矩控制应具有较宽的范围。宽转速范围及系统惯性吸收的部分输入能量，也可使所需发电机的标称转矩有所降低。

2.3.3 功率平滑

利用共旋系统的惯性，可实现发电机输出功率平滑，并可通过增加的飞轮惯量提升平滑效果。这有益于提高输出的电能质量，并可与原动机效率优化控制起到相同的作用，但若惯量增加过多，则会限制系统的响应时间。

由于明显的转矩脉动可被惯量吸收，该模式有利于发电机在额定功率下运行。发电机与变流器的额定功率峰值将接近于海洋能装置的最大平均功率。这方面的内容将在后面各章详细讨论。

2.3.4 装置阻尼控制

装置的阻尼控制，即通过控制发电机直接影响装置的运动。这是提高海洋能装置效率最有效的方法，也对发电机额定值提出了最严格的要求。发电机控制主要被用于调整相对装置运动的反作用力，举例如下：

- 配置液压能量摄取机构的点吸收式波浪能装置；

- 潮流能振荡水翼机构；
- 配置直接能量摄取机构的点吸收式波浪能装置。

从系统效率角度看，直接控制装置运动可优化一次能量摄取的效率，此方法的优化效果最显著。但采用该控制方案，将导致发电机与电力电子装置容量显著增加，以满足峰值扭矩的设计要求。这些内容将在第 8 章详细讨论。

2.4 波浪能系统中的发电机

在恶劣的离岸海洋环境条件下，发电机的持续、稳定运行是一个重要问题。我们可根据在此类条件下相关设备的机械与环境损耗进行检验。其中一个需要解决的重要问题，是在此环境下使用双馈感应发电机与有刷同步发电机的可行性，及其后续的维护问题。

2.4.1 电刷运行

电刷磨损通常是由有刷电机中机械摩擦与电腐蚀造成的。摩擦产生碳尘，而电腐蚀则会造成包含细小残留物的碳蒸发。为了使电刷与集电环之间的摩擦系数更小，需构建一个优质碳复合膜[4]。好的复合膜可将摩擦系数降至无膜摩擦系数的 10%。为使复合膜更好工作，理论上电刷应在额定负载电流值附近工作。过电流条件下工作会导致集电环变黑，并影响电刷寿命；长期的轻负荷运行则会导致复合膜脱落并增加电刷摩擦与损耗。图 2-6 给出了波浪能与风能资源 40s 的时间序列比较。可以看到，风速在其平均值附近波动，变化程度远小于波高在静水面附近的变化。波浪能资源的高脉动特征与电刷集电环设计的电气理想运行工作点并不匹配。

由图 2-6 可知，由于波浪能装置本身不具备显著的能量存储能力，因此波浪能变流器需具有较高的功率峰均比，以保证在峰值或过电流条件下具有较长的运行时间。这意味着在使用有刷电机时会更为复杂。Vestas 风能系统公司资助的研究表明[5]，在高电流条件下，电刷 - 集电环系统会出现周期性的复合膜不稳定模式，主要表现为更严重的电刷磨损与高温，将导致磨损率比预期高 40%。这种情况在潮流能装置中不太明显，这与其资源特征类似于风能有关。

高湿度与空气中的化学污染物也是破坏电刷复合膜的因素。海上风机也面临同样的问题，因此在现代海上风机中都安装了湿度和水蒸气控制设备[6]。但在波浪能装置中添加该类空气质量控制设备并不可行，因为发电机通常安装在难以接近的位置。

一般条件下，电刷最短寿命通常为 3500 ~ 8750h。选址良好的海洋能装置有效运行时间通常为每年 5000h。因此，综合考虑成本与发电机安全性，电刷每年应至少更换两次，这也与风电行业的实践相吻合，一般是每六个月更换一次，也有可能三个月更换一次。

2.4.2 运行与维护

双馈感应发电机和有刷同步发电机中都包含电刷。如前所述，电刷需要定期维护或

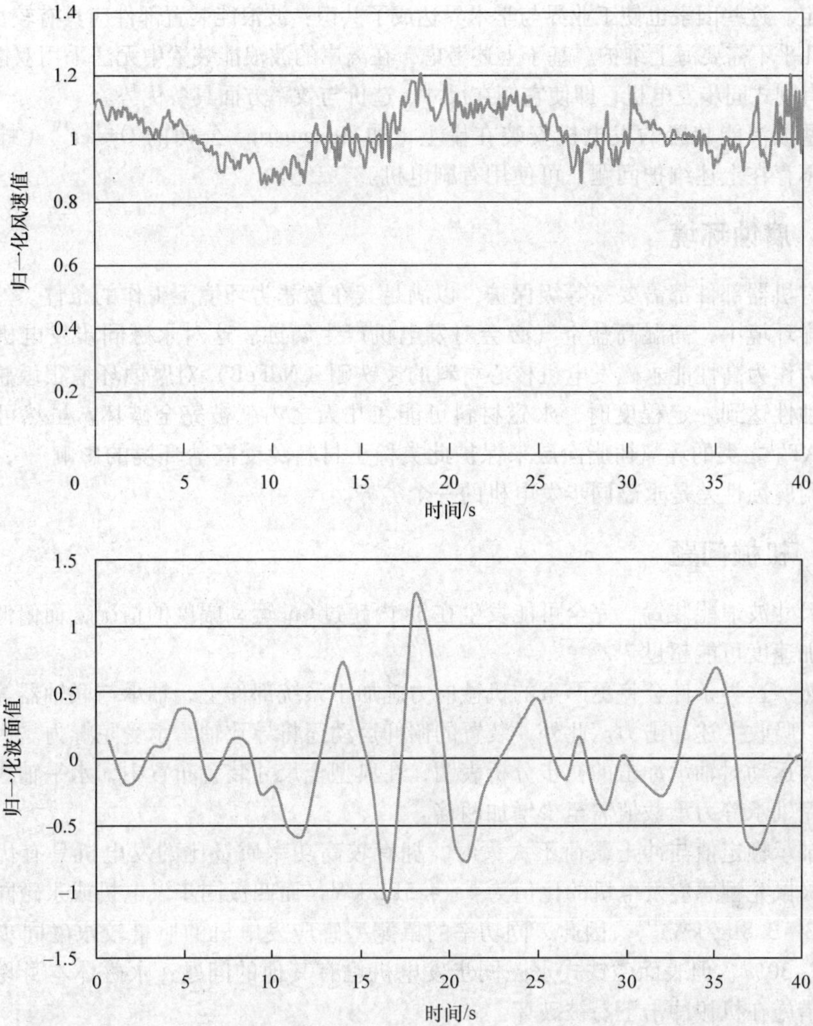

图 2-6　风机（上）与波浪能装置（下）归一化资源时间序列（40s）

更换，通常为一年两次。海洋能装置的工作环境特殊，比风机甚至海上风机的工作环境更严峻，因此定期维护对于海洋能装置而言是一个更严重的问题。若考虑在波浪能装置上进行维护的安全波高不超过 1.0m，则在北大西洋区域每年允许作业的天数可能只有 7 天。若安全波高限值放宽到 1.5m，该天数可延长至 55 天。上述问题第一次凸显出来是在距瑞典西海岸约 12km 的 Bockstigeen 风电场[7]。在略超过 1m 的波高条件下，维护船舶停靠就已非常困难。基于以上经验，人们采用了其他替代方法登上海上风机，包括可移动式靠泊围栏、潜水器以及潜水登陆点，甚至是风机机舱外的直升机起降坪[7,8]。一旦登陆成功，维护工作便可在相对稳定与受保护的环境中进行。坦率地讲，对于漂浮式波浪能装置而言，运维环境要差很多。登上波浪能装置只能依靠船舶，工作环境本身也不稳定。这些因素也使工业界与学术界达成了共识：波浪能装置部件应具有较长的工作寿命且几乎不需要海上维护。基于上述考虑，在离岸的波浪能装置中无法采用双馈感应发电机或有刷式同步发电机，即使它们在尺寸、造价与效率方面具备优势。

有些波浪能装置的发电机安装在岸上，如 Aquamarine 公司的 Oyster™（蚌式）装置，就不存在上述维护问题，可使用有刷电机。

2.4.3 腐蚀环境

所有机器部件都需要高等级保护，以满足其在最恶劣环境下工作的条件。然而在离岸的海洋环境中，高湿高盐空气必会对发电机产生腐蚀。这对永磁同步发电机极为不利，因为作为高性能永磁发电机核心材料的钕铁硼（NdFeB）对腐蚀环境很敏感[9]。当环境腐蚀性达到一定程度时，永磁材料可能在几天之内就被完全破坏。虽然可采用如VACCOAT™之类的环氧树脂涂层来保护此类稀土材料免受高盐环境的影响[10]，但不可否认，耐腐蚀性差是永磁同步发电机的一个劣势。

2.4.4 机械问题

全尺寸波浪能装置，完全可能发生在3s内超过6m运动幅度的情况，而俯仰运动导致的角加速度可能超过$7°/s^2$[22]。

显然，这类条件会将更严重的机械应力施加于系统部件上，轴承与联轴器等需要提高等级以吸收上述冲击力。此外，装置的俯仰运动还将导致轴承承受陀螺力。

该类运动对轴承冲击的初步分析表明，在典型全尺寸装置布置中，水平轴式旋转发电机所用轴承静力承载值需至少增加两倍。

当轴承额定值与冲击载荷不太大时，拥有较高功率质量比的发电机具有优势。例如，四极鼠笼型感应发电机的比值为4~4.5kg/kW，而四极同步发电机或永磁同步发电机则为3~3.8kg/kW[11]。因此，同功率的鼠笼型感应发电机的质量较永磁同步发电机大20%~30%。但表面磁铁式永磁同步发电机也有其他的问题：永磁体本身易碎，若无预防措施在机械冲击下易被破坏。

2.4.5 波浪能装置需求分类

如前所述，目前正在开发的波浪能装置种类繁多。现在还很难判断何种装置将在未来最终取得商业化的成功。本节将对主要波浪能型式所适用的发电机种类进行讨论。波浪能装置的主要种类如下：

- 装配空气透平的振荡水柱装置；
- 装配液压能量摄取机构的点吸收装置；
- 装配水轮机的越浪式或泵送式装置；
- 装配直驱式能量摄取机构的点吸收式装置。

2.4.5.1 振荡水柱装置[12,13]

在振荡水柱装置中，波浪通过气室内的水柱吸入与呼出空气形成往复气流，波浪能被转换为空气能。往复气流则驱动安装在管道中的双向式空气透平，如威尔斯式透平或冲击式透平[14]。管道的作用类似于齿轮机构，将气室内的低速气流转换为流过透平叶片的高速气流。其结果是，透平与发电机之间不需安装齿轮箱，还可以相对较高的速度转动。若采用威尔斯式透平，则可选用双极与四极成品发电机。若采用转速相对较低的冲击式透平，则可选用六极或八极发电机。由于入射气流的流速变化较大，相应的转速变化范围也较大[2]，通过调节透平转速匹配瞬时或平均最大功率点可优化空气透平的效率。除了机械系统的惯量之外，该类设备本身不具备存储能量的功能。因此，振荡水柱装置更适合选用高峰均转矩比的发电机。若系统中包含满功率的电力电子设备，其额定功率则需接近发电机的峰值功率。

2.4.5.2　装配液压能量摄取机构的点吸收装置[15,16]

点吸收装置通常为竖向轴对称结构，尺寸小于入射波长。浮子通常位于水面附近或水下，在波浪作用下可相对于静止或缓慢移动的参照系产生相对运动，并推动液压缸工作。液压系统中通常可安装一组或多组蓄能器，以及一个或多个液压马达。由此，缓慢的推泵送运动便转换为液压回路中的高速旋转运动。液压马达通常与发电机直连。此时，发电机的转速与转矩值多取决于液压系统。尽管变速运行可提高系统效率，但若蓄能器缓冲了足够能量，发电机即可保持转速不变[15]，或在小范围内波动[16]。转速可直接与成品发电机的设计相匹配。若液压系统设计保留了足够裕量，则发电机的转矩与功率的额定值不必过高，接近装置的额定功率即可。

2.4.5.3　装配水轮机的越浪式或泵送式装置[17,18]

越浪式装置吸收波能的方式为波浪撞击装置结构后迫使水体爬升并翻越进蓄水池，波浪能转换蓄水池内水体的势能。泵送式装置通过波浪直接驱动铰链连接的摇板泵送水体至一处在较高地势的蓄水池内。水体势能通过传统水轮机转换为动能。水体通过传统水轮机后返回大海时，若蓄水池较大，水轮发电机可定速运行。若允许变速运行，则可提高水轮机的工作效率。固定导流叶片与转轮叶片的水轮机则可实现变流量运行[17]。由于传统水轮机的转速较低，通常只有100~300r/min，因此多需配合变速箱。较大的蓄水池可减小水体出流的峰均功率比，并使发电机的总功率匹配装置的装机容量。

2.4.5.4　装配直驱式能量摄取机构的点吸收装置[19]

除了驱动液压缸或液压泵，点吸收装置的运动还可通过机械机构与发电机直连。比如直驱式直线发电机[20]，点吸收装置作为运动部件与直线发电机直接耦合。另一个例子为直驱式旋转发电机。点吸收装置的往复直线运动通过机械耦合手段如滑轮、离合器、传动带或齿轮等转换为发电机的双向或单向旋转运动。

直线发电机尚无成熟产品，其设计的困难之处在于它们较低的运动速度。这需要极大的转矩与电流，而该条件则受制于发电机绕组的磁性饱和极限与发热限制。另外一个问题为定子与转子之间的磁吸力。在定子或转子中采用非铁磁极可部分解决上述问题。总之，该类发电机尚不成熟，仍在研发之中。因其自身运行即为变速，需通过变流器与电网连接。永磁同步发电机可能是目前唯一可行的设计方案。

通过配置变速机构，直驱式旋转发电机可基于成熟产品进行设计。同样地，由于变速运行，它们也需通过变流器连接电网。若采用离合器，发电机则可单向转动，其惯性储能特性会改善发电机的峰均功率比。此外，考虑到离合器的维护问题，双向发电机是更为可行的方案。在这种情况下，提高部分负载效率是非常重要的[21]，永磁同步发电机也更适合该类运行条件持续变化的选择。

对于以上两种情况，由于本身不具备储能特性，发电机系统都需要吸收较高的转矩脉动。转速变化虽然可在一定程度上吸收部分转矩脉动，但发电机与电力电子设备的额定功率需远高于设备的平均功率。

2.4.5.5 波浪能装置需求总结

表2-1总结了不同波浪能装置型式所需的发电机种类与转速和转矩范围，可帮助工程师在设计初始阶段选择发电机类型[22]。

表2-1 不同波浪能装置所需发电机转速与转矩范围

海洋能装置	原动机转速范围	发电机峰值转矩范围（标幺值，pu）	发电机类型
A	600～1500r/min	2～4pu；随转动惯量增加而减小	• 变速：SCIG/SG/PMSG
B	1000～3000r/min	高蓄能装置接近1pu，低蓄能装置则可能达到4pu	• 定速：高蓄能装置SG/SCIG－SVC（静止无功补偿器） • 变速：低蓄能装置SG/PMSG/SCIG
C	100～250r/min	接近1pu	• 耦合变速箱：定速SG/SCIG－SVC或变速PMSG/SCIG • 低速变速：PMSG
D	0～3m/s 0～400r/min	2～5pu；随转动惯量增加而减小	• 直线发电机：PMSG（定制） • 旋转发电机：耦合变速箱变速SG/PMSG

注：SCIG—鼠笼异步发电机，SG—同步发电机，PMSG—永磁同步发电机，SVC—静止无功补偿器。

2.5 潮流能系统中的发电机

J. Bard，P. Kracht

潮流能发电机系统的选择与设计受到多个因素的影响。上述因素包括发电机在潮流能转换装置中的位置（见2.2节）、经济与生态问题、环境条件，也包括诸如结构设计、水轮机技术等设备规格特性。另一方面，上述需求应考虑标准化问题，因为它们同样也面临着产业化及在传统电力生产领域应用。例如，合适的转矩－转速范围、效率与生存能力等。此外，一些特殊需求，如水下运行及较长的维护间隔期等问题，此前只在石油与天然气等特殊行业出现过。

不同的潮流能转换装置，从缩尺海试样机发展到准商业化试运行的全尺寸示范装置的开发过程中，采用了不同的发电机系统设计方案。本节将主要就已应用的发电机技术特征进行讨论。为了更好地帮助大家理解潮流能装置与发电机之间的相互作用，我们也将简单介绍潮流能资源特征、不同的水轮机型式与潮流能转换装置概念。

2.5.1　潮流与潮流能转换装置特征

2.5.1.1　潮流特征

潮流能属于高度可靠的海洋可再生能源。若时间间隔仅以分钟计，潮流能流速可被非常精确地预测，并据此将其作为平均流速（见图 2-7）。在世界上的大多数地方，平均潮流流速一天内均有四个峰值。由于外海水域的流速过低，不适宜进行潮流能转换应用，因此只有那些束窄水道或其他地理条件导致流速加大的海域适宜安装潮流能装置。一般认为潮流流速的峰值应大于 2m/s，这在世界各地较为常见。某些海域的峰值流速超过了 8m/s[23]。典型的适宜地点包括加拿大的芬迪湾[24]、英国欧洲海洋能中心的潮流能测试场[25]，它们的峰值流速均约为 4m/s。

叠加在平均流速上的小尺度流速波动，被称为湍流（见图 2-7）。这种波动来源于两个方面，一方面是由自由表面的风、浪引起的，另一方面是由于海底摩阻与水体的剪切应力。尽管深入了解其中物理现象的定量分析研究仍在进行之中，但从观测到的数据可总结出波动一般约为平均速度的 10%，甚至更大[27,28]。

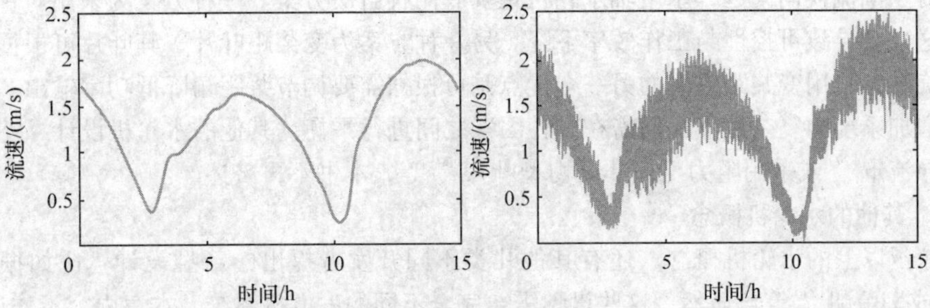

图 2-7　海洋潮流能数据示例，实测于英国布里斯托湾：（左）时均曲线；（右）展示湍动的高分辨率曲线

若要开展潮流能装置开发项目并进行发电机系统设计选型，需深入了解海试地点的潮流能资源，特别是平均流速与湍流情况。这依赖于对海试地点的全面评估，主要包括对潮流与湍流的长期观测。

多数的潮流能装置均采用水平轴或垂直轴水轮机作为原动机将潮流能转换为旋转机械能。水轮机功率可用功率系数 C_p 表征。该系数为水轮机输出的机械能与通过叶轮扫掠面积的潮流能的比值。C_p 为无量纲尖速比（TSR）的函数。TSR 的定义为水轮机翼尖线速度与入射流速的比值。图 2-8 给出了一组典型的 C_p – TSR 曲线，水平轴与垂直轴水轮机的 C_p – TSR 曲线基本相似。另一个相似之处在于水轮机的低转速。考虑到装置的装机容量范围从 100kW 到几兆瓦不等，其额定转速的范围大约在 10r/min。

两类水轮机的不同之处在于，垂直轴水轮机输出的转矩有波动，其转速与 C_p 值均较小。这是由于其在转动期间，叶片与水流之间的夹角一直在发生变化，且在每个旋转角中，各叶片均会处于其他叶片的尾流区。尽管垂直轴水轮机存在上述不足，但其在结构整合方面优势明显，后面将进行详细说明。垂直轴水轮机的另一个优势在于其运行不受来流方向影响。

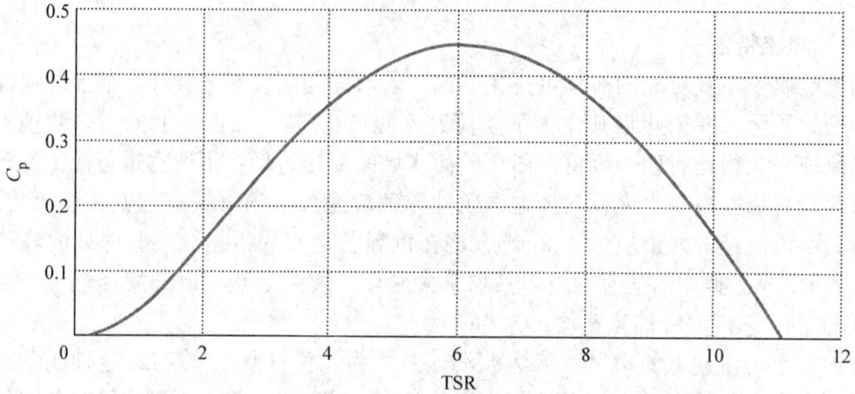

图 2-8 C_p – TSR 曲线

对于潮流换向问题，水平轴水轮机主要有两种解决方案。一种方案为采用对称式叶片，这也会导致可控性与工作效率下降。另一种方案为变桨距叶片，其叶片可根据流向发生旋转。采用变桨距方案的另一个优点是可根据需要调节桨距角降低功率输出。但这势必增加系统的复杂性，我们需在多种因素之间进行平衡。其他的水轮机设计，还包括增加导流罩[29]或采用阻力型而非升力型叶片[30]等，本书不再赘述。

1. 其他的水轮机概念

除了以上的水轮机概念，还有其他几类不同开发者提出的新型设计，比如振荡水翼[29]或潮流帆[31]等。显然，这些设计需要完全不同的发电机系统，本章内容不作讨论。

2. 潮流能水轮机的运行模式

潮流能水轮机应能在较大的流速范围内工作。在整个流速范围内，水轮机有三种运行模式（见图 2-9）。在低速区，水轮机静止不动（区域 1），综合考虑电力输出、系统损失与部件磨损，在该区域运行不够经济。在区域 2，水轮机的输出功率小于额定功率，在此区域内进行控制的主要目标是使水轮机在图 2-8 所示的 C_p – TSR 曲线峰值处工作以最大化摄取潮流能，这也意味着水轮机需变速工作。在高速区，考虑到增加结构强度与提高部件的额定功率导致的成本上升，需在成本与获取能量之间做出平衡，并将水轮机的输出功率限制在某个合理的值（区域 3）。

根据 C_p – TSR 曲线，需要让水轮机在最佳尖速比之上或之下工作，但都会带来一系列问题。在最佳尖速比之下工作，需利用失速效应，这也将导致水轮机承受更大的冲击力，而发电机系统在流速波动条件下的峰值转矩也将更高。若水轮机在最佳尖速比之上工作，空化问题将更严重，水轮机 – 发电机系统部件也需针对高转速进行设计。如前所述，叶片变桨距可实现进一步控制，并避免失速区与高转速区的转矩发生较大变化。

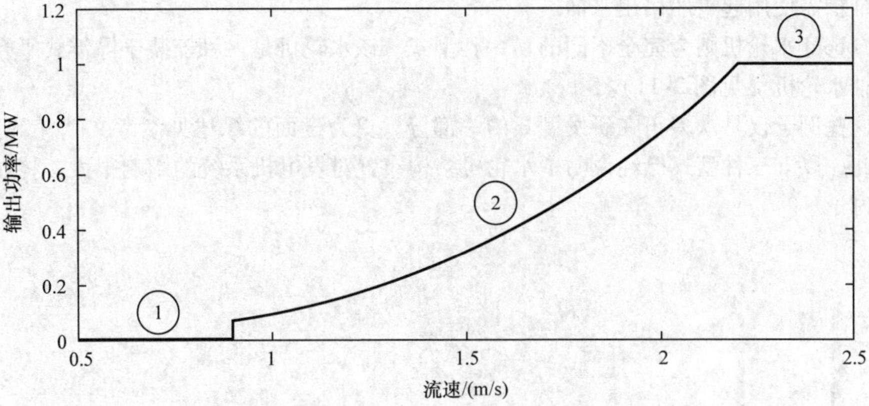

图 2-9　不同水轮机工作区域的稳态功率曲线

总体来看，水轮机、海流特征和控制策略与风能应用中的原理十分相似。

3. 水轮机结构布置

在风能产业中，风机的结构布置已趋于统一：标准的水平轴风机。潮流能装置则是另一种情况。潮流能装置的多种型式仍在研发之中。本节将介绍三种已成功测试的潮流能装置。

SeaGen 装置的支撑结构为沉入海底的单桩[32]。装置的两组水轮机分别安装于横梁两侧，其在检修与维护期间可通过液压缸提升至水面以上（见图 2-10）。两台水轮机在高流速条件下的卸荷与流速转向适应均通过变桨距机构实现。另一个变桨距水平轴潮流能装置例子为 HS1000 装置[33]。HS1000 的发电机系统安装于三脚架座底之上的机舱中，

图 2-10　SeaGen 装置，水轮机提升至水面进行检修维护（图片由 MCT 有限公司授权）

检修维护需使用起重船吊出水面。

Kobold 水轮机则为完全不同的另一种型式。该水轮机是一种安装于漂浮式平台下的垂直轴水轮机（见图 2-11）。

这些例子仅是众多正在研发型式的一部分，更为全面的综述见参考文献［29］。尽管如此，以上三种型式已经说明了水轮机结构布置对发电机系统的影响很大，将在后面各节讨论。

图 2-11　Kobold 水轮机：（左）水轮机叶轮与发电机布置；（右）原型装置，通过驱动水泵消耗发电机产生的电力（图片由 Ponte di Archimede International Spa 授权）

2.5.2　发电机系统规格

2.5.2.1　发电机系统需求

发电机系统的基本需求是满足水轮机的工作特征，这也就要求我们选择变速系统，并适应潮流能水轮机低速区域。发电机系统的详细设计依赖于对整个系统的通盘考虑，发电机的最大转速与转矩等参数的选择，需考虑控制方案、机械型式（变桨距/非变桨距水轮机），以及测试场的湍流等因素。若不考虑湍流与波浪影响，无论采用哪一种发电机，潮流为发电机选择的决定性因素。根据潮流流速分布特性可确定发电机系统的负荷曲线，并进一步确定发电机的额定功率，但发电机的额定功率不必与潮流能装置的最大额定功率匹配。若发电机发热允许，其在峰值流速下可承受短时间的过载运行。

采用负荷曲线的方法也可确定发电机系统在满负荷与部分负荷条件下对潮流能发电装置整体效率的影响。部分负荷效率的重要性也随着水轮机在区域 3（见图 2-9）工作时间的减少而下降。其他需考虑的因素还包括发电机系统组件的运维、可靠性、可用性及弱环境影响。

潮流能装置还有一些其他重要的设计要求，这里以前述的 SeaGen 和 HS1000 潮流能发电装置为例来说明这一问题。SeaGen 与 HS1000 装置以及其他大多数水平轴水轮机的发电机系统均安装于水下。首先，发电机系统需做防水保护，或经特殊设计后直接在海水中工作。其次，由于海上检修系统费用与时间成本均较高，发电机系统应进行高鲁棒性设计并尽量延长维护间隔。水下运行的优势在于工作温度较低，可有效冷却各部件。水平轴水轮发电机系统的设计过程中需注意其较大的轴向推力，并在水轮发电机轴承设计时加以考虑。垂直轴水轮机则完全是另一种情况，其发电机系统通常位于水上。尽管鲁棒性与维护间隔的长短对垂直轴水轮机在商业化上的成功也很重要，但该型式更易于维护，实现上述目标相对容易一些。对轴承而言，相较于轴向推力，抗弯强度对垂直轴水轮机更为重要。由于本书示例的支撑结构为漂浮式平台，轴承还需吸收由平台运动带来的额外冲击。

2.5.2.2　发电机技术比较

目前大型风机采用的发电机技术主要有四种[35]，包括永磁同步发电机、双馈感应发电机、鼠笼型感应发电机及同步发电机，上述发电机似乎也适用于潮流能装置。由于双馈感应发电机存在集电环磨损、同步发电机存在转子结构复杂等维护问题，因此上述两者并不适合用于潮流能装置，目前也确实应用较少。在 20 世纪 90 年代，鼠笼型感应发电机是风机应用的标准配置，但随着诸如永磁同步发电机等技术的逐步改进，以及低成本高功率变流器的发展，使用频率也越来越少。相反地，鼠笼型感应发电机仍然被广泛应用于潮流能装置，主要基于如下两点考虑：第一，鼠笼型感应发电机转子结构非常简单、发电机鲁棒性较好。第二，鼠笼型感应发电机在工业应用中常被用作电动机，也是准标准化产品。因此，鼠笼型感应发电机在海上与水下应用的标准化设计也较易实行。当然，作为一项较新的技术，永磁同步发电机也经常被用于潮流能装置设计中。与鼠笼型感应发电机相比，永磁同步发电机尺寸小、重量轻，在满负荷与部分负荷条件下的效率均较高[7]。尽管永磁同步发电机优点突出，但也有很多不足。其中磁体的腐蚀与破裂问题还未很好解决，这将影响发电机的可靠性。上述问题与投资造价也导致了选型时的不确定性。作为制约永磁同步发电机的主要因素，永磁原料价格（约占发电机成本的 20% ~30%）波动剧烈[36]。为了在整个转速范围内实现变速运行，在发电机与电网间通常需接入全功率背靠背变流器。标准发电机的转速范围一般远高于潮流能水轮机较低的额定转速，多数潮流能项目选择安装变速箱。当然，这会带来一些问题，比如额外损耗会导致系统整体效率下降。变速箱还要进行常规维护，对系统的可靠性也有明显影响。风机运行中最长的停机时间即来自于变速箱失效[37]。

为了克服变速箱的问题，风机中开始使用直驱系统。20 世纪 90 年代装配有直驱同步发电机系统的风机开始投入应用。虽然直驱系统可以克服变速箱的缺点，但其自身也有问题。在直驱系统中，发电机需要匹配风机叶轮的低转速 - 高转矩特征，也直接导致发电机的直径变大。风电中的直驱系统采用的是一种叫全贯流式发电机的设备。其发电机转子主要包含一个环形的运动部分，通过转子臂与中央转轴连接。与标准的直驱发电机相比，其转子并不是实心的，因此重量有所减轻。但其重量仍高于由标准高速发电机与齿轮箱组成的传动系[35]。显然，增加的重量还将导致材料、安装及运输成本的增高。此外，与高速发电机相比，低速发电机的效率也较低[39]，这也部分抵消了直驱系统的效率。若采用永磁同步发电机，上述劣势可被部分改善。永磁同步发电机的整体更紧凑，重量更低[35]，无需励磁即可达到较高的效率。若不考虑重量与价格因素，基于永磁同步发电机的直驱系统对于风机仍是一个有前途的选择，从近年来很多风机制造厂商选择了该类系统也可看出[40]。对于潮流能装置，永磁同步发电机直驱系统也已开始有所应用。对于潮流能项目来说，大重量与高造价的问题仍然存在。在有的项目中，将水轮机置于发电机的中心，增大了发电机的直径（见图2-12）。由于相同装机容量的水轮机直径远小于风机，因此采用该方案是可行的。采用永磁同步发电机直驱系统的一种典型装置是OpenHydro公司的中空型水轮机[38]。

图2-12 潮流能装置中的全贯流式发电机

除了上述优缺点，还有一个需要考虑的问题是，该类全贯流式水轮发电机均为非标准化设计，无成品也将导致项目的经费与风险相应增加。风能产业的经验表明，若无重大创新或进展，类似可靠性这类问题也很难有实质性突破[37]。工业界与学术界均在尝试新的概念，力图降低其重量与尺寸，并提高效率[41,42]。该类研究也包括通过改进永磁同步发电机的设计以适应其在潮流能发电装置中的应用[43]。

在处理海洋环境与水下运行的问题上，发电机系统的设计是选择标准配件还是专门开发也是一个需要权衡的事情。对于Kobold水轮机（见图2-11），发电机系统的需求与海洋船舶相仿，因此很多厂商的成品配件都可以使用，其加强的轴承配置与腐蚀保护均已在海事应用中得到证明，并有可追溯记录。2002年，世界上第一台Kobold水轮机原型样机在意大利的墨西拿海峡投放安装，初始的发电机系统采用的是同步发电机与变速箱变速控制。2005年并网运行时，由于流速较低，水轮机转矩值比预期要低。为了更好地适应轴功变化，发电机系统也进行了重新设计。实际应用的发电机系统为鼠笼型感应发电机与变速箱（2013年3月，通过私人联系获知）。由于水平轴式潮流能装置的发电机系统在水下工作，因此很多需求与石油和天然气行业的要求类似。通常来讲，包括发电机在内的电气设备在水下工作的设计方案有两类。第一类是将全部设备安装于水密舱内，此方案要求对水下机舱在建造时就进行特殊处理，特别是转子连接部分的动密封问题。该方案的发电机系统可基于标准件设计，其在电气部件的实用性与造价方面有保证[44]。HS1000装置即采用该方案。除了发电机系统，水下机舱内还将安装控制与传感器硬件。由于进行维护检修需将水密舱抬升至水面，该项工作的时间与经济成本均较高。因此，发电机系统的设计检修间隔较长，一般为5年[33]。第二类方案是将发电机系统的各部分分别密封免受海水侵蚀，如SeaGen装置，这也意味着增加了很多动密封处理。在 SeaGen 装置中，发电机、变速箱与制动系统都需要分别进行保护，这也增加了密封失效的风险。另一方面，该方案不必专门设计建造水密舱，且水下运行的电机也可采用成品。参考文献［45］详细描述了 SeaGen 的前一代装置 Seaflow 的电气设备是如何从风能及石油和天然气行业借鉴经验、采用标准件进行设计的。从前述例子可知，两类常规方法都在潮流能装置发电机系统水下操作实践中证明了可行性。上述方法的主要优势在于其可用性、可靠性以及对缩短项目开发时间及降低风险的作用，当然还需权衡这些技术的缺点。一个是水下部件或者是设计建造水密舱造成的高投资，另一个是变速箱、轴承、油封发电机被海水污染的风险或者密封失效带来的关键部件破坏。

实际上，在潮流能项目中，动密封失效是新装置开发过程中被工程师关注最多的风险。采用直驱式发电机可消除变速箱带来的潜在风险。提高发电机可靠性的一个方法是让海水流过发电机的气隙，其核心思想是用静密封取代动密封，这样可直接保护发电机的绕组，而非整个发电机。中空式水轮机（Open Centre Turbine）即采用此技术。除此之外，该装置设计中还采用了磁力轴承，使其成为无润滑装置。其他装置则采用了海水润滑轴承[46,47]，该技术在船舶推进与水力发电中的应用较多。

总体来看，尽量减少使用水下部件，特别是活动部件，将有效地提高可靠性与可维护性。部分开发者在设计过程中完全避免使用动密封[46]，如采用定桨距、无制动的潮流能发电系统。虽然通过减少关键活动部件，可降低系统失效的风险，但需要特别注意的是，当电网或电力电子设备发生故障时，水轮机会加速至当时流速对应的失控速度。因此，在设计发电机和轴承时必须考虑能够承受失控速度条件下的应力增大。此外，若采用永磁同步发电机，还将产生高感应电压。因此，为保护电力电子设备，可能需要采用增强的发电机绕组绝缘设计并增加断路器。

2.6 海洋能装置发电机控制的电力电子学

S. Ceballos，E. Robles

前述各节已明确提出了对能量转换传动系中主发电机变速控制的要求。本节将主要介绍当前典型的电力电子控制器技术，依靠这些技术可实现全面的变速控制。

本节将首先概述不同的控制方法，然后介绍磁场定向控制器、电压定向控制器以及比例积分调节过程，最后分析变流器可靠性的几点问题。

2.6.1 全桥变速配置中背靠背变流器的控制

2.1 节已经给出了如何利用背靠背变流器的变速方案提高可再生能源摄取系统的工作性能。本节将给出采用永磁同步发电机与全桥变流器配置的变速方案的控制算法，以及发电机侧变流器的磁场定向控制（FOC）算法与电网侧变流器的电压定向控制（VOC）算法。各类接驳同步/感应电机变流器控制策略的详细介绍可参考文献［48］。

2.6.2 发电机侧变流器控制

发电机侧变流控制器主要依据上级控制器计算结果控制发电机的转速与转矩。

图2-13给出了变频控制方法大致分类情况[49]。这些方法可分为标量控制与矢量控制两类。在基于定常状态的有效关系中，标量控制主要针对电压、电流以及磁链矢量的频率和幅值[50]。控制系统无法作用于瞬变过程中的空间矢量位置，因此该类控制方法主要用于动态变化不大的情况。另一方面，矢量控制则作用于瞬态关系中的电压、电流与磁链矢量的实时位置。控制系统调整空间矢量的位置并确保它们在定常态与瞬态下的指向正确。

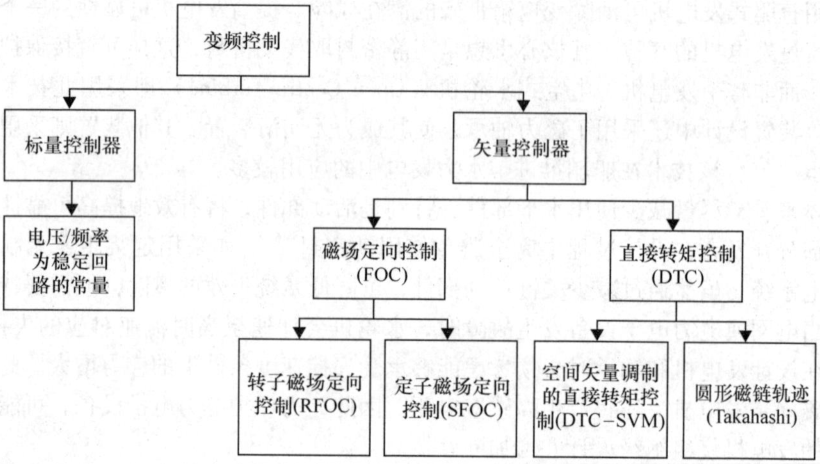

图2-13 控制方法分类

在矢量控制方法中，最常用的技术为磁场定向控制技术。该技术在同步参考系[51]与脉冲宽度或空间矢量调制中采用电流控制回路。另外一种扩展的控制方案是参考文献［52］发展的直接转矩控制（DTC）。直接转矩控制是闭环电压与磁通量的矢量控制方案。采用继电式滞环控制器可使控制方案简单迅速。该方案也有明显缺点，比如需要较高的采样频率、可变开关频率与高转矩脉动，采用空间矢量调制的直接转矩控制（DTC－SVM）可克服上述问题[49]。该方法可视为磁场定向控制与直接转矩控制的混合方案，该控制方案的详细算法见参考文献［48］。

本节将介绍永磁同步发电机的磁场定向控制实现方法，给出了永磁同步发电机的动力学模型、控制器的流程图与整定控制器的一般规则。

2.6.2.1 发电机动力学模型

以能量守恒的 $d-q$ 静态参考系为基准，构建永磁同步发电机的电动力学方程，假设 q 与磁通量同步：

$$v_{1d} = R_s i_{1d} + L_d \frac{di_{1d}}{dt} - L_q \omega i_{1q} \tag{2.1}$$

$$v_{1q}=R_s i_{1q}+L_q\frac{di_{1q}}{dt}+L_d\omega i_{1d}+\sqrt{\frac{3}{2}}\psi_m\omega \tag{2.2}$$

$$T_e=\sqrt{\frac{3}{2}}p[\psi_m i_{1q}+i_{1d}i_{1q}(L_d-L_q)] \tag{2.3}$$

式中，v_{1d}和v_{1q}为发电机输出电压的 d 轴与 q 轴分量；i_{1d}与i_{1q}为变换定子电流，T_e 为电磁转矩，R_s 为定子电阻，L_d 与 L_q 为 d 轴与 q 轴定子电感，p 为磁极对数，ψ_m 与 ω 分别为磁通量与发电机转速。

对于隐极永磁同步发电机，d 轴与 q 轴定子电感相似，假设 $L_d \approx L_q=L$。此外，定子励磁电流参考值设为 $I_{1d}^*=0$。在此假设下，式（2.3）可简化为

$$T_e=\sqrt{\frac{3}{2}}p\psi_m i_{1q} \tag{2.4}$$

发电机的机械动力学方程如下：

$$T_m-T_e=J\frac{d\omega_m}{dt}+D\omega_m \tag{2.5}$$

式中，T_m 为机械转矩，ω_m 为机械转速，J 为转动惯量，D 为摩擦系数。

对上述发电机动力学方程进行拉普拉斯变换，则可得流程如图 2-14 所示。

该框图表示了一个多输入 - 多输出系统，其中包含两个控制变量 v_{1d} 与 v_{1q} 和三个受控变量 i_{1d}、i_{1q} 与 ω_m。另外要指出的是，电流间存在耦合，其中任意一个变量变化，都会影响其他变量。

2.6.2.2　发电机侧变流控制器

本节将介绍磁场定向控制如何调节受控变量 i_{1d}、i_{1q} 与 ω_m。控制器的流程如图 2-15 所示，主要包含两个嵌套控制回路，一个外环比例积分控制器控制发电机转速，另两个内环比例积分控制器控制 dq 定子电流。此外，采用比例 - 积分调节器实现解耦。

假设内环的速度远快于外环（至少 5 倍），转速和电流的控制相互独立。

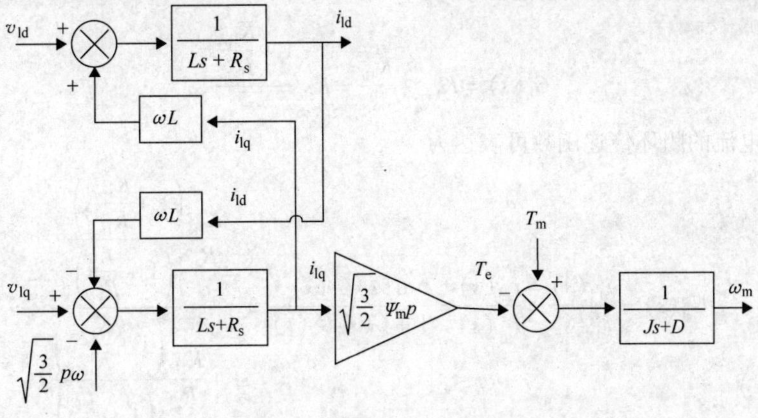

图 2-14　永磁同步发电机模型框图

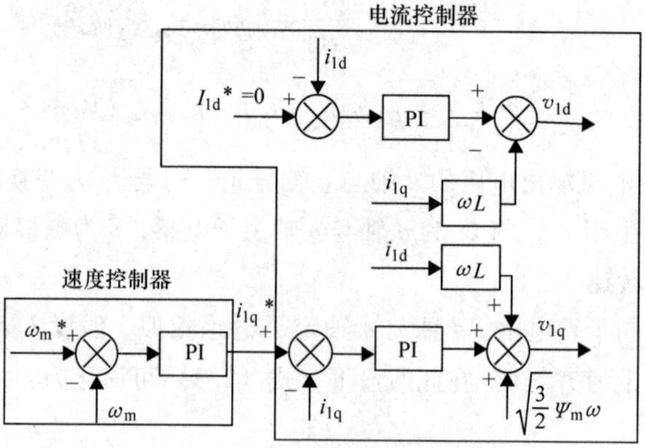

图 2-15 发电机侧变流控制器框图

参考文献［53］采用零极对消方法整定电流调节器。电流环解耦后，影响电流有功与无功分量的传递函数可被简化为一阶系统（见图 2-16）：

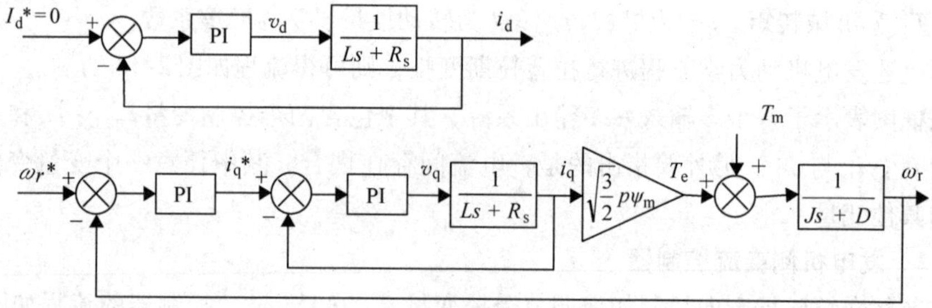

图 2-16 耦合项被补偿时速度与电流的控制回路

$$G(s)=\frac{1}{Ls+R_s} \tag{2.6}$$

比例积分电流控制器的传递函数为

$$G_c(s)=K_{1pc}+\frac{K_{1ic}}{s}=K_{1ic}\frac{1+\frac{K_{1pc}}{K_{1ic}}s}{s} \tag{2.7}$$

dq 项电流的闭环传递函数可表达为

$$G_{cl}(s)=\frac{i_{1d}(s)}{I_d^*(s)}=\frac{i_{1q}(s)}{I_q^*(s)}=\frac{G(s)G_c(s)}{1+G(s)G_c(s)}=\frac{\frac{K_{1ic}}{R_s}\frac{\left(1+\frac{K_{1pc}}{K_{1ic}}s\right)}{s\left(1+\frac{L}{R_s}s\right)}}{1+\frac{K_{1ic}}{R_s}\frac{\left(1+\frac{K_{1pc}}{K_{1ic}}s\right)}{s\left(1+\frac{L}{R_s}s\right)}} \tag{2.8}$$

若由比例－积分控制器引入的零点与系统的极点对消，即

$$\frac{K_{1pc}}{K_{1ic}}=\frac{L}{R_s} \tag{2.9}$$

则系统的闭环传递函数为一阶系统：

$$G_{cl}(s)=\frac{\dfrac{K_{1ic}}{R_s s}}{1+\dfrac{K_{1ic}}{R_s}s} \tag{2.10}$$

设 dq 定子电流的闭环调节时间为 T_{1c}，电流环控制器的积分常数可写为

$$K_{1ic}=\frac{4R_s}{T_{1c}} \tag{2.11}$$

将式（2.11）代入式（2.9），比例系数可写为

$$K_{1pc}=\frac{4L}{T_{1c}} \tag{2.12}$$

式（2.11）与式（2.12）允许以解析的方式整定 dq 电流环的比例积分（PI）控制器参数。比例增益与积分增益为发电机电气参数与调节时间的函数。

调节时间应按下述方法选择：

- T_{1c}应足够小以保证系统动态响应足够快；
- T_{1c}不应过小，避免变流器产生电压饱和（过调制）。

图 2-17 给出了一组在电流参考输入突然变化时，电流控制器工作性能的试验测试数值。永磁同步发电机电流有功部分的参考为一组周期 200ms 的方波。图 2-17 显示的即为电流实际有功部分。试验结果表明电流控制器具有良好的动态特性。

完成了内环电流控制器的整定后，需整定速度控制器。若假设内部电流控制回路的速度至少为外部速度控制回路的 5 倍，它们对转速动态变化的影响可忽略不计。因此，简化的转速控制系统如图 2-18 所示。

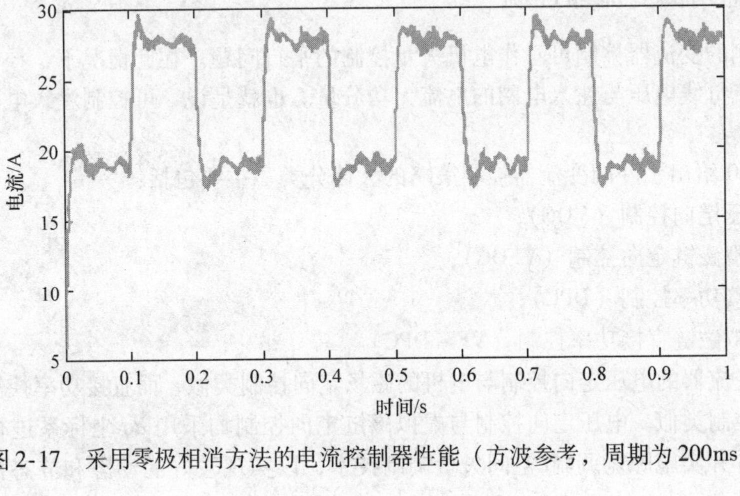

图 2-17　采用零极相消方法的电流控制器性能（方波参考，周期为 200ms）

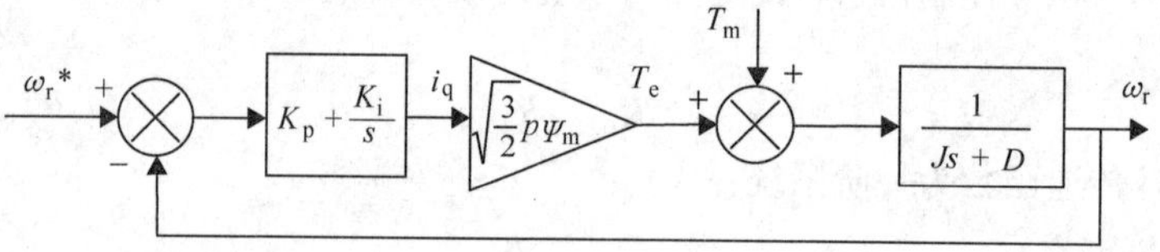

图 2-18 简化的转速控制回路

零极相消方法也可用于整定转速控制器。采用该方法，可得转速控制器的比例增益与积分增益为：

$$K_{Ps} = \frac{4J}{T_s\sqrt{\frac{3}{2}}p\psi_m} \qquad K_{Is} = \frac{4D}{T_s\sqrt{\frac{3}{2}}p\psi_m} \tag{2.13}$$

式中，T_s 为转速闭环的调节时间。

当 T_s 足够小或者传动系的转动惯量足够大时，整定过程简单且效果好。否则，由机械转矩变化带来的速度波动将对系统响应产生较大的影响。在此情况下，可采用根轨迹分析方法调整参数以提高系统的动态响应。根据预定的调节时间和阻尼系数，配置系统极点，可得到期望的动态响应。此外，前置滤波器也可用以减小由比例－积分控制器引入零点而导致的超调问题[54]。图 2-19a 给出了采用该方案的低速永磁同步发电机速度控制器复极点与零点的位置。

图 2-19b 比较了速度响应的试验与仿真结果。当发电机转速稳定在 40r/min 时，将转速参考值增大至 60r/min，在控制器作用下，转速可很快跟踪到该参考值。一旦发电机转速在 $t=20$s 时达到 60r/min，机械负载转矩 T_m 升至发电机标称值的 100%。此后经过一个短暂的调节时间，速度再次被控制到参考值。通过调整复极点与零点位置，可修正转速调节的波形与时间。

2.6.3 电网侧变流器控制

电网侧的变流器控制可看作电机矢量控制的平行问题。在此情况下，控制器主要用于控制直流母线电压与注入电网的电流无功分量。也就是说，可控制注入电网的有功与无功功率。

图 2-20 给出了并网变流器控制策略的大体分类。主要包括：

- 电压定向控制（VOC）；
- 虚拟磁链定向控制（VFOC）；
- 直接功率控制（DPC）；
- 虚拟磁链直接功率控制（VF－DPC）。

并网变流器的电压定向控制与电机的磁场定向控制类似，而直接功率控制与电机的直接转矩控制类似。电压定向控制与虚拟磁链定向控制均采用 dq 坐标系进行电流内环控制[55,56]，并实施脉宽调制/空间矢量调制技术，以实现较好的动态和静态性能。电压

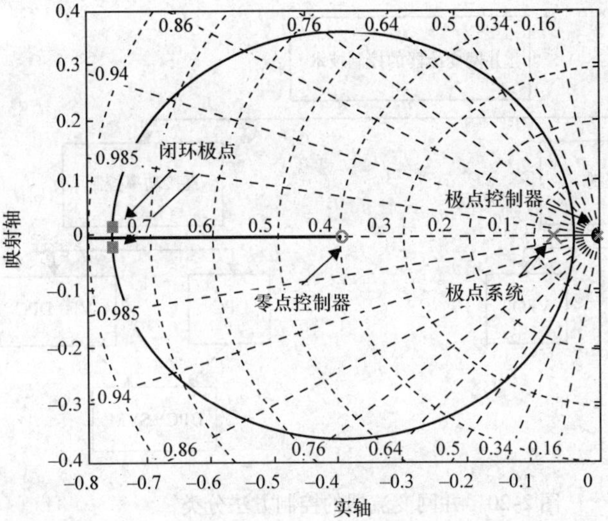

a)

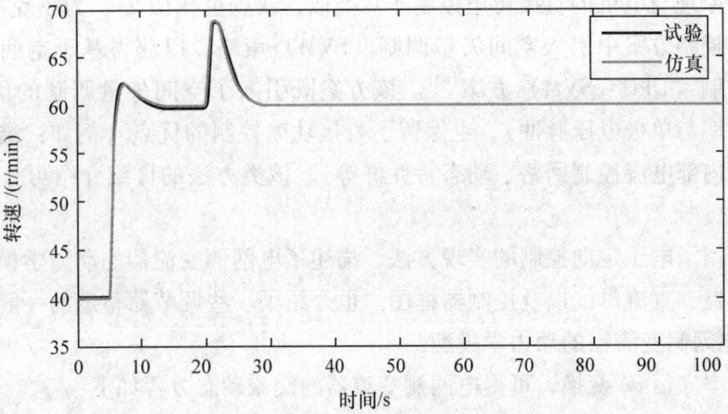

b)

图 2-19 a）转速根轨迹；b）试验与仿真速度响应曲线（速度在 $t=5\mathrm{s}$ 时施加阶跃扰动，转矩在 $t=20\mathrm{s}$ 时施加阶跃扰动）

定向控制与虚拟磁链定向控制的主要区别是其估算电网电压矢量角位置的方法。电压定向控制通过测量电网电压直接获得电压矢量，而虚拟磁链定向控制则使用虚拟磁链的概念[48]。

直接功率控制主要基于即时的有功与无功功率控制回路[57,58]。系统中既没有内部电流控制回路，也没有脉宽调制模块。变流器的开关状态是根据有功功率和功率的给定值和估计值的瞬时误差，查询开关表得到的。因此，我们需要对有功与无功功率进行准确快速的估计。DPC 与 VF - DPC 的区别在于瞬时有功功率和无功功率的获取方式。DPC 是通过电网电压计算获得的，而 VF - DPC 是通过电网电压磁链计算获得的。直接

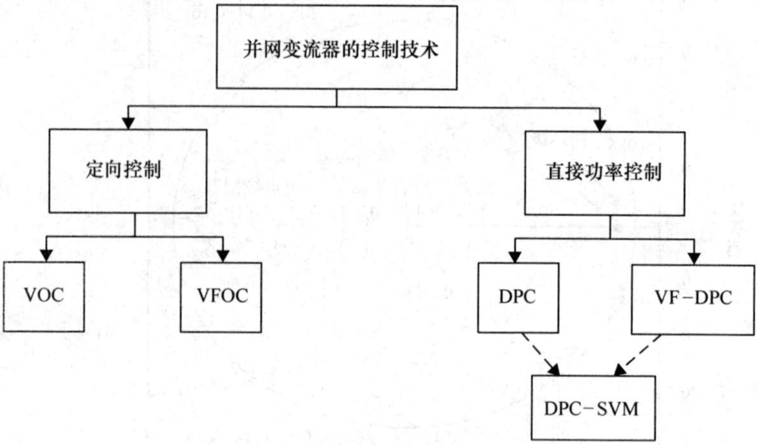

图 2-20　并网变流器的控制方法分类

功率控制的原理与电机的直接转矩控制非常类似，缺点也相似[59]。为了克服这些缺点，在直接功率控制方案中引入空间矢量调制（SVM）策略，以获得基于空间矢量调制的直接功率控制（DPC - SVM）方案[60]。该方案既引入了空间矢量调制的优点（例如：固定开关频率与单极电压脉冲），也保留了直接功率控制的优点（例如：结构简单、鲁棒性好、无内部电流控制回路、动态特性好等）。该类方法的详细介绍可查阅参考文献[48]。

本节介绍了电压定向控制的实现方法，描述了电网侧变流器的动力学模型，其中包含电网滤波器、直流母线以及控制器框图。也介绍了一些调节器整定的一般方法。

2.6.3.1　电网侧变流器的动力学模型

利用功率守恒 dq 变换，可得电网侧变流器的交流动态方程如下：

$$v_{2\mathrm{d}} = R_{\mathrm{f}} i_{2\mathrm{d}} + L_{\mathrm{f}} \frac{\mathrm{d}i_{2\mathrm{d}}}{\mathrm{d}t} - L_{\mathrm{f}} \omega i_{2\mathrm{q}} + e_{\mathrm{d}} \tag{2.14}$$

$$v_{2\mathrm{q}} = R_{\mathrm{f}} i_{2\mathrm{q}} + L_{\mathrm{f}} \frac{\mathrm{d}i_{2\mathrm{q}}}{\mathrm{d}t} + L_{\mathrm{f}} \omega i_{2\mathrm{d}} + e_{\mathrm{q}} \tag{2.15}$$

式中，$v_{2\mathrm{d}}$与 $v_{2\mathrm{q}}$为电网侧变流器终端电压的 dq 轴分量。$i_{2\mathrm{d}}$与 $i_{2\mathrm{q}}$为变换后的电流，e_{d} 与 e_{q}为变换后的电压，R_{f} 为电网滤波器的电阻，L_{f} 为电网滤波器的电感，ω 为电网角频率。

假设变流器的效率为 100%，直流母线的动态方程为

$$C v_{\mathrm{dc}} \frac{\mathrm{d}v_{\mathrm{dc}}}{\mathrm{d}t} = P_{\mathrm{gen}} - v_{2\mathrm{d}} i_{2\mathrm{d}} - v_{2\mathrm{q}} i_{2\mathrm{q}} \tag{2.16}$$

式中，v_{dc}为直流母线电压，P_{gen}为连接发电机侧变流器注入直流母线的功率，C 为直流母线电容。

式（2.14）~式(2.16）为电网侧变流器的动力学方程。值得注意的是，式（2.16）

为非线性方程。为了设计线性控制器，需对该式进行简化。假设滤波器的损耗可忽略不计，d 轴与电网电压同步，即 $e_q=0$，则式（2.16）可改写为：

$$\frac{1}{2}C\frac{\mathrm{d}v_{dc}^2}{\mathrm{d}t}\approx P_{gen}-e_d i_{2d} \tag{2.17}$$

式（2.14）、式（2.15）与式（2.17）构成了描述电网侧变流器的简化模型。其框图如图 2-21 所示。

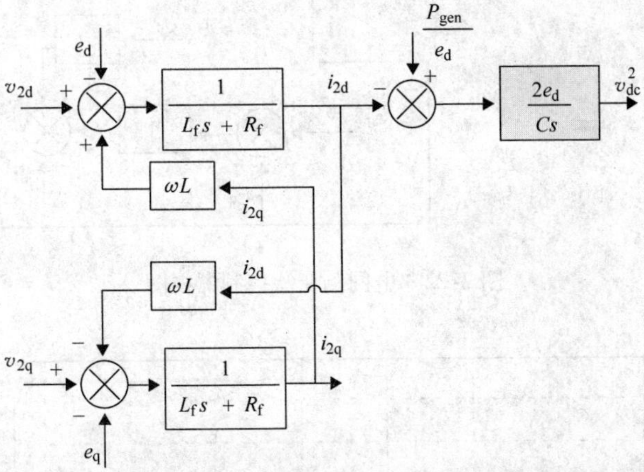

图 2-21　电网侧变流器线性化模型框图

2.6.3.2　电网侧变流控制器

电压定向控制调整的变量主要为 i_{2d}、i_{2q} 与 v_{dc}^2。电网侧变流控制器的框图如图 2-22 所示。其中使用了两个嵌套控制回路，内环控制电网电流，外环控制 v_{dc}^2。采用与发电机电流控制器类似的方法，比例 - 积分电流调节器的比例增益与积分增益如下：

$$K_{2pc}=\frac{4L_f}{T_{2c}},K_{2ic}=\frac{4R_s}{T_{2c}} \tag{2.18}$$

式中，T_{2c} 为 dq 轴电网电流的闭环调节时间。

本节提出的控制器对电网侧变流器控制行为仿真结果如图 2-23 所示。电流的 d 轴和 q 轴项分量参考值分别为 20A 与 0A。设调节时间为 4ms。在 $t=25$ms 时，参考值变换 45A 与 5A。仿真结果表明，该方法具有较好的动态调节能力。

电压控制器由比例 - 积分调节器与前馈项 P_{gen} 构成，其中 P_{gen} 为发电机侧变流器注入直流母线的功率。前馈项的引入极大地改善了直流母线电压的动态特性，发电机输出功率变化可被前馈项快速补偿。在图 2-21 中，电流环调节速度明显快于电压环，直流母线的动态性主要由灰色框决定，而灰色框中的传递函数极点为零，具有积分特性，因此无需采用积分控制器即可消除电压的稳态误差。图 2-21 的简化模型只有在变流器效率为 100% 且控制器引入前馈项时才有效。式（2.16）的非线性模型并非完全准确。然而，当控制器的比例增益足够大时，它的精度仍然较高。因此，在此假设基础上，电压

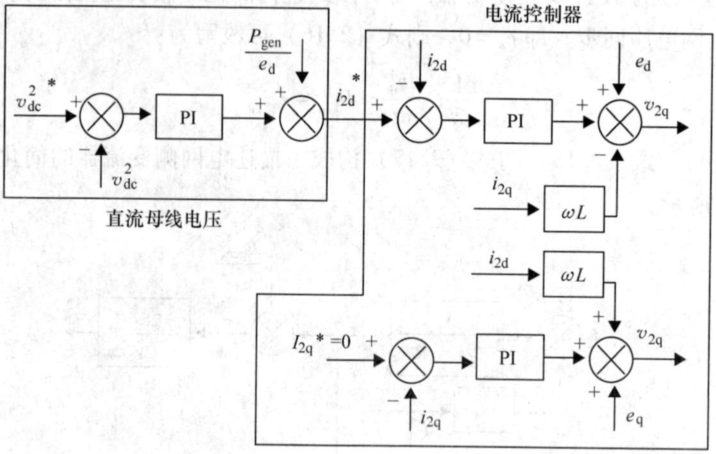

图 2-22　电网侧变流控制器框图

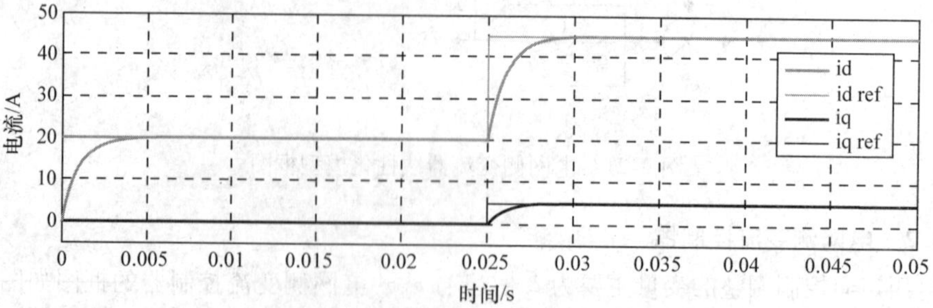

图 2-23　采用零极相消方法的电网侧变流控制器性能

调节器的比例增益如下：

$$K_{\mathrm{Pvdc}} = -\frac{2C}{e_{\mathrm{d}}T_{\mathrm{vdc}}} \tag{2.19}$$

式中，T_{vdc}为v_{dc}^2的闭环调节时间。

若直流母线要求高精度控制，则需引入积分控制器，并根据根轨迹方法调节系统的动态变化。这与发电机速度控制器的处理方法类似。

2.6.4　变速驱动的容错运行

变速驱动的可靠性是众多应用中的重要问题。由于维护的时间受到天气条件限制，该问题在离岸系统中尤为突出。人们在此领域开展了很多研究，参考文献[61－65]给出了变速驱动的不同解决方案。图 2-24a、b 给出了两类包含容错能力的变速驱动处理方法。图 2-24a 的方法要求发电机具备中性点[61]。

该方法可处理开路故障。若变流器的某一开关故障导致输出开路，则连接发电机中

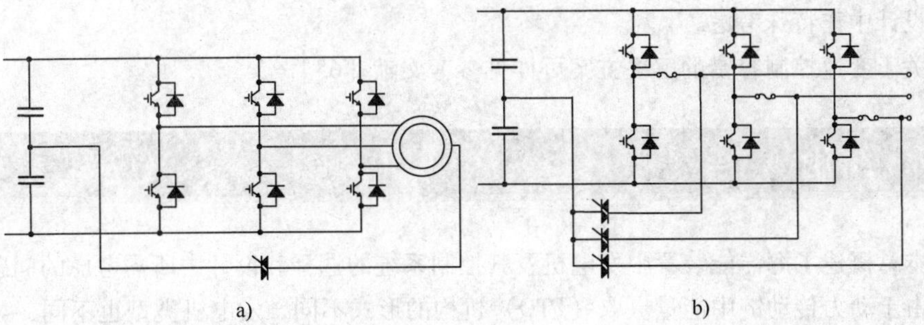

图 2-24　a) 开路容错方案；b) 开/短路容错方案

性点的晶闸管启动，将直流母线的中点与中性点连接。故障发生后，为维持旋转磁动势（MMF）以保证无扰操作，需将无故障相的电流幅度增大至$\sqrt{3}$倍，相位从平衡位置偏移 30°。因此，非零共模电流将流过发电机的中性点。此方法中，发电机在故障后可维持原转速与转矩，但变流器需承受更大的电流。否则，若保持变流器电流不变，则额定扭矩输出值会除以$\sqrt{3}$。基于相同原理但更为柔性的解决方案详见本章参考文献［62，63］。

图 2-24b 所示的解决方案可应对单相短路或开路故障[64]。若发生短路，故障桥臂的熔丝会熔断，故障桥臂被隔离。原本连接至故障桥臂的发电机端子则通过晶闸管连至直流母线中点。由此会产生一组相位差 60°的电压。例如，当以直流母线的中点为参考中性点，若 a 相短路，则发电机的终端 a 将被连接至中性点，得到一组电压值如下：

$$\left.\begin{aligned} v_{a0} &= 0 \\ v_{b0} &= A\sin\left(\omega t - \frac{5\pi}{6}\right) \\ v_{c0} &= A\sin\left(\omega t + \frac{5\pi}{6}\right) \end{aligned}\right\} \tag{2.20}$$

在该假设下，平衡的线电压方程如下：

$$\left.\begin{aligned} v_{ab} &= A\sin\left(\omega t + \frac{\pi}{6}\right) \\ v_{bc} &= A\sin\left(\omega t - \frac{\pi}{2}\right) \\ v_{ca} &= A\sin\left(\omega t + \frac{5\pi}{6}\right) \end{aligned}\right\} \tag{2.21}$$

需要说明的是，采用该方法故障运行时的电压为非故障运行时电压的一半。因此，若发电机转矩不变，则转速将下降一半。为克服该问题，参考文献［62］提出了四桥臂容错方法。

另一点需特别说明的是，为避免由 dv/dt 高值导致的晶闸管意外导通，需在驱动电路的设计中作特殊考虑。

关于变速控制容错的解决方案可详见参考文献［65］。

2.7 结论

本章概述了海洋能装置中发电机及其控制系统的选择和设计中所需考虑的问题。显然，由于动力传动链中能量摄取（PTO）机构的形式不同，发电机类型也不同，导致这一问题非常复杂，而对于波浪能装置则更甚。据此，目前还没有一种被公认最优的发电机技术。本章针对不同类型的波浪能装置，为便于海上运维，给出了发电机选择的总体思路。

本章所介绍的潮流能装置发电机系统设计和选型方案与装置特点、水轮机型式、潮流特性关系很大。鼠笼型感应发电机与永磁同步发电机均可用于潮流能装置，并各有优缺点。虽然目前永磁同步发电机存在可靠性等问题，但随着研究深入与技术发展，未来这些问题均可被解决。因此，在可预见的未来，永磁同步发电机将占据主导地位。

与选择发电机技术同等重要的是潮流能装置的特殊需求，如海洋环境、水下操作及延长维护间隔等问题。针对上述问题，人们提出了多种解决方案，并已在潮流能项目中成功实施。至于其长期可靠性问题，则需通过目前正在进行和未来将要进行的海试不断积累经验。

发电机系统的变速控制与运行是波浪能与潮流能装置共同要求。本章也介绍了与此相关的变流器技术与控制算法，给出了电网侧与发电机侧的控制回路设计参考。最后，讨论了对于离岸环境非常重要的容错型变流器方案。

2.8 参考文献

[1] R. Datta and V. T. Ranganathan, 'Variable-speed wind power generation using a doubly fed wound rotor induction machine: A comparison with alternative schemes', *Power Engineering Review, IEEE*, vol. 22, pp. 52–62, 2002.

[2] P. A. P. Justino and A. F. d. O. Falcao, 'Rotational speed control of an OWC wave power plant', *Journal of Offshore Mechanics and Arctic Engineering*, vol. 121, pp. 65–70, 1999.

[3] J. K. H. Shek, D. E. Macpherson, M. A. Mueller, J. Xiang, 'Reaction force control of a linear electrical generator for direct drive wave energy conversion', *Renewable Power Generation, IET*, vol. 1, pp. 17–24, 2007.

[4] R. J. Hamilton, 'DC motor brush life', *IEEE Transactions on Industry Applications*, vol. 36, pp. 1682–1687, 2000.

[5] M. V. R. S. Jensen, 'Long-term high resolution wear studies of high current density electrical brushes', in *Proceedings of the Fifty-First IEEE Holm Conference on Electrical Contacts, 2005*, IEEE, Chicago, USA. 2005, pp. 304–311.

[6] Techwise A/S 2002, *Elsam. Offshore wind farm. Horns review annual status report for the environmental monitoring programme*, 1 January 2001–31 December 2001. Available at: http://www.offshore-wind.de/page/fileadmin/offshore/documents/Umweltmonitoring/HornsRev_2001_Annual_Status_Report_for_the_Environmental_Monitoring_Programme.pdf. Accessed September 2010.

[7] E. Hau, *Wind Turbines: Fundamentals, Technologies, Application, Economics,* 2nd edn. Springer, 2005.

[8] Sustainable Energy Ireland, *Offshore Wind Energy and Industrial Development in the Republic of Ireland*, Sustainable Energy Ireland, 2004.

[9] J. Puranen, *Induction Motor Versus Permanent Magnet Synchronous Motor In Motion Control Applications: A Comparative Study*. D.Sc. dissertation, University of Lappeenranta, Finland, 2006.

[10] L. Zapf, 'High end corrosion protection of rare-earth permanent magnets', Vacuumschmelze GmbH KG 2009. Available at: http://www.electrochem.org/meetings/scheduler/abstracts/216/1830.pdf. Accessed September 2010.

[11] L. H. Hansen, P. H. Madsen, F. Blaabjerg, H. C. Christensen, U. Lindhard and K. Eskildsen, 'Generators and power electronics technology for wind turbines', in *The 27th Annual Conference of the IEEE Industrial Electronics Society, 2001, IECON '01*. 2001, vol. 3, pp. 2000–2005.

[12] A. F. d. O. Falcão, 'Control of an oscillating-water-column wave power plant for maximum energy production', *Applied Ocean Research*, vol. 24, pp. 73–82, 2002.

[13] D. V. Evans, 'The oscillating water column wave-energy device', *IMA Journal of Applied Mathematics*, vol. 22, pp. 423–433, 1978.

[14] T. Setoguchi and M. Takao, 'Current status of self-rectifying air turbines for wave energy conversion', *Energy Conversion and Management*, vol. 47, pp. 2382–2396, 2006.

[15] A. R. Plummer and M. Schlotter, 'Investigating the performance of a hydraulic power take-off', in *European Wave and Tidal Energy Conference*, Uppsala, Sweden, 2009.

[16] P. Ricci, J. Lopez, M. Santos, J. L. Villate, P. Ruiz-Minguela, F. Salcedo and A. F. d. O. Falcão, 'Control strategies for a simple point-absorber connected to a hydraulic power take-off', in *European Wave and Tidal Energy Conference,* Uppsala, Sweden, 2009.

[17] M. Jasinski, W. Knapp, M. Faust and E. Fris-Madsen, 'The power takeoff system of the multi-MW wave dragon wave energy converter', in *European Wave and Tidal Energy Conference*, Porto, Portugal, 2007.

[18] L. Margheritini, D. Vicinanza and P. Frigaard, 'SSG wave energy converter: Design, reliability and hydraulic performance of an innovative overtopping device', *Renewable Energy*, vol. 34, pp. 1371–1380, 2009.

[19] H. Lendenmann, K.-C. Strømsem, M. D. Pre, W. Arshad, A. Leirbukt, G. Tjensvoll and T. Gulli, 'Direct generation wave energy converters for

optimized electrical power production', in *European Wave and Tidal Energy Conference,* Porto, Portugal, 2007.

[20] M. A. Mueller, 'Electrical generators for direct drive wave energy converters', *IEE Proceedings – Generation, Transmission and Distribution*, vol. 149, pp. 446–456, 2002.

[21] T. K. A. Brekken, H. Hapke and J. Prudell, 'Drives Comparison for Reciprocating and Renewable Energy Applications', in *Twenty-Fourth Annual IEEE Applied Power Electronics Conference and Exposition, 2009. APEC 2009,* Washington DC, USA, 2009, pp. 732–738.

[22] D. O'Sullivan and A. W. Lewis, 'Generator Requirements and Functionality for Ocean Energy Converters', in *International Conference on Electrical Machines Rome*, Italy, 2010.

[23] I. Bryden and G. T. Melville, 'Choosing and evaluating sites for tidal current development', *Proceedings of the Institution of Mechanical Engineers, Part A: Journal of Power and Energy*, vol. 218, no. 8, pp. 567–577, December 2004.

[24] J. Culina and R. Karsten, 'Comparison of different resolution models and observed current profiles in the Bay of Fundy, Canada using turbine-relevant metrics', *Proceedings of the 9th European Wave and Tidal Energy Conference*, CD-ROM, Paper no. 94, Southampton, UK, September 2011.

[25] http://www.emec.org.uk/facilities/tidal-test-site/. Accessed October 2012.

[26] E. Osalusi, J. Side and R. Harris, 'Structure of turbulent flow in EMEC's tidal energy test site', *International Communications in Heat and Mass Transfer*, vol. 36, no. 5, pp. 422–431, May 2009.

[27] I. A. Milne, R. N. Sharma, R. G. J. Flay and S. Bickerton, 'Characteristics of the onset flow turbulences at a tidal-stream power site', *Proceedings of the 9th European Wave and Tidal Energy Conference*, CD-ROM, Paper no. 97, Southampton, UK, September 2011.

[28] J. Thomson, B. Polagye, V. Durgesh and M. C. Richmond, 'Measurements of turbulence at two tidal energy sites in Puget Sound, WA', *IEEE Journal of Oceanic Engineering*, vol. 37, no. 3, pp. 363–374, July 2012.

[29] S.E. Ben Elghali, M. E. H. Benbouzid and J. F. Charpentier, 'Marine tidal current electric power generation technology: State of the art and current status', in *IEEE International Electric Machines & Drives Conference, IEMDC'07*, vol. 2, pp. 1407–1412, Antalya, Turkey, May 2007.

[30] http://www.hales-turbine.co.uk/technology.html. Accessed March 2013.

[31] http://www.tidalsails.com/technology. Accessed March 2013.

[32] http://www.marineturbines.com/Seagen-Technology. Accessed March 2013.

[33] http://www.hammerfeststrom.com/products. Accessed March 2013.

[34] http://www.pontediarchemede.it. Accessed October 2012.

[35] Y. Duan and R. G. Harley, 'Present and future trends in wind turbine generator designs', *IEEE Conference on Power Electronics and Machines in Wind Applications, 2009. PEMWA 2009*. pp. 1–6, Lincoln, Nebraska, USA, June 2009.

[36] A. Vath, 'Antriebskonzepte für Offshore-Windenergieanlagen', *Konstruktion, special Antriebstechnik*, S1/2012, Springer-VDI-Verlag, Germany, 2012.

[37] F. Spinato, P.J. Tavner, G.J.W. van Bussel and E. Koutoulakos, 'Reliability of wind turbine subassemblies', *Renewable Power Generation, IET*, vol. 3, no. 4, pp. 387–401, December 2009.

[38] http://www.openhydro.com/technology.html. Accessed March 2013.

[39] H. Polinder, F. F. A. van der Pijl, G.-J. de Vilder and P. J. Tavner, 'Comparison of direct-drive and geared generator concepts for wind turbines', *IEEE Transactions on Energy Conversion*, vol. 21, no. 3, pp. 725–733, September 2006.

[40] H. Polinder, 'Overview of and trends in wind turbine generator systems', *Power and Energy Society General Meeting, IEEE*, Detroit, MI, USA, July 2011.

[41] U.S. Department of Energy, *Advanced wind turbine drive train concept: Workshop report*, June 2010. Available at: http://www.osti.gov/bridge/. Accessed March 2013.

[42] D. Bang, H. Polinder, G. Shrestha and J.A. Ferreira, 'Promising direct-drive generator system for large wind turbines', *Wind Power to the Grid – EPE Wind Energy Chapter 1st Seminar, EPE-WECS 2008*, Delft, Netherlands, March 2008.

[43] O. Keysan, A. S. McDonald and M. Mueller, 'A direct drive permanent magnet generator design for a tidal current turbine (SeaGen)', *IEEE International Electric Machines & Drives Conference (IEMDC)*, Niagara Falls, Ontario, Canada, May 2011.

[44] T. Hazel, H. Baerd, J. J. Bremnes and J. Legeay, 'Subsea high-voltage power distribution', *Petroleum and Chemical Industry Conference (PCIC)*, Toronto, Canada, September 2011.

[45] P.L. Fraenkel, 'Marine current turbines: Pioneering the development of marine kinetic energy converters'. *Proceedings of the Institution of Mechanical Engineers, Part M: A Journal of Power and Energy*, vol. 221, pp. 159–169, 2007.

[46] R. Arlitt and K. Argyriadis, 'Development and certification of the Voith Hydro HyTide 110 tidal turbine', *3rd International Conference on Ocean Energy*, Bilbao, Spain, October 2010.

[47] B. V. Davis, 'Low head tidal power: A major source of energy from the world's oceans', *Energy Conversion Engineering Conference, IECEC-97*, Honolulu, HI, USA, July–August 1997.

[48] M. P. Kazmierkowski, R. Krishnan and F. Blaabjerg, *Control in Power Electronics – Selected Problems,* Academic Press, 2002.

[49] D. Swierczynski, *Direct Torque Control with Space Vector Modulation (DTC-SVM) of Inverter-Fed Permanent Magnet Synchronous Motor Drive*. Ph.D. thesis, Faculty of Electrical Engineering, Warsaw University of Technology, 2005.

[50] M. P. Kazmierkowski and H. Tunia, *Automatic Control of Converter-Fed drives*, Elsevier, 1994.

[51] F. Blaschke, 'A new method for the structural decoupling of AC induction machines', in *Proc. Conf. Rec. IFAC*, International Federation of Automatic Control, Duesseldorf, Germany, October 1971.

[52] L. Takahashi and T. Noguchi, 'A new quick response and high efficiency strategy of induction motor', *IEEE Transactions on Industry Applications*, vol. 22, no. 5, pp. 495–502, September–October 1985.

[53] M. Malinowski and S. Bernet, 'Simple control scheme of three-level PWM converter connecting wind turbine with grid', in *International Conference on Renewable Energies and Power Quality ICREP'04*, Barcelona, Spain, 2004.
[54] J. Zaragoza, J. Pou, A. Arias, C. Spiteri, E. Robles and S. Ceballos, 'Study and experimental verification of control tuning strategies in a variable speed wind energy conversion system', *Renewable Energy*, vol. 36, no. 5, pp. 1421–1430, May 2011.
[55] M. Malinowski, *Sensorless Control Strategies for Three-Phase PWM Rectifiers*, Ph.D. thesis, Faculty of Electrical Engineering, Institute of Control and Industrial Electronics, Warsaw University of Technology, 2001.
[56] M. P. Kazmierkowski and L. Malesani, 'Current control techniques for three-phase voltage source PWM converters: A survey', *IEEE Transactions on Industrial Electronics*, vol. 45, no. 5, pp. 691–703, October 1998.
[57] T. Ohnishi, 'Three-phase PWM converter/inverter by means of instantaneous active and reactive power control', in *Proceedings of the Annual Conference on IEEE Industrial Electronics (IECON'91)*, Kobe, Japan, 1991.
[58] V. Manninen, 'Application of direct power control modulation technology to a line converter', in *Proceedings of the European Conference on Power Electronics and Applications (EPE'05)*, Sevilla, Spain, 2005.
[59] M. Jasinski, *Direct Power and Torque Control of AC/DC/AC Converter-Fed Induction Motor Drives*, Ph.D. thesis, Faculty of Electrical Engineering, Institute of Control and Industrial Electronics, Warsaw University of Technology, 2005.
[60] M. Malinowski, M. Jasinski and M. P. Kazmierkowski, 'Simple direct power control of three-phase PWM rectifier using space-vector modulation (DPC-SVM)', *IEEE Transactions on Industrial Electronics*, vol. 51, no. 2, pp. 447–454, April 2004.
[61] T. H. Liu, J. R. Fu and T. A. Lipo, 'A strategy for improving reliability of field-oriented controlled induction motor drives', *IEEE Transactions on Industrial Applications*, vol. 29, no. 5, pp. 910–918, September–October 1993.
[62] S. Bolognani, M. Zordan and M. Zigliotto, 'Experimental fault-tolerant control of a PMSM drive', *IEEE Transactions on Industrial Electronics*, vol. 47, no. 5, pp. 1134–1141. October 2000.
[63] J. R. Fu and T. A. Lipo, 'Disturbance-free operation of a multiphase current-regulated motor drive with an opened phase', *IEEE Transactions on Industry Applications*, vol. 30, no. 5, pp. 1267–1274. September–October 1994.
[64] J. R. Fu and T. A. Lipo, 'A strategy to isolate the switching device fault of a current regulated motor drive', in Proceedings of the *IEEE-IAS Annual Meeting*, vol. 2, pp. 1015–1020, 1993.
[65] B. A. Welchko, T. A. Lipo, T. M. Jahns and S. E. Schulz, 'Fault tolerant three-phase AC motor drive topologies: A comparison of features, cost, and limitations', *IEEE Transactions on Power Electronics*, vol. 19, no. 4, pp. 1108–1116, July 2004.

第3章

脐带缆与阵列布置

P. Ricci，J. L. Mendia

3.1 并网布置界定

3.1.1 引言

由于仅少数海洋能装置实现了并网运行，且运行时间短、规模小，因此关于并网电气设备与基础设施的设计问题尚未引起海洋能界的重视。

现有项目多为单台装置投放于离岸较近的海域，且进行技术示范的意义远大于实现电能产出的最大化。投放地点的选择多出于实用性与经济性考虑，例如寻找海岸线上合适的电网接入点，以及尽量减少电气基础设施以节省投资。由于离岸较近，可采用中、低电压传输电能，使线路损耗控制在合理的范围内。有些装置甚至未安装变流器。

业界都已清醒地意识到未来海洋能商业化成功的关键在于开发装机容量达到百兆瓦级的大规模海洋能发电场。正如参考文献［1，2］和第10章所述，由于海上安装与运行费用很高，只有大规模的开发项目在经济上才是可行的。

考虑到目前波浪能与潮流能装置的装机容量仍相对较小（最大为1~2MW），需要集合几十甚至上百台装置的阵列场才能达到所需的装机容量，以实现盈利。

尽管工业界已意识到其重要性，但学术界对于多装置阵列场的研究尚未深入。过去几十年的研究多聚焦于技术设计及概念验证。阵列场在早先多作为一个独立的单元，而未考虑其发电并网所需的其他部件与基础设施。在考虑工业开发中经济因素时，海洋能阵列场及其基础设施的设计已成为海洋能开发过程中的一个基础性步骤。

由于涉及不同的技术要点，给出最充分的阵列场方案界定仍很困难，该内容将在3.1.3~3.1.7节中简述。与此相关的问题与挑战仍未有答案，因此也将成为未来研发工作的主要议题。

即使阵列场及其要素的部署与配置能够完整界定，涉及技术的特异性与环境的恶劣性，如何构建并网基础设施仍是一项极具挑战的工作。未来大规模海洋能阵列场很有可能将海上风电场作为参照样本，对电气系统基础设施提出解决方案，但仍需对海洋能技术进行适应性设计。上述内容将在3.2节展开介绍。

在海洋能应用中，动态缆与水下连接器的设计要求及规格明显与其他海洋工程不同。例如，连接器的设计将在极大程度上取决于装置动力学特性与投放位置。3.3 节将综述适用于其电缆部件的标准与程序，并重点阐述海洋能项目中的最重要问题。

3.1.2 一般要求与制约因素

目前开发的大多数海洋能装置主要用于海上发电。其他能量转换或利用形式（抽水蓄能、淡化、制氢）也有所应用[3]，但未来多数大规模阵列应用仍将以海上发电为主。

采用大型蓄电池组进行储能可减少并网需求，甚至可孤网运行，但此系统可能效率较低且需要定期海上维护。因此，大多数项目仍将以并网为主。

一般而言，进行并网配置需满足以下要求（见参考文献［4］）：

- 连接离岸海洋能发电机与岸上电网，将海洋能装置产生的电能输送至陆地电网（电力输出）；
- 若需要，连接离岸海洋能装置与岸上电网，为海洋能装置提供辅助性电力供应（电力输入）；
- 若需要，连接离岸海洋能装置与岸上电网，为启动海洋能装置供电（峰值电力输入）；
- 确保所有设备在海洋能发电场与电网运行允许的电压和电流限值内工作；
- 在单台发电机起动及微小电网扰动的情况下，确保所有设备工作的稳定性与可预测性；
- 确保继电保护系统正确工作，并能安全隔离故障设备；
- 根据当地并网需求，确保海洋能发电机对电网的不利影响可被修正；
- 根据当地公用事业对并网的需求提供电网支持；
- 尽量减少电力传输到岸过程中的电能损失；
- 减小并网岸上与海上工程的建设成本；
- 通过隔离/访问维护以及装置并/断网实现海洋能阵列场的经济化运维；
- 提高并网可靠性；
- 减少在常规检修程序（如装置检修）与电网故障（如电网扰动）情况下发电机的停机时间。

上述一般需求适用于单台海洋能装置或海洋能阵列场的各种并网配置。如图 3-1 所示，根据系统组成的不同，将构成不同复杂的系统。

实际上，首先要根据电气线路图确定并网设施的规格、每条线路的电压等级及并网设备的额定功率。

基础设施工程则取决于如环境制约条件（水深、海洋气象等条件）等特殊参数的选择，实际设计需求也往往取决于最初的阵列布置型式。

显然，确定输电电压是进行并网配置中设计的第一步，也是 3.2 节后续各部分设计的基础条件。

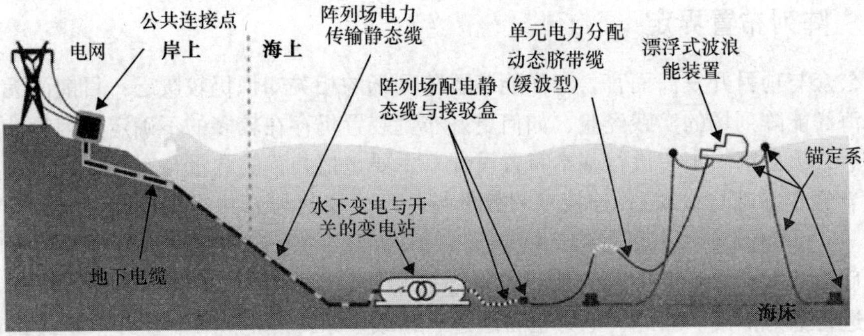

图3-1 波浪能装置电气连接示例

在进行并网配置的选择之前，需仔细分析与阵列场址密切相关的因素，需特别考虑其增加的限制条件（如装置电气设备海上维护的可行性）。

与场址有关的环境因素包括：

• 到岸的距离（对设计阵列与电缆评估异常重要）；

• 资源条件（装置性能需根据资源特性进行评估，以找到容量因子等与并网设备及电缆有关的其他参数）；

• 水深地形（水深地形的掌握程度对设计、安装与运行海上结构物与海底电缆敷设至关重要）；

• 电网容量（并网接入点的强度对大规模的安装非常重要，也可能影响到特殊控制策略与其他设备的设计）；

• 海底泥沙（电缆路由设计与安装也需掌握海底泥沙状况，泥沙沉降对电缆与土建工程都非常重要）；

• 环境条件（极端条件将决定海洋结构的设计及运维的天气窗口）。

可能影响到并网设计的装置特性包括：

• 额定功率（决定了电缆与连接器的主要参数）；

• 变流器与输出电压（将极大程度上决定输电设备的选择以及是否需要变电站或中继连接）；

• 装置的移动性（影响电缆与连接器的选择）；

• 控制系统（可能导致电力线有特殊需求）；

• 连接点的位置与可达性。

若所有海洋能装置均安装变流器与变压器，不同的变流器和变压器技术方案对某些环节（如电缆）的设计有较大影响，但不会影响整体的阵列布置。从已有的海洋能测试场看，在某种程度上，并网的基础设施设计相对独立于海洋能装置技术方案的选择[5-9]。

然而，在3.1.4节中考虑的一些特殊发电技术（如直线发电机），特别是当采用小规模阵列或独立装置时，将可能衍生出其他的电力传输方式。

3.1.3 阵列布置界定

对公众与项目开发商而言，海洋能装置阵列场的相关知识仍较匮乏：目前尚无可供借鉴的海洋能阵列场的实践经验，如何更好布置装置仍存在较多的不确定性因素。

当然，项目第一步应进行基本布置设计，主要包括装置的数量与布置方式、占用面积（包含锚定基础与线缆）、连接点的数量与特性，及其与公共连接点或登陆点的相对位置。

稍后在3.1.6节还将讨论的是：未来阵列场中，若干台海洋能装置将与中继点连接，以进行电力汇集。因此，电力也将通过一条或多条海底电缆传输上岸。电缆的输电电压选择将很大程度上取决于装机容量与到岸距离。

即使输电线的主要参数均相同，装置间的电气连接拓扑也可能有所不同，三类典型拓扑结构如图3-2所示。

上述不同方式的主要决定因素包括：

- 发电效率；
- 安装或运行需求；
- 资源利用情况（水动力学性能）；
- 电能质量问题；
- 环境影响；
- 对锚固/基础的要求；
- 供电的可用性与连续性。

上述因素并非仅与并网设计有关，而是与其他因素相互联系的，如能量转换的水动力学特性或装置可达性的需求等。

因此，如图3-3所示，海洋能装置的布置需在不同设计标准之间取得平衡。

3.1.3.1 水动力学与锚固需求带来的设计约束

阵列场几何参数对海洋能发电性能影响的早期研究主要依靠少数小尺度试验基础上的数值仿真计算。上述研究多针对某些专门装置或相对简单的阵列组合方式。因此，在某些问题上仍有争议，且仅能总结出部分一般性的结论。

例如，装置的布置与间距对其能量摄取具有一定影响，这是由于海洋能装置的工作原理均依赖于其与波浪或潮流的水动力相互作用。

对潮流能装置而言，该影响多与水轮机的尾流效应及能量摄取的减少有关[10]。上述问题可通过沿海流主要方向上采用错列布置水轮机解决，但应保证各行间距足够大以避免不必要的尾流干扰。

波浪能阵列场的水动力相互作用影响则更复杂：早期的理论分析表明，相长干涉在理论上有提高单机能量摄取量的可能[11,12]。当然，该类效应仅在特定的入射波周期下发生。近期对不规则波研究表明，通过优化布置方式提高的能量摄取率仅占可吸收量的几个百分点；对于紧密排列的装置，能量摄取率的下降与其布置方式会有定量

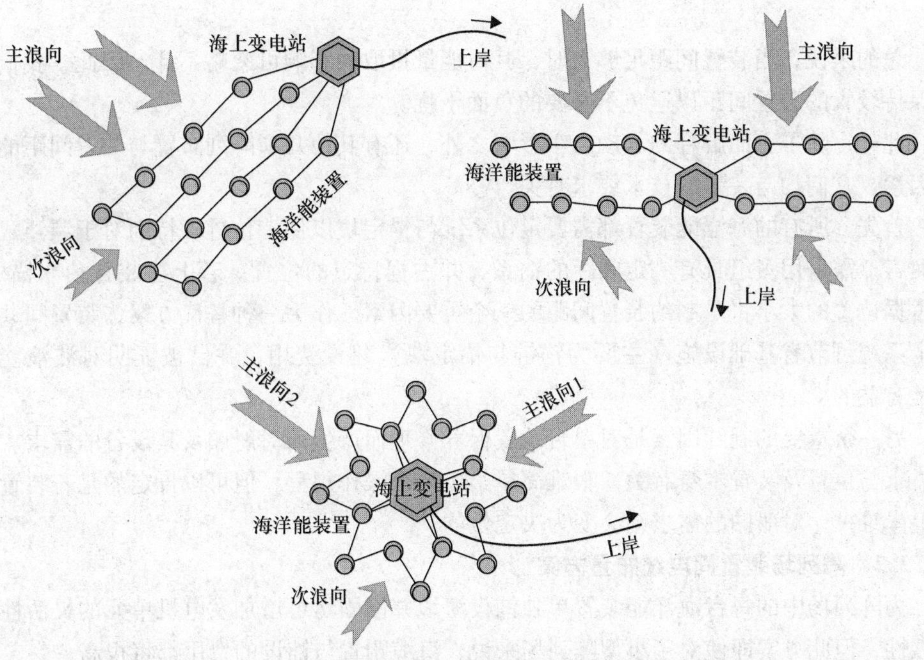

图 3-2　典型布置方式

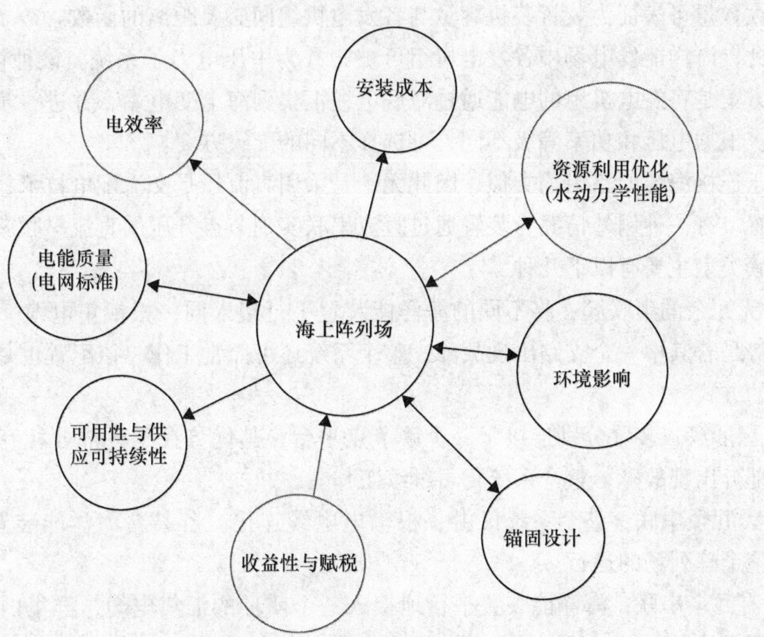

图 3-3　影响海上阵列场设计的主要因素

关系[13,14]。

总的来说，当装置间距足够大时，其对能量摄取的影响可忽略不计。因此，我们建议保持较大的装置间距以避免不必要的负面干扰。

此外，除了上面解释的水动力学影响之外，还有其他几项阵列布置与装置间距的限制因素，它们均与装置的技术要求有关。

首先，所有的海洋能装置都需要定位系统与锚定块以保持位置。特别对于漂浮式装置而言，需采用多组具有一定间距的锚系，并占据特定的位置。若上述装置独立锚定，其占据位置的大小将是制约装置间距的一个重要因素。作为一种替代方案，装置间共享锚定系统可节省基础设施（主要为锚链与锚定块）建设费用，并已被证明对波浪能装置是有益的[15]。

另一个重要的制约因素是对单台装置保养修理而产生的对船舶及其设备的需求。该类需求与位置及装置本身有关，很难简单给出一个操作规程，但可以肯定的是若装置需要上岸维护，对船舶的需求则会变为决定性的。

3.1.3.2 阵列场装置间电缆布置方案

为阵列场中的每台海洋能装置单独铺设海缆并网固然可增加发电机单元的灵活性与可靠性，但此方案即使对于小型阵列场来说，海缆购置与铺设的费用都将很高。

此外，同一线路中装置数量将受制于总线路的容量及沿程压降。由此，每条线路中装置最大数量可表征为装置装机容量与各发电机组间必要距离的函数。

因此，海洋能发电场中各发电机组可被归并为中压电力子系统。该种被称为“簇”的布置方案是将发电机组的电能通过海底电缆汇集到海上变电站，并进一步将电力传输至岸上。根据电压和功率等级不同，可选择不同的配置方案。

由于连接海缆的路由均类似，因此无论是采用直流还是交流配电技术，都不会影响簇的配置。有一种例外情况为装置通过直流串联实现节点升压的直流串联簇配置。

分簇类型主要有以下几种[16]：

- 无冗余的串联簇：将不同的海洋能装置平行接入同一根汇集电缆。该类布置方式的优势是若其中一个支路出现故障，整个系统还可照常工作。该配置也是风电场中最常采用的方式。
- 星形簇：装置分别连接于一个簇节点平台。其优势在于各部分相互独立，一旦其中某部分出现故障，整个系统仍可继续工作。
- 无冗余串联：整个系统仅由一根输电电缆连接。若某台海洋能装置出现故障，将影响整个阵列场的运行。
- 有冗余串联：海洋能装置平行地接入一个闭环的汇集电缆，群集内的电流方向可通过开关控制。
- 直流串联簇：各分支海洋能装置串联，该类配置仅用于直流簇。考虑到装机容量与阵列场离岸距离，直流输电正成为海上风电场最常用选择。

如图 3-4 ~ 图 3-8 所示，从概念性视角出发，采用何种簇配置型式不仅仅取决于阵列场的几何形式。电缆与连接设备的设计则取决于装置间的距离，漂浮式的装置还受制于装置的动力学特性。在此情况下，阵列场间距的选择需要在额外的电力损失与避免极端机械载荷之间取得平衡。

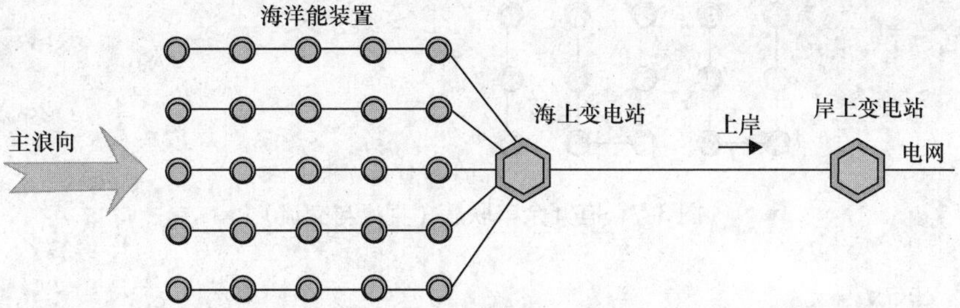

图 3-4　中型或大型阵列场中的线形串联簇（直流与交流）

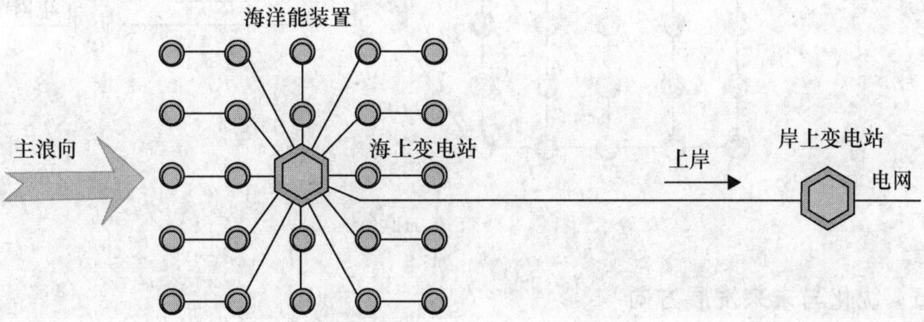

图 3-5　星形（辐射型）簇

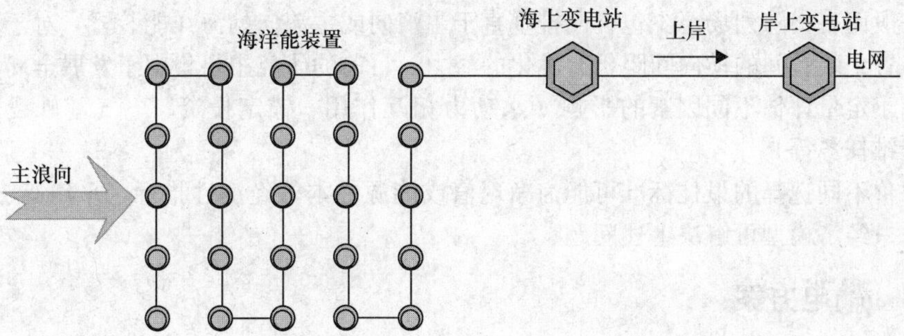

图 3-6　全串联簇

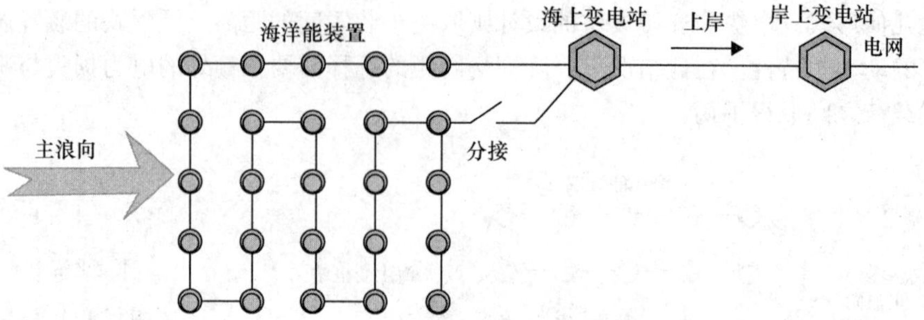

图 3-7 有冗余串联簇（直流与交流）

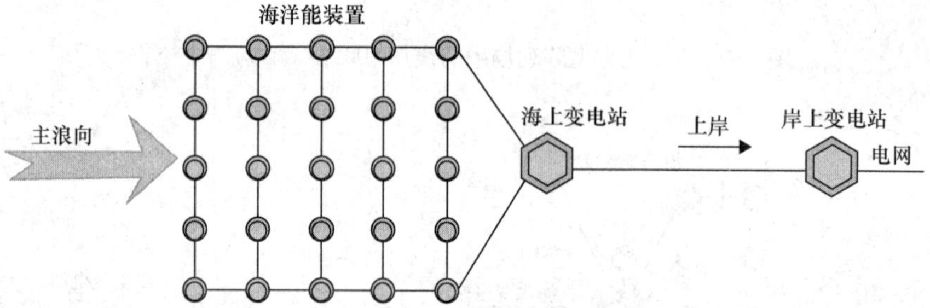

图 3-8 直流串联簇

3.1.3.3 优化与未来发展方向

海洋能阵列场布置设计的研究仍处于初级阶段，多数研究目前仅针对前述问题的某一个方面，而未考虑由于布置改变引起的其他因素变化对整体性能的影响。

如前所述的各方面都会影响阵列布置的选择，而海洋能阵列场几何参数的优化则应考虑全部因素以利于开发者与未来的使用者做出决定。

一般而言，阵列场至少包含两排垂直于主浪向或主流向的海洋能装置。对于单排的阵列布置，装置间的横向间距仍有优化的潜力。目前的研究主要集中于发展全局型的工具以用于定量评估不同因素的影响（水动力相互作用、锚定投资、电气基础设施、安装与运维任务等）。

评价不同选择的最佳标准可能为净现值或能源成本等经济性指标。采用第 10 章中的技术 - 经济模型可解决上述问题[1,2]。

3.1.4 输电方案

理论上来讲，只要安装了合适的变流器，任何海洋能装置均可与电网直连，而不需要其他附加设备。但从效率与经济性的角度考虑，阵列场各单元所生产的电力在传输上岸前需先进行收集与变换。几类常用解决方案如下所述。

首先需要考虑的是海上到岸上的电力变换类型。

电能可通过交流（AC）或直流（DC）的形式传输：对于离岸式的装置而言，采用交流还是直流主要取决于到岸距离与装机容量[4,17-19]。对于远离并网点的阵列场，或是上百兆瓦的装机容量，交流传输造价会很高，在某些情况下甚至无法实现，因为电缆本身的无功功率就将消耗掉其传输容量。

在此种情况下，高压直流（HVDC）输电是一种选择。该类系统在海上与岸上各需要一个交/直流变电站，其建设和运行在工程上与经济上均有很大挑战。

目前，现存的离岸传输系统多采用高压交流（HVAC）将阵列场产生的电能输送到岸上。通常需在海上建设一个变电站进行升压以减少线路损耗。当阵列场距岸不远且装置发电电压足够高时，可也不采用海上变电站。

在选择输电方式时，有两个基本问题需率先考虑，与初始投资相关的资金成本及输电线效率（到岸电量/海上电量）。

直流输电系统的终端价格通常远高于交流输电。如图 3-9 所示，随着到岸距离增加，交流输电的投资增速高于高压直流输电。因此，图中存在一个高压直流输电与高压交流输电投资成本相等的交叉点。

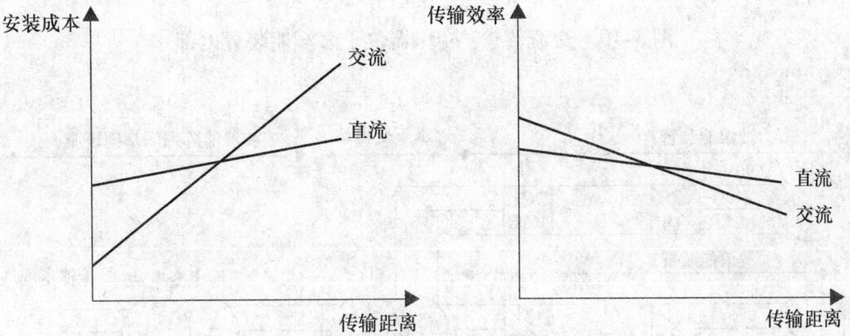

图 3-9　直流/交流传输的安装成本与传输效率对比

输电效率是海上阵列场评估的另一个重要因素。当到岸距离较短时，高压交流输电的效率高于高压直流输电。与成本对比相似的是，同样存在一个交叉点，在此之后高压直流的效率更高。

电力变换系统的放置位置决定了海洋能装置连接系统必须传递的电力信号种类。未来可期的是，海洋能装置除了安装发电机之外，还将安装一组变流器与变压器，这样生产的电能即可经由三相交流中压电缆进行输送（见图 3-10）。然而，如图 3-11 所示，对于安装直线发电机的波浪能装置，其电能汇集至独立于装置之外的变电站统一进行升压转换[20]。此时，采用低压电缆连接装置与变电站，而该类方法不适用于长距离输电或高功率输电（因为大电流会导致严重的输电线损）。

另一类方案是在装置上对电力信号进行整流，接入直流电缆实现并网，如图 3-12

所示。该方案最早是针对海上风电场提出的，因其允许通过串联风机以提高传输电压（避免使用海上变压器）。当高压直流传输可行时，该方案也适用于离岸较远的大规模海洋能发电场。当然，该方案需要海洋能装置安装变流设备，可能还需要安装变压器（将低压升至中压水平）。

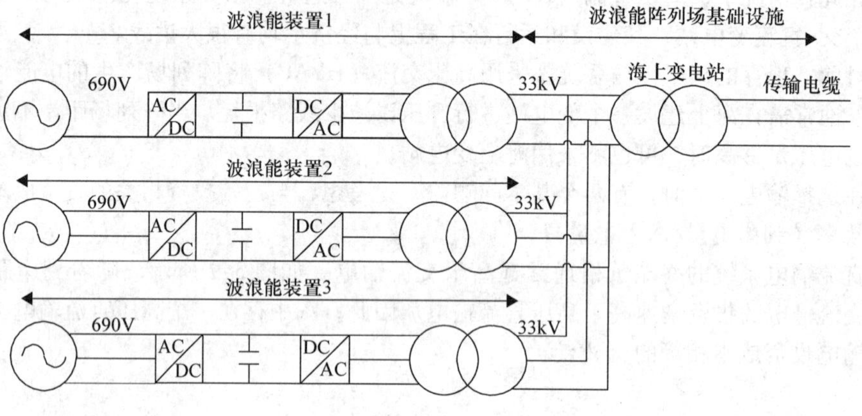

图 3-10　交流传输：变压器位于海洋能装置内部

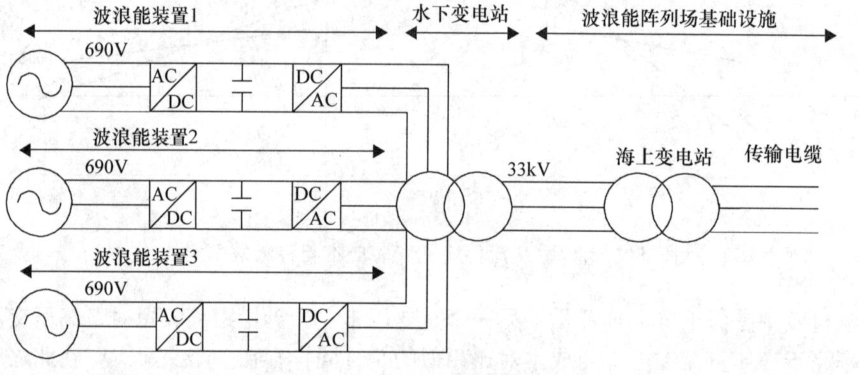

图 3-11　交流传输：水下变电站配置海上变压器

3.1.5　输电模型

对于交流输电电缆，可通过分布参数模型进行建模。该模型通常用于简单电力线路的潮流分析[21]。如图 3-13 所示：将任一线路的阻抗与导纳应用于各微元段以对电压与电流的沿程变化进行准确建模。

该模型的主要方程包括：

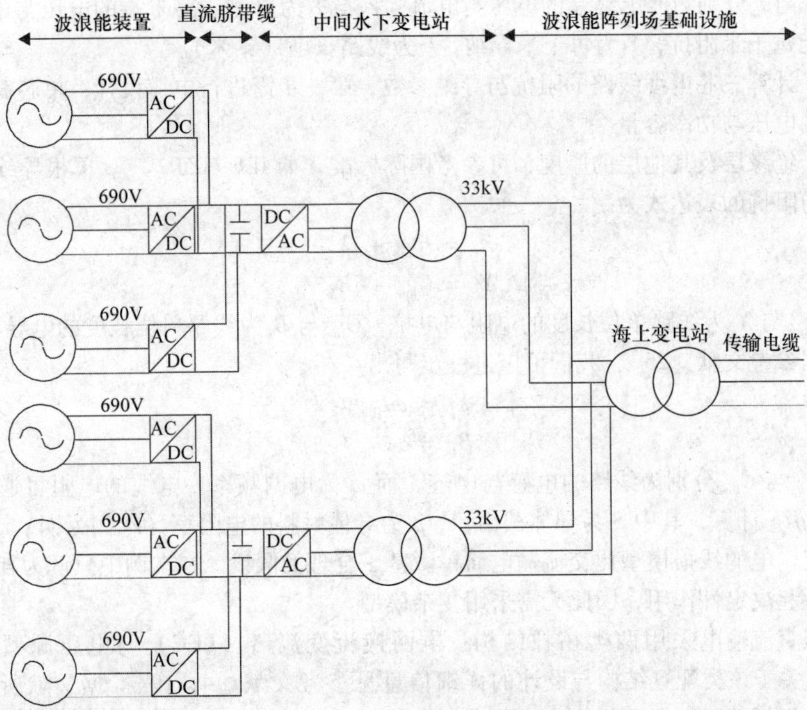

图 3-12　交流传输海上变电站、海上变压器及海洋能装置的逆变直流输出

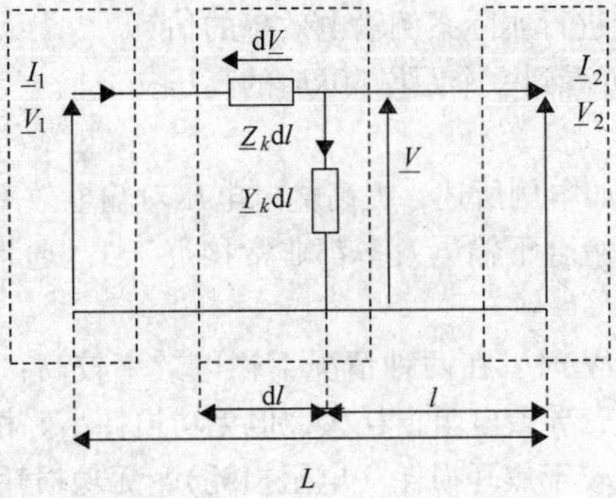

图 3-13　电缆分布参数模型方案

$$V_2 = V_1\cosh(\sqrt{Z_l Y_l}L) - \sqrt{\frac{Z_l}{Y_l}}I_1\sinh(\sqrt{Z_l Y_l}L) \tag{3.1}$$

$$I_2 = I_1\cosh(\sqrt{Z_l Y_l}L) - \frac{V_1}{\sqrt{\frac{Z_l}{Y_l}}}\sinh(\sqrt{Z_l Y_l}L) \tag{3.2}$$

式中，V_1与I_1分别为海上终端的电压与电流，V_2与I_2为岸侧线路末端的电压与电流，Z_l为线路上每千米阻抗，Y_l为每千米导纳，L为线路长度（千米）。

为了计算三芯电缆线路的阻抗与导纳参数，第一步需进行电缆设计：单芯截面积取决于传输电压与功率容量[22,23]。

对于绝缘层及其他层的厚度，可参考国际标准，如IEC 60502[24]。单根导线芯每千米导纳与阻抗的表达式为

$$Z_l = R_{\text{line}} + jX_k \tag{3.3a}$$

$$Y_l = G_{\text{line}} + jB_k \tag{3.3b}$$

式中，R_{line}与X_k为线路单位长度的电阻与电抗，G_{line}与B_k为线路单位长度的电导与电纳。

根据参考文献［25］，我们可以进一步写出

$$X_k = \omega L_{\text{line}} \tag{3.3c}$$

$$B_k = \omega C_{\text{line}} \tag{3.3d}$$

式中，L_{line}与C_{line}分别为线路的电感与电容，而ω为电网频率。电缆的电阻可通过关系式$R_{\text{line}} = \rho/S$计算，其中S为导体截面积，ρ为导体材料的电阻率（本例为铜）。

直流输电的线损模型比交流输电简单。基于合理的假设，在本例中只认为耗散性的电阻损耗起决定性作用，因此无需采用复杂模型。

高压直流输电采用两类拓扑结构：电网换流变流器（LCC）与电压源型变流器（VSC）。关于该类配置结构与设计的详细信息见参考文献［4，19］。据文献所述两类变流器的损耗情况：电网换流变流器为1%~2%，电压源型变流器为4%~5%[26,27]。

3.1.6 输电效率

采用上节模型可直接进行实际案例输电效率的估算。

在图3-14中，我们可看到一个距岸20km的高压交流输电系统输电效率与功率、电压的对应关系。

当到岸距离较短时，如本例所述，提高输电电压对输电效率的影响较小。如图3-14所示，在各种电压－功率组合下输电效率都非常接近于1。通常，功率越大，输电效率越高。

当装机容量达到90MW时，在两种情况下输电效率较高：第一种为相对较低的输电电压，此时输电电流大，导致电阻损耗大，但无功损耗小。相反地，另一个高效率区域对应着高输电电压，相较于焦耳损耗（电阻损耗），无功损耗为主要损耗。

参考文献［29］介绍了不同的海上风电场连接方案。其中有一些实例可与图3-14比较。第一个为肯特平原（Kentish Flats）海上风电场（90MW，2005年），距岸8.5km，传输电压33kV，无变电站；第二个为巴罗因弗内斯（Barrow－in－Furness）风电场（90MW，2006年），在距岸7km处建设了一个33/132kV的变电站。尽管两个海上风场的到岸距离与输电功率相似，参考图3-14的讨论，两个风电场选择了截然相反的输电电压。

图3-15所示为距岸100km、采用交流输电的海洋能阵列场的输电效率。与距岸

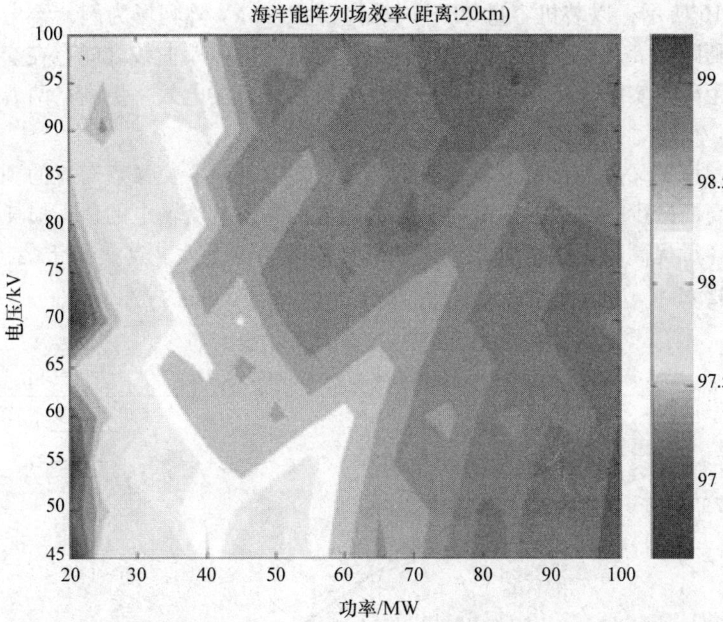

图 3-14　不同交流输电电压与功率条件下的海洋能阵列场效率（20km）

20km 的情况相比，对低功率采用低输电电压为最佳选择，这是由于在如此长的距离上，海底电缆的电容效应不容忽视。

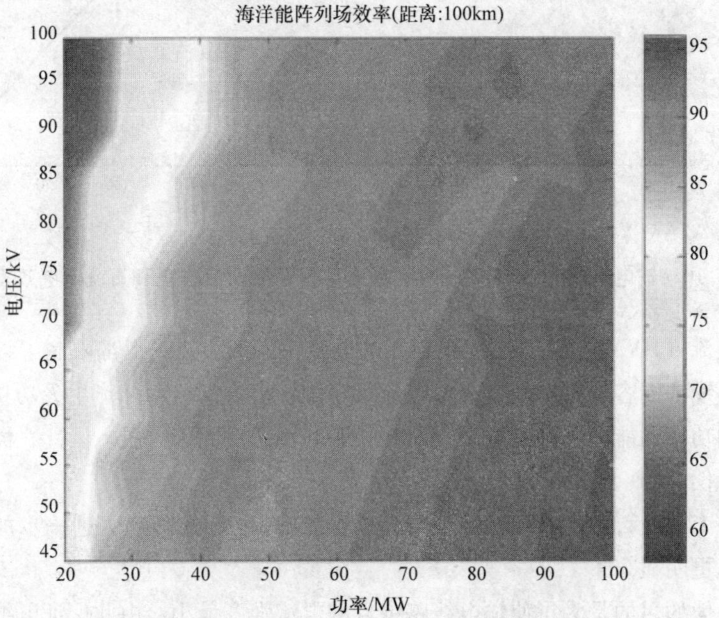

图 3-15　不同交流输电电压与功率条件下的海洋能阵列场效率（100km）

如图 3-16 所示，以装机容量 20MW、输电电压 45kV 阵列场为例，给出了直流与交流输电效率随距离变化的曲线。该图中直流与交流输电效率曲线之间存在交点，对应的距离为平衡距离。实际输电距离小于平衡距离时，交流输电效率更高；两者效率在平衡距离处相等。反之，直流更佳。

实际上，该交叉点的位置取决于装机容量与输电电压。交叉点对应的到岸距离随输电电压的升高而减少，主要原因是由于输入电压升高，直流输电的焦耳损耗会减小。此外，当装机容量提高时，输电电压对到岸距离的影响也更大。这是由于装机容量越大，相关损耗也越大。

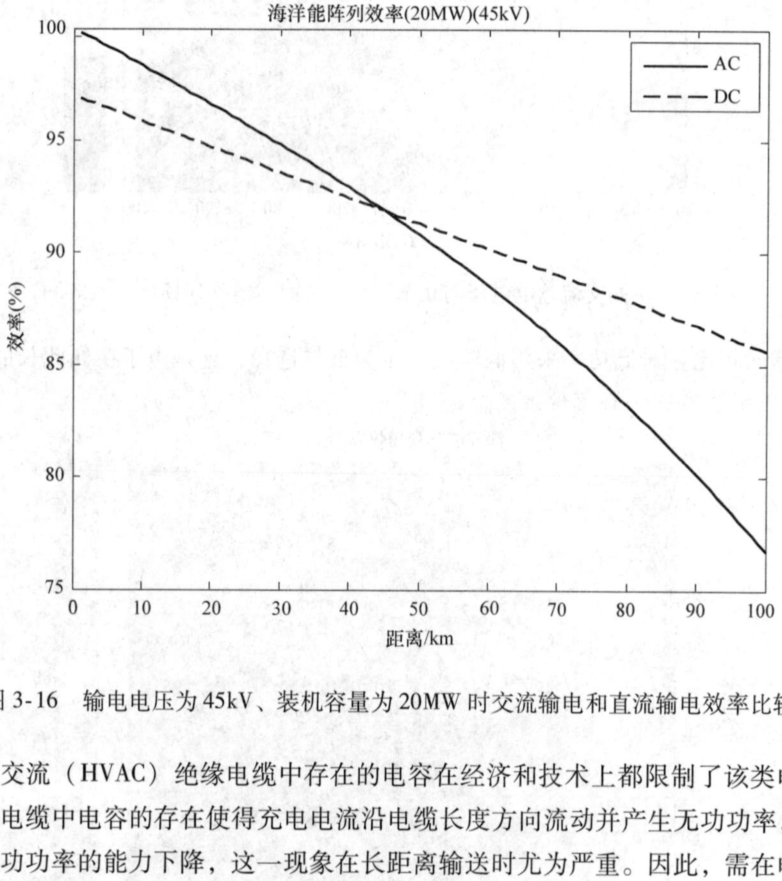

图 3-16 输电电压为 45kV、装机容量为 20MW 时交流输电和直流输电效率比较

高压交流（HVAC）绝缘电缆中存在的电容在经济和技术上都限制了该类电缆的传输距离。电缆中电容的存在使得充电电流沿电缆长度方向流动并产生无功功率，导致电缆输送有功功率的能力下降，这一现象在长距离输送时尤为严重。因此，需在电缆末端提供无功补偿。

如图 3-17 所示，当电缆的到岸距离增大时，其电容的影响也进一步加大，无功补偿的作用也更明显。

无功补偿的目的是为了使输电线路中点的电流强度最小，由此保证电缆始端和末端的电流相等。

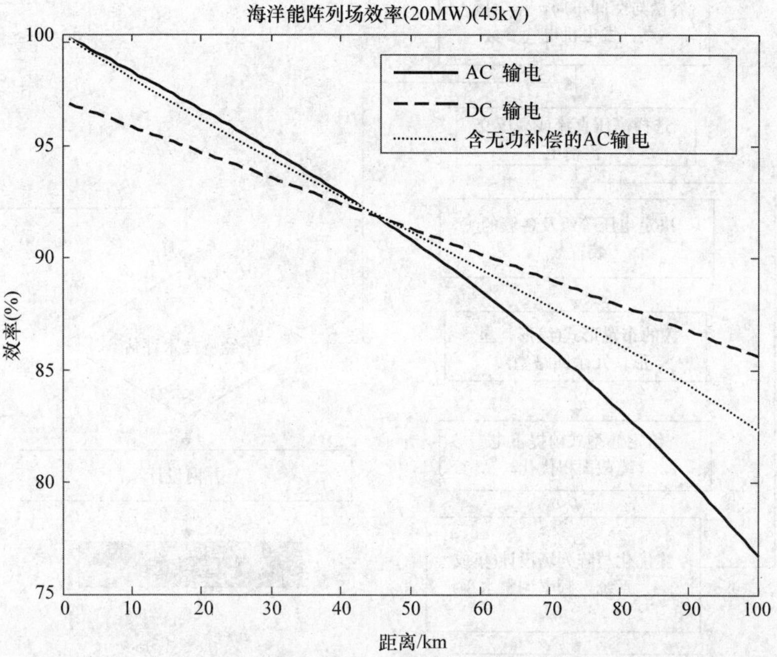

图 3-17　输电电压为 45kV、装机容量为 20MW 的海洋能阵列场输电效率与距离的关系（交流输电不含无功补偿、交流输电含无功补偿、直流输电）

3.1.7　输电电缆设计

在并网设计之前一般都需要在投资成本与传输效率之间进行平衡，特别是后者关系到未来的投资回报。进行该类分析时，至少需要估算一些关于阵列的基本输入参数，如到岸距离和装机容量。虽然诸如水深等环境参数也有一定影响，但对于电气分析而言并不是决定性的。

当缺乏反映海洋能阵列场电气连接接口实际设备部件的具体信息时，首先要根据上一节中所介绍的模型计算输电效率，以确定输电电压和电缆。根据装机位置与装机容量，可得到最合适的输电电压。

显然，采用高电压值会增加硬件投资。因此，为得到最优方案，需采用一简单的成本模型进行估算。该模型包括了硬件成本以及非有效配置导致的电能损失成本。参考文献［28］和第 10 章对此进行了详细分析。

输电电缆设计是阵列场电气设计过程中的一个环节，也是技术 – 经济综合分析的结果。图 3-18 简要给出了波浪能阵列场布置中的各个步骤。

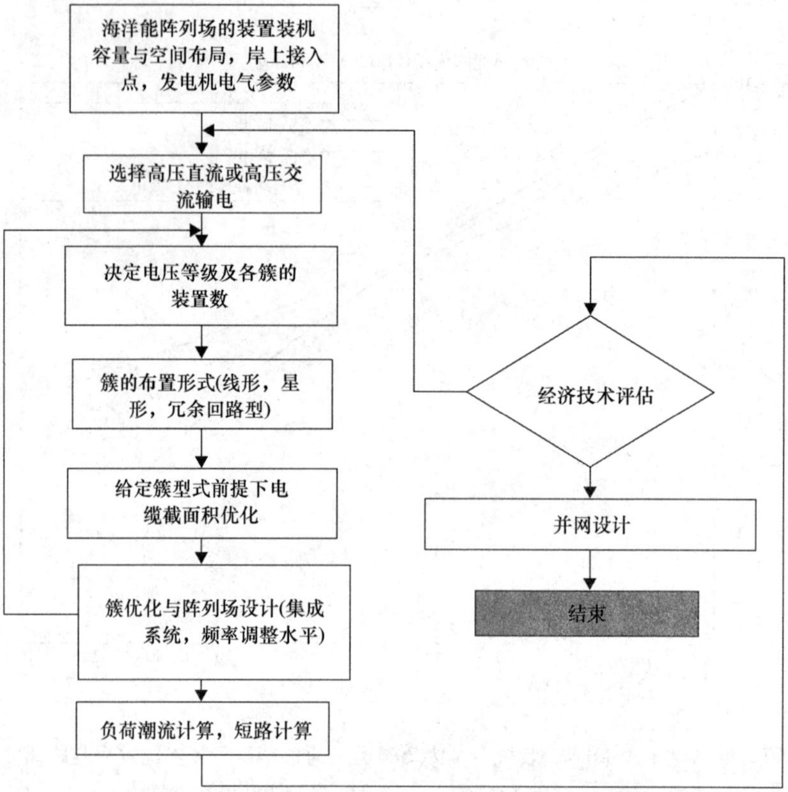

图 3-18 阵列场布置的设计流程

3.2 并网基础设施工程

在行业发展的早期，只有海洋能装置的开发者会关注并网设施的设计问题，目前则由公共事业机构在设计海洋能测试场过程中负责对海洋能并网设施进行界定。尽管这种挑战与海上风电行业遇到的情况类似，但若波浪能装置的安装水深（可能还有到岸距离）继续增加，会使现有的海上风电方案不再适用。特别是在未来大规模的阵列场开发中，其到岸距离还可能增加。

目前欧洲正在建设的波浪能与潮流能装置全尺度测试场，若允许连接数组不同的装置，就需要更详细的设计并对各种已知方案进行全面分析。其目的在于识别出针对项目经济技术限制的最适用方案。这个过程在未来可能更为重要，当大规模的商业化海洋能装置投放于远海时，电气连接配置工程将对保障投资盈利能力起到决定性作用。

一旦确定了电气连接主要参量，支持电气连接的相关结构工程即成为主要问题。并网电气方案通常会对基础设施设计提出特殊要求。事实上，海洋能并网方案均应满足的一般定性要求如下[30]：

- 多数基础设施均可按永久性结构考虑（例如，较长的设计使用寿命），建设完成后将运行较长时间；

- 需限制并网基础设施单元运动，以免对电缆运动产生负面影响[31]；
- 整个结构应易于维护、运行与安装；
- 尽量减小相关组件的体积与重量（低成本、易于操作），且尽量选择商品化的组件（较低的加工成本）；
- 结构在其全生命周期内的环境影响应尽量减小。

一旦结构布置与投放点的环境条件确定了，上述一般要求将变为量化设计约束条件。

由于海洋能装置并网运行的经验有限，且装置概念种类繁多，事实上尚未有商业化方案可供参考。由于针对不同系统的设计需求不同，现有示范项目进一步转化应用在实践上也有困难。

在后面第 10 章中我们也将谈到，上述系统属于资金密集型工程，需进行大规模安装应用才能保证盈利。因此，海洋能产业发展至后期，其电气工程并网方案的数量将收敛至少数几种，且会出现标准化的程序与组件。

3.2.1　连接点界定

我们在进行并网配置设计时所面临的典型情况如图 3-19 所示：一个或多个离岸的海洋能装置需通过一条传输电缆连接至岸上电网。

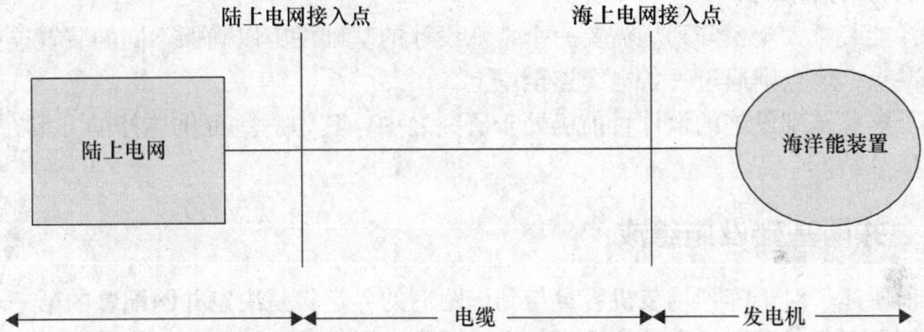

图 3-19　海洋能并网方案基本示意图

从纯功能性角度看，至少有两个连接点：一个位于装置一侧（例如，离岸电网的入口点），另一个位于电网侧。

3.2.1.1　与装置的连接

底部固定式的连接方式设计本身并不是一项创新性的挑战，因为海上风电行业已在过去十年涉及了这个问题。海上风机曾大量使用钢制 J 形护管用以保护电缆。但该类方法失效率较高，其他的方法也随之应运而生。例如，从单桩基础的下方井口挖槽至变电站或采用自由悬挂线的方式。

固定式基础的海洋能装置可采用传统的静态电缆，也可保证在干燥安全的环境中进行连接。对于潮流能装置投放海域的环境，作用在电缆上的波浪与海流力均会较强。

漂浮式装置需通过动态缆连接至电网。电缆与电力变换设备（或在没有电力电子变流器时的发电机）连接到海洋能发电装置的舱内。在海洋能装置的外壳处需设计合适的连接点。

对连接点的界定应满足以下需求：

- 连接区域内的运动幅度有限，这可使作用于电缆上的动态载荷较小；
- 运行期间，电缆必须完全浸没，不允许振荡至海面以上；
- 连接区域应靠近电力变换设备（或发电机）；
- 连接区域应相对远离锚固连接点或装置的边缘，以保证连接点与其他系统或装置本身不会发生相互干扰；
- 电缆应易于检修，易于接近且方便与海洋能装置断开。

显然，满足所有上述需求的最优方案取决于装置本身。考虑到目前广泛采用的漂浮式技术，对于大多数情况来说，连接至装置的中下部并尽量靠近重心（避免相互干扰或大幅运动）可能是最佳选择。

3.2.1.2 与基础设施的连接

由装置引出的动态脐带缆连接至电网基础设施的方式主要取决于前面定义的布置方式。

最基本的选择是直连岸上电网。在此情况下，在动态电缆与静态电缆之间还需一个海底中继连接点，静态电缆埋至地下且与陆上电网相连。该方法需要较长的脐带缆，且对电压选择有所限制。

海洋能装置大规模阵列场需要一个特殊设计的基础设施以确保不同的装置连接至同一个公共点，该点则通过一条电缆连至岸上。

关于这些基础设施的设计目前仍处于研究之中，其中一些可供选择的方案在 3.2.3 节将有所总结。

3.2.2 并网基础设施组成

如前所述，对于阵列场装机容量与到岸距离的界定将是决定并网配置的第一步。应根据并网需要，对不同方案的效率进行初步评估。海上并网基础设施将是海洋工程设计师需要面对的真正挑战，通常需要较大的投资额以保证结构安全。

一般来讲，中等规模的海洋能阵列场并网工程通常需要如下组成部分：

- 装置连缆与变流设备（变流器、变压器与脐带缆）；
- 电缆连接器；
- 海上变电站；
- 水下传输电缆；
- 陆上变电站。

对于小规模阵列场，某些组成部分可能会有所不同或根本无需采用。

目前变流设备与装置间连接的脐带缆都还因装置而异，且取决于发电机的类型。未来大部分海洋能发电技术会在装置中集成变流器与变压器，而脐带缆的设计则将主要考虑投放地点因素。海洋工程领域采用脐带缆输送电力已经有几十年的历史，但是由于海洋能装置（特别是漂浮式波浪能装置）运动导致的动态载荷与传统海洋平台的载荷有很大差别，因此需做专门设计。

另一方面，关于海上变电站、海底电缆与连接器的设计需更多考虑投放地点，而非装置类型。目前，多数海洋能测试场也并非针对某一特殊的装置类型（但考虑了波浪能与潮流能的区别）进行的设计。基于此点，海上风电行业的过往经验对理解与上述组件设计相关的技术细节非常有用。

3.2.2.1 海洋能阵列场变电站

为了降低输电线路损耗，海上变电站可将输出电压升高至一定等级后再传输到岸。下述情况可不必安装海上变电站：

- 项目规模较小（小于等于100MW装机容量）；
- 距岸较近（小于15km）；
- 并网电压与海洋能发电场的汇集电压相同（如33kV）。

早期海洋能项目可能均满足上述全部条件，因此建设海上变电站尚非海洋能开发的主要需求。但未来海洋能阵列场的规模与距离都将增加，因此需建设一个或多个海上变电站。

海上风电场已建设并使用过多个海上变电站，其体量巨大、建设成本高昂。典型的风能变电站多采用混凝土基础固定平台，该方案可能不适合于深水投放的波浪能装置。典型的海上变电站一般包含以下关键组件：

- 变压器；
- 电气开关柜；
- 备用发电机与蓄电池。

未来大规模海洋能阵列场可能无法采用立柱式固定结构，而是由于在大水深条件下的安装成本过高。在此情况下，有两个解决方案：

- 漂浮式变电站：该方案允许采用标准化的电气设备，并进行整体水密保护，相对易于维护与运行。进行该类结构设计的难点在于如何克服巨大的波浪力且要保证较小的运动范围（否则与装置连接的脐带缆可能遭受严重破坏）。该类变电站虽已有几种设计方案，但整体看仍处于早期阶段，尚未有方案证明其可行性。来自海上油气开采业的经验可能成为其设计的关键，例如系泊式半潜平台与张力腿平台。有的方案也直接设计成漂浮式风机的承载平台（如麻省理工学院学者开展的工作）。

- 海底变电站：水下安装对于抵抗外力与定位更有利，但电气设备的保护却需要高昂费用（如通过压力油密封分隔的电气开关）。海底变电站的维护非常困难，甚至不可能，除非在浅水区，可允许潜水员作业，其他大部分情况下只能通过遥控机器人进行操作。断开电缆连接也是非常困难的事情，多数情况下需要湿插拔连接器（比干插拔连接器更贵）。海底变电站很有可能是永久建筑物，因此要求具有高可靠性和安全冗余以保证阵列场的可用性。

3.2.3 连接单元的概念性替代方案

在基础设施工程中，最大的挑战即为如何设计装置脐带缆与上岸海底电缆的连接点。

若装置与电缆的电压相同，如同多数示范项目，则接驳盒（集线器）中不需要装配变压器，也无需为其进行特殊的工程处理。参考文献［20］提出了在海洋能系统中采取海底变电站的方案，但设计仅适合于低功率输电与浅水。本节将介绍四种支撑集线器结构的概念性替代方案。在各个方案中，最主要的要求为模块化设计，这将使接驳盒独立于支撑机构，并使制造、操作、安装更简单，也使得整个系泊或支撑系统可独立于接驳盒进行设计。

3.2.3.1 水下连接单元

该系统包含一个安装于海底的水下接驳盒及若干连接节点（见图3-20）。主要的组成部分包括：

- 安装集线器的重力式平台；
- 水下集线器；
- 电缆连接器：它们被用来连接脐带缆与动态缆。目前只有一种干插拔型连接器的产品可供使用，即连接工作需在水上完成，并需采用中继动态缆；
- 动态缆：连接装置脐带缆与水下接驳盒的中继电缆；
- 标识浮标。

水下接驳盒与动态缆均为永久组件，连接与断开均需上浮动态缆末端的连接器。该方案的主要优势在于：

- 与其他方案相比，作用于脐带缆上的机械应力较小；
- 安装于海底，受风暴潮影响极小。

可能的劣势在于：

- 维护接驳盒将会非常复杂，且开关设备可能无法使用；
- 海底泥沙运动可能会掩埋连接器，不易寻找。

3.2.3.2 置于中间水深的集线器

该系统主要基于一个安装于15～20m水深的平台上的水下接驳盒。核心组成部分包括：

- 安装有集线器的水下系泊平台，并可被视为一个虚拟的海底；
- 水下集线器；
- 动态缆：可能需要中继电缆用以连接接驳盒与水下电缆，这是由于平台的运动可能带来不同的需求；
- 电缆连接器：用于连接装置的脐带缆与接驳盒；
- 标识浮标。

在该方案中，脐带缆可直接与集线器相连。操作可由潜水员在平台内的水密单元中完成。若集线器可与平台分离并漂浮至水面，上述工作也可在水上完成。该方案的主要优势在于：

- 维护可在不增加其他需求的条件下由潜水员完成；
- 若集线器置于干燥的水密单元中，则可采用标准连接器与开关设备；
- 安装与拆除相对简单。

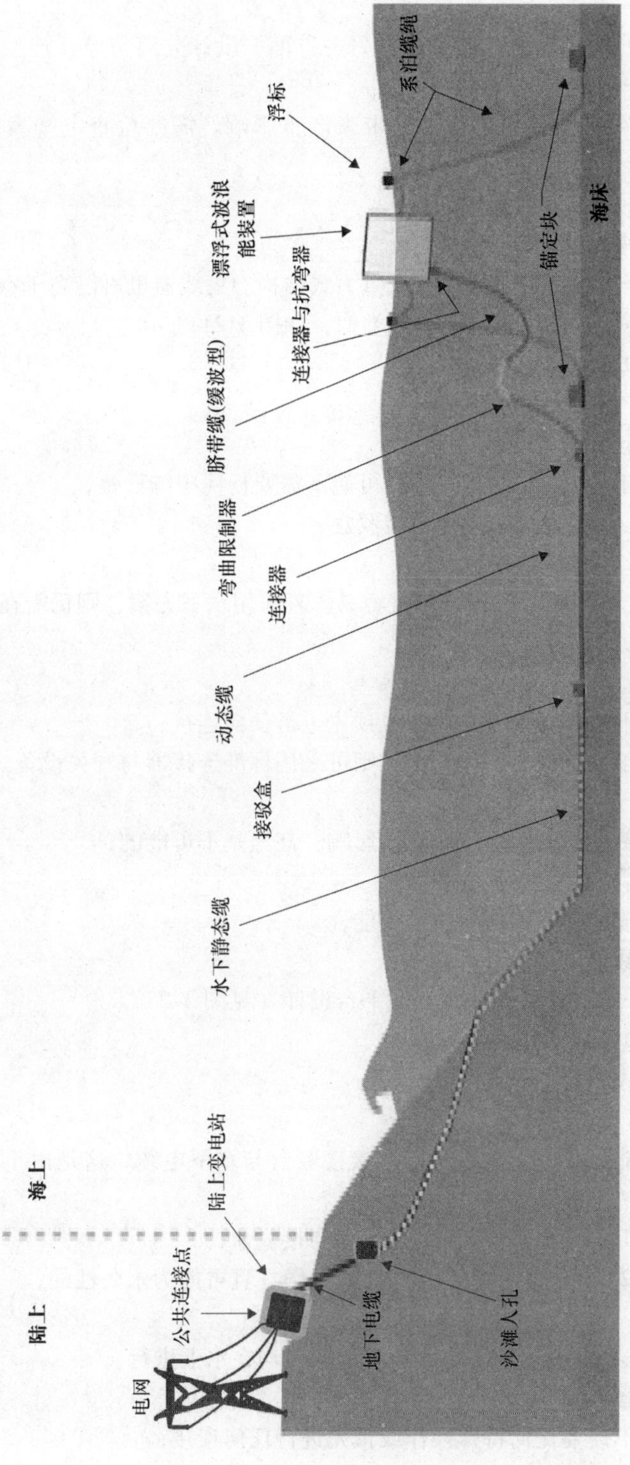

图3-20 海底连接单元配置

可能的劣势在于：

- 平台水密单元的设计可能很困难。另一方面，设计分离与漂浮连接中心系统的工作也可能很困难。
- 平台的运动问题也可能对脐带缆带来严重影响。需要检查电缆发生碰撞的可能性。
- 该方案概念较新，可能造价昂贵。

3.2.3.3 底固型连接单元

该系统主要基于支撑接驳盒的单桩或重力式结构。集线器也可能高于水面。若水深较大，则可采用水下集线器，与前述方案类似，如图 3-21 所示。

核心组成部分包括：

- 固定式平台（单桩或重力式结构）；
- 集线器（水上水下均可）；
- 电缆：电缆可直接置于结构内部，可能不需要任何中继设备；
- 电缆连接器：用以连接脐带缆与接驳盒；
- 标识浮标。

若集线器在水上，则相关操作将非常容易。若采用水下方案，则仍需在水密部件与可分离集线器之间做出选择（见图 3-22）。

该方案的主要优势在于：

- 运维简单，不需要任何特殊操作或预先进行任何连接；
- 若集线器置于水上或水密单元中，则可采用标准连接器与开关设备。

可能的劣势在于：

- 建设与安装费用高昂，受海底泥沙影响，甚至是不可能的；
- 海洋环境影响大；
- 需检查脐带缆的动力特征与碰撞可能性。

3.2.3.4 漂浮式集线器

该系统基于一个承载接驳盒的漂浮式平台设计（见图 3-23）。

核心组成部分包括：

- 系泊的漂浮式平台；
- 集线器；
- 动态缆：可能需要中继电缆用以连接接驳盒与水下电缆，这是由于平台运动可能带来不同需求；
- 电缆连接器 1：用于连接装置的脐带缆与接驳盒；
- 电缆连接器 2：用于连接动态缆与海底电缆，且可能为永久性的；
- 标识浮标。

该方案的连接操作较为容易，因为所有的操作均在水上进行。

其主要优势在于：

- 运维简单，不需要任何特殊操作或预先进行任何连接；

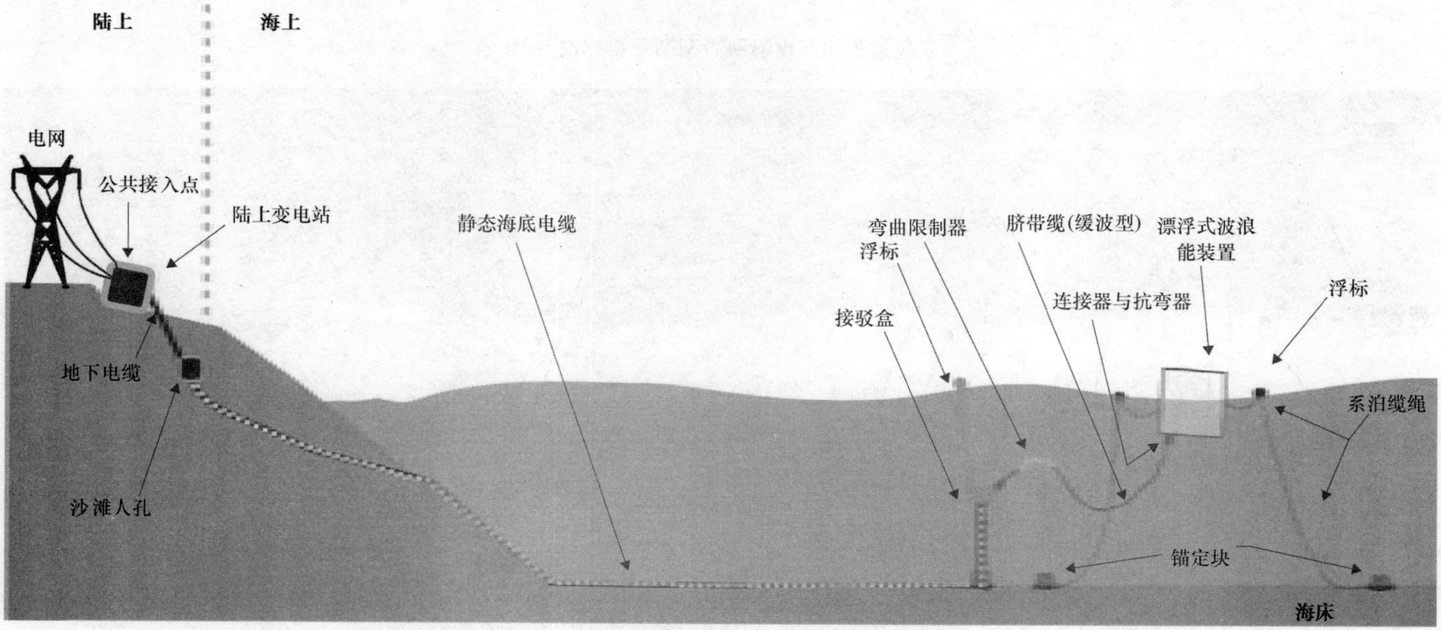

图 3-21　在中间水深放置连接中心的配置方案

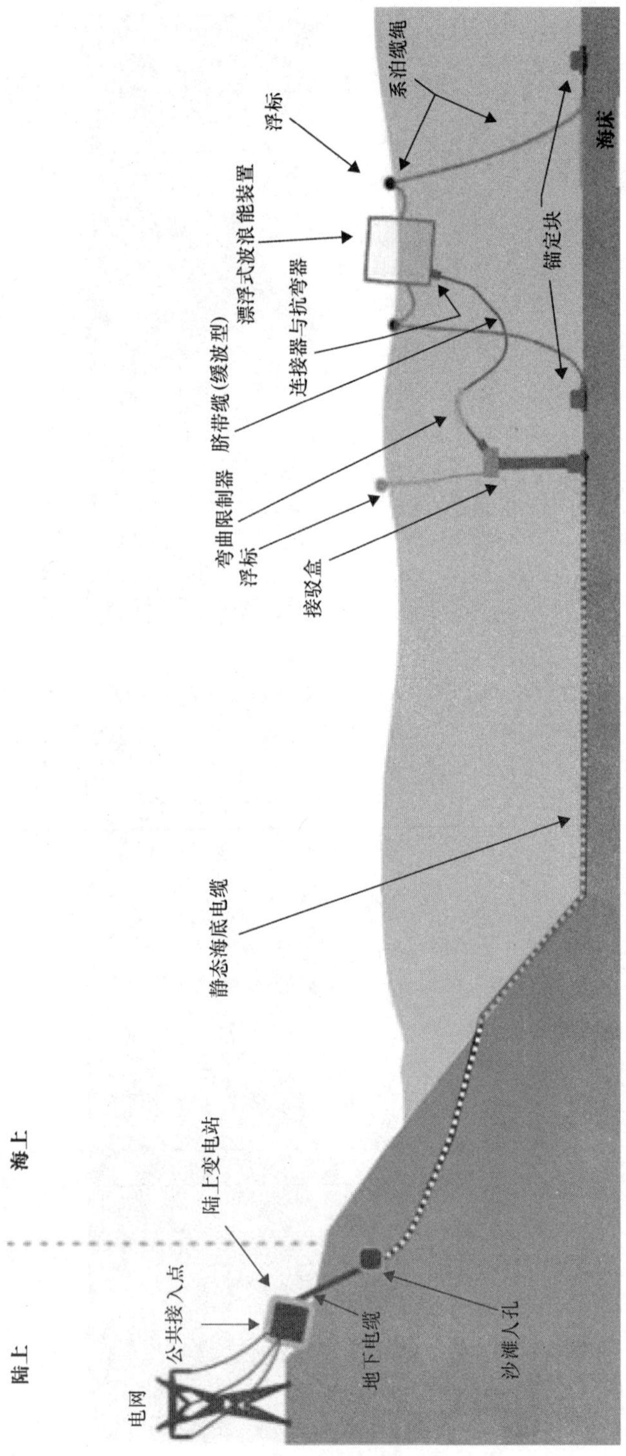

图 3-22 设有底固型连接单元的配置方案

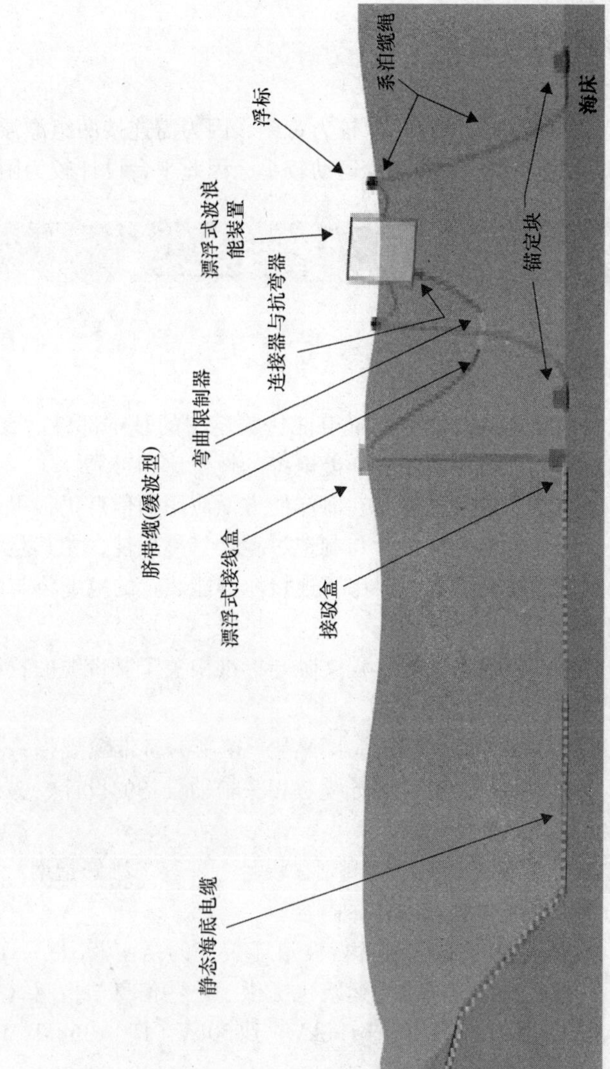

图 3-23　漂浮式集线器配置方案

- 安装与拆除简单；
- 采用标准连接器与开关设备。

可能的劣势在于：

- 电缆的动态特征可能对其设计要求较为苛刻，因为需连接两组漂浮式结构；
- 由于极端环境条件恶劣但要求平台运动较小，因此平台设计较为困难。

3.3 动态电缆与连接器设计

3.3.1 参考标准与指南

如前所述，海底电缆是离岸海洋能装置电能传输链中的基本部件。在一定程度上，未来海洋能发电场的盈利能力将取决于海洋能电缆的性价比和可靠性。

尽管海底电缆非常重要，但是关于其在海洋能方面应用的信息仍很少，这与目前相关工程实践较少有关。海洋能电缆的设计与制造过程极具挑战性，尤其是考虑漂浮式波浪能装置时，则更为困难。在此情况下，用于连接海洋能装置的电缆将与海洋油气行业采用的脐带缆非常相似。

对于锚泊设计与分析，可参考近海工程文献与标准中关于脐带缆的特征、设计、安装与制造的一般方法与程序：

- ISO 13628 标准的 API 17E 规范：《水下生产控制的脐带缆规格》[32] 中明确了相关需求，并对油气行业水下控制系统、服务缆及相关辅助设备的设计、选材、制造、设计验证、测试、安装与操作给出了建议。
- IEEE 1120—2004：《海底电缆系统规划、设计、安装与维修指南》[33] 给出了水下电缆规划、设计、安装与维修需考虑的详尽内容。
- 挪威船级社（DNV）关于设计与运行波浪能装置的指南及 DNV OSS - 312[34] 主要针对波浪能装置，但对电缆系统的设计运行也提供了一些信息与指南。
- IEC 60502 标准：《用于 1kV（$U_m = 1.2$kV）到 30kV（$U_m = 36$kV）电压等级的挤包绝缘电缆及其辅件》[24] 明确了电压等级从 1kV（$U_m = 1.2$kV）到 30kV（$U_m = 36$kV），用于配电网或工业生产设备的挤包固体绝缘电缆的生产、尺度与测试要求。对于特殊安装与服役条件，并未涉及。对于海洋能电缆的水下或船上应用，则需要额外的设计考虑。
- IEC 60092 标准：《船上电气安装》[35] 给出了船上电气安装系统设计的主要内容，并特别涉及电缆敷设、测试与安装。船上或离岸情况的细节规定对低压海底电缆的设计非常有帮助。后面也会提到，由于在海洋能应用中所面临的运行条件和环境条件不同，关于额定规格的使用需特别注意。
- IEC 60287 标准：《电缆 - 额定电流的计算》[36] 明确规定了电缆额定电流的计算方法，从而为电缆导体截面积的设计与选择提供了指导。

上述规范与标准可为海洋能电缆开发提供一些初步的基础，但显然未来仍需针对海洋能应用制定专门的海底电缆规范。

3.3.2　典型海底电缆的组成

用于电力传输的海底电缆通常包含多层结构，其组成及其重要程度则随着应用的变化而不同。

对海洋能装置而言，由于主要功能是传输电力（也可能包括通信与测量信号），电缆横截面通常包含一组或多组传导线芯。

每组线芯均需适当的绝缘，并可能需要屏蔽层以保持电场应力均匀，因此整体被包裹在一护套内。

铠装为海底电缆提供保护与支撑。水下动态电缆由于受到的机械载荷较大，通常需装配钢制铠装。外层护套，通常为高分子聚合物材料，用于保护铠装免受腐蚀侵害（见图 3-24）。

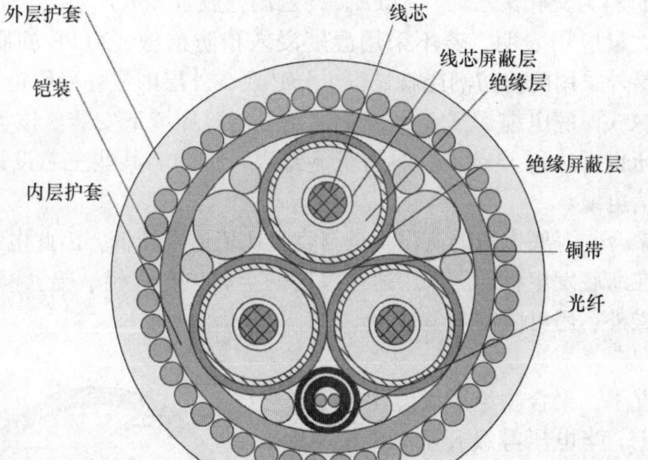

图 3-24　典型海底电缆横截面示例

3.3.2.1　导芯

绝缘三芯绞合导体基本用途为传输三相交流电。导体的截面积需保证电缆满足期望载流量而不出现过热现象，且电压衰减也在期望范围内。

电缆导体是绞制的（包括若干根独立导线）。成束排列也意味着所有导线均朝相同方向拧制。绞合可增强电缆柔韧性，传输电流也比单根固体直导线在电缆横截面方向上的分布更均匀。

海底电缆导体一般采用铜而非铝，是因为铜允许载流量更高，从而可减少电缆横截面直径。考虑到海洋能电缆在实际运行中的动态应力，铜导线较高的抗拉强度也是其优势。若电缆被破坏且发生漏水情况，铜导线也比铝导线抗腐蚀性更强。然而，需注意的是铜的价格比铝更高且波动频繁，且铜的密度也为铝的3倍左右。

3.3.2.2 绝缘

各导体均需一定的绝缘厚度以满足电压设计要求，保证其安全性与可靠性。整个导体线芯外一般需包覆额外绝缘层，以将其与外部金属制护套层隔开。

海底电缆绝缘层的主要规格包括：

- 高绝缘电阻，以防止漏电；
- 高介电强度，以防止电击穿；
- 高机械强度，以承受运动过程中的受力；
- 不吸水性以保证护套破坏时绝缘层完整性；
- 抗碱性与抗酸性。

合成聚合物已取代自然材料如纸、矿物油及天然橡胶成为电缆绝缘填充物。可供选择的聚合物很多，且其化学组分可适应特殊的机械、电力与热力学性能要求。

聚合物绝缘式海底电缆已被广泛应用于离岸油田及岛间电力传输，电压等级已达到33kV。典型材料为交联聚乙烯（XLPE）与乙丙橡胶（EPR）。

陆上的大量应用表明，若不采用湿度浸入预防措施，XLPE的服役寿命有限。因此，在绝缘层外采用防渗防潮层就显得十分必要，外层则最好采用铅合金护套。

EPR绝缘式海底电缆无需金属护套，并可在湿环境下安装。该类电缆采用特殊配方后工作电压也可达到33kV，并具有低绝缘设计应力。某些三芯设计可在其间隙中安装光纤与通信电缆。

无护套聚合物海底电缆的淹没重量与直径比值通常较低，因此电缆即便在一般海流作用下也会在海底发生移动。采用适当厚度的金属护套（铅、铝、铜），除了可保持线芯绝缘层干燥外，还可限制电缆移动。

3.3.2.3 屏蔽

多数情况下，聚合物绝缘线缆均采用屏蔽线芯。实际上，当电压等级升至3.8/6.6kV以上，绝缘层上的切向静电压力将大于径向压力。泄漏电流将导致局部过热及潜在的绝缘击穿，因此需进行屏蔽（见图3-25）。

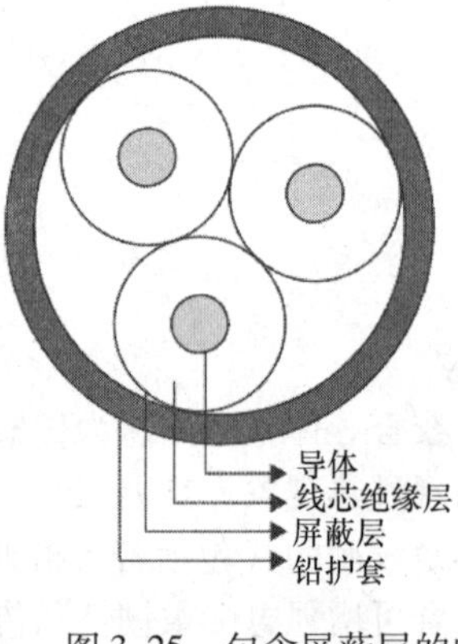

图3-25 包含屏蔽层的电缆组成

单个线芯屏蔽层可将应力限制在核心绝缘层并保证通量多为径向传输。

线芯屏蔽的主要功能材料为与绝缘层紧密接触的接地半导体层，还包括一层与半导体带相结合的半导电漆。但如今，挤包半导体层也是一个好的解决办法。将导体屏蔽、绝缘与线芯屏蔽复合在一个生产过程中可保证在绝缘层表面不留空隙。

由此，电缆中的电场也将保持介质均匀并呈现放射状。为了给半导体线芯屏蔽层提供一个连续的接地端并为沿电缆长度各部分提供充电电流，在不同屏蔽层外都设置了一层金属带或线束。

3.3.2.4　光纤

海洋能发电场的控制与操作依赖于数据交换。光电复合缆芯中的光纤可以满足数据通信的需要，但需要提供足够的机械保护（主要是要满足弯曲半径与拉伸应变限制）。

将海洋工业通信系统中广泛应用的光电复合缆的生产和集成技术适当改造后即可满足海洋能的特殊需求（见图 3-26）。

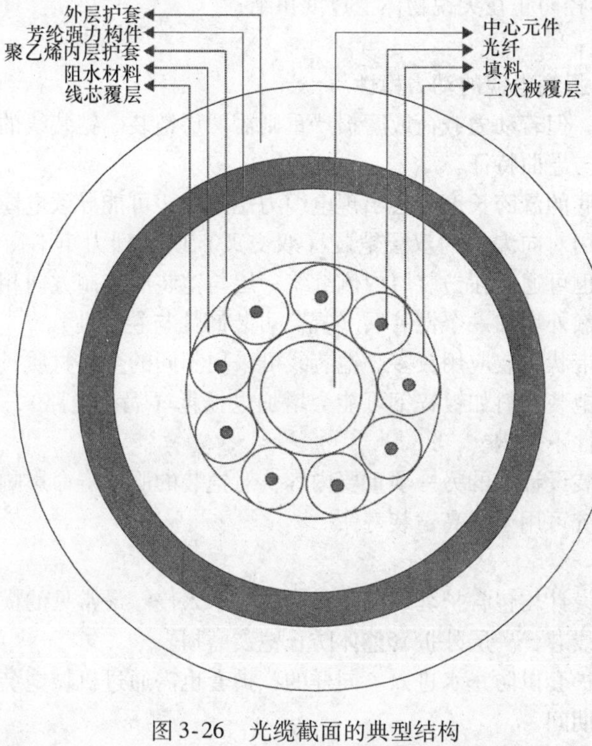

图 3-26　光缆截面的典型结构

3.3.2.5　填充物

三相电缆中相互绝缘的导体通常被对称布置在圆形截面中，并被护套包围。

线芯通常为两种，包括自由浸入型与封套型：

• 对于自由浸入型，水可自由通过线芯的内部区域，填充内部空隙与间隙。自由浸入缆可靠性较高，这是因为其各个部件都是经过耐压设计的。

• 在封套型线芯中，在外表面设置了压力限制覆盖层。封套的作用是形成一个压力限制屏障以抵御水或其他介质进入线芯内部，并形成其他层的额外保护层。

对于后一种型式，通常推荐用软质材料填充间隙，可为解聚橡胶、硅橡胶或固化聚氨酯。这些填充材料可用来保护脐带缆中承受高挤压力的脆弱部分（电线与光缆），并允许它们在脐带缆弯曲变化过程中成束运动。这些填充物还有助于平均分配脐带缆在搬运与安装中承受的载荷。

3.3.2.6 铠装

某些海底电缆可能无需铠装，这取决于自然及人为灾害与环境条件情况。对于海洋能海底电缆来说，铠装必不可少的原因如下：

- 为返回电流提供部分路径；
- 在布放、运行与回收过程中承受张力；
- 为抵御冲击提供物理保护；
- 控制弯曲半径防止在尖锐物体上过度扭结；
- 提高耐磨性；
- 增加重量以提高电缆的动力稳性。

铠装多为单层，但若动力载荷或磨损严重则需两层铠装。铠装线的间距取决于线缆所需的弯曲、刚度与卷曲特征。

由于船舶与海底的悬跨长度间会出现电缆力矩集中，可能导致电缆扭绞，因此在深水项目中多建议采用对向编织的双层铠装（双交叉）以达到力矩平衡，并减少线缆的伸长率。上述影响也可通过在铠装层内侧缠绕一层与铠装层绞制方向相反的金属防扭带来消除，从而避免额外增加一个铠装层（提高可装卸性与卷绕性）。

圆形、扁平或带状铠装应用较多。铠装线可采用不同的金属材质，包括铝、铜和镀锌钢。考虑到磁性铠装材料如镀锌钢可能会增加电损耗（涡流电路），在某些情况下可能需要更贵的非磁性不锈钢。

材料腐蚀是铠装设计中的另一项重要内容，对铠装的服役寿命影响很大。牺牲阳极或主动阴极保护系统可用于提高铠装寿命。

3.3.2.7 护套

典型的脐带缆设计均包含护套，以防止腐蚀与水入侵。最常见的横截面配置包含一层内护套保护绝缘线芯，一层外护套整体防止铠装磨损。

绝缘层必须加护套以防止水进入。同样的，护套也需通过机械铠装保护以适应恶劣条件，尤其是布放期间。

铅通常用于纸绝缘的高电压线缆以提供一个弹性的、导电的不透水屏障。铅也会增加线缆重量，可助其在强海流作用下保持住海底位置，但另一方面有可能会增加线张力。在聚合物绝缘线缆中，对水密性要求较高时通常可采用铝护套，但需对防腐进行仔细设计。

海底电缆布设在腐蚀性的海水中，其服役寿命取决于防腐保护的效果。若非压力辅助金属封套遭受腐蚀破坏，水将侵入电缆并最终发生电压失效。挤包式聚乙烯对防止水分入侵最有效，并被普遍采用为防腐蚀护套。其直接包覆在金属护套外。若需防止蛀船虫（浅水中的海生蠕虫，善于在船与海洋结构物上咬洞）危害，在聚乙烯封套外还需加一或两层铜（或黄铜）带。

由于在安装或运行过程中无法保证热塑层与弹性层不被破坏，铠装线外的防腐蚀外层护套通常都是无效的。因此，工程上更倾向于采用编织带替代挤包封套。

当采用金属封套保护单芯或三芯电缆时，外层保护通常包括聚乙烯防腐蚀封套、铠装内垫层、一到两层铠装线及一层沥青织物。

3.3.3　脐带缆组件的初步界定与设计

脐带缆在波浪能发电中的核心功能为传输电力。因此，其组件的初步定义与设计应着眼于所需的电力指标。

初步设计的关键参数包括标称功率以及工作电压。

电气部件设计流程的后续步骤通常沿用标准方法，但仍需注意应用中的特殊要求。

3.3.3.1　额定电压的选择

1. 传输方式

海底电缆的额定电压选择取决于传输类型的选择。如前所述，至少在海洋能装置端通过三相交流电完成电力传输。

部分设计也考虑了将整流器集成至装置内的可能性[37]。在此情况下，电力可通过直流传输，且发电场中的不同单元作并联。基于此概念，各装置可使用两芯电缆。

除了一些生产工艺和参数不同外（绝缘层可能会有所不同），对直流缆的选择与交流缆相类似。在 3.3.3 节的后半部分，将主要以三芯缆为例进行介绍，这主要是因为目前近海工程采用的脐带缆多为此类型，而未来海洋能装置也很有可能借鉴其经验。

对于传输类型的选择还将主要取决于海洋能装置中的电气和电子设备。例如，海蛇装置[38]中就包含一个将电压等级提升至 11kV 的变压器。很显然，为电力电子变流器分配合理的空间，将有利于对后续脐带缆以及并网设备的界定。

2. 三相交流电缆的额定电压

根据所传输的三相交流电要求，选择合适的绝缘层电缆结构。电缆设计电压可表示为 U_0/U（过去为 E_0/E）。U_0为相电压，U 为线电压，U_0 与 U 均为交流电的均方根值。

按照英国标准，电缆的电压等级为 600/1000V、1900/3300V、3800/6600V、6350/11000V、8700/15000V、12700/22000V 及 19000/33000V。对于传输电压高于上述电压值的情况，一般只标明 U 值。英国的较高电压等级还包括 66kV、132kV、275kV 及 400kV。

目前世界范围内，系统电压等级标准尚未形成，但也取得了一些进展。国际电工委员会关于电压等级的规定已在欧洲国家获得认可。

某些国家标准化机构也对电压标称值的最大范围进行了规定。表 3-1 给出了西班牙典型中压装置的标称电压值。

表 3-1　西班牙三相电网标称电压值

电压等级/kV	最高电压/kV
1.8/3	3.6
3.6/6	7.2
6/10	12

（续）

电压等级/kV	最高电压/kV
8.7/15	17.5
12/20	24
15/25	30
18/30	36
26/45	52

直流系统电压，是指相对地电位的正电压或负电压值，且纹波不超过3%[25]。

目前在全世界范围内尚无广泛接受的低压（LV）、中压（MV）、高压（HV）的电压等级划分方法。因此，一般采用额定电压来规范。电缆供应商一般均考虑中压设计，电压值在3kV～20kV。

3. 电压等级选择

如前所述，脐带缆的电压等级选择取决于装置的类型及并网方式。

截至目前，仅有极少数的海洋能装置完成了并网海试。考虑到未来阵列化布置会采用不同的基础设施与配置型式，目前仍很难为电压等级给出一个准确的参考值。考虑到海上风电行业的实地经验与开发过程，假定电缆在中压范畴运行也是一个合理的预估。

对于距离连接点较近的小规模的海洋能装置，采用标准值也不失为一个明智的选择（例如，选择与配电网相同电压可不必在原位安装变压器）。海上风机，多数情况下采用的均为33kV（国际电工委员会为30kV）电缆连接变压站或直接并网[39,49]。

由于初期海洋能装置对并网的基础设施要求较低（早期在装置上直接安装变流器比建设变压站更划算），脐带缆的电压等级范围可选为11kV或33kV。

至于电压的精确值，则取决于各国规范与详细的并网配置。

3.3.3.2 导体线芯的横截面界定

设计或选择电缆的第一步在于确定最小导体横截面的数值。在三相连接中，其关键参数为视在功率与额定工作电压。若能量转换系统的准确信息采用装机容量为参考，可选择一个合适的功率因数计算视在功率：

$$S = \frac{P}{\cos\phi} \tag{3.4}$$

式中，S为视在功率（VA），P为有功功率（W），$\cos\phi$为功率因数（ϕ为电压和电流间的相位差）。比较保守但相对合理的功率因数取值为0.8。

一旦电缆的电压等级根据前述各节的规定选定，所需相电流可根据下式进行计算：

$$I = \frac{P}{\sqrt{3}U\cos\phi} \tag{3.5}$$

式中，I为电流（A），U为相电压（V）。

该电流值需小于由热校核确定的载流量（持续额定运行）值。

对于导体所需最小截面积的计算，以下三个准则需同时考虑：

• 导体发热：由于最高的工作温度存在，导体上的电流密度需进行限制以降低环流导致的发热。该准则决定了电流的最大值。

• 压降：压降（或线路功率损耗）需被限制在可接受的范围内，特别是当功率直接分配给用电用户时。该准则对于长线路无特别限制的普通脐带缆较为重要。

• 短路电流：该值需被限制以避免在短路发生时出现过热或极值电动应力。对于中高压线路，该值对于确定电缆截面积非常重要。

3.3.3.3　热稳定设计

根据设计参数确定选择最小电缆截面积的载流值，再根据热稳定准则确定导体的最优尺寸。

特定导体截面可传输的最大电流值（额定电流）取决于电缆的制造工艺与绝缘种类。

服役期间，电缆的电力损失主要表现为导体、绝缘层与金属制部件的发热。额定电流则依赖于热如何传输至电缆表面并耗散至周围环境中。温度显然是一个重要参数，且可描述电缆的参数表征为导体温度。电缆的最高允许温度通常受限于绝缘材料。在合理的最长服役寿命时期内，若绝缘层没有过度老化现象，最高温度可视为不变。

根据环境温度和容许温升这两个重要的参数，可由标准运行条件计算出特定条件下的额定电流。

通常导体最高允许温度取决于绝缘材料，并在 IEC 60287 等标准中有所规定（见表 3-2）。

表 3-2　不同聚合物绝缘材料的导体最高允许温度[36]

绝缘材料	最高导体温度/℃
聚氯乙烯	70
聚乙烯	70
丁基橡胶	85
乙丙橡胶（EPR）	90
交联聚乙烯（XLPE）	90
天然橡胶	60

一旦环境温度给定，容许温升则可表示为两者的差值。

额定电流（A）可根据下式计算：

$$I = \left(\frac{\Delta\theta - W_{\rm d}(0.5T_1 + n(T_2 + T_3 + T_4))}{RT_1 + nR(1 + \lambda)T_2 + nR(1 + \lambda_1 + \lambda_2)(T_3 + T_4)} \right)^{\frac{1}{2}} \tag{3.6}$$

式中，$\Delta\theta$ 为导体中的容许温升，R 为导体在最高工作温度下单位长度的交流电阻（Ω/m）。T_1、T_2、T_3 与 T_4 分别为一条线芯与护套间、护套与铠装内垫间、电缆外部被覆物、电缆表面与周围环境之间单位长度上的热阻值。n 为电缆内的导体数量（典型的三相脐带缆为 3），$W_{\rm d}$ 为每相单位长度上的介电损失，λ_1 与 λ_2 为电缆中所有导体的金属护套与铠装损耗率。

热阻与损耗率的计算公式可在参考文献［36］中找到。通常，上述数值均在实际应用中根据材料直接给出。

环境温度也已在相关标准中根据众多实例与安装条件进行了规定。近海与船舶的电力安装工程中规定的计算额定电流等级的环境温度为 45℃，脐带缆的安装数据也可据此参考。至于其在海洋能装置中的应用，可考虑更低的环境温度（见图 3-27）。

工程中一般无需根据式（3.6）计算导体截面积。在已颁布的相关标准和电缆供应商的产品目录中，给出了各种情况以及不同电缆截面数值与电缆铺设方式所允许的标准额定电流值。

不同环境温度与安装条件下的等级系数也已同时给出。

表 3-3 给出了 EPR 绝缘的近海工程电缆额定电流简表。表 3-4 罗列了不同环境温度条件下的等级系数（可直接乘以预设额定电流）。

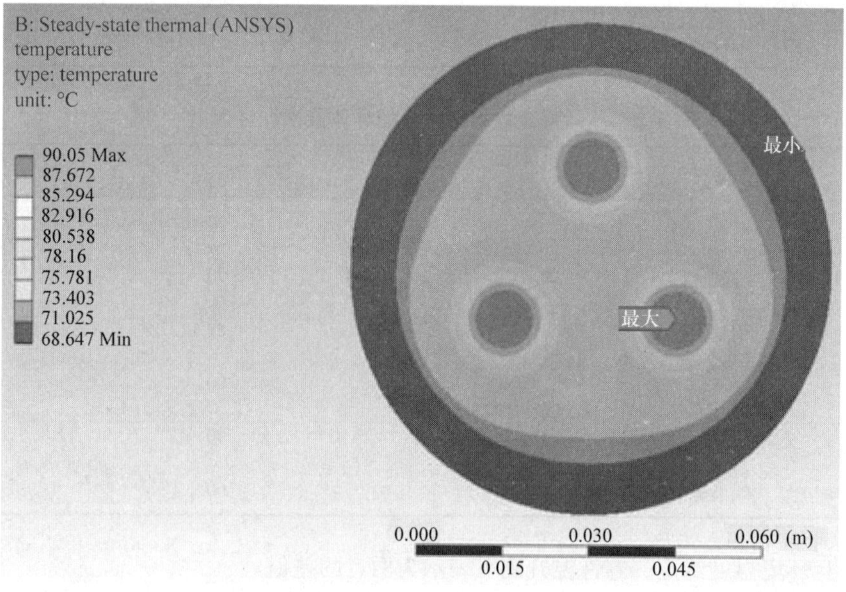

图 3-27 电缆热分布示例

表3-3 船舶与近海工程中额定电流（基于45℃的最大环境温度与90℃的最大导体温度）

导体尺寸/mm^2	单芯/A	三芯或四芯/A
16	95	67
25	125	89
35	155	105
50	190	135
70	240	170
95	290	205
120	340	240
150	385	270
185	440	305
240	520	365
300	590	415

表3-4 环境温度的等级系数

温度/℃	30	35	40	45	50	55	60	65	70	75	80
等级系数	1.15	1.11	1.05	1.00	0.94	0.88	0.82	0.75	0.67	0.58	0.47

对于电缆热稳定行为的详细分析，特别是瞬态分析，则需采用有限元模型（见参考文献［41］）。

3.3.3.4 电缆压降

当电流流经电缆导体时，导体两端由于电流与阻抗而产生压降。若压降过大，可能导致设备端的电压过低而无法正常工作。压降对低压输电的影响比高压输电的影响更大，且除非供电线路较长，通常无法对1000V以上的供电电压按百分比推算压降。

对长输电线路而言，此准则对计算导体截面积更为重要。为了避免额外的线损，脐带缆的路由通常会较短。当然，由距岸较近的海洋能装置直连并网则可能导致线路较长。

单相线缆的沿程压降可按下式计算：

$$\Delta U \approx RI\cos\phi + XI\sin\phi \tag{3.7}$$

式中，I为电流（A），R为交流电阻（Ω），X为电抗（Ω），ϕ为电压与电流间的相位差。

若采用直流线缆，压降很明显只取决于电阻（功率因数为1），以此方法计算截面积就很简单了。此外，直流条件下考虑回路时压降需乘以2。

若采用三相交流传输，总压降则为式（3.7）计算数值的$\sqrt{3}$倍，据此可得

$$\Delta U \approx (R + X\tan\phi)\frac{P}{U} \tag{3.8}$$

电抗 X 的值随导体直径与位置不同而变化。若无其准确数值，可按照电阻值一个较小的比例取值，或直接用作一个常数（如0.1Ω/km）。对于较小的导体截面积（小于 $120mm^2$），如脐带缆，电感导致的损失通常可忽略不计。

电阻值 R 取决于温度与材料。交流传输的电阻值比直流线缆的稍大，这是由"趋肤效应"[25]与其他导体的近距离效应引起的。上述因素可引起约2%的增量[25]。电阻则可由下式计算：

$$R = \frac{1.02\rho_{20}(1+\alpha(\theta-20))L}{S_c} \tag{3.9}$$

式中，ρ_{20} 为材料在20℃时的电阻率，α 为温度变化系数，θ 为导体温度，L 为电缆长度，S_c 为截面积。

铜与铝的 ρ_{20} 与 α 数值见表3-5。导体截面积可由下式计算：

$$S_c = 1.02\rho_{20}(1+\alpha(\theta-20))\frac{LP}{\Delta U \cdot U} \tag{3.10}$$

表3-5 铜与铝的电阻率及温度系数

材料	ρ_{20}	α
铜	0.018	0.00393
铝	0.029	0.00403

导体的截面积则可根据式（3.10）计算所得的最小归一化值确定。

沿电缆最大允许压降取决于电气安装工程的特殊要求，且通常在相关标准与国家规范已有规定。对长距离线缆来说，通常按每千米压降值给出。

3.3.3.5 短路验证

选择导体尺寸时还需要检验其承载短路电流的能力。短路期间，通常在几个周期内电流会突然增大，在保护装置动作前短时维持在某一稳定的电流。此段时间通常为0.2~3s。由于焦耳效应，电缆温度也将突然升高。若电缆组件设计不充分，则有可能出现损坏。

由于短路时间极短，绝缘层可承受的温度要远高于长时间运行所需的温度。IEC标准规定了短路条件下配电线路导体允许的最高温度（如，交联聚乙烯电缆或乙丙橡胶电缆的最高温度均为250℃）。

该温度与导体长时工作最高温度的差值，结合电缆的最大温升参数，可计算出额定电流。

尽管短路期间导体电阻会随温度升高而增加，从而导致短路电流稍有减小，但出于保守考虑，电缆电阻值在计算时被认为是不变的。

额定短路电流可采用绝热法计算，该方法假设短路所产生的热量均保留在电缆的载流元件上。

通常采用的一种简化关系式如下[25]：

$$I_{sc}^2 = \frac{K^2 S_c^2}{t_c} \tag{3.11}$$

式中，K 为取决于导体与绝缘层材料的常系数（对乙丙橡胶或交联聚乙烯绝缘的铜导体，该系数等于 $143\mathrm{As}^{1/2}/\mathrm{mm}^2$），$S_c$ 为导体截面积（mm^2），t_c 为短路持续时间（s）。

用于与式（3.11）比较的短路电流值通常取决于回路（包括发电设备与负载特征）以及断路器与保护设备的种类。若考虑三相电缆，初步的保守估计可根据相间电流计算。据此，短路电流可写为

$$I_{sc} = \frac{U}{2\sqrt{R^2 + X^2}} \tag{3.12}$$

式中，R 和 X 为单相线电阻与电抗。导体截面积值可根据式（3.11）写作：

$$S_c \geqslant \frac{I_{sc} t_c^{1/2}}{K} \tag{3.13}$$

我们可根据上述准则确定导体的最小截面积。对中压缆，热稳定设计可作为电缆设计的主要约束条件。

无论如何，通过三个准则计算的结果需进行比较评估，特别需考虑电缆在非常规条件下的运行（以及可能出现的故障保护失效）。

3.3.3.6 绝缘厚度

实心电缆特别是挤包固体介质电缆的绝缘层尺寸通常由其空隙中电离出现的情况决定。聚合物绝缘层的电击穿通常表现为放电行为，相关研究也已较为充分[42]。

放电会导致绝缘失效，并腐蚀绝缘层的细微通道。为避免局部放电，可通过标准公式计算出绝缘层的合适厚度。

如前所述，电缆的设计制造已是一个高度标准化的领域，通常无需进行专门计算，因为相关标准已对不同电压等级对应的导体绝缘层厚度进行了规定。

由于脐带缆安装灵活性的需要，乙丙橡胶（EPR）可能更适合于漂浮式装置的连接。若不透水设计能够保证，也可采用交联聚乙烯绝缘。

IEC 标准对高于 3.6/6kV 不同电压水平的乙丙橡胶与交联聚乙烯绝缘层厚度的规定见表 3-6。

表 3-6 IEC 60502[24] 规定的不同电压对应的绝缘厚度

额定电压/kV	交联聚乙烯绝缘层厚度/mm	乙丙橡胶绝缘层厚度/mm
3.6/6	2.5	3.0
6/10	3.4	3.4
8.7/15	4.5	4.5
12/20	5.5	5.5
18/30	8.0	8.0

每个绝缘线芯通常还包括附在导体与绝缘层外的半导体屏蔽层。对于三芯电缆，铜带置于外层进行机械保护，并作为故障时的接地端。半导体层的径向标称厚度可取 0.5mm，该数值可根据制造过程与电应力要求而改变。交联聚乙烯绝缘可能需要额外的

金属护套（如铅）用以防水。

复合电缆由导体、光纤和填充材料组成，外层则为厚3～4mm的聚合物保护套。

3.3.3.7 铠装与承力组件

动态缆的铠装通常缠绕一层或多层镀锌钢丝。

铠装一般采用钢丝结构，也有采用钢带的情况。钢丝的优势主要包括：①防腐性能较好，因此铠装寿命较长；②显著提高沿长度方向的承力性能；③避免由铠装位移导致的问题（例如在困难铺缆条件下）；④对挤包热塑护套层有更好的适应性。

在海底电缆中，铠装层作为主要承力组件可对电缆线芯处的电导体与光纤进行机械保护。

因此，铠装初步设计主要取决于电缆所需承受的荷载。设计工作，特别是对于深水缆，主要针对反螺旋包覆在线芯之外的两层圆钢丝。

1. 缠绕方向

决定右手向还是左手向的惯例通常根据螺旋线从一端向另一端旋转的方向确定。一类典型的布置方式为内层右手向缠绕，外层铠装左手向缠绕。由于其在石油行业的测井电缆中已大量应用，该缠绕方法已经成为工业标准。

然而，也有证据表明外层右手向缠绕、内层左手向缠绕，无法产生相同的性能特征。

2. 缠绕角

缠绕角如图3-28所示，为铠装螺旋形式与电缆轴线的夹角。缠绕角的大小通常介于18°～24°之间。不同层所采用的缠绕角也可能有所不同，区别主要来自于设计要求及与外层部件的关系。

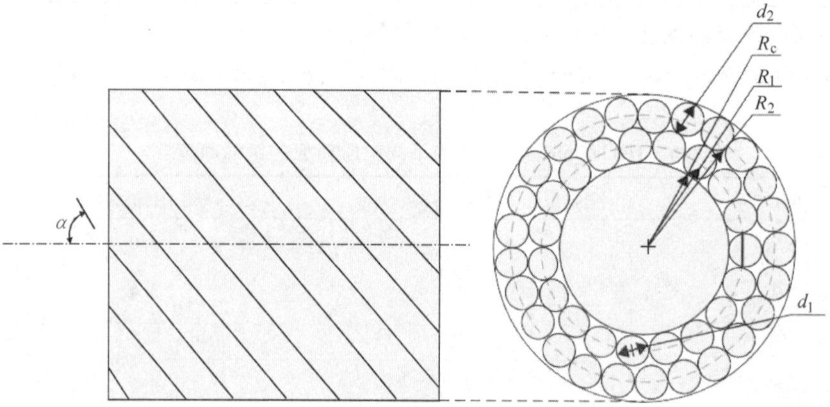

图3-28 脐带缆铠装的典型布置方式

3. 铠装线数量

选择铠装线的数量与直径时应确保能覆盖95%～99%的表面或直接根据使用要求确定。通常需要在数量与直径之间达到平衡才能实现上述覆盖率。对于相同的螺纹中径

（绕线中线的径间距离）与金属种类，大直径铠装线将能提供更好的机械稳定性，且与抗变形与抗磨损能力有关。

对于相同的螺纹中径与金属种类，较小的铠装线直径对弯曲疲劳的适应性更好。该类铠装的外层纤维应力也较小，因此其弯曲疲劳寿命也更长。

4. 螺旋线包覆度

螺旋线包覆度是表征包覆线数量的覆盖度指标 n_l。对于紧密型的缆截面，包覆度一般取 90% ~100% 。

假设螺旋线的横截面近似为椭圆形，则计算铠装层包覆度（百分比）的公式可写作：

$$C_l = \frac{n_l d_l}{\pi D_l \cos\alpha_l} \times 100 \tag{3.14}$$

式中，d_l为线直径，D_l为径间直径，α_l为缠绕角。

5. 转矩与应力平衡

螺旋形组件虽然可增加电缆的柔韧性，但在张力作用下松展时也将引起额外的转矩。其产生的净转矩将引起自由端电缆旋转，并导致部分铠装层扭紧，而另一部分发生松弛，即部分铠装层承受的应力明显高于其他层，导致此电缆破断力下降。此外，张力松弛后，旋转的长缆也将产生足够的转矩导致其起皱（产生不稳定回路）。为减小电缆转矩并避免产生褶皱，在设计时可采用反螺旋层。

为保证结构强度，使每一铠装层均按照其屈服强度分配一部分总张力，此做法被称为应力平衡。

由参考文献［43］可知，若下式满足，则可近似达到应力平衡条件：

$$\sin\alpha_d = -\sum_{l=1(\neq d)}^{N_L} \frac{n_l A_l D_l S_{yl}}{n_d A_d D_d S_{yd}} \sin\alpha_l \tag{3.15}$$

式中，n_l、A_l、D_l、S_{yl}和 α_l分别为第 l 层的铠装线数量、面积、螺纹中径、屈服强度及缠绕角。n_d、A_d、D_d、S_{yd}及 α_d则为相关层（通常为最外层）数值。

6. 铠装层面积估算与初步设计

铠装层面积的初步估算，主要取决于所选择的层数量，可依据下述假设采用线性公式进行计算：

- 电缆端部固定且不会转动；
- 线芯具有径向硬度，而轴向硬度忽略不计；
- 各层铠装均承受相同比例的施加张力；
- 铠装线的弯曲与扭转应力均忽略不计。

据此，通过单纯的几何关系[44,45]，可将电缆的轴向张力表示为施加张力的函数如下：

$$\varepsilon_c = \frac{T}{\sum_{l=1}^{n_L} n_l E_l \frac{\pi}{4} d_l^2 \cos^3\alpha_l} \tag{3.16}$$

式中，E_l为铠装线第 l 层材料的弹性模量。

假设电缆拉伸载荷产生的变形沿横截面均相同，这也意味着各层将承受相同的轴向张力。进一步假设各层均承载相同比例的施加张力，电缆所承受的轴向张力可通过单股铠装线计算：

$$\varepsilon_c = \frac{T}{N_L n_l E_l \frac{\pi}{4} d_l^2 \cos^3\alpha_l} \tag{3.17}$$

式中，N_L 为铠装层数。

假设第 l 层的工作载荷张力为 M、安全系数为 SF 和材料屈服强度为 σ_{sl}，且总荷载被均匀施加在各层上，则可得：

$$\frac{M}{N_L} = n_l SF \sigma_{sl} \frac{\pi}{4} d_l^2 \cos\alpha_l \tag{3.18}$$

若施加张力等于最大工作载荷张力，联立式（3.17）与式（3.18），电缆的轴向张力可由下式计算：

$$\varepsilon_c = \frac{n_l SF \sigma_{sl} \frac{\pi}{4} d_l^2 \cos\alpha_l}{n_l E_l \frac{\pi}{4} d_l^2 \cos^3\alpha_l} = \frac{SF \cdot \sigma_{sl}}{E_l \cos^2\alpha_l} \tag{3.19}$$

由于各层均可能采用不同的缠绕角与材料，因此应对各层分别使用式（3.19）计算由最大张力作用在该层上获得的轴向张力数值。

由此，变形的最小数值可作为参考值（假设其他层在相同变形条件下将比施加的极限值承受更小的张力）。

$$n_l A_l = n_l \frac{\pi}{4} d_l^2 = \frac{M}{N_L E_l \cos^3\alpha_l \varepsilon_c} \tag{3.20}$$

当然，铠装线的数量与直径还将取决于前述各节的其他要求。

在更精确地理解动力荷载后，在后续步骤中可采用更精确的模型进行详细分析。

7. 附加要求

另一项非常重要的铠装层设计为确定接地故障电流的有效电导率。若电缆采用金属护套，则护套本身在大多数情况下即可满足要求。钢带铠装本身不会提高护套的电流承载能力。若不采用金属护套，则通常需要依靠铠装线承载故障电流。

在脐带缆中，铠装主要用于承载机械荷载，并未专门针对承载故障电流进行特别设计。一旦安装布置与电气特性详细确定后，仍需对该故障情况进行仔细考虑与验证。

3.3.3.8 隔离与保护要求

一般地，我们需要外层护套对受到磨损与挤压的铠装线进行隔离保护。一般使用聚合物材质同时抵御紫外线辐射与臭氧。聚合物通常被连续同心挤压至缆芯外层以形成一个规则的横截面。

由于较好的冲击破坏抵抗能力，聚乙烯常被用于护套填充。当然，某些情况下也有采用编织物的。由于摩擦系数较高，编织物可采用沥青包裹的麻线或聚乙烯线。聚乙烯线的弹性较好，允许铠装线节圆直径更大而不会产生其他不利影响。外层护套所采用的聚乙烯线典型厚度常取为 3～5mm。

3.3.4　脐带缆的力学模型与验证

脐带缆初步设计与关键组件铺叠设计完成后，后续步骤主要针对运行、安装与敷设过程中的动力行为进行分析。

详细设计的数值仿真将考虑电磁、热、机械载荷影响，有可能采用有限元模型或先进的软件包。

生产商需要了解详细的安装条件，以及运行服役期内的设计动力载荷。

另一方面，脐带缆的结构及其连接型式可能只有在完成了针对其力学特性与特殊设计需求的动力分析后才能进行适当选择。尽管生产商可根据经验与测试设备给出相应的数值，上述参量的首次分析评估仍可根据其初步设计开展。

3.3.4.1　力学特征界定

由于结构的非线性行为及不同的组件构成，脐带缆准确的力学特征界定通常较复杂。

考虑缆的典型结构并假设铠装层作为主要承力组件，可假设脐带缆为钢缆，并采用相关理论进行分析[46]。

目前，人们基于不同的假设给出了多种理论模型，用以分析钢丝绳的结构响应（详细比较见参考文献［47］）。特别是考虑到动力模型本身的近似度，某些极为复杂的模型可能并不适用于后续分析。

本节，主要考虑简化的线性缆平衡方程。方程的基本假设是缆为纯张力绳，如单线的扭转与弯曲刚度等在拉扭表现中可忽略不计，且整个铠装结构响应仅基于线轴向应力考虑。相关文献可参考 Hruska[45] 与 Cruiskshank[44] 的论文。

据此假设，电缆的本构方程可写作：

$$\begin{Bmatrix} T \\ M \\ B \end{Bmatrix} = \begin{bmatrix} K_T & K_{TM} & 0 \\ K_{MT} & K_M & 0 \\ 0 & 0 & K_B \end{bmatrix} \begin{Bmatrix} \varepsilon \\ \theta/L \\ \phi/L \end{Bmatrix} \tag{3.21}$$

式中，T、M、B 分别表示拉伸载荷、扭转力矩与弯曲力矩。K_T、K_M 与 K_B 分别为轴向、扭转与弯曲刚度系数。K_{TM} 与 K_{MT} 表示扭转与拉伸的交叉耦合刚度系数。电缆轴向张力表示为 ε。θ 与 ϕ 分别表示旋转角与弯曲曲率角。

假设大量铠装线对称分布于缆轴周围，弯曲方程可通过解耦轴向扭转方程获得。

考虑不同参数间的几何关系可获得不同的刚度系数。

对于轴向刚度，考虑其线芯是否具有径向硬度（如，其直径是否会在轴向力作用下变化）或不可压缩性（直径作为电缆轴向张力的函数变化，且不受维持其容积不变缆捻的影响）将导致其数值有所不同。

该选项可在方程中考虑为一个系数 Θ。该系数若具有径向硬度缆芯则为 0，若为不可压缩缆芯则为 1：

$$K_T = \sum_{l=1}^{N_L}\left[n_l A_l E_l\left(1 - \frac{\Theta}{2}\frac{D_c}{D_l}\tan^2\alpha_l\right)\cos^3\alpha_l\right] + A_c E_c \tag{3.22}$$

角标 c 代表缆芯。实际上，对于三相交流缆，线芯通常成股且被螺旋包裹，铠装计算方法也可用于缆芯的轴向刚度计算。为避免过于复杂，缆芯的承载贡献将按照简单中心圆柱单元，在方程中仅作为唯一系数进行考虑。

根据线芯的压缩性假设，公式（3.22）中的刚度矩阵可能是非对称的。由扭转导致的张力载荷交叉耦合系数可表示为

$$K_{TM} = \sum_{l=1}^{N_L} n_l A_l E_l \frac{D_l}{2}\sin\alpha_l \cos^2\alpha_l \tag{3.23}$$

与扭转荷载相关的轴向应变可表示为

$$K_{MT} = \sum_{l=1}^{N_L} n_l A_l E_l \frac{D_l}{2}\left(1 - \frac{\Theta}{2}\frac{D_c}{D_l}\tan^2\alpha_l\right)\sin\alpha_l \cos^2\alpha_l \tag{3.24}$$

当假设线芯不可压缩时（$\Theta=1$），作为轴向力的函数，其直径变化将耦合扭转与轴向张力。当假设线芯只有径向硬度（$\Theta=0$）时，上述耦合不存在。

电缆的扭转刚度可通过下式估算：

$$K_M = \sum_{l=1}^{N_L}\left[n_l A_l E_l \frac{D_l^2}{4}\sin^2\alpha_l\cos\alpha_l\right] + J_c G_c \tag{3.25}$$

式中，J_c为线芯的扭转常数（视为圆柱体线芯，则为惯性极矩）。G_c为线芯材料的剪切模量（在三芯缆中，扭转硬度可根据不同单元的硬度总和进行初步估计）。还应注意，由于轴向张力的贡献度更大，单线的扭转刚度未在此模型中考虑。

弯曲刚度系数可由式（3.26a）与式（3.26b）给出。上述公式分别按理想受弯梁（线无轴向滑移，弯曲变形沿截面均匀分布）或单独弯曲线（轴向线滑移按照各单元均互不干扰弯曲）考虑。

$$K_{\mathrm{B}}(\text{beam bending}) = \sum_{l=1}^{N_L}\left[\frac{n_l A_l E_l (d_l^2 + 2D_l^2)}{16}\cos^3\alpha_l\right] + E_c I_c \tag{3.26a}$$

$$K_{\mathrm{B}}(\text{wire bending}) = \sum_{l=1}^{N_L} n_l E_l I_l + E_c I_c \tag{3.26b}$$

式中，I_l与I_c分别表示铠装线与线芯横截面的转动惯量。

实际情况下，仍能发现沿弯曲曲线的滑移。因此，更实际的估算应为处于两种理想情况中间的某种状态。

3.3.4.2 结构行为与临界荷载分析

由于可能受到多种作用的影响（电磁、热、化学与机械），电缆在服役期内会有大量失效与破坏情况发生。

热应力与电磁应力主要取决于生产商根据环境条件（外部温度与环境）与电气安装布置正确估计给出的设计。绝缘击穿是电缆失效最常见的诱因，除了由电离效应引起外，局部保护破坏引起的机械损伤与湿气入侵将导致电缆过热或瞬时电压过高，也会成为电缆绝缘击穿的诱因。

典型的力学失效模态可分述如下：

- 若张力施加在线缆上可能导致任意组件的屈服与断裂，则发生拉伸失效；
- 自由端额外转动导致电缆的额外伸长以及力从松弛层传递至张紧层，导致不同铠装层间的荷载不均匀；
- 若施加的张力无法保持线缆顺直，则固定端的额外转矩会导致电缆起皱（不稳定回转）；
- 弯曲破坏常发生在支撑处、终端处及电缆弯曲半径过小以致产生明显的弯曲应力；
- 疲劳破坏通常是由于任意荷载的循环作用，但更常见的是在终端或支撑附近，反复发生的弯曲变形；
- 温度变化产生的破坏性内部应力，尤其是塑料材质以及脆弱的光缆；
- 电缆与海底接触点的反复磨蚀作用导致的疲劳失效或破坏。

针对上述情况开展设计检查与验证时，应针对电缆对环境荷载与海洋能装置运动导致的动力响应进行详细分析。

弯曲度过大似乎是近海工程应用中最常见的失效原因。生产商通常会根据客户期望的服役寿命给出推荐的弯曲半径。通常，最小弯曲半径的减少也将对电缆的服役寿命产生副作用。此外，敷设过程中宁肯在同一点而非多处出现大位移。

最小弯曲半径的推荐值通常为电缆外径的15~20倍。

值得注意的是，弯曲曲线上的典型薄弱点常出现在终端位置，此处需添加适当设计的加强件，针对上述问题也需进行完整的动力学分析。

3.3.4.3　基于动力响应的验证与优化

对于标准的海底电缆，最苛刻载荷条件是由安装与布放电缆带来的，上述工作通常由特殊船舶执行，所需的最小弯曲半径不会超过电缆的15~20倍。此外，海底电缆在运行期间需保持它们的位置，以承受环境荷载（在海床上的稳定性）。

脐带缆的安装可采用不同的方法与技术。若尺寸与长度减小，相应的安装要求也会降低。无论如何，其力学上的要求与前述情况并无二致。此外，为移动装置设计的动态缆，其运动极限与动力响应需精确验算。对脐带缆的动力学分析及安装流程与布局初步确定后，可根据数值仿真中出现的重要难点对设计进行校核与优化。

脐带缆动力响应的典型关键参量为径重比（DOW），该指标对电缆的动力稳定性影响明显。总体上，该指标越小，电缆越稳定。这对浅水工况十分重要，因为此条件下海床较稳定且电缆可能与其他线缆发生碰撞。另一方面，较小的径重比意味着更大的张力荷载，较大的数值多应用于环境条件不太恶劣的情况。经咨询生产商，海洋能装置的海底电缆工程案例中该数值范围为7~15m^2/t。

当需要增加电缆重量以增强稳定性时，有如下方案可供选择：

- 增加铠装层数为首选方案。尽管外径也会同时增加，但该方案可提供额外的压载并同时增加阻力。
- 由于经常采用金属护套进行绝缘保护并提供额外的屏蔽效果，一个相对简单的解决方案即增加护套厚度（通常采用高密度的材料，如铅）。

- 若前述设计未考虑，灌注设计也是一种解决方案。这意味着让水进入电缆的线芯充满空隙并替代其他填充物。该方案也对绝缘层与护套的选择增加了限制条件。
- 其他组件可重新设计或界定，以减少径重比。若对电气连接的电压等级无要求（低电压等级可导致导体截面积增大与绝缘层厚度减小），则可采用低电压设计。

若电缆的设计方案由于实际操作或经济需求无法进行改动，则需采用辅助设备如弯曲刚度加强件或弯曲限制件。这些辅件将在后续各节进行简要介绍。辅件的设计因装置与电缆的类型而异，且仅电缆方案的精确数据确定后才能给出详细设计。

3.3.5 海洋能装置的连接器

海洋能装置的电气连接件是完成两根电缆相连或电缆与装置相连的组件。根据工作环境不同，连接器分为两类：

- 干插拔连接器：它们可在水下工作，但连接或断连操作需在干燥环境中进行。进行连接操作与置回漂浮状态所需的资源非常昂贵（如专用船舶）。另一方面，与湿插拔连接器相比，其发展更为成熟且价格低廉。
- 湿插拔连接器：它们同样在水下工作，但连接或断连操作可在干燥环境或水下进行。水下湿插拔可避免将连接器回收到水面操作，但可能需要使用水下机器人进行运维操作。若在浅水，可由潜水员操作。

湿插拔连接器可被分为以下三类：

- 水下机器人操作型；
- 潜水员（手动）操作型；
- 多头板（Stab - plate）复合连接型。

除连接器本身外，还需考虑其如何附于电缆上，可采用如下方法实现：

- 弹性铸模：这是最简单、也通常是最便宜的终端型式。其局限之处在于电缆需采用可粘合的护套材料（聚氨酯或氯丁橡胶最常用）。上述材料并非最适合长期投放运行的材料。聚乙烯保护的电缆效果更好，但铸模需要特种工具或机器。
- 可在现场安装及测试的终端：这些设备主要用于可进入脐带终端组装结构的脐带缆。主要由充油、包含护套密封与单个导体密封套的压力平衡腔组成。该安装技术含量较高，通常由电缆供应商的技术人员在电缆生产场地进行安装以降低电缆运输的费用。
- 软管终端：对于短距离跨接线（最大长度为300m），最便捷的终端型式为采用特别研制承载电缆的软管。软管充油，并可提供压力平衡系统。连接器的软管终端可与工业标准适配或直接由连接器制造商自行设计。

3.3.5.1 近海油气供应商连接器示例

目前，尚无专门应用于海洋能的商业化连接器，这是由于海洋能属于新兴市场，需求不旺盛。另一方面，油气、军事与海洋测绘行业所发展的高压连接器可能适用于波浪能装置。由于上述产品属于军工行业，获取相关信息较为困难。表3-7给出了目前市面上主要连接器的型式。

表3-7 电气连接器生产商与产品类型

公司名称	业务覆盖范围	连接类型	最高电压/电流
MacArtney Under Water Technologies	油气，海洋测绘，可再生能源	湿插拔	3kV/250A
Hydro Group (Hydro House)	油气，海洋测绘，可再生能源，军事，水产养殖	干插拔	11kV/500kV
Bennex	油气，海洋测绘，可再生能源，军事，水产养殖	干插拔	6.6kV
Gisma	油气，可再生能源	干插拔	6.6kV/1000A
ODI	油气，海洋测绘，军事	湿插拔	3kV/30A
Vetco	油气，海洋测绘，可再生能源，军事，水产养殖，空间技术，生物制药	干插拔 湿插拔	145kV/700A 36kV/500A
Expro Group	油气	干插拔	15kV/200A
		湿插拔	30kV/1350A
J&S Marine Pfisterer	油气，可再生能源，船舶工业油气、能源传输分配，铁路工业	干插拔	33kV（这是一个终端）
		干插拔	245kV/2500A
Teledyne DGO’ Brien	油气，可再生能源	干插拔	1kV AC/1.8 kV DC/4~8A

3.3.6 辅助组件

3.3.6.1 弯曲刚度增强件

电力脐带缆常与刚性结构（波浪能装置、离岸变电站与接驳盒）连接。海水与装置运动作用在缆上的外部荷载导致该固定点上应力较大。电缆运动与其轴向所受荷载组合在一起，可能因过弯或（且）疲劳问题导致结构出现损伤。

弯曲刚度增强件主要针对该问题。这些锥形的聚氨酯塑模可增强电缆的局部刚度以限制弯曲应力及弯曲度到可接受的范围（见图3-29）。

弯曲刚度增强件的外部为锥形，内部为中空圆柱形，允许其在脐带缆尾端滑动。各弯曲刚度增强件均为单独设计，用以根据设计张力与弯角组合条件确定电缆最小弯曲半径，以适应不同应用的受力（张力对弯角）条件（见图3-30）。

弯曲刚度增强件主要分为两类：

- 动力型弯曲刚度增强件主要用于保护长期服役的柔性脐带缆；
- 静力型弯曲刚度增强件主要用于运输过程中或过载时的过弯保护。

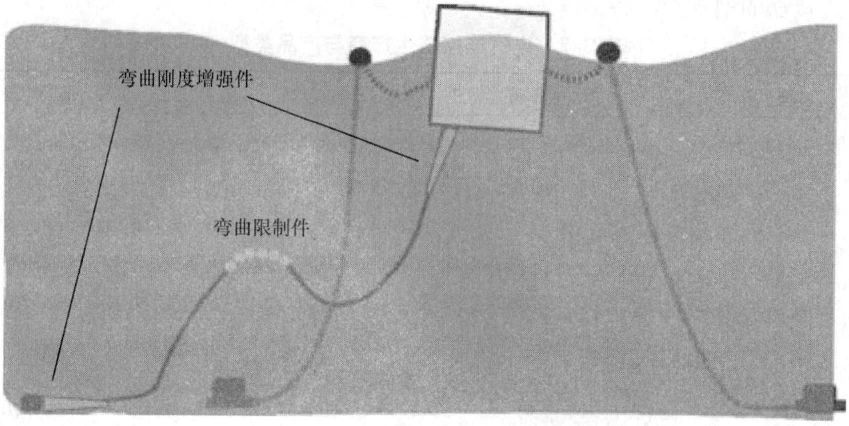

图 3-29　弯曲刚度增强件与弯曲限制件示例

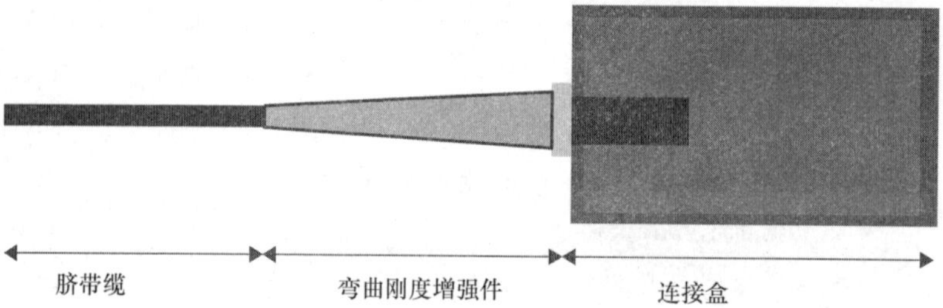

图 3-30　弯曲刚度增强件

弯曲刚度增强件通常通过模压聚氨酯弹性体加工而成。选择聚氨酯弹性体是基于其低弹性模量与破坏时的高伸长性特征。增强件中材料设计所需的测试包括：

- 抗疲劳强度；
- 抗蠕变性；
- 抗张强度；
- 抗撕裂强度；
- 温敏度；
- 空气与海水中的老化；
- 抗紫外线能力。

弯曲刚度增强件设计所需的主要信息：

- 电缆直径；
- 载荷状况（张力对弯角）；
- 运行环境（水）；
- 承重钢与终端的界面需求；
- 疲劳载荷与循环数（动力型设计）；

- 张力与弯角组合（动力型设计）。

弹性弯曲刚度增强件的一种替代方案是万向节系统[49]，该系统可将装配体轴向负载能力从组件中分离出来，适用于大角偏转与高轴向力。

万向节系统设计主要基于以下两点：

- 轴向负载能力主要由一个可在任意方向上运动的万向节承担；
- 各组件（如电与光学缆/钢管）轴旋转90°，以保证各组件弯曲到相对角偏转面的合适角度。

万向节对大角偏转的适应性来源于其对各组件与偏转方向的调整。脐带缆中的各组件与电缆的轴向一致，与角偏转同面。通过万向节，各组件可绕缆轴弯曲至相对于角偏转平面的合适角度。

万向节系统的一个主要优势是该连接方式拥有最小刚度，施加在固定结构上的弯矩由于连接距离较短而较小。

3.3.6.2 弯曲限制件

在波浪能产业中，电力脐带缆负责提供电力与光信号传输。对于不同的刚性结构，如波浪能装置与水下装置（变电站，电气枢纽等），可能需要弯曲限制件防止电缆在柔性与刚性体界面处发生过弯。

弯曲限制件主要用于电缆的静力（或准静力）作用点，而动力则需要弯曲刚度增强件进行处理。

限制件通常包含数个互锁的单元，承受外力时可相互锁闭形成一光滑曲线，其半径被称为闭锁半径。闭锁半径通常等于或略大于管线的最小弯曲半径（见图3-31）。

一旦各单元锁在一起，弯矩会传递至各单元，并通过特殊设计的钢截面结构施加在相连的刚性连接上，并因此保护电缆不受破坏。

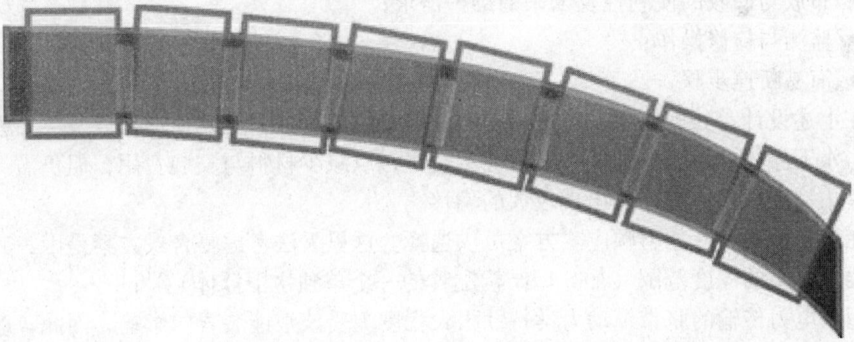

图3-31 弯曲限制件

弯曲限制件设计需考虑以下准则：

- 分离设计，允许脐带缆终端在施工完毕后安装；
- 易于在岸上或水上安装；
- 在水中保持浮力平衡，避免自重力施加于电缆上。

根据不同需求选取合适的弯曲限制件，需考虑的主要变量与电缆参数包括：

- 最小弯曲半径；
- 外径；
- 载荷（弯矩，剪切力）；
- 覆盖长度；
- 运行温度。

用于制造弯曲限制件的材料包括：

- 主材：元结构化聚氨酯；
- 主材紧固件：超级双相不锈钢；
- 界面钢构件：高强结构钢。

元结构化聚氨酯与超级双相不锈钢为防腐材料。界面钢构件需进行防腐保护，可通过水下涂层系统与阴极保护或直连牺牲阳极实现。为在水下易被辨识，聚氨酯常采用黄色或橙色。

3.3.7 脐带缆连接的动力学分析

3.3.7.1 构型与连接布置

电缆在水面连接一漂浮物，在海底（或在不同位置处）连接连接器，上述系统也可视为一柔性立管系统。

尽管可按立管系统对极端工况与运行环境条件下的动力响应选择特殊构型，仍有其他一些重要因素也需在该阶段进行考虑：

- 与锚缆的交界处；
- 附近波浪能装置与辅助船的动力行为；
- 布放与回收的便利性及未来的维护需求；
- 监测与检修操作；
- 简易断连步骤。

在上述设计参数确定后，可进行构型、脐带缆长度、系统几何形态以及浮力模块的尺寸、水下浮体或拱架的选择。立管应尽量短，以减少材料与安装费用，但仍需保证具有足够柔韧度以允许漂浮物出现较大的偏移。

在最初阶段，有如下顺应式方案可供选择。这里无法考虑复合式方案是因为其不适用于线缆典型的深度范围（如S型结构配置的一个单独水下浮体）。

用于电力传输的脐带缆动力学特性很大程度上受波浪能装置的影响。因此，应根据需要解耦该关系，这也让波式构型在波浪能装置的应用上更具吸引力。

1. 自由悬挂的悬链线构型

自由悬链线是脐带缆构型中最简单的一种，主要应用于无其他附属结构的简单缆。该构型安装费用最低，是因为其所需的水下基础结构最少，且易于安装。尽管线型离开波浪能装置时接近竖直，但在其触地点就基本平行于海底了。

该类构型的最大缺点是其悬挂与触地运动并未解耦。因此，悬挂段额外的升沉运动常导致触地段的挤压、褶皱与过弯（见图 3-32）。

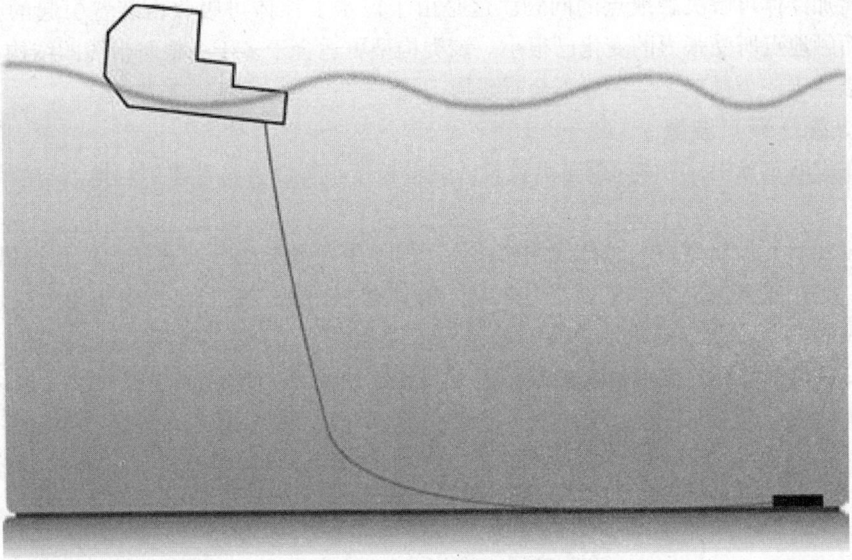

图 3-32　自由悬链线布置

2. 缓（懒）波 S 型

在 S 构型中，一般配置一水下浮体：要么为固定浮体，连接于海底的一基础上；要么为浮动浮体，通过锚链定位。固定缆的拱架所需浮力由拱下的一或两个大型罐体提供。电缆卧于拱上的沟槽内，被缆夹紧以防止掉落（见图 3-33）。

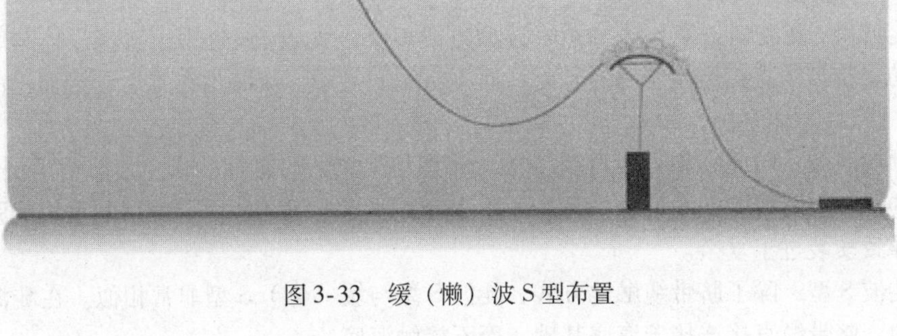

图 3-33　缓（懒）波 S 型布置

“缓（懒）波”是指线缆底部卧于海床之上。“S”则指由拱架形成的线形。

增加浮体可解决触地点的问题。这是由于该水下浮体可吸收由装置引起的张力变化，而触地点所受张力的变化已很小。该类构型更适合于多于一根脐带缆的结构，多根缆可悬挂于一个拱架上，一般不会有碰撞问题。

3. 缓（懒）波型

在波型布置中，浮体与配重沿较长的立管长度布置以将脐带缆的触地点与装置运动解耦。

缓（懒）波型结构与悬链线结构相似，但在中间深度由分布式浮力模块提供支撑。“缓（懒）”是指脐带缆中心线在其末端与海底相切，而“波”是指由于浮力模块而形成的线形。

安装浮力模块的费用将增加整体基建支出，每组浮力模块需单独安装于电缆之上（见图 3-34）。

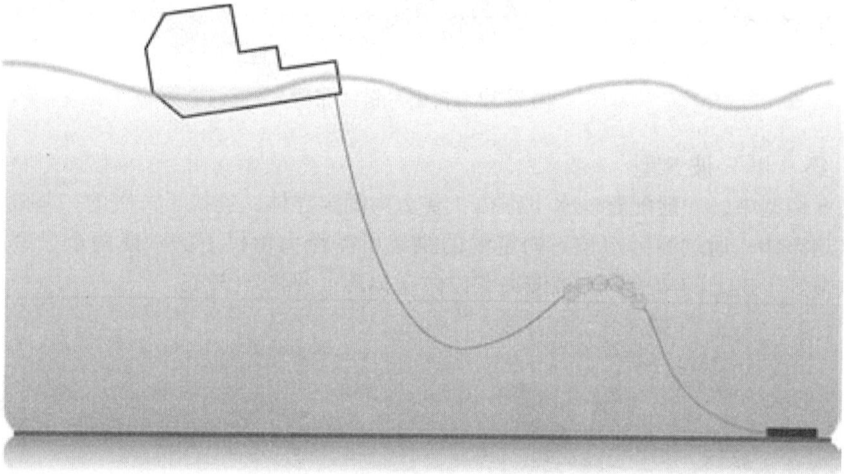

图 3-34　缓（懒）波型布置

4. 其他型式

陡波型：陡波型方案与缓（懒）波型方案相似，浮力模块也用于解耦浮体与触地点的运动。脐带缆直接连接于海底基础，而不与海底接触。陡波型布置适合于拥挤的海底结构。

顺应波型：顺应波型可视为缓（懒）波型与陡波型的复合形式。它保留了缓（懒）波型的优势与陡波型的动力学特征。可用于非常恶劣的海洋环境，但与配重块的张力连接会导致安装过于复杂。

陡波 S 型：除了脐带缆触地方式，陡波 S 型与缓（懒）S 型非常相似。在陡波 S 型布置中，脐带缆直接连接于海底基础，而不接触海底。

3.3.8 建议与结论

波浪能装置的电气连接需求采用特殊连接基础设施，并需对其进行设计与分析。

装机容量、离岸距离、并网接入点决定了输电电压与布置形式的选择。大规模阵列可采用两级连接：一级为装置到中继点（或接驳盒），另一级为中继点到岸。

连接布置方案决定了对各组件的不同需求。其中一个关键需求为并网基础设施及装置配置合适的连接点。尽管某些指南提供了如何在装置上进行连接的指导（假设主要采用松弛系泊的离岸式海洋能装置），与海底基础的适当连接仍是一个争议性的课题，未来可能采用其他的方案，而非现在由水面连接至海底的脐带缆方案。

若功率与电压等级已确定，用于海洋能装置电气连接的动态电缆可经由本章的步骤确定。不同绝缘方式可导致电缆设计完全不同。除了在强化设计中的小直径应用外，乙丙橡胶与交联聚乙烯两种绝缘材料的整体结构与机械特征基本相似。

最后，电缆的力学响应可通过在电缆设计阶段假设更大的载荷作为设计输入，并通过增加铠装改善。

海洋能装置的连接器仍有待研究，但也可参考其他行业的商业产品。实际上，一些生产商正在着眼于海洋能行业，并提出了一些创新方案。

3.4 参考文献

[1] B. Teillant, R. Costello, J. Weber and J. Ringwood, 'Productivity and economic assessment of wave energy projects through operational simulations', *Renewable Energy*, vol. 48, pp. 220–230, 2012.

[2] P. Ricci, J. López, I. Touzon, O. Duperray and J. L. Villate, 'A methodology for the global evaluation of wave energy array performance', in *Proceedings of the 4th International Conference on Ocean Energy*, Dublin, Ireland, 2012.

[3] M. Folley, T. Whittaker and J. Van't Hoff, 'The design of small seabed-mounted bottom-hinged wave energy converters', in *Proceedings of the 7th European Wave and Tidal Energy Conference*, Porto, Portugal, 2007.

[4] P. Ricci, J. López, J. Plaza, M. Scuotto, J. L. Villate, A. Bahaj, L. Myers, J.-F.… C. Retzler, 'EquiMar Deliverable D5.1: Guidance Protocols on choosing of electrical connection configurations', 2009. [Online]. Available: https://www.wiki.ed.ac.uk/display/EquiMarwiki/EquiMar.

[5] The European Marine Energy Centre, 2013. [Online]. Available at: www.emec.org.uk. Accessed March 2013.

[6] Wave Hub, 2013. [Online]. Available at: www.wavehub.co.uk. Accessed March 2013.

[7] H. Mouslim, A. Babarit, A. Clément and B. Borgarino, 'Development of the French Wave Energy Test Site SEMREV', in *Proceedings of the 8th European Wave and Tidal Energy Conference*, Uppsala, Sweden, 2009.

[8] Sustainable Energy Authority Ireland (SEAI), *Bellmullet wave energy test site*, 2013. [Online]. Available at: http://www.seai.ie/Renewables/Ocean_Energy/Belmullet_Wave_Energy_Test_Site/. Accessed March 2013.
[9] Ente Vasco de la Energía (EVE), *Biscay marine energy platform*, 2013. [Online]. Available at: http://eve.es/web/Energias-Renovables/Energia-marina/bimep.aspx?lang=en-GB. Accessed March 2013.
[10] L. Myers and A. Bahaj, 'An experimental investigation simulating flow effects in first generation marine current energy converter arrays', *Renewable Energy,* vol. 37, no. 1, pp. 28–36, 2011.
[11] K. Budal and J. Falnes, 'Interacting point absorbers with controlled motion', in *Power from Sea Waves*, Academic Press, London, 1980, pp. 381–399.
[12] S. Mavrakos and P. McIver, 'Comparison of methods for computing hydrodynamic characteristics of arrays of wave power devices', *Applied Ocean Research,* vol. 19, pp. 283–291, 1997.
[13] P. Ricci, J.-B. Saulnier and A. F. d. O. Falcão, 'Point-absorber arrays: A configuration study off the Portuguese West-Coast', in *Proceedings of the 7th European Wave and Tidal Energy Conference*, Porto, Portugal, 2007.
[14] B. Borgarino, A. Babarit and P. Ferrant, 'Impact of wave interactions effects on energy absorption in large arrays of wave energy converters', *Ocean Engineering,* vol. 41, pp. 79–88, 2012.
[15] P. Vicente, A. F. d. O. Falcão, L. M. C. Gato and P. A. P. Justino, 'Dynamics of arrays of floating point-absorber wave energy converters with inter-body and bottom slack-mooring connections', *Applied Ocean Research,* vol. 31, no. 4, pp. 267–281, 2009.
[16] D. Ben Haïm, *Progress report WP3 – Wave energy farm grid integration: Tools and methodologies*, Wavetrain2 Initial Training Network, 2010.
[17] T. Ackermann, N. Barberis Negra, J. Todorovic and L. Lazaridis, 'Evaluation of electrical transmission concepts for large offshore wind farms', in *Proceedings of the Copenhagen Offshore Wind Conference and Exhibition*, Copenhagen, 2005.
[18] M. Faria da Silva, *Offshore Wind Parks Electrical Connection*. Master's thesis, Instituto Superior Técnico, 2008.
[19] I. Martínez de Alegria, J. L. Martín, I. Kortabarria, J. Andreu and P. Ibañez, 'Transmission alternatives for offshore electrical power', *Renewable and Sustainable Energy Reviews,* vol. 13, pp. 1027–1038, 2009.
[20] M. Rahm, C. Böstrom, O. Svensson, M. Grabbe, F. Bülo and M. Leijon, 'Laboratory experimental verification of a marine substation', in *Proceedings of the 8th European Wave and Tidal Energy Conference*, Uppsala, Sweden, 2009.
[21] P. Kundur, in N. J. Balu, M. G. Lauby (eds.). *Power System Stability and Control*. Power System Planning and Operations Program, Electrical System division, Electric Power Research Institute, 3412 Hillview Avenue, Palo Alto, CA, McGraw Hill, 1994. ISBN 13: 9780070359581.
[22] ABB, 2013. [Online]. Available at: www.abb.com. Accessed March 2013.
[23] Prysmian, 2013. [Online]. Available at: www.prysmian.es. Accessed March 2013.

[24] International Electrotechnical Commission, 'IEC 60502-2: Power cables with extruded insulation and their accessories for rated voltages from 1 kV (Um=1.2 kV) up to 30 kW (Um=36 kV)', International Electrotechnical Commission, Geneva, Switzerland, 2005.

[25] G. Moore, Ed., Electric Cables Handbook, Blackwell Pub, 1997.

[26] J. Todorovic, *Losses Evaluation of HVAC Connection for Large Offshore Wind Farms*. Master's thesis, Department of Electrical Engineering, Stockholm, Royal Institute of Technology, Sweden, 2004.

[27] N. Barberis Negra, *Evaluation of Losses of HVDC Solutions for Large Offshore Wind Farms*, Master's thesis, Royal Institute of Technology, Stockholm, Sweden, 2005.

[28] J. López, P. Ricci, J. L. Villate, A. Bahaj, L. Myers, C. Retzler and J.-F. Dhédin, 'Preliminary economic assessment and analysis of grid connection schemes for ocean energy arrays', in *Proceedings of the 3rd International Conference on Ocean Energy*, Bilbao, Spain, 2010.

[29] P. Bresesti, W. Kling and R. Vailati, 'Transmission expansion issues for offshore wind farms integration in Europe', in *Transmission and Distribution Conference and Exposition*, Chicago, IL, 2008.

[30] P. Ricci, B. Couñago, A. Rico, P. Ibañez and Y. Torre-Enciso, 'Alternatives for the Design of Grid Connection Infrastructures for Wave Energy', in *Proceedings of the 3rd International Conference on Ocean Energy*, Bilbao, Spain, 2010.

[31] L. Martinelli, A. Lamberti, P. Ruol, P. Ricci, P. Kirrane, C. Fenton and L. Johanning, 'Power umbilical for ocean renewable energy systems – Feasibility and dynamics response analysis', in *Proceedings of the 3rd International Conference on Ocean Energy*, Bilbao, Spain, 2010.

[32] American Petroleum Institute, *API 17E: Specification for Subsea Umbilicals*, ISO 13628-5, American Petroleum Institute, Washington, DC, 2003.

[33] Institute of Electrical and Electronics Engineers, *IEEE Std. 519: Recommended Practices and Requirements for Harmonic Control in Electrical Power Systems,* Institute of Electrical and Electronics Engineers, 1992.

[34] Det Norkse Veritas, *Guidelines on Design and Operation of Wave Energy Converters*, Carbon Trust, London, England, 2005.

[35] International Electrotechnical Commission, *IEC 60092 Electrical Installations on Ships – Part 3: Cables (Construction, Testing and Installation)*, International Electrotechnical Commission, Geneva, Switzerland, 1984.

[36] International Electrotechnical Commission, *IEC 60287 Electric Cables – Calculation of the Current Rating*, International Electrotechnical Commission, Geneva, Switzerland, 2006.

[37] K. Thorburn and M. Leijon, 'Farm size comparison with analytical model of linear generator wave energy converters', *Ocean Engineering,* vol. 34, pp. 908–916, 2007.

[38] Pelamis Wave Power, 'The Pelamis brochure', 2013. [Online]. Available at: http://www.pelamiswave.com/pelamis-technology. Accessed March 2013.

[39] W. Grainger and N. Jenkins, "Offshore Wind Farm Electrical Connection Options" *Proceedings of the 1998 Twentieth BWEA Wind Energy Conference Wind Energy - Switch on to wind*, 1998.

[40] P. Christiansen, K. Jorgensen and A. Sorensen, *Grid Connection and Remote Control for the Horns Rev 150 MW Offshore Wind Farm in Denmark*, [Online]. Available at: www.hornsrev.dk/nyheder/nyh_aug_02/grid_control.pdf.

[41] D. Shackleton, L. Abib and R. Balena, 'Electrical and thermal design of umbilical cables', in *Proceedings of the 7th Jicable Conference*, Versailles, France, 2007.

[42] F. C. Cheng, 'Insulation thickness determination of polymeric power cables', *IEEE Transactions on Dielectrics and Electrical Insulation,* vol. 1, no. 4, pp. 1070–9878, 1994.

[43] R. Knapp, 'Torque balance design for helically armored cables', *ASME Journal of Engineering for Industry,* vol. 83, pp. 61–66, 1981.

[44] R. Knapp and M. Cruickshank, 'Design methodology for undersea umbilical cables', in *OCEANS: Ocean Technologies and Opportunities in the Pacific for the 90s, Proceedings*, Honolulu, HI, 1991.

[45] F. Hruska, 'Calculation of stresses in wire ropes', *Wire and Wire products,* vol. 26, no. 9, pp. 766, 767, 1951.

[46] G. Costello, *Theory of Wire Rope*, New York, NY: Springer, 1997.

[47] S. Ghoreishi, T. Messager, P. Cartraud and P. Davies, 'Validity and limitations of linear analytical models for steel wire strands under axial loading, using a 3D FE model', *International Journal of Mechanical Sciences,* vol. 49, pp. 1255–1261, 2007.

[48] International Umbilicals Manufacturers Federation (UMF), *Experience Report: Control Umbilicals Delivered by UMF Members in Period 1995–2000*, 2008. [Online]. Available at: www.ufd.as.

[49] C. Djumegard and P. Fellows, 'Installation of metallic tube umbilicals in 3000 meters water', in *Proceedings of the 2003 Offshore Technology Conference*, Houston, Texas, 2003.

[50] P. Ricci and J. López, 'Components for ocean renewable energy systems'. FP7 Grant Agreement No: 213633, CORES: Components for Ocean Renewable Energy Systems, 2009.

[51] M. Molinas, O. Skjervheim, B. Sørby, P. Andreasen, S. Lundberg and T. Undeland, 'Power smoothing by aggregation of wave energy converters for minimizing electrical energy storage requirements', in *Proceedings of the 7th European Wave and Tidal Energy Conference*, Porto, Portugal, 2007.

[52] J. Slootweg, S. de Haan, H. Polinder and W. Kling, 'Voltage control methods with grid connected wind turbines: a tutorial review', *Wind Engineering,* vol. 25, no. 6, pp. 353–365, 2001.

[53] I. Martinez de Alegria, J. Andreu, J. Martín, P. Ibañez, J. Villate and H. Camblong, 'Connection requirements for wind farms: A survey on technical requirements and regulation', *Renewable and Sustainable Energy Reviews,* vol. 11, pp. 1858–1872, 2007.

[54] The European Wind Energy Association, *Large Scale Integration of Wind Energy in the European Supply: Analysis, Issues and Recommendations*, 2005. [Online]. Available: www.ewea.org.
[55] R. Dorf, Ed., *The Electrical Engineering Handbook*, CRC Press, 2010.
[56] N. Barberis Negra, J. Todorovic and T. Ackermann, 'Loss evaluation of HVAC and HVDC transmission solutions for large offshore wind farms', *Electric Power Systems Research,* vol. 76, pp. 916–927, 2006.
[57] K. Thorburn, H. Bernhoff and M. Leijon, 'Wave energy transmission system concepts for linear generator arrays', *Ocean Engineering,* vol. 31, no. 11–12, pp. 1339–1349, 2004.
[58] H. Brakelmann and H. Burges, 'Transmission technologies for collective offshore wind farm connections', in *Proceedings of the European Wind Energy Conference*, Milan, Italy, 2007.
[59] D. O'Sullivan and G. Dalton, 'Challenges in the grid connection of wave energy devices', in *Proceedings of the 8th European Wave and Tidal Energy Conference*, Uppsala, Sweden, 2009.
[60] J. Bash, Ed., *Handbook of Oceanographic Winch, Wire and Cable Technology*, National Science Foundation, 2001.

第4章 并网（第一部分）：电力系统与波浪能装置的相互作用

4.1 引言

本章从电力系统角度综述了波浪能发电系统的主要问题。主要内容涉及波浪能发电系统电力输出的时程曲线及其功率波动对电力系统性能的影响。后续章节将对其中某些问题进行深入探讨。此外，还介绍了无功补偿设备的必要性，特别是对于离岸较远的阵列场，则更为重要。因此，本章也对波浪能发电系统的离网运行进行了介绍。我们假设波浪能发电机（WEG）输出是正弦波形态，并用该简化模型解释大部分原理。

4.2 波浪能发电与电网之间的相互作用

A. Garces, O. Fosso , M. Molinas

从时间的中期尺度来看，波浪是有规律的。因此发电功率可较准确地进行预测并可有效调度[1]。采用布氏谱与概率统计技术或人工智能算法可预测波浪能的理论开发量[2]。波浪能系统需进行随机经济调度，该方法已在风能和太阳能系统中有所应用[3]。WEG 的电能输出与地点有关[4]，因此需结合地点进行经济性研究（见第 10 章）。

另一方面，WEG 能量转换形式对电力系统有重要影响[5]。从系统层面看，各发电机应满足电能质量、可靠性、安全性与稳定性标准。尽管波浪能的规程应与风能相似，但在未来研究中应充分考虑其特殊性。其中，低频振荡功率是 WEG 安全并网的一个主要挑战[6]。本章详细研究的问题还包括：

- 发电功率特性（振荡浮子型 WEG）：给出了振荡浮子型 WEG 的发电功率模型，并展示了低频功率振荡。
- 功率平滑：能量存储以及 WEG 阵列的合理布局可用于平稳功率振荡，采用小型测试系统研究了功率平滑对电力系统的影响。
- 功率振荡对保护设备的影响：低频振荡将影响电力系统保护的协调性。针对传统的保护方案，简要讨论了此问题。
- 功率振荡对电压曲线与无功功率的影响：WEG 可通过电压源型变流器并入至

电网。此类变流器会产生无功功率。另一方面，其容量受限于半导体的最大电流。因此，无功功率也可能产生振荡，从而影响整个系统的电压曲线。

- 功率振荡对系统频率的影响。
- 离岸与近岸 HVAC 输电：从输电技术角度对离岸与近岸 WEG 系统进行了比较。

4.2.1　发电功率特性

波浪能技术仍处于发展之中，因此何为从海中摄取能量的最佳方式仍未有定论。另一方面，任何电力系统的研究均需根据发电机侧的信息判断其对系统的影响。发电功率的动态特征和质量则与波浪能装置类型密切相关。本书将采用参考文献［7-9］中所描述的一类典型 WEG 系统。以浮子型模型为例进行分析，该 WEG 系统组成如图 4-1 所示。此研究中得到的部分结论也可扩展至其他类型的 WEG 系统。

其机械系统的动力学方程如下：

$$M\frac{d^2y}{dt^2}+\beta\frac{dy}{dt}+\alpha y=F \tag{4.1}$$

式中，M 为等效质量，包括浮体质量和附加质量，β 为等效阻尼系数，α 为弹性常数，y 为浮体的垂向位置，F 为发电机作用在浮子上的力。

另一方面，机械功率为

$$P_m=\beta_h\left(\frac{dy}{dt}\right)^2 \tag{4.2}$$

式中，β_h 为水动力阻尼系数。当系统处于共振状态时其运行状态最优。此时，发电机所提供的阻尼力等于等效阻尼力：

$$M\frac{d^2y}{dt^2}+\alpha y=0 \tag{4.3}$$

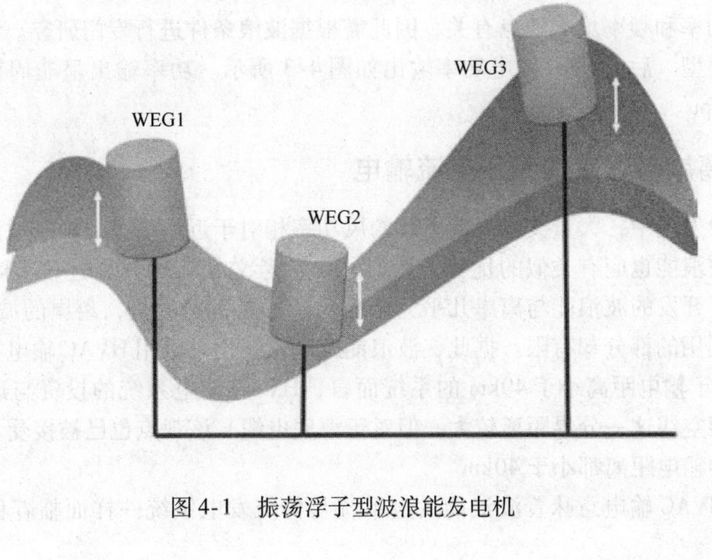

图 4-1　振荡浮子型波浪能发电机

因此，可摄取的电功率为

$$P = P_{max}\cos^2(\omega_x t) \tag{4.4}$$

式中，P_{max} 为峰值功率，ω_x 为波浪频率，其表达式为：

$$\omega_x = \sqrt{\frac{\alpha}{M}} \tag{4.5}$$

发电功率与最大摄取功率比值如图 4-2 所示。该结果对于理想正弦波是成立的，但实际应用中的波浪是随机的。从电力系统角度看，应用该理想模型可分析两个主要挑战：发电功率具有低频振荡特性，平均功率只有峰值功率的一半。

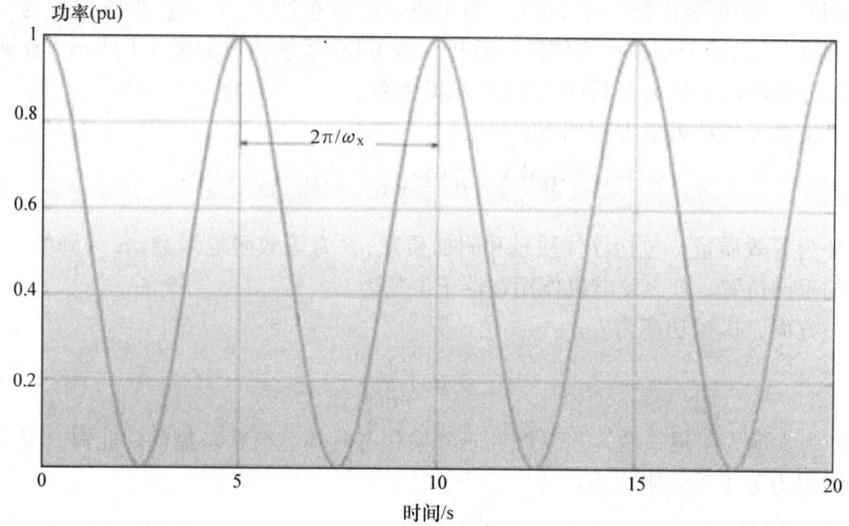

图 4-2　理想条件下 WEG 的输出功率

峰值功率和频率均与地点有关，因此需根据波浪条件进行专门研究。考虑更接近实际的波浪模型[2]后，WEG 发电功率输出如图 4-3 所示。功率输出呈非周期性振荡，其值不超过 1pu。

4.2.2　离岸与近岸的高压交流输电

在风力发电中，大量文献表明离岸的风功率相对于近岸更大。由于波浪与风直接相关，离岸波浪能也应有类似的优势。然而，如参考文献［10］所述，实际并非完全如此，近岸可开发的波浪能与离岸几乎完全相等。可以肯定的是，离岸的波浪能总量高，但可开发利用的部分却有限。据此，波浪能发电系统仍可采用 HVAC 输电方式。如图 4-4 所示，对于输电距离小于 40km 的系统而言，HVAC 输电系统的投资与运行成本均较低。尽管架空线这一分界距离较大，但对于海底电缆，该观点也已被接受。而大多数波浪能项目的输电距离都小于 40km。

采用 HVAC 输电意味着波浪能发电系统与传统发电系统一样面临着稳定性、电能

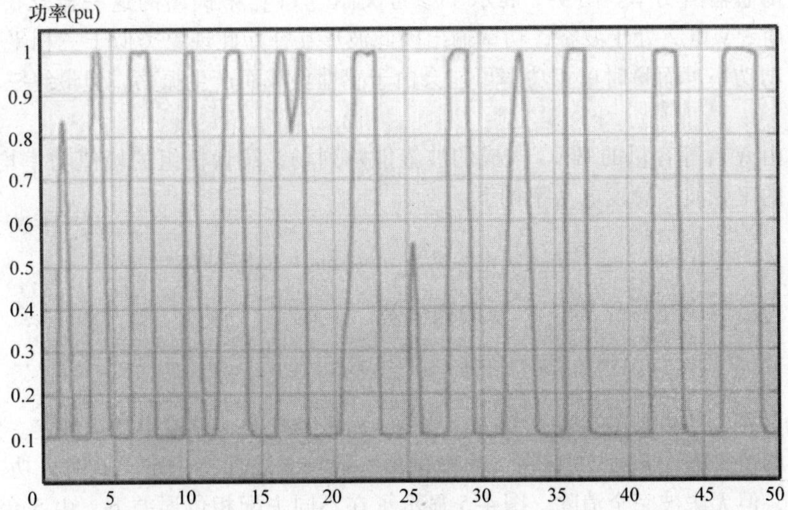

图 4-3　WEG 输出功率

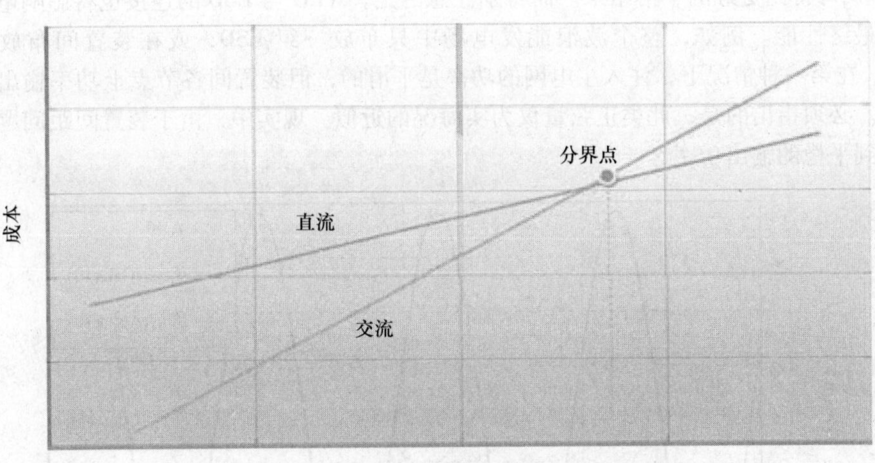

图 4-4　交流输电与直流输电成本比较

质量及无功补偿等问题。如第 2 章所述，需采用电力电子设备控制发电功率，并将波能摄取最大化。同时，电力电子设备与输出功率振荡，均将影响电网的稳定性与电能质量。下一节我们将重点讨论该问题。

4.2.3　功率平滑

如图 4-3 所示，单台 WEG 的输出功率是振荡的。但通过合理配置阵列场中 WEG 间距，可平滑总输出功率。图 4-1 展示了参考文献［11］中提出的这一概念。当 WEG1 处于波峰时，WEG2 处于波谷，功率输出因此波形互补。此现象类似于三相平衡系统中产生的有功功率，而瞬时单相功率可能会由于感性负载而产生振荡，但最终三相功率是恒定的。

考虑由 N 台等容量的 WEG 构成的波浪能阵列场，每台机组的峰值功率均为 $P_{\max}$。对于理想的正弦波，总发电功率如下：

$$P = \frac{P_{\max}}{2}\left(N + \sum_{k=1}^{N}\cos(2\omega_{x}t + \phi_{k})\right) \tag{4.6}$$

式中，ϕ_k 为适当放置各台 WEG 产生的相位差，

$$\phi_k = \frac{2\pi}{N} + \phi_x \tag{4.7}$$

ϕ_x 为波浪随机性导致的间距误差。当 $N \geqslant 3$，$\phi_x = 0$ 时，总输出功率恒定。然而，实际中由于相位失配误差 ϕ_x 的存在，功率输出一般均无法保持恒定。此时，功率振荡虽可被抑制，但无法被完全消除。图 4-5 显示了在不同失配相位误差下，由 5 台 WEG 构成的阵列场功率输出的波动情况。随机失配相位误差通常用均匀分布概率模型表示。

显然功率平滑策略可有效减少振荡，但不会完全消除振荡。通过合理配置储能设备（ESD）可得到更好的平滑结果。需特别注意的是，WEG 与 ESD 的连接也将影响电力系统的最终性能。例如，整个波浪能发电场中只布放一组 ESD，或在装置间布放多个 ESD。在第一种情况下，注入主电网的功率是平滑的，但装置间各节点上功率输出是振荡的。必须指出的是，此类正弦量仅为实海况的近似。现实中，由于装置间距问题，很难达到平稳的输出功率。

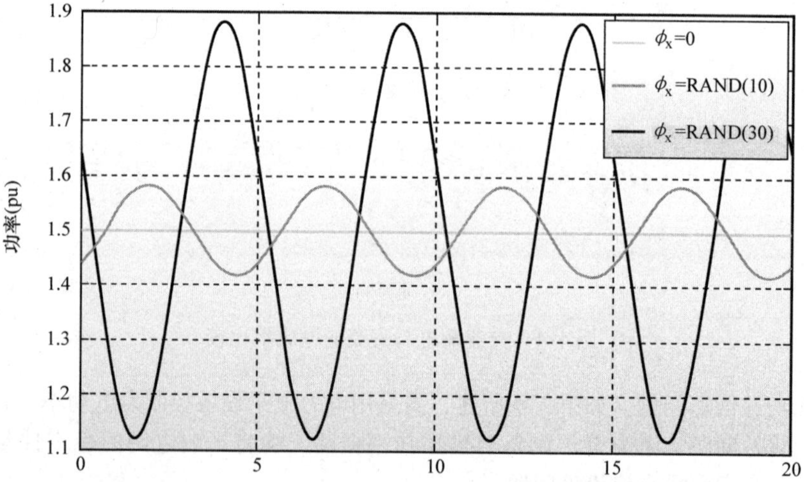

图 4-5　不同相位失配误差条件下，5 台 WEG 阵列场的总输出功率曲线

4.2.4　储能设备影响

为减少功率波动[12]，可在电力系统中配置 ESD，如飞轮、超导磁储能（SMES）、超级电容与蓄电池等。第 7 章将详细介绍储能方面的内容。与前一例子类似，采用储能可减小功率波动，却不能完全消除。考虑一台配备 ESD、装机容量 0.2pu 的 WEG，能量存储系统（ESS）最大储能能力为 $E_{max} = 0.15$pu。本例中，ESS 与 WEG 几乎具有相同的额定值。ESS 的最大储能能力取决于 SMES 的最大电流、超级电容的最大电压、飞轮的最大转速。为补偿 WEG P_w 的功率波动，需计算 ESS 注入电网的功率。为得到平均功率，需采用一阶低通滤波器。

图 4-6 给出了部分仿真结果。仿真输入采用了更接近实际的波浪模型，各正弦幅值不恒定。储能系统容量限制了功率波动补偿效果。尽管 ESS 几乎与 WEG 的额定功率相同，仍无法完全平滑功率，且平均功率仅为 WEG 额定功率的一半。当蓄能达到最大容量时，ESS 无法再吸收额外的能量，此时所有功率振荡均会注入电网。另一种情况是当储能为 0 时，发电功率会下降。此外，用于计算平均功率的低通滤波器限制了功率补偿的效果。为改善稳态性能，需采用更好的滤波技术。然而，理想滤波器并不存在，即使采用最强大的 ESS 也无法完美的平滑功率。因此，在波浪能发电项目中必须考虑功率波动对于电力系统的影响。采用图 4-3 中的实际波浪参数对 ESS 进行仿真，结果如图 4-7 所示。正如所料，功率已平滑，但低频振荡仍未能完全消除。

4.2.5　功率振荡对保护设备的影响

常规的输电线路装有功率振荡保护装置（78 号保护）。其类型为基于等效阻抗动态

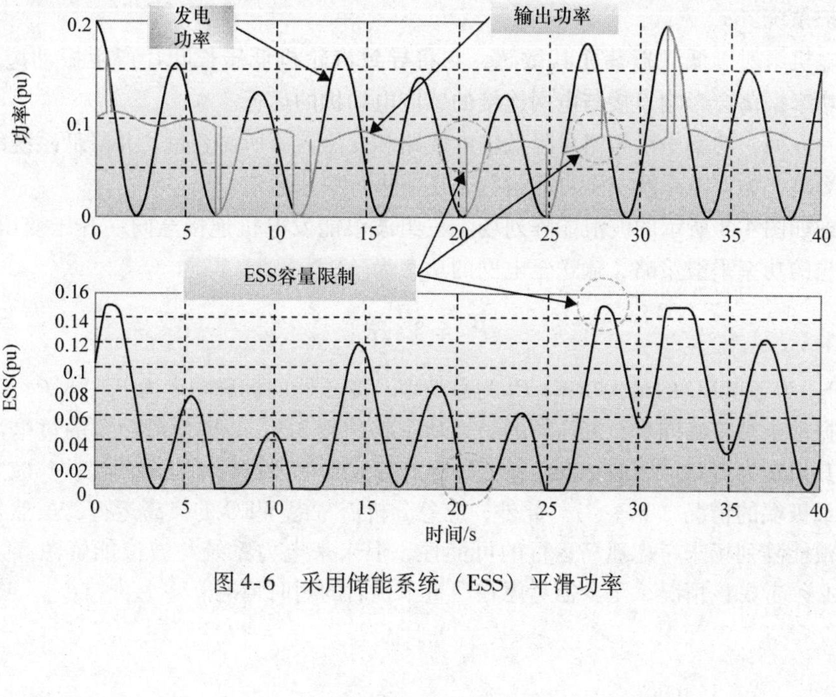

图 4-6　采用储能系统（ESS）平滑功率

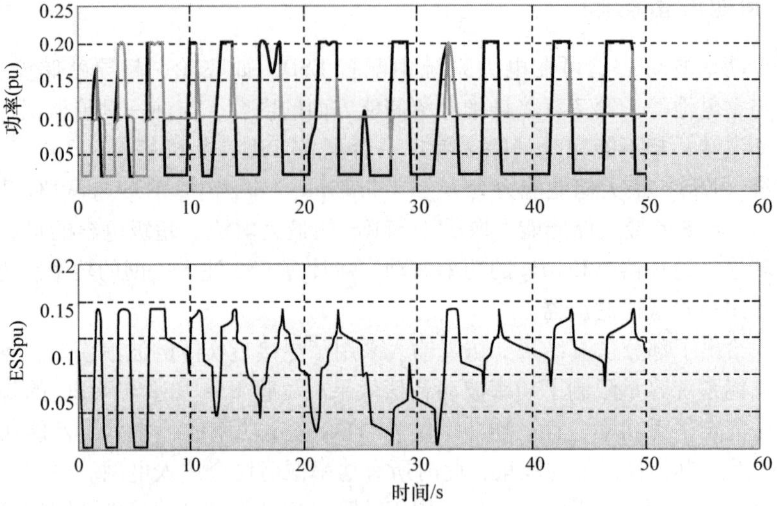

图 4-7　在实际波浪时程曲线下 ESS 的功率平滑效果

测量的保护[13]。波浪场中的功率振荡可能导致系统电频率的振荡，特别是当大型波浪能阵列场连接到弱电网时尤甚。常规电力系统中短路引起的机电瞬态频率范围为0.1～2.5Hz，与波频范围相近。由波浪引起的功率振荡可能被常规线路保护系统识别为异常频率，并产生跳闸的误操作。误跳闸则会在其他线路中产生级联跳闸效应。另一方面，除了输电线路外，与主电网连接的发电机和变压器装有电压/频率继电器，可在低频条件下保护系统。

火电机组对于低频振荡尤其敏感，它将导致汽轮机低压长叶片产生振动应力[14]。此外，功率振荡会影响直接与电网连接的感应电动机的运行。

另一方面，功率平滑策略可降低输电线路和变压器等所需容量，并降低系统级功率振荡的影响。为保障系统安全可靠运行，还需进行快速通信。

考虑如图 4-8 所示的波浪能阵列场。三组波浪能发电机连接至同一升压变压器上。对于理想的功率平滑策略，输送至电网的功率为

$$P_T = 3\frac{P_{max}}{2} \tag{4.8}$$

式中，P_{max} 为各 WEG 的最大功率，P_T 为总功率。变压器的标称功率为 $P_{nom} = P_T$。然而，若波浪振动未被正确同步，变压器的最大功率将达到 $3P_{max}$。即使最简单的过电流保护也会将其识别为短路。因此，变压器必须提高额定功率以进行动态协调保护。应急分析需考虑最极端的情况（$3P_{max}$）。此外，应急分析需考虑 WEG 的孤岛运行，虽然目前运营的波浪能阵列场未考虑孤岛运行的可能性，但未来电力系统与波浪能资源高度匹配后，则必须考虑该情况，至少需考虑在严重干扰后的短时情况。

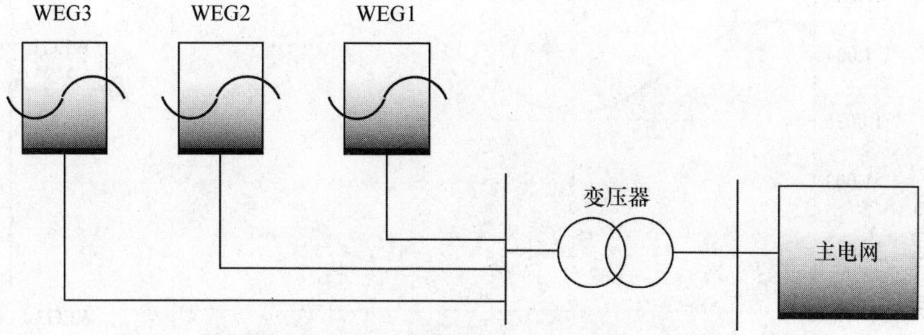

图4-8　具有功率平滑功能的波浪能阵列场仿真

为监视波浪能应用中的功率与电压振荡，需进行状态估计。新技术，如相量测量单元（PMU），对接入高比例波浪能的弱电网而言非常重要。各波浪能阵列场安装PMU，用以测量功率、电压幅度与相位。其他共同接入的发电机可根据上述信息调整控制策略，以维持整个系统的稳定裕量。此外，集中式储能系统也可利用该信息设计更好的平滑功率振荡策略。

4.2.6　功率振荡对电压的影响

WEG的功率振荡亦会影响电网电压。为解释这一现象，图4-9给出了小型波浪能阵列场的仿真方案。9台WEG采用等长的电缆接入强电网。电缆阻抗以标幺值表示，$P_{BASE}=100MW$。各台WEG的峰值功率为2MW，经合理布置，可使总输出功率恒定（完美的功率平滑）。假设波浪为理想正弦波。

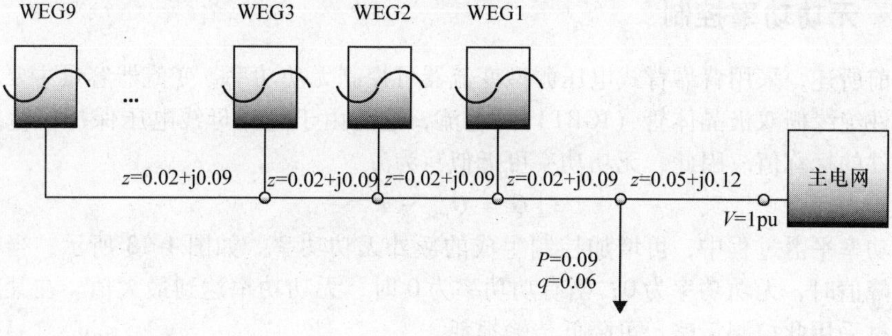

图4-9　波浪能阵列场仿真

图4-10给出了不同接入点的电压。随着与主电网距离的增加，振荡电压也随之增大。

为了测试电网中功率振荡对电压的影响，本例中采用了如图4-11所示西部系统协调委员会（WSCC）的九总线测试系统。阻抗参数与发电功率详见参考文献［15］。为测试其对系统电压的影响，将20MW的WEG接入至节点8。

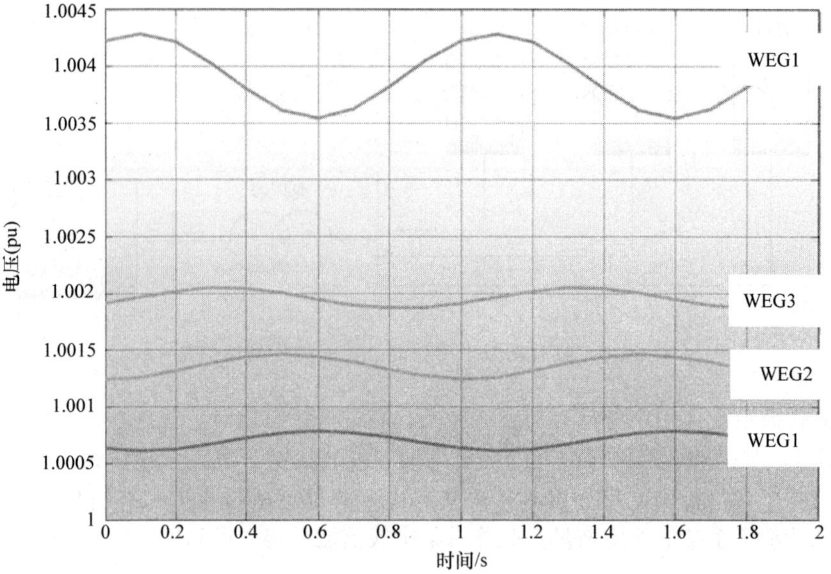

图 4-10　波浪能阵列场电压

图 4-12 所示仿真结果表明：即使发电机电压控制良好，其他节点电压受节点 8 功率振荡的影响仍很严重，功率最大时，电压最低。这对变流器相当不利。然而，由于 WEG 的最大发电功率占总功率的比重很小，因此振荡幅值也非常小。对波浪能高比例接入的系统而言，电压变化将更大，需专门研究。为研究 WEG 连接的节点对负载的影响，还需进行敏感性分析。

4.2.7　无功功率控制

如前所述，采用背靠背式电压源型变流器可控制无功功率。变流器容量主要取决于功率器件绝缘栅双极晶体管（IGBT）的电流，这是由于直流母线电压保持恒定并接近功率器件的标称值。因此，无功功率可近似写为

$$Q = Q_{\max} - P \tag{4.9}$$

在功率平滑过程中，可增加控制生成的额外无功功率。如图 4-13 所示，当有功功率达到峰值时，无功功率为 0；当有功功率为 0 时，无功功率达到最大值。在某些情况下，通过采用此控制策略，可降低传输损耗。

图 4-14 给出了系统采用该策略后的运行结果，具体为单位功率因数的总传输损失与采用该策略的传输损失曲线。由于各发电机组的无功功率均可内部生成，因此主电网传输损耗将降低。采用优化的潮流方法，可确定各 WEG 输出的无功功率峰值。

4.2.8　功率振荡对频率的影响

WEG 产生的功率振荡对电力系统频率有负面影响。为解释这一现象，采用图 4-11 所示九总线测试系统进行瞬态稳定性仿真。火力与水力发电中的涡轮机与调速器模型如

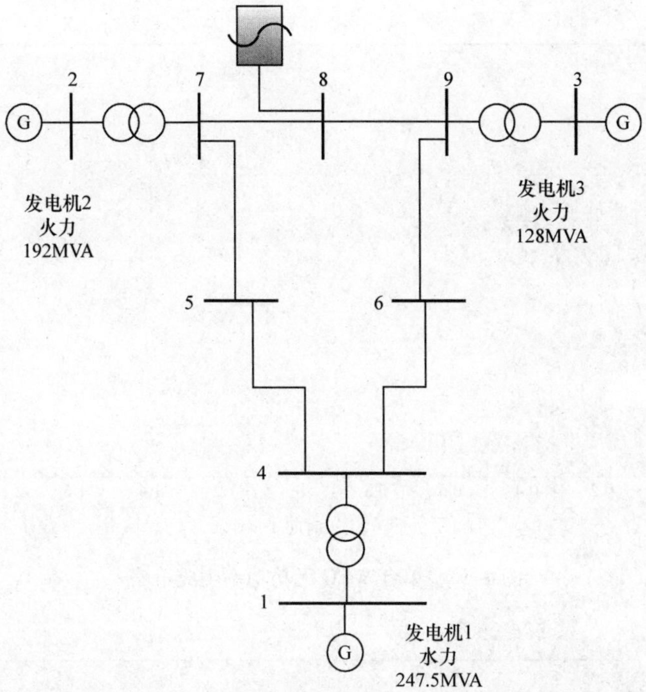

图 4-11　WSCC 九总线系统的单线图[15]

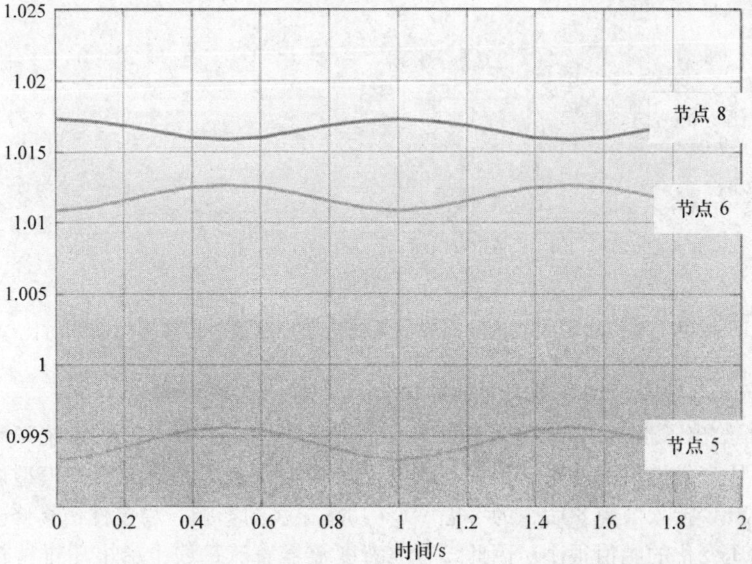

图 4-12　包含 20MW WEG 的小型电力系统电压

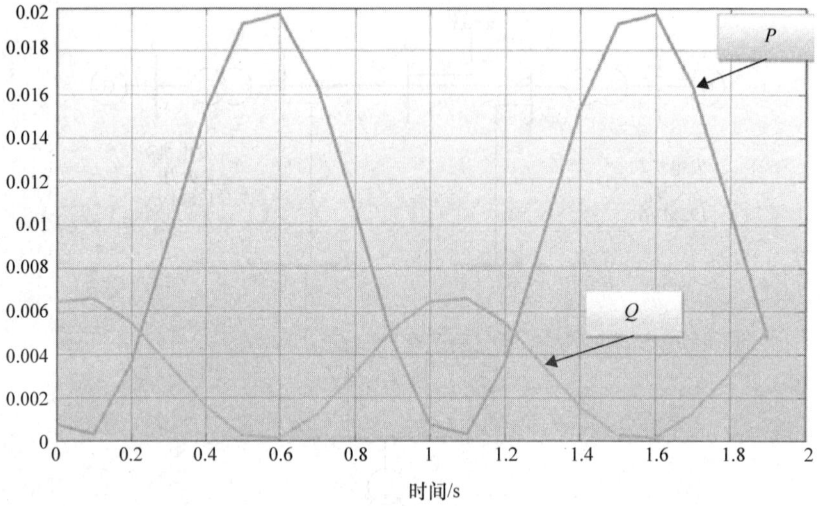

图 4-13　单台 WEG 无功功率生成策略

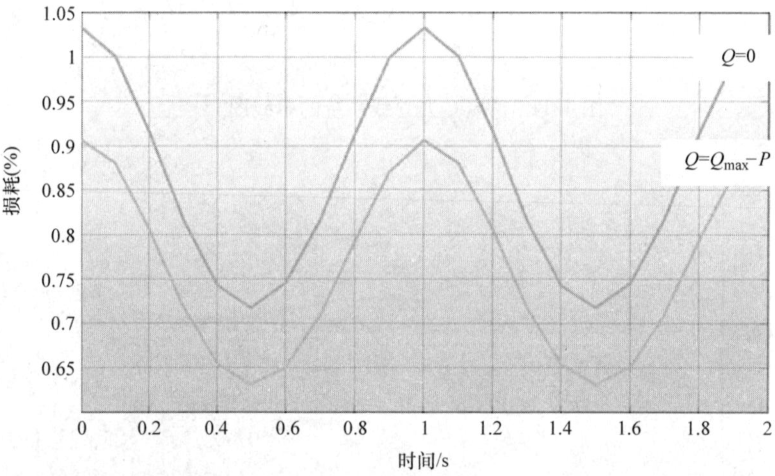

图 4-14　单位功率因数传输损耗与无功功率控制策略传输损耗曲线对比

图 4-15 所示。系统参数详见参考文献［15］。

图 4-16 给出了当 WEG 未接入节点 8 时，负载突然减少 10MW 时系统频率的变化。仿真考虑了所有发电机的透平、阻尼与调速器等模型。采用经典准稳态模型进行模拟。将一 5MW WEG 接入节点 8 后，为考虑 WEG 功率振荡的影响，稳定性仿真修改为瞬态。此处假设电压变化的幅值很小。因此，背靠背变流器直流母线上的电压维持在恒定值，输出功率不会被动态电力系统影响。由于缺乏可用于瞬态稳定性分析的 WEG 系统模

型，只能采用此强性假设。该假设仅模拟了负载变化影响，不适合分析诸如短路等突发事件对电压的影响。

采用预测校正算法求解微分方程组。由于 WEG 功率已知，算法中会出现一代数循环。该循环采用修正的高斯 - 赛德尔（Gauss - Seidel）算法求解，全牛顿 - 拉夫逊（Newton - Raphson）算法则用于计算初始条件。

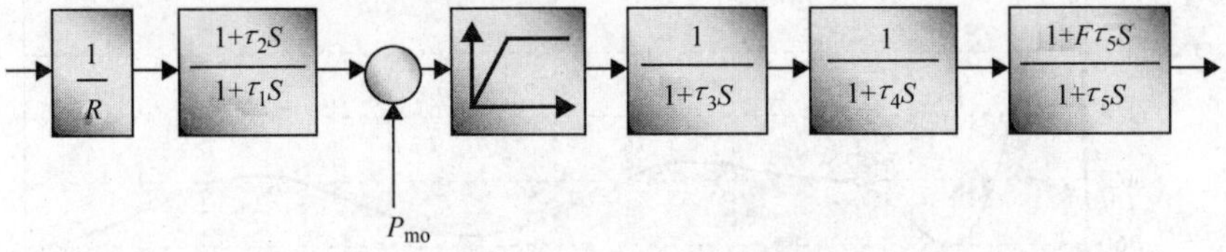

图 4-15　调速器通用模型[15]

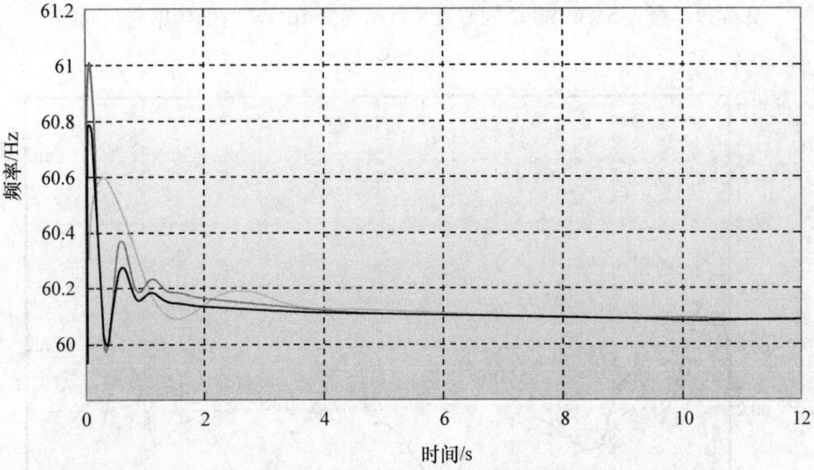

图 4-16　未接入 WEG 的节点 8 负荷突降 10MW 时的频率变化情况

图 4-17 给出了 WEG 接入节点 8 后负荷突降 10MW 时系统频率变化的曲线。由于 WEG 增加了有功功率的变化，第一个振荡峰值比比前述工况更高。稳态频率出现了一定的振荡，但振荡幅值较小，对系统的稳定性无明显影响。需注意的是在此特殊情况下，输出频率的振荡接近于系统的本征频率，这将导致电力系统产生同步谐振。

图 4-18 给出了图 4-3 所示发电频率（不规则波条件下）的变化。正如前面所分析的，波浪的随机特性对于系统频率的影响很大。

传统电力系统的振荡可通过电力系统稳定器（PSS）抑制。在多数情况下，PSS 主要在瞬态条件下运行。然而在波浪能应用中，稳态条件下也需要 PSS。振幅随波浪能接入比例的增加而增加。

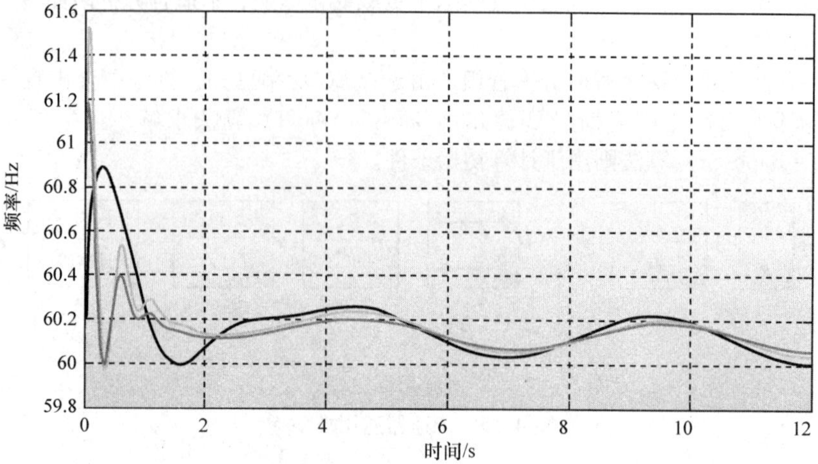

图 4-17　接入 5MW WEG 的节点 8 负荷突降 10MW 时的频率变化曲线

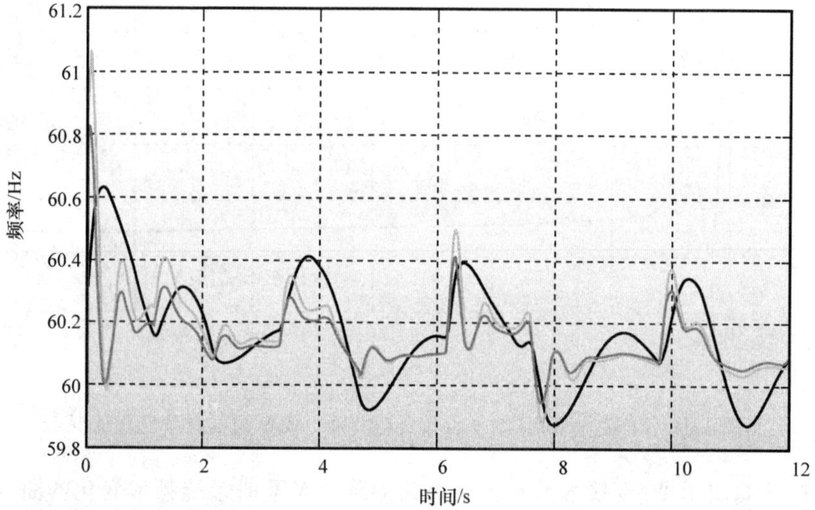

图 4-18　接入 5MW WEG 的节点 8 在不规则波作用下负荷突降 10MW 的频率变化曲线

4.2.9　调速器控制

对接入电网的发电机进行适当控制可减少频率振荡。考虑如图 4-10 所示的九总线测试系统。对 kron 降阶之后的雅可比矩阵进行解耦，可得相位角和发电功率之间的近似关系：

$$\begin{bmatrix} P_G \\ P_W \end{bmatrix} = [B]\begin{bmatrix} \theta_G \\ \theta_W \end{bmatrix} \tag{4.10}$$

式中，G 表示发电机（火力、水力），W 表示 WEG。

通过采用经典瞬态稳定性研究中的传统近似方法推导方程，可得近似的频率变化量为：

$$\begin{bmatrix} \Delta w_G \\ \Delta w_W \end{bmatrix} = [H]\begin{bmatrix} \Delta P_G \\ \Delta P_W \end{bmatrix} \tag{4.11}$$

式中，$H = B^{-1}$。

由此，为补偿 WEG 产生的功率振荡所需的有功功率为

$$\Delta P_G = -[H_{GG}]^{-1}[H_{GW}]\Delta P_W \tag{4.12}$$

调速器控制中，将此功率值加至 P_{mo} 值之上（见图 4-15）。值得注意的是，为确定补偿功率，需实时计算 P_W。此外，H 包含连接到系统的负荷。此信息可通过状态评估器获得。图 4-19 给出了在节点 8 突降 10MW 负荷时的仿真结果。该控制方案虽未能完全消除频率振荡，但确实降低了其振幅。ΔP_W 计算中的控制方法与精确控制所需的实时通信均为具有挑战性的问题。通信速率需足够快，以反映 WEG 输出功率的变化。此外，对于旋转备用容量的计算必须考虑能够满足 WEG 所产生的功率振荡的补偿要求。实际应用中，PSS 也是补偿功率振荡的重要部件。然而，PSS 对电压有局部影响，可能会增加电压振荡。

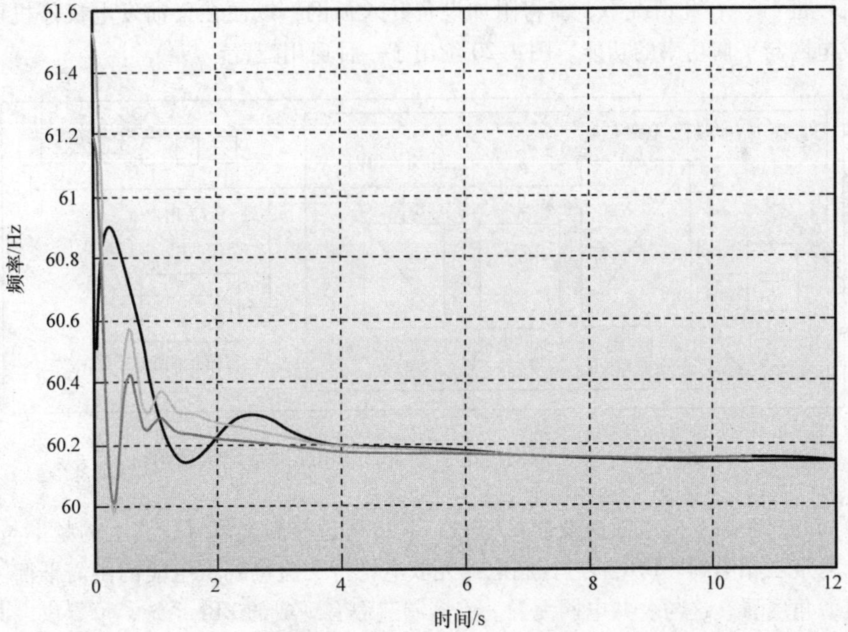

图 4-19　接入 5MW WEG 的节点 8 负荷突降 10MW 时，采用协调功率平滑控制所得频率曲线

4.3 海洋能系统离网运行

P. Kracht，J. Bard

所谓离网运行即发电系统不接入公共电网，对于波浪能和潮流能发电系统有两种离网运行的情况。一种情况是为偏远地区供电，另一种情况是对原型设备进行测试。这两种情况也被称为孤网运行。过去十年，以可再生能源为输入的孤网已成为偏远地区供电的普遍选择。海洋能发电装置（OEC）也可用于孤网运行[16]，参考文献［17，18］介绍了 OEC 集成到孤网中的案例，但没有电气系统的具体细节。参考文献［19］给出了 WEG 离网测试时电气系统的具体情况，参考文献［20］介绍了一类似系统，并规划采用潮流能发电装置（TEC）为乡村地区供电。下面所介绍的孤网设计方案类似于参考文献［19，20］中所介绍的例子，均讨论了波浪能和潮流能装置特殊的并网条件。

4.3.1 偏远地区电气化系统方案

传统的孤网由常规柴油发电机供电，它除了提供电力外还提供了形成系统电网与平衡功率等重要功能。在过去数十年中，可再生能源已被集成至孤网系统，形成了所谓的多能互补系统。根据可再生能源的接入比例，可对多能互补系统进行分类。此处我们重点关注高渗透率系统，即至少在一段时间内系统的全部负荷由可再生能源负担，而柴油发电机停机[21]。在此情况下，需将附加设备并入孤网，以便在柴油发电机停机期间提供形成电网与平衡功率的功能。图 4-20 给出了一种通用配置。

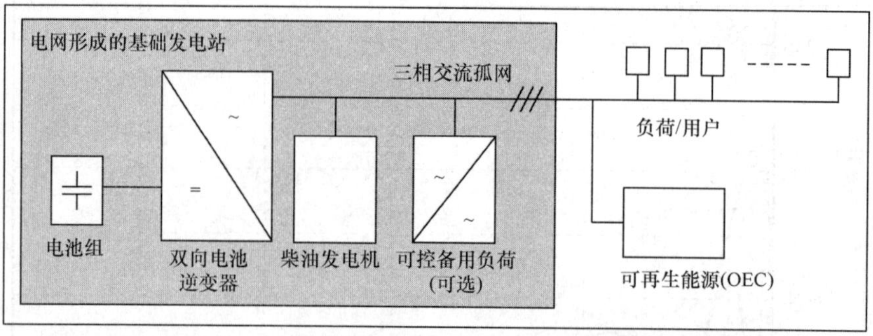

图 4-20 基于双向电池逆变器的三相孤网系统示意图

孤网的核心为双向电池逆变器（BBI），它可通过控制交流母线路上的频率与电压，形成并稳定三相电网。BBI 通过控制电池充放电维持交流母线上电能的供需平衡。从负荷与电源角度看，这与公共电网无异。许多制造商有现成的 BBI 系统，可提供电网平衡的监督控制、高级电池管理、高可靠度保护，且其功率范围可达数百千瓦。当电源不足和负荷异常增大时，通过 BBI 控制柴油发电机以维持电网平衡。需考虑的特殊情况是，当电源供给量超出电网需求时，系统中需额外增加可控的卸荷负载，或减少电源的功率输出。此时，BBI 通过给卸荷负载与/或电源分别发送功率参考指令，以维持整个系统的功率平衡。

图 4-20 所描述的系统是由 OEC 构成的孤网系统基本布置。为进一步改善系统性能，可集成用于长期储能的氢能系统或其他可再生能源互补系统。一般来说，孤网的目标是能以商业上可行的成本向消费者提供稳定电力，这在很大程度上依赖于对各部件的选择、设计与评级。系统设计需要基于用户侧的负荷信息（负荷曲线）与资源的可用性。当在孤网中集成 OEC 时，在设计中必须考虑其特殊性。潮流的可靠性与可预测性有助于设计准确的潮流能供电孤岛系统。根据电力的生产与需求调整系统构成，可设计完全基于可再生能源的孤网系统，而不再使用柴油发电机。WEG 可预测性则较差。尽管如此，WEG 的电力生产似乎与电力需求有一定的相关性，如冬季波浪能资源丰富，而用户电力需求也旺盛。波浪能的一个不足之处在于装置的电力输出波动性大，对电网影响也大。在 BBI 与电池（在其他组件中）的额定功率选择上需考虑该因素，同时也会影响孤网稳定性。在此孤网系统设计中尚未谈及的另一个问题是要求 TEC 与 WEG 具有各自的功率自适应机制。若孤网中未配置可控的卸荷负载，发电设备需具有减少功率输出的适当控制方案，孤网系统能够同时给出各发电系统的功率参考值，并将其通过通信链路发送至各发电设备。参考文献［20］中给出的基于 TEC 的孤网系统设计方案，可为偏远农村提供电力。文献中具体描述了其控制策略以及基于孤网频率发送功率参考值的技术。

4.3.2　原型装置的离网测试系统

考虑到海上并网的成本问题，原型系统测试常采用离网型式，某些离网方案可供测试原型装置，但其运行要求与前述方式有很大不同。此处孤网运行的目的并不是为了向用户提供稳定电力，而是需接受 OEC 供给电网的任何电力输入。原则上图 4-20 描述的系统依然满足上述应用，但对各部件额定功率的要求有着显著差异。首先，卸荷负载设计需满足发电系统的最大功率输出。其次，BBI 的额定功率可大幅减少，但仍需稳定电网并为其他辅助设备供电，例如安全设备、冷却设备与通信设备。先进的 WEG 控制方法如无功控制（详见第 8 章）需依靠分段反向潮流，即 WEG 需从电网获取电力。在此情况下，BBI 的设计必须考虑 WEG 的最大功率需求。最后，电池与备用柴油发电机的容量可根据发电装置停机时辅助设备所需的功率适当降容。根据上述要求适当设计系统，可满足包括发电机系统与控制的测试需求，就像仍需接入到公共电网一样[19]。

4.4　结论

在未来的能源方案中，波浪能发电技术是一种很有前途的清洁发电技术。本章从电力系统的角度讨论了一些相关的技术挑战。最关键的挑战是其功率振荡特性对整个电网稳定性与电能质量的影响很大。通过采用 ESD 策略地协调 WEG 位置，或采用控制算法可实现功率平滑。但这些方法只能尽量减少而无法完全消除功率振荡。最终的解决方案可能还需结合其他不同的方法。

4.5 参考文献

[1] A. Baha, 'Generating electricity from the oceans', *Renewable and Sustainable Energy Reviews*, vol. 11, no. 7, pp. 3399–3416, September 2011.

[2] C. McLisky, 'Wave-to-wire time domain model for the wave energy converter bolt', Master's thesis. Norwegian University of Science and Technology, 2012.

[3] J. Hetzer, D. C. Yu and K. Bhattarai, 'An economic dispatch model incorporating wind power', *IEEE Transactions on Energy Conversion*, vol. 23, no. 2, pp. 603–611, June 2008.

[4] R. Carballo and G. Iglesias, 'A methodology to determine the power performance of wave energy converters at a particular coastal location', *Energy Conversion and Management*, vol. 61, pp. 8–18, September 2012.

[5] E. Amon, T. Brekken and A. Jouanne, 'A power analysis and data acquisition system for ocean wave energy device testing', *Renewable Energy*, vol. 36, no. 7, pp. 1922–1930, July 2011.

[6] A. Muetze and J. G. Vining, "Ocean Wave Energy Conversion - A Survey," *Industry Applications Conference, 2006*, 41st IAS Annual Meeting. Conference Record of the 2006 IEEE , vol. 3, pp.1410–1417, October 2006.

[7] F. Wu, X. Zhang, P. Ju and M. Sterling, 'Optimal control for AWS-based wave energy conversion system', *IEEE Transactions on Power Systems*, vol. 24, no. 4, pp. 1747–1755, November 2009.

[8] H. Polinder, E. Damen and F. Gardner, 'Linear PM generator system for wave energy conversion in the AWS', *IEEE Transactions on Energy Conversion*, vol. 19, no. 3, September 2004.

[9] P. Sousa, 'Modelling and test results of the Archimedes wave swing', *Proceedings of the Institution of Mechanical Engineers, Part A: Journal of Power and Energy, Institution of mechanical engineers*, 220: 855–868, December 1, 2006.

[10] M. Folley, B. Elsasser and T. Whittaker, 'Analysis of the wave energy resource at the European Marine Energy Center', *Marine Structures and Breakwaters conference. Institution of Civil Engineers Coasts* Edimburg, Scotland, September 2009.

[11] M. Molinas, O. Skjervheim, B. Sørby, P. Andreasen, S. Lundberg and T. Undeland, 'Power smoothing by aggregation of wave energy converters for minimizing electrical energy storage requirements', *7th European Wave and Tidal Energy Conference EWTEC 2007*, September 2007.

[12] W. Du, H. F. Wang, L. Xiao and R. Dunn, 'The capability of energy storage systems to damp power system oscillations', *Proceedings of the Institution of Mechanical Engineers, Part A: Journal of Power and Energy*, vol. 223, no. A7, pp. 759–772.

[13] P. Anderson, *Power System Stability and Control*, Wiley Interscience, United States, 1999.

[14] P. Kundur, *Power System Stability and Control*, EPRI Power System Engineering Series, McGraw-Hill, United States, 1993.

[15] P. M. Anderson, *Power System Protection*, IEEE Press Series on Power Engineering, Publisher: Wiley—Interscience. United states, 1999.

[16] International Energy Agency, *'Comparative Study on Rural Electrification Policies in Emerging Economies – Keys to Successful Policies'*, International Energy Agency, Paris, March 2010.

[17] T. J. Goreau, S. Anderson, A. Gorlov and E. Kurth, 'Tidal energy and low head river power: A strategy to use new, proven technology to capture these vast, non-polluting resources for sustainable development', *Sustainable Energy Conference*, May 31, United Nations Commission on Sustainable Development, 2005.

[18] S. Wang, P. Yuan, D. Li and Y. Jiao, 'An overview of ocean renewable energy in China', *Renewable and Sustainable Energy Reviews*, vol. 15, no. 1, pp. 91–111, January 2011.

[19] F. Thiebaut, D. O'Sullivan, P. Kracht, S. Ceballos, J. Lopez, C. Boake, J. Bard, N. Brinquete, J. Varandas, L.M.C. Gato, R. Alcorn, A.W. Lewis, 'Testing of a floating OWC device with movable guide vane impulse turbine power take-off', *Proceedings of the 9th European Wave and Tidal Energy Conference*, CD-ROM, Paper no. 159, Southampton, UK, 2011.

[20] P. Kracht, J. Giebhardt, M. A. Lutz, M. Vecchio, A. Moroso, J. Bard, "Implementation of a vertical axis marine current turbine for off-grid village electrification in Indonesia," *Proceedings of the 4th International Conference on Ocean Energy*, Dublin, Ireland, 2012.

[21] I. Baring-Gould and M. Dabo, 'Technology, performance, and market report of wind-diesel applications for remote and island communities', *Proceedings of the European Wind Energy Conference*, Marseilles, March 2009.

第5章 并网（第二部分）：电能质量

A. Blavette，J. MacEnri

5.1 波形的电能质量

5.1.1 引言

并网导则定义了对电厂业主/运营商、电网运营商的要求。对电厂业主的要求主要是适当协助维持电网的稳定性。在爱尔兰和英国，并网导则罗列了相关要求，而在法国和西班牙则以法令形式颁布。上述要求最初是针对传统火电厂设计的，而可再生能源电厂的出现对增加和修订相关条款提出了新的要求，主要的修订最初均是针对风电场的。上述要求一开始是针对风能接入电网比例显著增加时提出的，并随风能在能源占比中的发展而不停修订。在功率间歇性/可变性和不可调度性方面，风能与海洋能具有一定相似性，它们均通过部分功率和全功率的电力电子装置并网。上述相似性，使得针对风电行业的修订也适用于海洋能阵列场。

部分修订与发电厂自身运行有关，对正常运行与故障情况均适用。例如，上述要求对电压、闪变等级、功率变化率等进行了限制，上述限制为最低要求（如连接点的最低电压等级）或不能超过的最大限值（如闪变等级、最高电压等级）。任何发电机组都必须满足上述要求。验证实际电厂是否符合电能质量要求是并网过程中的一个必要步骤，通常通过数值仿真预测发电厂的性能与容量进行验证。因此，必须证明波浪能和潮流能阵列场不会影响当地电网的电能质量。本章将详述衡量这些影响的准则。

5.1.2 电压

5.1.2.1 短时有效值（rms）变化

IEEE1159—2009[1]中定义了三种计算短时有效值变化的指标：电压跌落、骤升与中断。上述指标根据电压幅度严格定义，并根据其持续时间分为瞬时、暂时或短时，详细见表5-1。

1. 电压跌落

根据IEEE1159—2009，电压跌落是指电压有效值下降0.1~0.9pu。电压跌落一般是由故障、大电动机起动或大负荷切换导致的。然而，潮流湍动与波浪能波动引起的发电机组功率波动也可能导致暂时到短时的电压跌落。

表 5-1 短时电压有效值变化分类表[1]

		持续时间	幅度（pu）
瞬时	电压跌落 电压骤升	0.5～30 个周期	0.1～0.9 1.1～1.8
暂时	电压中断 电压跌落 电压骤升	0.5～30 个周期 30 个周期～3s	<0.1 0.1～0.9 1.1～1.4
短时	电压中断 电压跌落 电压骤升	>3s～1min	<0.1 0.1～0.9 1.1～1.2

2. 电压骤升

电压骤升是指在0.5个周期到1min的时间内，电压持续上升超过1.1pu。与电压跌落相反，电压骤升主要由负荷减少造成，例如关闭负载或甩负荷，以及大型电容器组接入等情况。与电压跌落相似，电压骤升也可由潮流湍动与波能波动引起的海洋能阵列场功率波动造成。

3. 电压中断

电压中断是指剩余电压在其标称值0%～10%之间的现象，通常由故障引起，但也可能由设备失灵或接头松动触发。超过1min的电压中断可判断为长期电压有效值变化，5.1.4节将详细讨论该问题。

必须注意的是，电网接入点的强度对注入功率波动导致电压的变化起主要作用。注入功率波动对强电网的负面影响比弱电网小。

虽然尚无对电网强度的统一定义，对相对不受重要电能质量要素影响的电网则常通过足够高的短路等级刻画。阻抗角 ψ_k 对电能质量作用也有一定影响，可表示为

$$\psi_k = \arctan(X_k/R_k) \tag{5.1}$$

式中，X_k和R_k为电网其他部分的戴维南等效电抗和电阻值。实际应用中，乡间低压配电网互连程度低，例如爱尔兰西海岸或苏格兰北部配电网，相对欧洲西部电网一般的强度而言，可被认为是弱电网。

5.1.2.2 闪变

1. 引言

变化电压作用下灯泡会出现光强度的显著变化，从而引起潜在的视觉干扰。一天中由于负载切换或电动机起动等原因造成电压波动是正常的，但上述波动必须受限，以免对用户造成影响。为评估光强度变化造成的人烦恼程度等级，人们发展了视觉干扰的统计指标，该指标称为闪变等级，可在10min（短期）或者2h（长期）内进行评估，分

别记作P_{st}和P_{lt}。

为了确保视觉干扰对用户无明显影响，电网运营商对单个电厂单独的或电网连接点总闪变等级进行了限制[2-5]。

闪变现象对于用户的舒适度与健康有非常显著的影响。自20世纪60年代以来，人们就认识到闪变对易患光敏性癫痫病的人可能存在潜在危害[6]。此外，闪变也能导致电气设备失效，显著降低其使用寿命。有报道表明，采用电子驱动的控制系统也会受到重复过度的电压波动的不利影响[7]。此外，电压波动还会对旋转机械的控制产生影响，例如温升与电机过载。由于波浪和潮流湍动可产生快速的电气功率波动，因此闪变是海洋能并网中需重点考虑的问题。

IEC 61000-4-15[8]定义了基于感光强度变化划分的闪变等级。标准中所选用的照明设备为白炽灯。相对于LED或荧光灯等其他照明设备而言，白炽灯对低频电压波动的闪变更严重[9,10]。然而，目前尚无被广泛接受的关于不同类型照明与电气设备闪变响应的指南或标准。电力电子装置产生的间谐波与非整数倍基波会引起LED与荧光灯产生闪变。但截至本书（英文版）出版前，业界对于LED、荧光灯的闪变响应，尚未有很好的研究模型与理解。

2. IEC 61000-4-15

在IEC 61000-4-15中严格定义了基于电压时间序列计算闪变等级的方法。该标准描述了评估闪变等级工具（即闪变计）的设计思路。闪变计通过现场试验或者仿真产生的电压时间序列计算闪变的严重程度，可通过软件或硬件实现。

如图5-1所示，一个闪变计由五个功能模块组成。模块1~4用于计算瞬时闪变等级（即闪变的可感知性），而模块5用于计算闪变的统计指标，也就是闪变等级或闪变严重度。

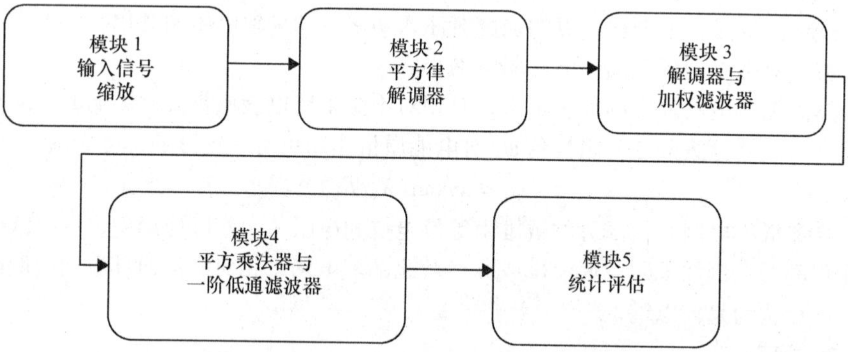

图5-1 闪变计的功能框图

具体而言，为使闪变能够适应不同的电压等级，用标幺值来表示输入电压的rms值。在模块2中，通过计算电压平方值得到给定电压幅度下白炽灯的发光强度。模块3与4通过滤波器模拟人类对于光强度变化的感知，其参数由大量的人群组试验结果确定。试验将一组人员暴露于不同振幅和频率的周期性光强变化中。当 50% 以上测试者感受到光强变化时的值记为瞬时闪变等级（或闪变可感知度）。经试验得到的敏感曲线，也被称作感知曲线。可感知度随正弦发光信号的频率变化，当激励频率为 8.8Hz 时达到最大。如图 5-2 所示，当激励光信号的幅值不变时，模块 3 中的归一化加权滤波器增益随激励信号频率变化而变化。

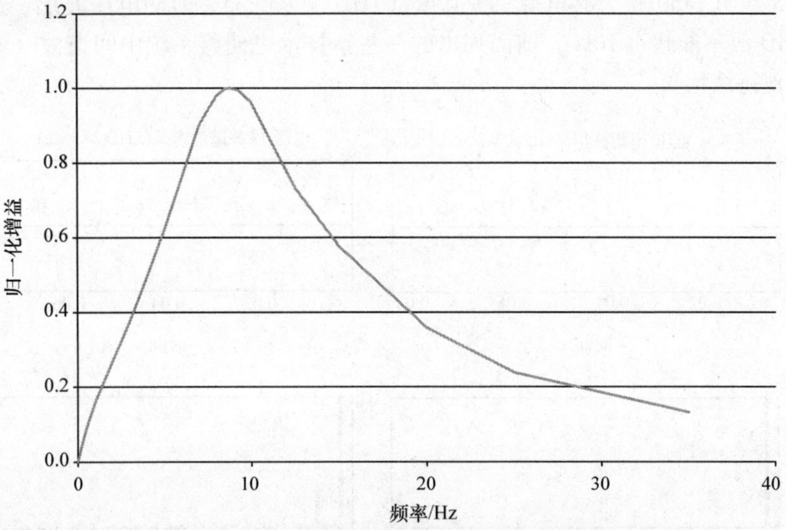

图 5-2　模块 3 中的归一化加权滤波器增益

图 5-1 中的模块 5 根据瞬时闪变值计算闪变的统计指标，即之前提到的短期闪变值 P_{st} 和长期闪变值 P_{lt}。上述指标用于衡量闪变对普通用户的干扰水平。在电网规范中，电厂产生的最大闪变值定义为 P_{st} 和 P_{lt}。

3. IEC 61400－21

如 5.1.2.1 节所述，弱电网比强电网受闪变影响大。闪变值与连接点处的短路水平成反比。因此，IEC 61400－21 中采用闪变系数 $c(\psi_k)$ 定义风机的电能质量：

$$c(\psi_k) = P_{st}\frac{S_{sc}}{S_n} \tag{5.2}$$

式中，S_{sc} 为连接点处的短路水平，S_n 为风机的视在功率。由于 $c(\psi_k)$ 为短路率 S_{sc}/S_n 的函数，闪变系数构成了风机的技术特征，而与其网络接入点的位置无关，因此其值为常数。

5.1.2.3　谐波

理想情况下，公共电力供应的电压波形应仅包括基频（50Hz 或 60Hz）。然而，发电机磁路的非线性会引入系统一定数量的非基频电流，特别是三次谐波（150Hz 或 180Hz）。

然而，在传统的水力与火力发电中，对于设计良好的发电机和升压变压器绕组采用三角形连接可将谐波降到极低水平。电力用户使用非线性负载也将带来谐波问题。起初，在铁路电气化交/直流变换与工业直流调速中广泛应用的汞弧整流器，会产生电力系统谐波。近年来，导致谐波产生的设备种类和数量急剧增加，并将随着开关电源、电子荧光灯镇流器、UPS 单元、变速驱动器与交流变流器的广泛使用而继续增加。供给负载的非线性电流产生的谐波，同时会反映在连接点的电压上，并影响到网络的公共分支。图 5-3 给出了 50Hz 公共电源总失真度（THD）达到 35% 时的电压波形，通常标准规定该 THD 值不能超过 10%。前面列出的一些新技术也使得系统中间谐波（非整数倍基频）出现持续增长。

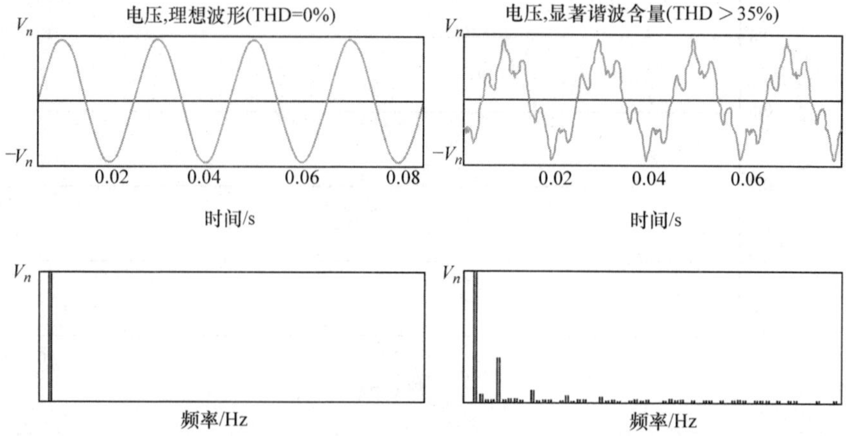

图 5-3 总失真度显著水平（THD＞35%）对 50Hz 基频信号的影响

谐波对电力系统的影响主要包括以下几个方面：

- 中性线过载（3 倍谐波加至中性线上）；
- 变压器过热；
- 跳闸；
- 趋肤效应增加（导体电流承载能力显著下降）；
- 功率因数校正电容过载。

此外，用户设备也可能产生以下问题：

- 计算机屏幕闪烁；
- 感应电动机过载，轴承过度磨损；
- 过程控制设备误操作；
- 计算机网络瘫痪。

公共电网在接入协议中对接入的负荷或发电方产生的谐波水平进行了明确规定。公共电压源质量标准 EN 50160 中规定了公共电压源各谐波的最高水平，也可归结为电压总谐波失真度（V_{thd}）。电压总谐波失真度为计算到 40 次的谐波波幅与基波波幅的比值。计算公式如下：

$$V_{thd} = \frac{\sqrt{\sum_{2}^{40} V_n^2}}{V_1} \tag{5.3}$$

式中，V_1 为基波有效值幅值，V_n 为第 n 次谐波有效值幅值。

实际上，现在几乎所有的电能质量分析仪都可以分析电压与电流谐波及总谐波失真度。其中许多还配有软件，可根据诸如 EN 50160 或者其他国家或国际标准评判谐波是否合规。多数分析仪可分析 50 次以上的谐波与间谐波。通常，新的大型负荷或发电机投运之前，应要求制造商提供经认证的谐波等级检验报告，和/或进行现场实测以确保其合规。通过良好的设计，可将设备产生的所有谐波降低至可接受的水平。

波浪能与潮流能装置的谐波设计水平应遵循相关国家标准或 EN 50160。对电网产生的谐波而言，其水平需符合并网标准。开发者需通过实际测量（通常为连续运行测量），证明其满足规定要求。

5.1.2.4　不平衡

如图 5-4 所示，在理想三相平衡条件下，a、b、c 三相电压或电流值均百分百等于其标称值，各相间相差 120°。各相均可通过相量图中的幅值与相角表示。

然而，当其中至少一相不再与其他相保持对称时，即将产生不平衡。图 5-5 给出了三相相角相同、但幅值不同的情况。图 5-6 给出了三相幅值相同而相角不同的情况。实际中，幅值与相角不平衡往往在一相或两相上同时发生。

相位不平衡度，定义为负序分量与正序分量的幅值之间的百分比，一般需低于 3%。表达式如下：

$$\text{Voltage unbalance} = \frac{|V_{neg}|}{|V_{pos}|}100 \tag{5.4}$$

正常条件下，不平衡现象仅发生在低压、单相电网中，海洋能阵列场并不希望接入该类电网。然而，三相电网在非对称故障情况下也会产生不平衡。电压不平衡将导致明显的过热和过电流，同样会在设备传动系上产生机械应力，也会导致转矩脉动。

大多数海洋能变流器设计均包含全功率电力电子设备，该并网方案可实现与电网解耦，因此不受电网不平衡的影响。然而，定速鼠笼型发电机（电网与直连）未与电网完全解耦，或双馈感应发电机（通过部分额定电力电子设备并网）也可能受这一问题影响，并导致脱网事故[11]。然而，双馈感应发电机（DFIG）采用合适的控制策略或使用动态电压恢复器可实现设计[13,14]，通过增强故障穿越与电压支持能力，以符合并网标准。

5.1.2.5　瞬态过电压

瞬态通常也被称为尖脉冲，是指非常短时的波形事件。其典型持续时间通常在 1μs 以下到几毫秒之间。瞬态可能为正也可能为负，瞬态过程的幅度、持续时间与频率对电

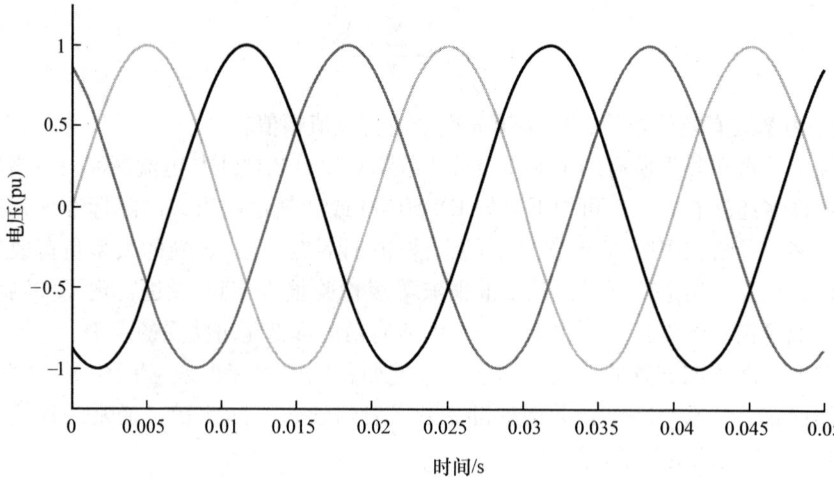

a)

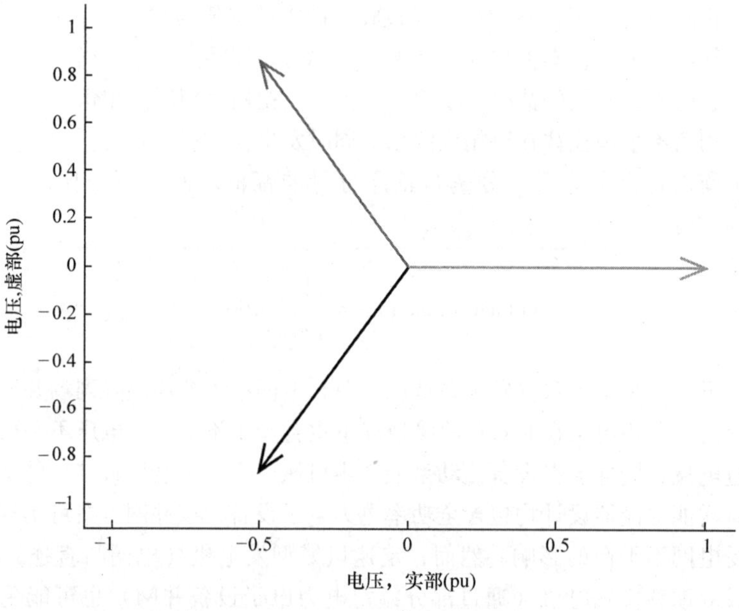

b)

图 5-4 三相电压平衡情况：时间序列（上图）与相量图（下图）

能质量的影响非常显著，甚至超过作用设备的绝缘等级。通常情况下，当瞬态的幅值超过基频峰值的50%时，可被视为存在潜在故障的切断点。瞬态问题中值得关注的参数包括峰值、持续时间（决定了含能量）与频率。设备切换（尤其是电容器切换）与雷

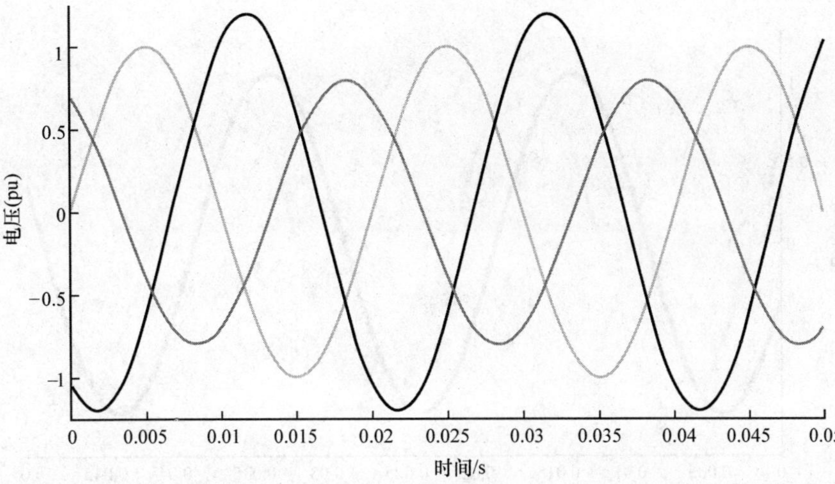

a)

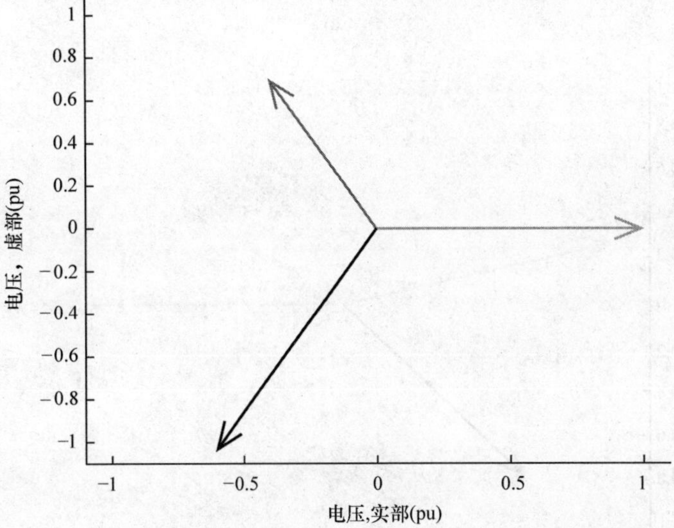

b)

图 5-5　三相幅值不平衡情况：时间序列（上图）与相量图（下图）

闪放电均会导致瞬变。相对于雷闪放电过电压，开关过电压持续时间长，而幅值低。电气设备的抗瞬变能力常用基本绝缘等级（BIL）表示，它是指对设备切换或定义为闪电脉冲（标准值为 1.2/50μs 的闪电脉冲）的雷电放电情况下，设备可承受的峰值电压。对于电力系统而言，通常设备的标准 BIL 值约为设备标称电压的 3 倍。对于幅值低于 BIL，但反复出现的瞬变会产生局部充放电使其绝缘性能下降，进而导致设备故障，因此需通过优化设计减少甚至消除瞬变。图 5-7给出了一组全功率变流器开关与直流母线电容对出口工作电压残余放电导致的输出电压瞬变曲线。

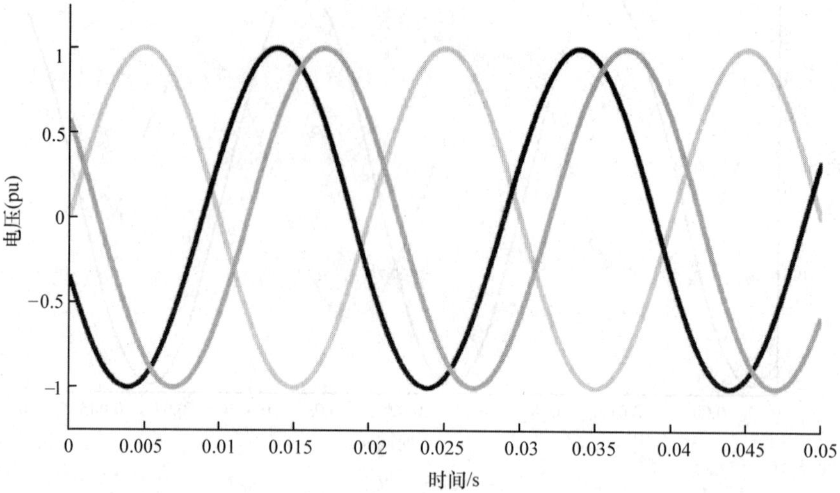

a)

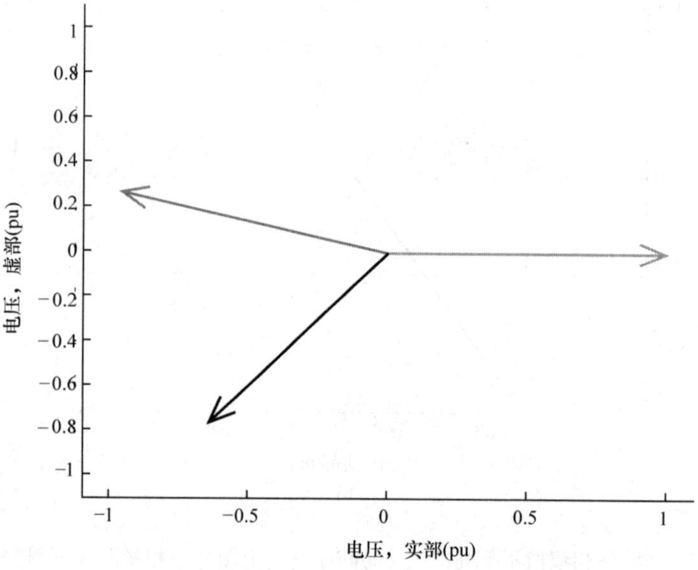

b)

图 5-6　三相相位不平衡情况：时间序列（上图）与相量图（下图）

5.1.3　频率

尽管频率控制并非电能质量问题，但有时电网频率持续偏移（上偏或者下偏）并超出范围时，会导致电厂离网并对电厂连接的本地电网产生显著影响。并网导则严格规定了允许电厂断开的频率范围与漂移持续时间。表 5-2 列出了欧洲五个电力系统同期各地区的相关参数，欧洲《发电机并网需求导则》中规定了其数值，并在 2014 年开始强制执行。

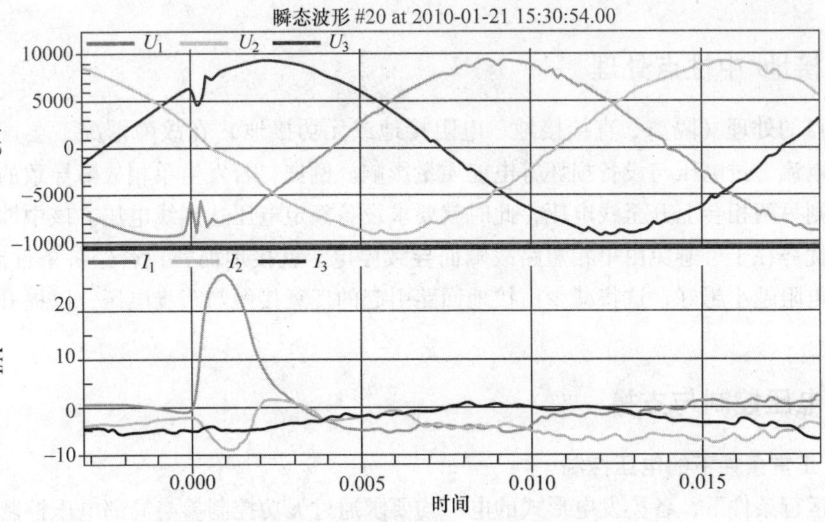

图 5-7　电力系统电压瞬态记录示例

表 5-2　电厂在不断开情况下允许的运行最短时长[15]

		同期各地区				
		欧洲大陆	北欧	英国	爱尔兰	波罗的海各国
频率范围/Hz	47.0 ~ 47.5			20s		
	47.5 ~ 48.5	限定 > 30min	30min	90min		限定 > 30min
	48.5 ~ 49.0	限定 > 30min		限定 > 90min		限定 > 30min
	49.0 ~ 51.0	非限定				
	51.0 ~ 51.5	30min		90min		限定 > 30min
	51.5 ~ 52			15min		

5.1.4　长时间中断

发电设备的非计划停机将对电能质量产生影响，设备跳闸引起的电压跌落也将影响电网中的其他用户。对只有一台发电机供电的孤网系统而言，则将导致停电。发电机意外跳闸是一个影响严重的迅速降压事件，将导致其他发电机负荷骤增，并对其工作状态与性能产生有害影响。这也给系统电压波形管理带来巨大困难。

然而，尽管可再生能源尤其是风能与波浪能的功率输出变化较大，但人们并未期望其像大发电机系统那样因为可靠性问题导致经常跳闸并带来相同的挑战。但考虑到发电机所处的恶劣、潮湿与腐蚀性环境，海洋可再生能源的可靠性问题将是另一个关键挑战。

5.2 供电电能质量

5.2.1 接地/中性点处理

中性点的处理（隔离、直接接地、电阻接地或无功接地）在故障情况下会产生如三次谐波电流、过电压与设备损坏等电能质量影响。例如，若发生单相故障导致的中性点隔离，则另两相会上升至线电压，此时就要求设备额定电压达到线电压。该中性点处理方法的优势在于可避免由单相短路故障而导致停电。就接地而言，若经济条件允许，远程接地电阻越小越好，这将减少由接地回路引起的任意接触与跨步电压，以提升保护性能。

5.2.2 电压控制与支撑

5.2.2.1 正常条件下的电压控制

正常运行条件下，各类发电形式的电厂均要求通过无功控制参与局部电压控制。海洋能发电装置中采用的电力电子变流器可实现这一功能。根据电网导则，可采取多种方法将电压控制在合理范围内：功率因数控制、无功功率控制、（直接）电压控制或上述方法的组合。图 5-8 和图 5-9 给出了爱尔兰风电场根据并网配置[2]应提供的无功功率容量。世界上其他地区也有类似要求。

5.2.2.2 故障条件下的电压支撑

故障情况下，电厂必须参与电压控制，也称为电压支撑。类似于电压控制，在故障时电厂必须向电网注入无功功率以维持其电压。这要求可再生能源发电系统在此情况下应模仿传统电厂直连同步发电机的有益行为。该情况下电压未知，因此需控制无功电流。

电力电子变流器在检测到故障后迅速注入无功电流（通常是在 20ms[16] 到 40ms[15] 内），注入量与电压跌落或骤升的幅度成正比。为安全起见，电网故障消除后的几百毫秒内，可能仍需持续注入无功电流。

5.2.3 功率输出可控性

发电机的一项非常重要的性能即为保持发电机输出有功功率接近额定功率，或者至少不长期过载。

对于潮流能发电机组，受制于其内部动力特征，特别是在输出已达最大额定功率时，发电机输出功率无法即刻调整响应输入功率变化，并直接反映在其输出功率上。因此，潮流湍动带来的机械功率输入增长，也将直接反映在功率输出上。这会带来两方面影响，一是设备过载引起的过度疲劳与失效（可靠性要素）；二是导致其输入电网电压

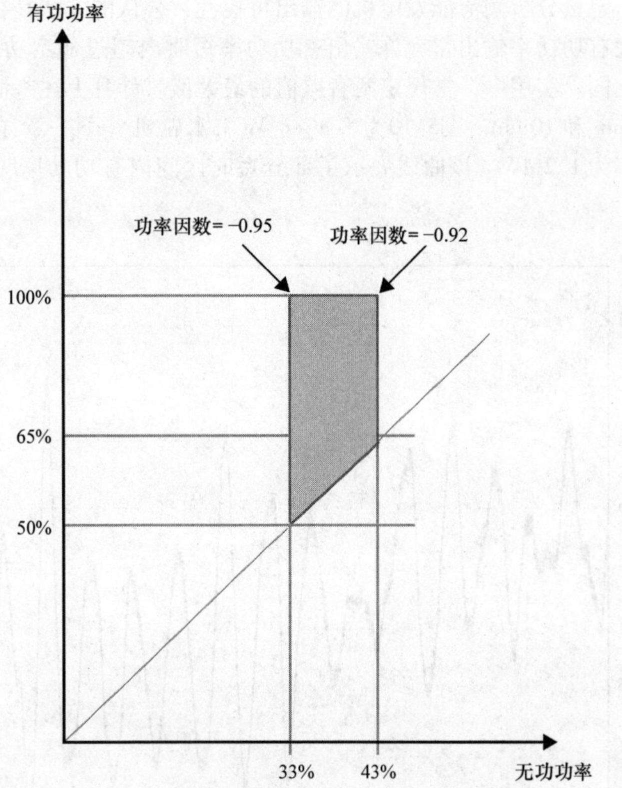

图5-8　连接至38kV变电站的风机所需无功功率容量[2]

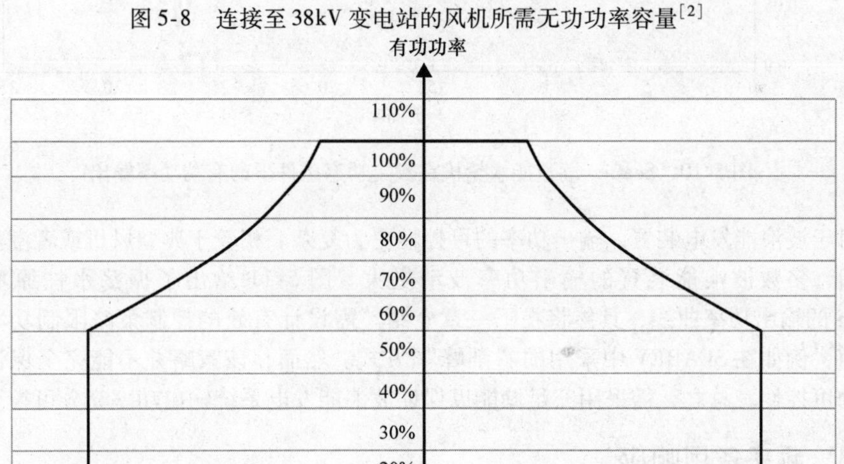

图5-9　连接至空载38kV或110kV母线的风电场所需无功功率容量[2]

的上升。为了定量分析潮流能发电机的输出可控性，公认的方法是在不同时间尺度上测量并记录最大有功功率输出。允许输出有功功率短时内超过额定功率。但就长期而言，两者应基本相同。实用中，常规定两者差值的最大值。计算上述差值的三个时间尺度包括 200ms、1min 和 10min。图5-10为 SeaGen MCT 水轮机（下一章详述）的功率输出曲线，额定功率为 1.2MW。该曲线展示了部分短时区间内有功功率明显大于额定功率的情况。

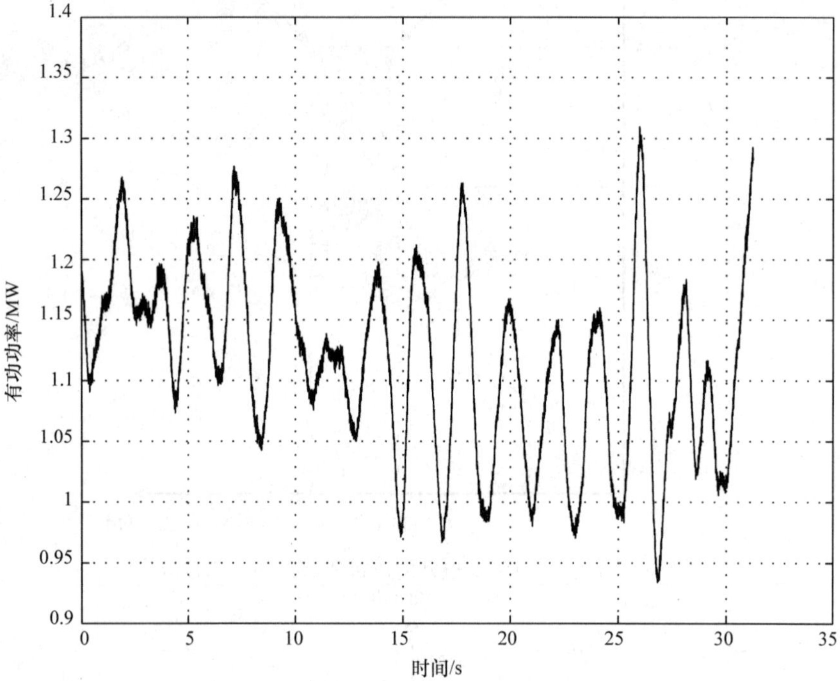

图 5-10 SeaGen 潮流能水轮机在额定功率条件下的有功功率输出

对于波浪能发电装置，输出功率的可控性更为复杂。相较于典型风机或者潮流能发电机组，多数波浪能装置的输出功率波动更大。图 5-11 给出了振荡水柱原型装置 CORES 的输出功率曲线，具体将在下一章介绍。需设计有效的控制策略限制功率输出的峰值，例如在 SEAREV 中采用的“削峰”方式。然而，该策略并不能完全保证输出功率的可控性。总之，需采用充足储能以保证波浪能发电系统输出功率充分可控。

5.2.4 频率备用响应

电力系统中发电与用电需相互匹配，以将供电频率维持在允许的范围内。负荷总是趋向持续变化的，这非常具有挑战性。幸运的是，大量独立用户的集聚效应往往是可预测的，人们也开发了复杂的负荷预测工具。大型发电机的跳闸也会对电力系统带来严重影响，然而这是不可预测的。当发电机跳闸时，本来由其承担的负载将需要立即由系统

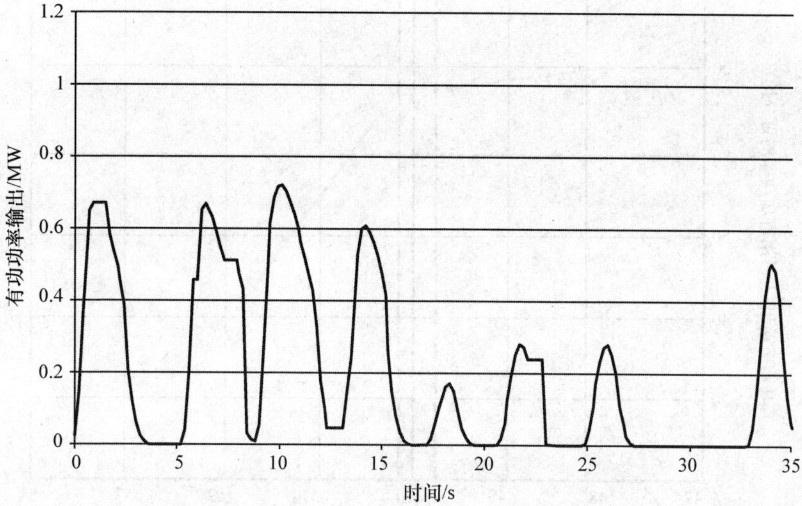

图5-11　振荡水柱式原型装置CORES的电力输出

中的其他发电机分担（响应时间为毫秒到几十分钟）。系统调度员通过使系统中某些发电机不满载工作以应对危机情况。一旦出现功率不足，立刻提升容余以应对不足（也称为备转容量）。类似地，当负荷超出发电供给，也将导致明显的频率下降，并强制同步发电机减速。该类自动反应可通过发电机旋转的惯性能补充能量，以减少上述能差。频率备用响应是指当供电与负荷不平衡时（如机组跳闸），系统检测到频率下降，发电机具有增大有功功率输出的能力。此前，可再生能源（主要为风电）仅占整个发电系统的一小部分，由于成本问题，不必强制它们低于最大输出能力运行，且不要求其提供备容服务。然而，目前可再生能源在电力系统中的比例已显著提高（在爱尔兰更已达到50%以上[18]），因此不可能再像以前一样不要求可再生能源系统提供一定程度的频率备用响应。当前，关于频率响应的要求是风电场需在正常电网频率下（50Hz）非满功率运行，如图5-12所示，但长期消减其发电量经济上也不可行。

增加某种形式的储能（理想情况下为功率调节设备STATCOM或者SVC增设附加功能），使其能够按公网要求的水平与时长提供一定量的额外有功功率输出，是另一种经济可行的方法。由于潮流是一种可预测的资源，其频率备用能力可认为是基本已知的，因此可在设计中构建短期过负载能力。这对于波浪能阵列场则比较困难，除非包含大功率的可控储能手段。例如，岸上或者离岸的储能池。与潮流能发电系统不同，波浪能发电系统的频率备用能力不易被预测，电网调度员只能根据实时信息操作，以启动其潜在的能量储备。

5.2.5　低电压故障穿越

正常情况下，母线电压必须维持在允许范围内。不同的并网导则可能会有所差异，

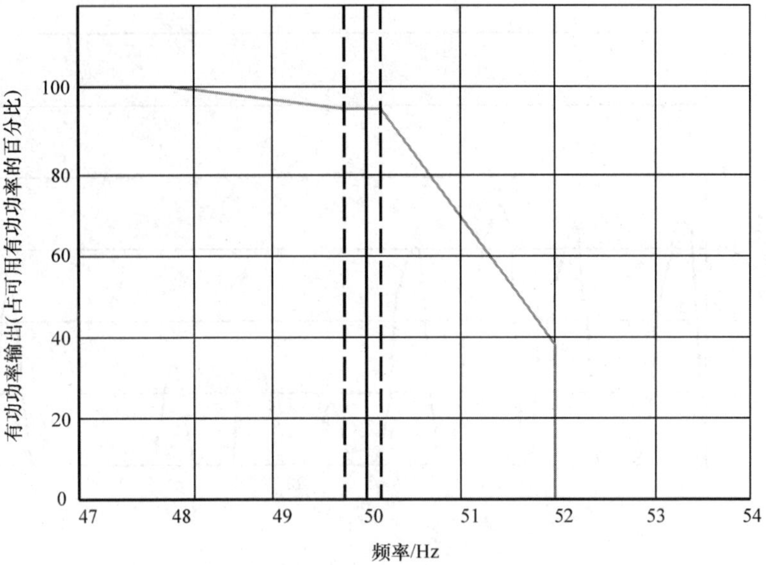

图 5-12　爱尔兰风电场所需的频率响应

但一般不超过 ±10%[2,3,19,20]。电网调度员负责将电压维持在允许范围内，反之也意味着任意在该电压范围内的并网电气设备性能令人满意。然而，在故障情况下，例如短路故障，母线电压将跌落至下限。以往出现此类故障时，风机将被强制断网。这是由于与电网相连的老式鼠笼型发电机无法吸收无功功率，并会加重初始故障条件。这种调度策略在风机容量占比较小时是合理的。如今风电容量已不可忽略，风机在电网故障时仍保持并网并通过有功功率控制提供电压支持对维持电网稳定性和可靠性十分必要，其作用类似于并网同步发电机的自然反应机制。海洋能发电系统也需要具有此类重要的“故障穿越”功能。图 5-13 为爱尔兰强制规定的故障穿越能力，即风机必须保持的并网时

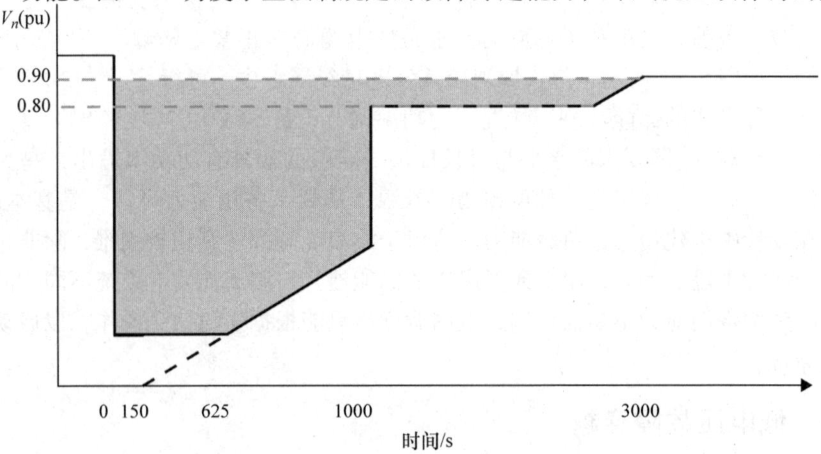

图 5-13　爱尔兰规定的故障穿越能力

间与电压幅度的对应关系。全球大部分电网调度所强制采用的故障穿越曲线均类似。

5.2.6 黑启动能力

作为连续性规划与风险管理的一部分，电网调度需要针对系统解列（停电）的恢复问题，制定一个详细且反复演练过的计划。随着电力系统互连性和复杂性的增加，大范围停电的风险也增加。在过去的10至20年间，欧洲和北美已经发生了多起众所周知的事故，造成了严重的经济和社会影响[21]。由于许多大型发电系统不具备脱离电网后自启动的能力，当发生完全停电时，系统将无法运行。于是电网调度不得不确保足够数量发电机可自行启动，并在无电网支持条件下随时准备输出电力。这被称为黑启动能力，也是关于发电商服务电网合同内容的一部分。与频率备用响应类似，传统电网调度并不要求可再生能源系统提供此类辅助服务。但随着可再生能源比例增大，这一情况将会改变。考虑到可再生能源系统自身的特性，对于诸如潮流能这样具有良好可预测性的可再生能源，可考虑提供相应的服务。一些能量摄取（PTO）装置的设计不具有自启动功能，需外部供电才能启动发电。采用具有自启动功能的能量摄取（PTO）装置（如全功率变流器设计）可提供黑启动能力，也可设计本地独立电源，在电网恢复之前为本地负载供电。

5.2.7 抄表/遥测与遥控

随着可再生能源发电系统规模的增长，系统调度需要得到可靠、及时和准确的遥测数据。传统可再生能源发电场配电系统上并未提供足够的此类信息。

由于并网风电场的快速增长，电网调度无法直接控制其输出。当下的电网调度仍在寻找对大型风电场实现遥控的方法并应用至已建风电场。这将显著提高其系统的管理能力，保障供电质量。例如，通过遥控降低风电场的输出功率以满足输电限制或者系统降额需求。类似的控制在未来将成为惯例。

5.2.8 电网运营商的断网权

不受控的电厂主动断网是不允许的，特别在故障期间，该情况会增加电网的不稳定性。为保证电网稳定可靠运行，电网运营商具有在特定情况下自动与电厂断网的权利。但输电系统运营商（TSO）与配电系统运营商（DSO）则会非常谨慎地行使断网权，因为这将直接影响电厂收益。

不同的电网导则对于电厂自动脱网的规定不同，这里只介绍一些通用信息，TSO/DSO的断网权往往也基于这些基本信息。在监测到电网异常、电厂存在潜在危险时，电网运营商会发出强制断网指令。当非完全可调度可再生能源电厂发电量低于某比例限值时，为维持瞬时发电量，电网运营商也会要求其脱网。在法国，这一限值为30%[19]。当电网发生异常，电压和频率高于或低于所规定的极限值时，电网运营商也会强制电厂脱网。此外，当发生故障时，若电厂无法提供无功电流注入并吸收无功功率以支撑电网电压，也会被要求脱网[15,16]。当电厂存在如失稳等潜在危险时，也会被强制脱网，以保证其完整性并避免对电网产生负面影响。在特定条件下，例如在同步后几秒内[16]，可允许其自动重新连网。

5.3 指南与标准

5.3.1 引言

5.3.1.1 动态建模

许多电网运营商要求电厂并网时提供其动态模型。然而，对海洋能发电系统而言，虽然工业界与学界都很重视，但其动态建模的研究仍处于起步阶段[22]。风电的发展经验表明，第一代的动态模型发展不充分，可能会导致错误的结果，甚至使电力系统仿真器崩溃[23]（详见第9章）。显然，针对个别风机建立的专有模型无法应用于其他电力系统的初步研究。取而代之的是，构建“通用模型”，具有适用所有模型的通用结构，参数由用户根据设备规格自行定义。其多项优势也促进风电行业广泛采用了该类模型。这对海洋能的应用有借鉴意义，而特定模型则可用于更细致的研究。

5.3.1.2 现行并网导则中的不适应性与不相关性

电网导则中的某些需求很难应用于波浪能阵列场，也有一些是不相关的[24]。例如，设备标称功率的要求，对风电/潮流能发电系统而言均对应于最大功率，对于波浪能装置而言，标称功率尚无统一定义。功率变化要求可用以解释不相关性：现有导则限制了功率变化率，但平均周期至少为1min[2]，这一要求没有考虑波浪能发电场输出功率的快速波动，即使此波动会对电网带来负面影响。现行电网导则相对缺乏一套合适的指标，该不完备性也导致尚无法针对波浪能阵列场开展全面相关的电网影响评估。

5.3.1.3 并网导则的演化

除了技术方面的障碍，并网导则还存在相关性与透明性问题。并网导则定义了任意并网电厂所必须遵守的准则，同时也对装置的设计产生了较大的影响。采用鼠笼型感应发电机的廉价直连式风力发电系统的衰退就是这一影响很好的例证。尽管该类发电系统造价低、鲁棒性好，但其故障穿越能力差，无电网支撑作用，不能满足并网导则的要求，因此已经完全被制造商放弃了。并网导则对于能源工业的影响很大。

然而，以欧洲风能协会（EWEA）为代表的风能工业界也已声明，并网导则演化过快，但对行业的不利影响重视不够[25]。此外，有些需求在技术上或经济上不合理。以故障穿越能力为例，在风能接入较少的国家，要求风力发电系统保持该能力是不合理的。风电行业的另一个问题是缺乏统一的标准，如EWEA所述，“这造成了使用者、制造商与风电开发者效率严重下降与成本上升”。最后，他们认为并网导则的要求“经常是不够清晰的”。

因此，EWEA全力支持欧盟开发适用于各类电厂的统一并网导则[26]。这项旨在增加欧洲国家间跨境电力交易的替代方案，也将有助于提高透明度，鼓励行业内的最佳实践经验出现。欧洲互联电网组织（ENTSO－E）负责制定欧洲的公共并网导则[15]。并网导则覆盖了欧洲跨境电力交易的各类问题。并网导则规定了保持电网安全可靠运行的关键参数，例如全局控制参数“频率”、局部控制参数“电能质量”等。但对诸如“闪变严重度”“谐波噪声”等对于跨境电力交易影响不大的电能质量指标未做规定。

欧洲电网导则具有一些优点，其中最主要的一个是该导则对电厂的要求是基于其对电网的潜在影响，而非基于原动机的类型。目前导则多基于原动机的类型，其往往是不清晰甚至是不相关的。根据电网连接点的电压等级和并网设备装机容量，导则定义了四个影响等级，对每一级都给出了明确的要求，随着级别增加要求也越严格。此外，考虑到欧洲电网的区域特性，并网导则划分了五个区域，即欧洲大陆、北欧、英国、爱尔兰及波罗的海地区，并根据不同地区按额定功率确定等级归属的参数值。

5.3.2 国际标准

欧洲与国际上覆盖电磁兼容（EMC）各领域的首要标准为IEC 61000条例，其中也包括了电能质量内容，该系列标准与技术报告均包含六个部分。

第1部分：总则——安全功能与完整性要求

第2部分：环境——环境的描述与分类以及兼容性级别

第3部分：限值——辐射与抗扰限值

第4部分：测试与测量技术

第5部分：安装调试指南

第6部分：通用标准

其中用于评价电能质量的最重要标准内容如下：

关于用户“辐射”限值

IEC 61400－21

风机——第21章：并网风机电能质量特性的测量与评估

IEC 61000－4－30

电磁兼容性（EMC）——第4－30章：测试与测量技术——电能质量测量方法。

IEC 61000－4－7

电磁兼容性（EMC）——第4－7章：测试与测量技术——电源系统及其相连设备的谐波、间谐波测量方法与仪器总则

IEC 61000－3－6

电磁兼容性（EMC）——第3－6章：限值——中压、高压、超高压电力系统与变形装置连接用排放限值的评估

IEC 61000－3－7

电磁兼容性（EMC）——第3－7章：限值——中压、高压、超高压电力系统与波动负荷装置连接用排放限值的评估

IEC 61000－3－5

低压电源系统中电压波动与闪变的限值

IEEE 1159－2009

电能质量监测的建议措施

用户的供电质量

EN 50160

公共配电系统的供电电压特性

该标准主要基于 IEC 61000 标准，针对中压与低压，定义了用于公共配电的供电质量合格/不合格等级，以确定是否需采取补救措施。公共配电侧需要比发电机侧更严格的电能质量排放限值以确保标准不被突破。表 5-3 为本标准概要及其与 IEC 61000 系列标准的关系。

表 5-3　EN 50160 与 IEC 61000 系列标准对比

序号	参数	EN 50160 标准规定的供电电压特性	IEC 61000 EMC 标准规定低压特性	
			IEC 61000－2－2	其他部分
1	电源频率	低压，中压：10s 区间内测量的基频平均值 一周内 99.5% 的保证率，偏差在 ±1%之内，即 49.5～50.5Hz 一周内 100% 的保证率，偏差在 －6%/＋4%之间，即 47～52Hz	2%	
2	电压变化幅度	低压，中压：测量 10min 的电压有效值（RMS），一周内 95% 保证率的偏差在 ±10% 之内		±10% 15min 内
3	快速电压变化	低压：通常 5%，偶尔 10% 一周 95% 保证率 $P_{lt} \leqslant 1$ 中压：通常 4%，偶尔 6% 一周 95% 保证率 $P_{lt} \leqslant 1$	通常 3%，偶尔 8% $P_{st} < 1.0$ $P_{lt} < 0.8$	通常 3%，最大 4% $P_{st} < 1.0$ $P_{lt} < 0.65$ （IEC 61000－3－3） 3%（IEC 61000－2－12）
4	供电电压跌落	多数情况：持续时间小于 1s，深度 <60% 由负荷切换引起的局部受限跌落： 低压：10%～50%，中压：10%～15%		10ms 内最大 30% 100ms 内最大 60% （IEC 61000－6－1，6－2） 1000ms 内最大 60% （IEC 61000－6－2）
5	供电电压短时中断	低压，中压：（最多 3min） 每年出现几十到几百次中断，其中 70% 不超过 1s		95% 在减少至 5s 之内 （IEC 61000－6－1，6－2）
6	供电电压过电压长时中断	低压，中压：（超过 3min） <10～50kV（rms）		

（续）

序号	参数	EN 50160 标准规定的供电电压特性	IEC 61000 EMC 标准规定低压特性	
			IEC 61000 - 2 - 2	其他部分
7	临时，工频过电压	低压：< 1.5kV（rms） 中压：$1.7U_c$（固体或阻抗接地） $2.0U_c$（不接地或谐振接地）		
8	暂态过电压	低压：通常 < 6kV 偶尔允许更高电压 上升时间：ms ~ μs 中压：未定义		±2kV，线对地电压 ±1kV，线对地电压 1.2/50（8/20） Tr/Th - μs （IEC 61000 - 6 - 1，6 - 2）
9	供电电压	低压，中压：测量 10min 的有效值，一周95%保证率偏差不超过2%，在某些地区最多不超过3%	2%	2% （IEC 61000 - 2 - 12）
10	谐波电压	LV，MV：对于低阶奇次谐波典型为2% ~6%，对于高次谐波和偶次谐波要求低于2%	6% - 5 次， 5% - 7 次， 3.5% - 11 次， 3% - 13 次， 总失真度 THD < 8%	5% - 3 次，6% - 5 次， 5% - 7 次，1.5% - 9 次， 3.5% - 11 次， 3% - 13 次， 0.3% - 15 次， 2% - 17 次， （IEC 61000 - 3 - 2）
11	间谐波电压	LV，MV：仍在制定中		

5.3.3　英国标准

英国工程导则 G5/4

英国谐波电压畸变与非线性设备接入输电系统和配电网的规划值

英国工程导则 P28

英国工业、商业与家用设备引起的电压波动规划限值

英国工程导则 P29（1990）

英国 132kV 及其以下系统电压不平衡规划限值

上述英国标准主要基于 IEC 系列标准，并根据英国的监管和网络拓扑结构进行了本地化解释与应用。

5.4　结论

遵守电能质量要求非常重要，若电能质量不能满足并网标准的要求，电网运营商就有充足理由拒绝其并网。然而，不同并网标准中规定的限值也可能不同，以至于不同地区对电能质量的要求不一致。该问题有望通过制定统一的并网标准解决。

5.5 参考文献

[1] IEEE. *Recommended Practice for Monitoring Electric Power Quality*. Standard 1159-2009 (Revision of IEEE standard 1159-1995), 26 June 2009.
[2] ESB. Distribution Code, version 2.0, 2009.
[3] National Grid. *The Grid Code*, issue 4, revision 2, 2010.
[4] IEC. Standard 61000-3-7, *Electromagnetic Compatibility (EMC) – part 3-7: Limits – Assessment of Emission Limits for the Connection of Fluctuating Installations to MV, HV and EHV power systems*, 2008-02-22.
[5] NORDEL. *Nordic Grid Code*, 2007.
[6] E. Ossentjuk, C. Elink Sterk and W. Strom van Leeuwen, 'Flicker-induced cardiac arrest in a patient with epilepsy', *Electroencephalography and Clinical Neurophysiology*, vol. 20, no. 3, pp. 257–259, 1966.
[7] M. Bollen and I. Gu. *Signal Processing of Power Quality Disturbances*. John Wiley & Sons, Hoboken, New Jersey, USA, 2006.
[8] IEC. Standard 61000-4-15, TC/SC 77A, *Electromagnetic Compatibility (EMC) – Part 4-15: Testing and Measurement Techniques – Flickermeter – Functional and Design Specifications*, ed2.0 (2010-08).
[9] C. Rong, J. Cobben, J. Myrzik, J. Blom and W. Kling, 'Flickermeter used for different types of lamps', *Proceedings of the 9th International Conference on Electrical Power Quality and Utilisation EPQU*, pp. 1–6, October 2007.
[10] B. Heffernan, L. Frater and N. Watson, 'LED replacement for fluorescent tube lightning', *Australasian Universities Power Engineering Conference, AUPEC*, pp. 1–6, December 2007.
[11] T. Ackermann. *Wind Power in Power Systems*. John Wiley & Sons, Hoboken, New Jersey, USA, 2012, 2012.
[12] A. Hansen and G. Michalke, 'Fault ride-through capability of DFIG wind turbines', *Renewable Energy*, vol. 32, no. 9, pp. 1594–1610, 2007.
[13] C. Wessels, F. Gebhardt and F. Fuchs, 'Fault ride-through of a DFIG wind turbine using a dynamic voltage restorer during symmetrical and asymmetrical grid faults', *IEEE Transactions on Power Electronics*, vol. 26, no. 3, pp. 807–815, 2011.
[14] A. Ibrahim, T.-H. Nguyen, D.-C. Lee and S.-C. Kim, 'A fault ride-through technique of DFIG wind turbine systems using dynamic voltage restorers', *IEEE Transactions on Energy Conversion*, vol. 26, no. 3, pp. 871–882, 2011.
[15] ENTSO-E. 'Network code on requirements for grid connection applicable to all generators (RfG)', 26 June 2012.
[16] E.On Netz. 'Grid connection regulations for high and extra high voltage', 2006.
[17] J. Aubry. *Optimisation du dimensionnement d'une chaîne de conversion électrique directe incluant un système de lissage de production par supercondensateurs: application au houlogénérateur SEAREV*. PhD thesis, Ecole Normale Supérieure de Cachan, France, 2011.
[18] EirGrid. *Facilitation of Renewables*. Technical report, EirGrid, 2010.

[19] Arrêté du 23 avril 2008 relatif aux prescriptions techniques de conception et de fonctionnement pour le raccordement à un réseau public de distribution d'électricité en basse tension ou moyenne tension d'une installation de production d'énergieélectrique, version consolidée du 6 mars 2001.
[20] Standard EN50160, *Voltage Characteristics in Public Distribution Systems*, 2010.
[21] C. Anderson, J. Santos and Y. Haimes, 'Risk-based input-output methodology for measuring the effects of the August 2003 Northeast Blackout'. *Economic Systems Research, Taylor & Francis Online,* Volume 19, Issue 2, p. 183–204, 2007.
[22] D. O'Sullivan, D. Mollaghan, A. Blavette and R. Alcorn. *Dynamic Characteristics of Wave and Tidal Energy Converters, and A Recommended Structure for Development of a Generic Model for Grid Connection.* Technical report. A report prepared by HMRC-UCC for the OES-IA Annex III. Available at: www.iea-oceans.org, 2010.
[23] Y. Coughlan, P. Smith, A. Mullane and M. O'Malley, 'Wind turbine modelling for power system stability analysis: A system operator perspective', *IEEE Transactions on Power Systems*, vol. 22, no. 3, pp. 929–936, August 2007.
[24] A. Blavette, D. O'Sullivan, T. Lewis and M. Egan, 'Grid integration of wave and tidal energy', *Proceedings of the 30th International Conference on Ocean, Offshore and Arctic Engineering OMAE2011*, Rotterdam, the Netherlands, 2011.
[25] European Wind Energy Association (EWEA). *Harmonising Europe's Grid Codes for the Connection of Wind Power Plants to the Electricity Network.* Technical report, 2009.
[26] European Wind Energy Association (EWEA). *EWEA Response on the ERGEG Consultation on the Pilot Framework Guidelines on Electricity Grid Connection*. Technical report, 2009.

第 6 章

并网（第三部分）：案例研究

6.1 引言

本章将四个并网的波浪能与潮流能装置作为案例进行了详细介绍。前三个案例重点介绍潮流能装置或波浪能发电场与当地电网并网时衍生出的电能质量问题。其中，第一个案例聚焦于在北爱尔兰斯特兰福湾并网的 SeaGen 潮流能装置对电网的影响；另外两个案例则关注于中等规模波浪能发电场对当地电网的影响；最后一个案例将介绍独立电力系统水平并网的各种挑战，并详述爱尔兰的波浪能装机容量水平。

6.2 案例研究：潮流能 SeaGen 装置

J. MacEnri

本项研究在 2011 年发表时，关于潮流能装置并网对电能质量影响的论文少之又少。从 2011 年开始，关于位于北爱尔兰的 SeaGen 潮流能装置电力性能评估的论文陆续开始发表，本章将对其进行总结。

从对 SeaGen 的研究看，潮流能装置似乎对电能质量无明显的影响。但此结论有两个问题需注意：首先，SeaGen 的投放区域（该海域更像一条河流）波浪影响十分有限。而波浪频率位于闪变曲线频率范围内，波浪对电网的闪变性能影响显著；其次，在本书（英文版）出版的 2013 年年末，尚未有针对潮流能阵列场整体性能的测量与分析实例。

6.2.1 引言

SeaGen 是一台 1.2MW 的潮流能装置，由英国的海流发电机（MCT）有限公司开发。装置投放于北爱尔兰的斯特兰福湾，从 2009 年 5 月开始正常发电。截至 2013 年，它仍是世界上最大的并网运行的潮流能装置，至 2012 年年中累计发电达到了 3000MWh。

SeaGen 的结构型式如图 6-1 所示。该装置由一个单桩结构立于海中，桩上装有一根 27m 长的横梁，用以在两端各支撑一台直径为 16m 的水平轴水轮机。每台水轮机各有两组叶片，其桨距角为 270°，可通过变桨距代替偏航操作分别在涨潮与落潮时保证水轮机工作。各台水轮机主轴经行星齿轮箱连接至一台600kW双极感应发电机，发电机的转速可达标称的1000r/min。上述设备均安装于横梁端部的水下传动系统中。

图6-1 位于北爱尔兰斯特兰福湾的SeaGen装置

每台发电机的输出首先经由绝缘栅双极晶体管（IGBT）构成的背靠背变流器，将两路电力同步合并后接入升压变压器。电力通过海底电缆传输至当地11kV电网。能量摄取（PTO）系统如图6-2所示。

当流速低于额定流速时，水轮机根据预先设计的最优$C_p-\lambda$曲线（最高叶片效率对应的尖速比）变速运行。当高于额定流速时，水轮机按照标称转速定速运行。SeaGen装置的切入与额定流速分别约为0.8m/s与2.5m/s。

斯特兰福湾水道是爱尔兰与英国地区潮流流速最快的区域之一，每半个潮流周期有超过350万m^3的海水进入或离开该海湾。涨潮最大流速超过4m/s（7.8节）。潮型为半日潮，即每天涨、落潮各两次。

SeaGen装置安装处在最低天文潮位（LAT）时的水深约为24m。大潮平均低潮位为+0.5m，大潮平均高潮位为+4.1m。

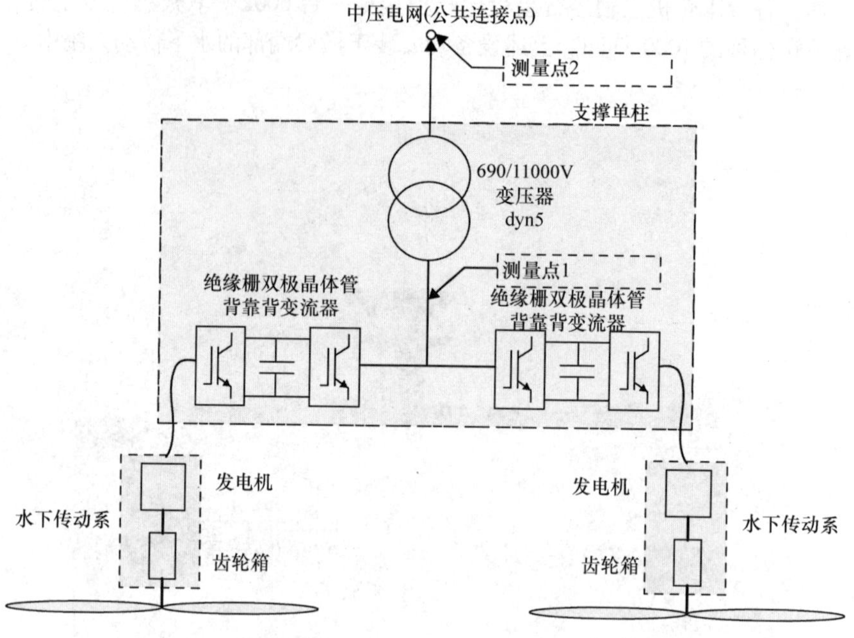

图 6-2　能量摄取系统原理图

前期的潮流调查表明，当地海床与海岸线的特征保证装置安装点处无过度湍流。此外，由于装置距离外海将近 4km，波浪影响有限，且多为局部高频小浪。

SeaGen 装置通过海底电缆连接当地的 11kV 电网。并网接入点由一根 33kV 变电站接出的 11kV 三相架空线连接。其短路比约为 9，电网阻抗角ψ_k为 50°。未接入 SeaGen 时的电能质量控制按照 EN 50160 执行，该远程中压电网节点具有典型性。

6.2.2　测试方法

6.2.2.1　测量点 1 – SeaGen 装置的电能质量

由于尚无潮流能电能质量的评估标准，最接近的标准也应根据需要进行选择并适当修改。为此，可选择并网风机的电能质量特征测量与评估标准 IEC 61400 – 21[15]。该标准拥有全面且被广泛接受的评估风机电能特征的方法，评估行为独立于并网电网的实际电力特征之外。这些独立的（非电网赋予的）电能质量特征往往取决于各风机种类本身。因此，项目开发者与公共电网可根据接入其他电网的风机类型采用不同的短路水平与 *X/R* 比评估其对备选风电场的实际电能质量影响。

由于该测量点 1 可视为潮流能装置的输出端，根据参考文献［15］，通过该测量点的数据，除了闪变系数、阶跃系数外，还可计算有功与无功功率、电压波动、谐波等电能质量特征参数。参考标准应尽可能接近，但也需考虑由于风机与潮流能装置间的本质差异导致的偏差。参考文献［1］中 Thiringer 等关于 SeaGen 装置的闪变评估中详细阐述了与 IEC 61400－21 标准的偏差。

6.2.2.2 测量点 2－对斯特兰福中压电网的影响

在测量点 2（公共耦合点或公共连接点），文献［4］采用 EN 50160 标准评估了 SeaGen 装置对当地斯特兰福中压电网的影响。在正常运行条件下，该标准定义了公共低压或中压配电系统中用户的公共连接点（PCC）处的主要电压参数及其允许偏差范围。

6.2.2.3 根据 EN 50160 进行的评估

SeaGen 装置对当地中压电网影响评估的结果见表 6-1。在近 40 天的测试期内，34 天内的发电总量为 186.1MWh。

测试期间，关于不同电能质量参数与电压跌落和瞬时特征的（包括图表）分析在参考文献［5］中有所详述。

表 6-1 根据 EN 50160（中压电网）标准对位于斯特兰福湾 SeaGen 装置的评估

参数	EN 50160（中压）规定	测量值（95%保证率）	备注	结果
频率	< ±1%（一年中 99.5%保证率）	+0.4%，－0.7%	上述数值的最大与最小值，评估期少于一年，95%保证率数值为 +0.12%	通过
电压不平衡	<2%（一年中 99.5%保证率）	0.57%	不平衡的主要原因是用以减少当地中压电网电压上升的单相升压器只作用于两相	通过
电压波动	< ±10%（一年中 99.5%保证率）	+2.92%	无升压器的最高相升压为 5.63%。其他两相变化少于 2%。最低变化为 －2%	通过
闪变	$P_{lt}<1$（一年中 99.5%保证率）	0.4	无 SeaGen 装置输出的典型背景闪变等级约为 0.2	通过
谐波失真	$U_{THD}<8\%$	1.54	各单项谐波均未超过 EN 50160 标准中的规定值	通过

6.2.2.4 SeaGen 装置的电能质量评估

测试期间的潮流流速变化范围为 0.9～3.8m/s。超过半数的时间，两台水轮机均在工作，其他时间则只有一台在工作（两台相对独立，其中一台因各种原因无法工作）。这使得我们可对比两种运行模式下的闪变表现。

6.2.2.5 功率调节

图 6-3 给出了按 10min 平均（P_{600}）计算的有功功率，图 6-4 给出了按相同方法计算的无功功率。

如图 6-3 所示，由于在测试期间修复了一个转速传感器故障，潮流能装置的输出功率由 1.1MW 变为了 1.2MW。当达到额定功率输出时，无功功率约为 50kvar，对应功率因数为 0.99。

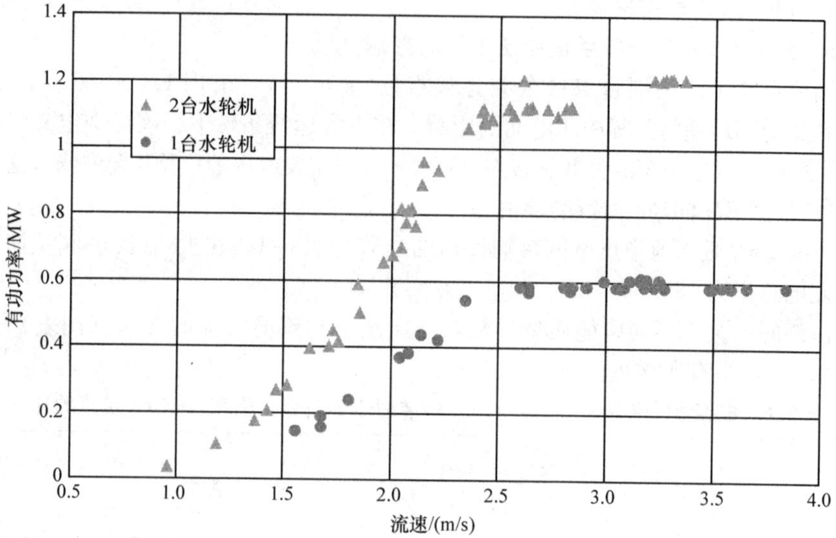

图 6-3　有功功率

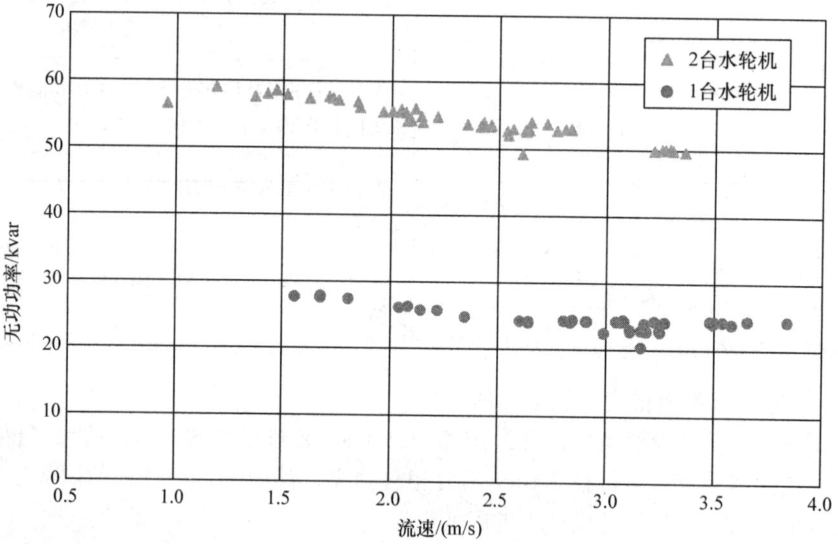

图 6-4　无功功率

IEC 61400－21 标准规定需按 600s、60s 和 0.2s 为周期测量电功率并计算其平均值。测得的最大平均值见表 6-2，上述数值分别按不同测试周期平均计取。当比较 SeaGen 与风机电能质量时对其重要性会有进一步解释。

表6-2　有功功率

参数	最大值/MW
P_{600}	1.21
P_{60}	1.30
$P_{0.2}$	1.46

6.2.2.6　谐波

图6-5与图6-6给出了根据测量数据计算的电压、电流总谐波失真。电能质量标

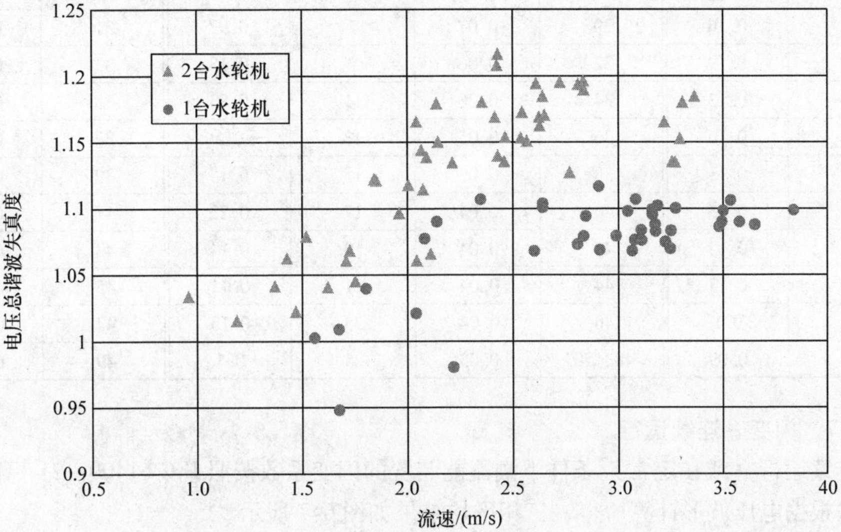

图6-5　电压总谐波失真度

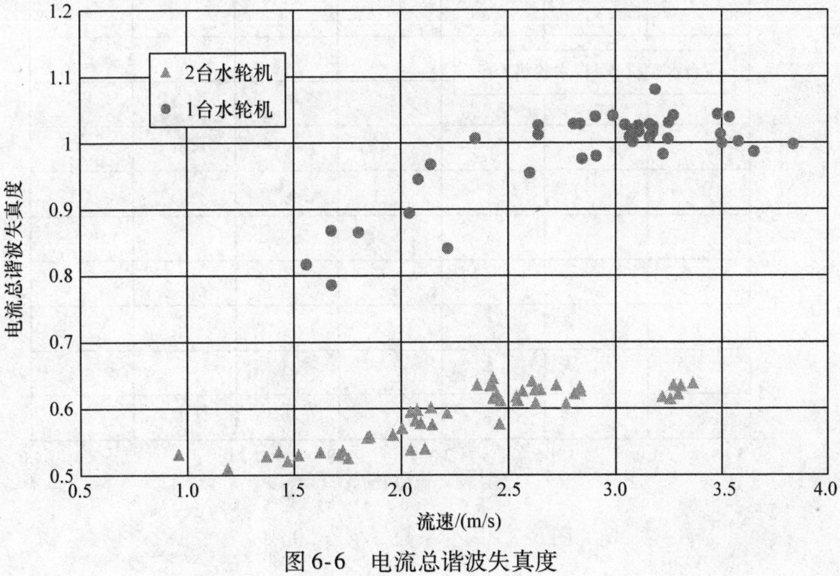

图6-6　电流总谐波失真度

准允许的中压系统最大 THD 为 8%，而高压系统则为 3%。测得数据完全符合标准规定。

典型电流谐波水平（高到 50 次谐波）见表 6-3。

表 6-3 潮流能装置输出端各电流谐波

偶次谐波				奇次谐波			
阶次	I_n%	阶次	I_n%	阶次	I_n%	阶次	I_n%
2	0.68	26	0.08	3	0.55	27	0.1
4	0.18	28	0.07	5	1.19	29	0.09
6	0.16	30	0.07	7	0.97	31	0.09
8	0.19	32	0.06	9	0.18	33	0.08
10	0.13	34	0.06	11	0.83	35	0.07
12	0.16	36	0.05	13	0.5	37	0.06
14	0.13	38	0.05	15	0.15	39	0.05
16	0.15	40	0.04	17	0.22	41	0.05
18	0.13	42	0.04	19	0.14	43	0.05
20	0.13	44	0.04	21	0.11	45	0.04
22	0.1	46	0.04	23	0.13	47	0.03
24	0.09	48，50	0.03	25	0.1	49	0.03

6.2.2.7 闪变 – 连续运行

连续运行（或在定常）条件下潮流能装置的闪变系数按照 IEC 61400 – 21 标准提供的方法根据电压波形计算所得，三相平均结果如图 6-7 所示。

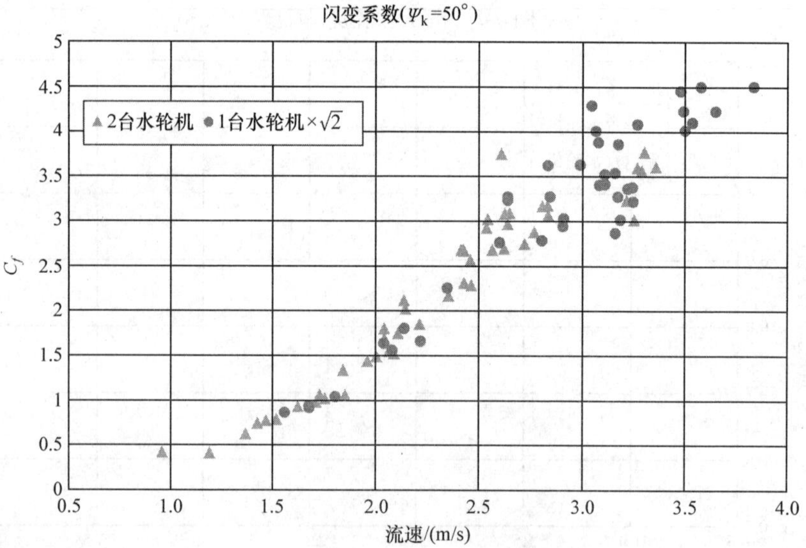

图 6-7 闪变系数（Ψ_k = 50°）

在该结果中，与测试点的实际角相对应的电网阻抗角ψ_k为50°。对于不同角度下闪变系数评价方法与图表的详细内容见参考文献［1］。其中有意思的是，一台与两台水轮机的闪变等级差为$1/\sqrt{2}$，这与IEC 61400－21标准中对于从N组不同来源计算闪变总和的理论吻合得非常好。详细内容见参考文献［1］。

IEC 61400－21标准规定采用99%保证率的闪变系数。由于与标准规定的数据量相比有限，表6-4中采用了相对保守的方法计算闪变系数，取了最大值而非99%保证率数值。

表6-4　闪变系数（连续运行）

电网角（°）	最大闪变系数C_f（两台水轮机）	最大闪变系数C_f（一台水轮机）
30	5	8.5
50	3.8	6.5
70	2.1	3.5
85	0.9	1.4

对输出功率进行频域分析的结果如图6-8所示，图中可清晰看出0.5Hz以下（及其10次谐波）频率成分。这与流速变化以及横梁遮蔽导致的水轮机输出功率变化是相对

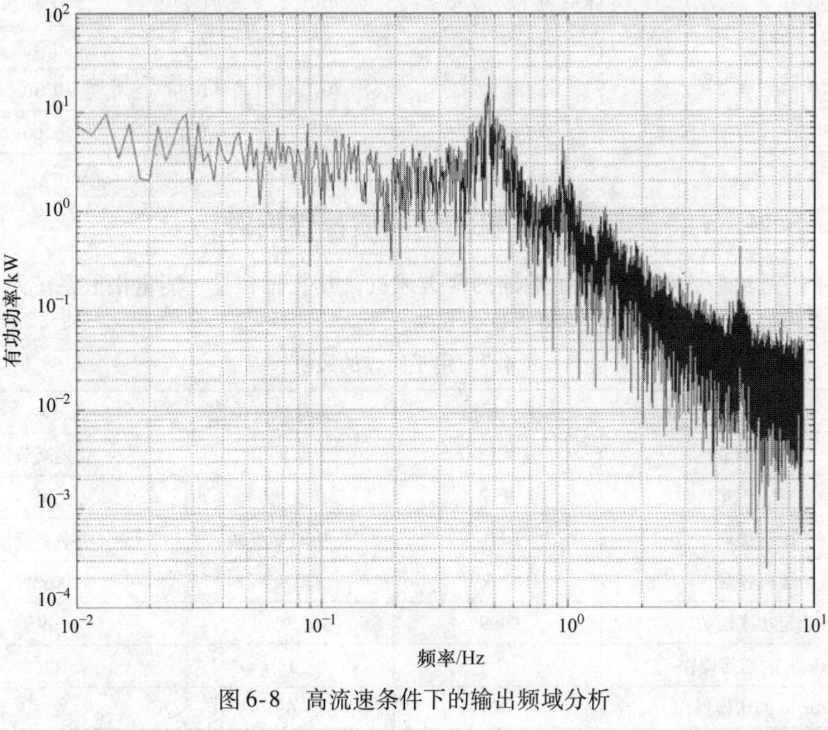

图6-8　高流速条件下的输出频域分析

应的。在额定输出功率下，一台水轮机运行时的平均功率波动为28kW，两台水轮机运行时的平均功率波动为40kW。详细信息见参考文献［1］。

通过对闪变系数与不同潮流参数的分析可知，高输出功率条件下闪变系数的增加主要由流速而非其他参数决定（详见参考文献［2］）。进一步分析可知，高流速条件下的高闪变系数主要由高流速条件下湍流效应增强而非变桨引起的功率变化或横梁遮蔽效应导致。

6.2.2.8 闪变－切换操作

风机在其容量范围内，可根据高低风速变化，进行相当频繁的切出与切入操作。因此，IEC 61400－21标准要求评估在切入风速与额定风速条件下启动的电压阶跃因子（k_u）与闪变阶跃因子（k_f）。潮流能装置与此完全不同，一般仅在正常条件下按确定的方式下启动，且无频繁切换。因此，上述参数可能并不适合用于评估潮流能装置的长期运行。但为了开展研究，在参考文献［1］里仍进行了评估，并给出了在不同切换事件中的波形图等详细结果。为与风机结果进行比较，此处罗列了评估的概括性结果。表6-5给出了切入流速条件（约1m/s）下的启动结果，表6-6给出了高流速条件（2.7m/s）下的启动结果。

表6-5 切入流速下的启动结果

电网角（°）	K_u	K_f
30	0.52	0.17
50	0.43	0.13
70	0.29	0.08
85	0.16	0.05

表6-6 高流速下的启动结果

电网角（°）	K_u	K_f
30	0.79	0.18
50	0.63	0.15
70	0.40	0.10
85	0.19	0.06

6.2.3 SeaGen装置与类似风机的电能质量性能对比

为了进行比较，本节选取了近期的两类风机，其装机容量、能量摄取系统及控制拓扑结构与SeaGen均相似。比较细节见表6-7。

表6-7 用于比较的风机

特征	1号风机	2号风机	SeaGen
功率调节	变桨调节	变桨调节	变桨调节
变/定速	变速	变速	变速
能量摄取	DFIG	全功率变流器	全功率变流器
装机容量	1500kW	2300kW	1200kW
额定功率因数	0.99	0.95	0.99
10min的切换操作	1	1	1
120min的切换操作	10	6	2

上述测试均按照 IEC 61400－21 标准进行，用于比较的结果均来自其定型测试证明。关于有功功率控制与总谐波失真度的比较见表6-8。

表6-8　功率调节与谐波

参数	1号风机	2号风机	SeaGen
P_{600}	N/A	N/A	+0.8%
P_{60}	+2.11%	+1.9%	+8.3%
$P_{0.2}$	+13.31%	+2.76%	+21.7%
I_{THD}	1.67%	2.42%	0.65%

风机的10min平均功率（P_{600}）最大值未见报道，但鉴于风机在短平均周期内功率调节能力比SeaGen强，可推断其功率波动应小于SeaGen的0.8%。对于1min（P_{60}）与200ms（$P_{0.2}$）的最大平均功率而言，SeaGen可能无法达到风机最大平均输出功率的控制能力。由于SeaGen的变桨控制系统来自于现有风机的成功设计，因此该差异可能更多地来自工作介质的密度与可压缩性区别。显然，对于功率输出调节来说，水环境比空气环境更具有挑战性，这从其比较结果上也能看出。尽管SeaGen的结果已足够好，但其变桨子系统、控制策略及算法仍有改进空间。

SeaGen的谐波性能是三组中最好的，这可能是由于其变流器设计是最新的，较几年前的设计有更好的谐波性能。其实，三组的谐波性能均可接受。

连续运行条件下的闪变系数比较见表6-9。1号风机在高电网角条件下 C_f 值比2号风机有明显的下降，这是由于其在更接近于1的高功率因数条件下运行。SeaGen的 C_f 值在电网角增加时明显下降，因为其也在接近1的功率因数条件下运行，且由于这些低 C_f 值均较小，导致其百分比差值显得非常大。此时有必要考虑测量中的不准确性。需要注意的是，当进行比较时，风机采用的是99%保证率值，而SeaGen则采用了最大值。当数据中存在中等异常值时，就可能导致明显的区别。需特别注意的是，两组数据中的闪变性能都很好。当其作为大型潮流能阵列场的一部分时，由于多个独立水轮机之间的相消效应，将不会导致闪变问题。为了更好地理解潮流能与风能的闪变性能差异，可从上述比较中得出一些结论。首先，当考虑单机运行时，潮流能装置的闪变系数接近于一台拥有较好电能质量风机的两倍。对于功率调节而言，由于水的密度大且不可压缩，因此大流速条件下湍流导致的功率输出变化也较大。其次，两组独立运行的水轮机功率波动相消效应明显，使得SeaGen整体的闪变性能接近于风机。表6-10给出了切入流速条件下启动时的电压与闪变阶跃因子。

SeaGen变流器切入时会产生明显的电流尖峰，这主要是由变流器直流母线上的电容充电造成的，有待进一步改进。即使切入的响应时间较慢，也需降低在较低电网角条件下接入时的电压阶跃系数，使之接近风机水平。这在未来大型潮流能阵列场中可能更为重要，因为对于潮流能装置而言，该类接入一天一般会发生四次。在潮流能阵列场中，可通过错开不同装置的接入时间以避免在潮流变向时出现不必要的电压跌落。

表 6-9　连续运行的闪变系数对比

电网角（°）	1号风机 C_f 值	2号风机 C_f 值	SeaGen－2台水轮机		SeaGen－1台水轮机	
			C_f 值	Δ_{avg}	C_f 值	Δ_{avg}
30	4.41	3.8	5	+21.8%	8.5	+107.1%
50	3.48	3.5	3.8	+8.9%	6.5	+86.2%
70	2.24	3.1	2.1	−21.3%	3.5	+31.1%
85	1.37	2.7	0.9	−55.8%	1.4	−31.2%

表 6-10　切入流速启动时的阶跃因子比较

电网角（°）	电压阶跃因子 k_u			闪变阶跃因子 k_f		
	1号风机	2号风机	SeaGen	1号风机	2号风机	SeaGen
30	0.26	0.17	0.52	0.10	0.05	0.17
50	0.20	0.21	0.43	0.11	0.06	0.13
70	0.15	0.27	0.29	0.11	0.07	0.08
85	0.15	0.31	0.16	0.11	0.07	0.05

闪变阶跃因子也是可比较的，但可能发生的接入次数完全不同。使用表6-7列出的数值及IEC 61400－21标准中第八节给出的评价方法，可计算低速条件下由接入导致的闪变等级，如表6-11所示（采用短路比为10）。

表6-11给出的接入闪变等级均可接受，且不会在并网时导致电能质量问题。

表 6-11　切入流速启动导致的闪变等级

电网角（°）	1号风机 P_{st} 值	2号风机 P_{st} 值	SeaGen P_{st} 值	1号风机 P_{lt} 值	2号风机 P_{lt} 值	SeaGen P_{lt} 值
30	0.18	0.09	0.31	0.16	0.07	0.17
50	0.20	0.11	0.23	0.18	0.08	0.13
70	0.20	0.13	0.14	0.18	0.10	0.08
85	0.20	0.13	0.09	0.18	0.10	0.05

额定流速条件下的接入阶跃因子见表6-12。分析方法与研究发电机接入对闪变等级的影响类似，且结果与表6-11相似。对于额定流速条件下的起动电压阶跃因子，SeaGen的性能最佳，但当电压跌落超过3.3%时各装置都可能出现问题。潮流能阵列场中各台水轮机的接入需相互协调，避免同时启动，IEC 61400－21中也是这样规定的。此外，对于潮流能装置而言，上述接入操作均为非标事件。

表 6-12　额定流速下起动时的阶跃因子比较

电网角（°）	电压阶跃因子 k_u			闪变阶跃因子 k_f		
	1 号风机	2 号风机	SeaGen	1 号风机	2 号风机	SeaGen
30	1.01	0.82	0.79	0.11	0.09	0.18
50	0.77	0.58	0.63	0.10	0.08	0.15
70	0.46	0.29	0.40	0.10	0.06	0.10
85	0.20	0.19	0.19	0.10	0.06	0.06

6.2.4　结论

总体上，从电能质量角度看 SeaGen 装置工作性能良好，且符合相关标准规定。当考虑多机组的潮流能阵列场时，输电系统也不会出现电能质量问题。具体的结论如下：

- 与装机容量接近的风机相比，SeaGen 装置的闪变等级较高，这与高流速时的湍流以及装置本身的物理布置（两叶片与横梁遮蔽效应）有关。
- 与一台 1.2MW 的风机相比，由两台单独的 600kW 水轮机组成的 SeaGen 对闪变等级存在一个相消因子。相比于单台 1.2MW 水轮机，两台 600kW 水轮机相消因子可使闪变等级数值下降 70%。
- SeaGen 装置满负荷的长期闪变等级为 0.2 ~ 0.3。
- 在整个输出范围内，SeaGen 装置均在接近满功率因数水平运行，可降低闪变等级，特别是在高流速范围。
- 接入时的变流器性能仍有进步的空间。
- 风机电能质量分析标准为分析潮流能装置的电能质量影响提供了很好的基础。
- 评估方法鲁棒性较强，与测量值吻合较好。
- SeaGen 的谐波发射水平在可接受限值内。

6.3　案例研究：波浪能

6.3.1　引言

本节的目的为强调电网强度在评估研究中的重要性。在弱电网中，电网阻抗较高，发电量较少会明显影响稳态电压。这也是弱电网在连接点的电压变化比强电网大的原因。当波浪能阵列场接入电网，特别是弱电网时，并网的许多方面都需进行专门分析以确保阵列场与电网的相关操作适当且安全。

为评估电网强度对波浪能阵列场的影响，本节研究了两个实际案例。第一个为位于西班牙的比斯开湾海洋能平台（BIMEP），作为强电网代表[6]。第二个为位于爱尔兰以西和苏格兰以北的爱尔兰亚特兰蒂克海洋能测试场（AMETS），作为弱电网的代表[7]。

6.3.1.1 比斯开湾海洋能平台（BIMEP）

BIMEP是在开放海域进行全尺度波浪能装置研究、示范与运行的离岸测试场[8]，位于西班牙北部、比斯开湾的东南侧。官方希望能在2013~2014年开始测试运行。测试场接入一短路功率为4550MVA强电网，有4个离岸式泊位，每泊位装机容量为5MW，海底电缆长度从3km到6km不等。上岸后，海底电缆则由4组完全相同的陆上电缆接入变电站。变电站含有两组13.2/132kV变压器，用于波浪能阵列场接入公共连接点（PCC），变电站配有无功补偿系统以确保达到规定的功率因数（见图6-9a）。

波浪能阵列场拟包含4列，每列含有10台装置。每列10台点吸收式波浪能发电装置连接至泊位中的0.69/13.2kV变压器（见图6-9b）。

6.3.1.2 亚特兰蒂克海洋能测试场（AMETS）

AMETS测试场位于爱尔兰西北部外海，目前仍在建设中。该测试场的定位是为商业化投放前的最终版原型样机提供测试服务。本研究中的电网模型基于ESBI的并网设计，如图6-10所示。测试场可容纳两组波浪能阵列场，每组可安装11台波能发电装置。每组阵列场均由交流海底电缆连接上岸，其中一条为6.5km长，另一条为16km长。距岸6.5km的阵列场称为阵列场1，另一组称为阵列场2。两阵列场均含有两组配电馈线（馈线1与馈线2）与波浪能发电装置连接。各馈线连接至离岸的0.4kV/10kV变压器，并由岸上变电站将电压进一步升至20kV。由此，波浪能阵列场可通过5km长、20kV架空线路连接至爱尔兰国家电网。

国家电网其他部分通过一个串联了固定电压源、电抗器的20kV/38kV变压器建模。电抗器表征该节点的短路阻抗。根据爱尔兰EirGrid集团的输电预测说明[9]，短路阻抗估算为22.8Ω，对应的短路功率则为63MVA（见图6-9）。

6.3.2 点吸收式波浪能阵列场对BIMEP与AMETS局地电网的影响

M. Santos - Mugica

波浪能装置并网的主要挑战包括公共接入点的功率与电压波动、闪变与偶发事件。为了分析点吸收式阵列场在不同海况下对电网的冲击，本节主要考虑了三类海况：低能流密度、中等能流密度及高能流密度。能流密度主要通过显著波高 H_s 与谱峰周期 T_p 表征（见表6-13）。

BIMEP与AMETS的自然资源潜力完全不同。BIMEP的平均能流密度为21kW/m，而AMETS的能流密度可达40~50kW/m。考虑三类不同海况有利于为两个波浪能测试场构建一个通用分析框架，其中BIMEP多出现低能流密度海况，而AMETS多出现高能流密度海况。

两测试场的海况可用布氏（Bretschneider）谱[10]描述。据此波谱，可依据有效波高与谱峰周期构建三组不同的波浪时间序列。根据阵列中点吸收装置的形状与物理参数，可计算出波浪作用于点吸收器上的激励力时间序列，并用于后续分析。

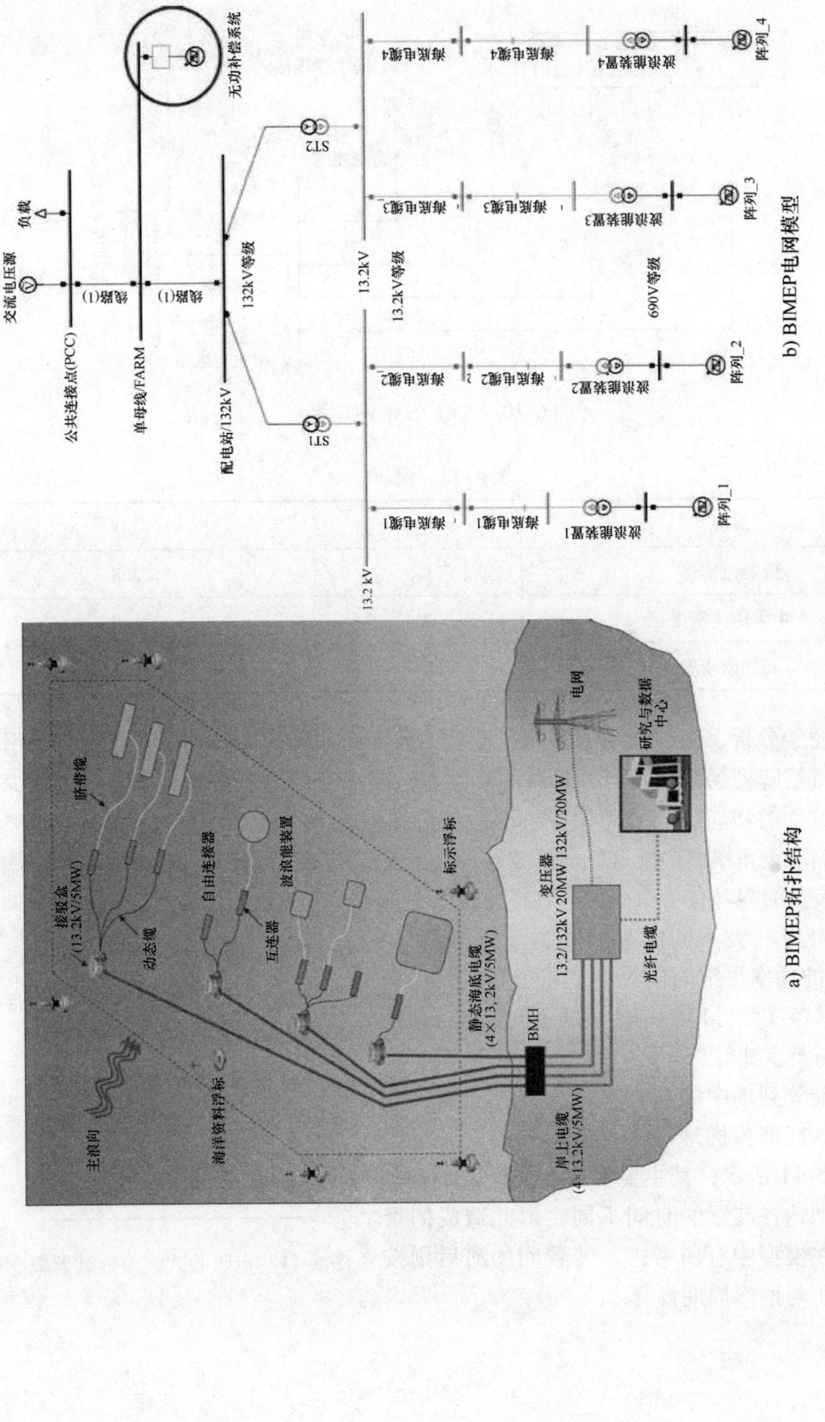

a) BIMEP拓扑结构

b) BIMEP电网模型

图 6-9　BIMEP

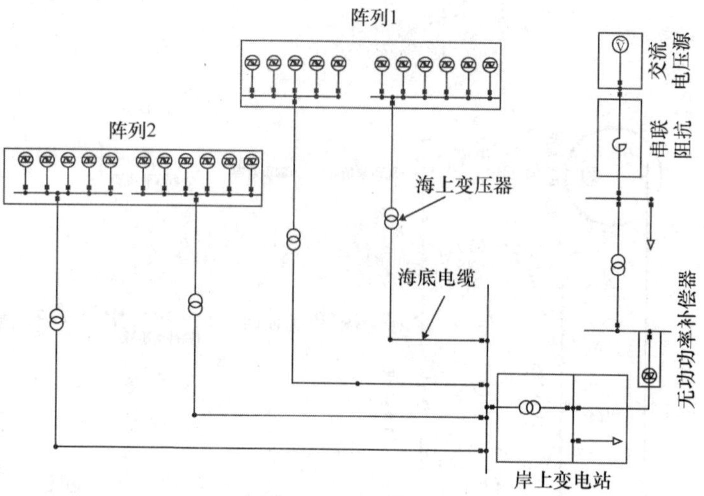

图 6-10 AMETS 电网模型

表 6-13 海况

海况	H_s/m	T_p/s
低能流密度	1.3	13.8
中等能流密度	2.4	11.0
高能流密度	5.7	16.5

为了便于分析、减少波动的影响，模型中还考虑在阵列场公共接入点配备通用储能设备。设备按阵列场级运行，并具备不影响波浪能捕获情况下平滑功率曲线、减少接入电网功率波动的功能。

通用储能设备模型中配有低通滤波器，其主要作用如参考文献［11，12］所述用于处理波浪能装置的瞬时有功功率。本节将分析三个不同工况，对应三类不同的存储能力，分别为 5s、25s 与 50s 的功率平滑时间尺度。三个时间尺度分别代表了参考文献［13］中所述的不同技术，包括透平惯量与蓄水池等。

波浪能阵列场中的基本单元为圆柱形点吸收式装置，其底部为椭球形，仅做单自由度升沉运动，如图 6-11 所示，其主要物理参数见表 6-14。

波浪到达各装置的时间不同，由此造成的聚集效应也在模型中有所考虑。装置间的滞后则按照装置间距与谱峰周期计算。

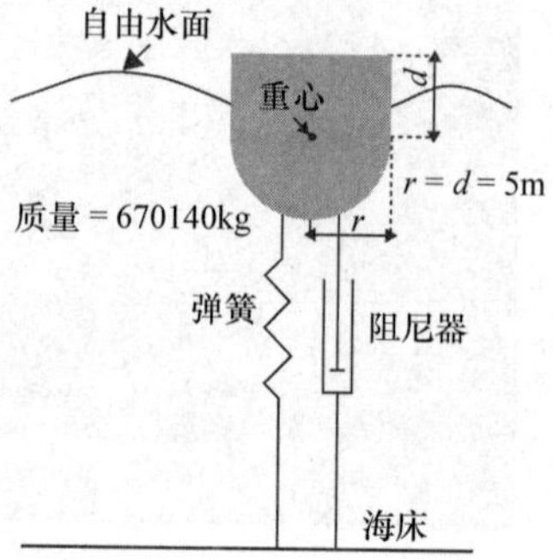

图 6-11 点吸收式波浪能装置概念图

表6-14　点吸收式波浪能装置物理参量

参量	符号	单位	数值
浮子半径	r	m	5
浮子吃水深度	d	m	5
浮子质量	m	kg	670140
浮子表面积	$\underline{S}$	m^2	78.6
水密度	ρ	kg/m^3	1025

6.3.2.1　功率与电压波动

本节将分析波浪能资源变化与储能系统对功率与电压波动的影响。在不考虑储能的情况下，图6-12给出了BIMEP与AMETS在三类海况条件下公共接入点处的有功功率。

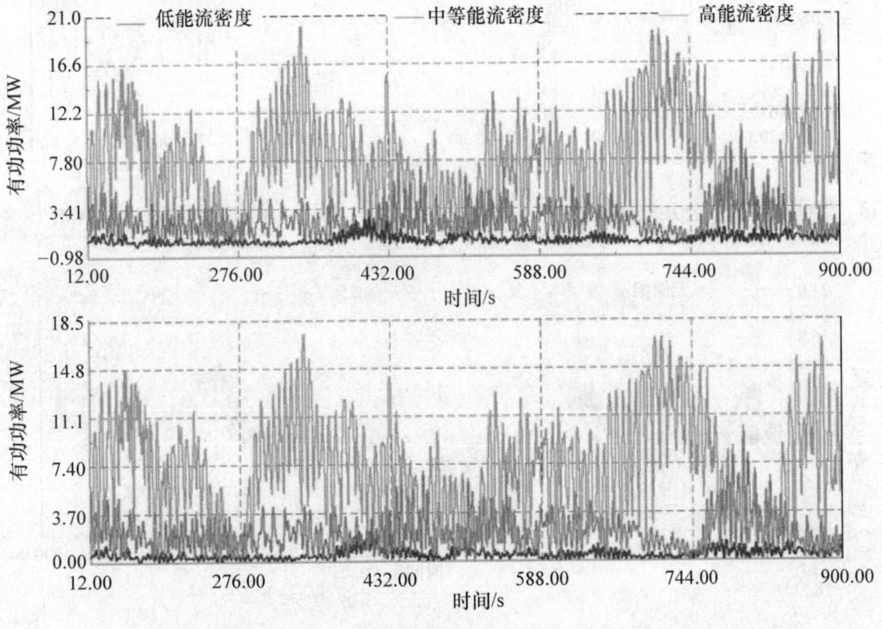

图6-12　无储能情况下阵列场有功功率（MW）曲线，BIMEP（上图）与AMETS（下图）

公共接入点处电压测量值的波动可表征有功功率波动的影响（见图6-13）。

图6-14给出了考虑三个储能时间尺度（5s，25s，50s）、高能流密度海况条件下BIMEP与AMETS公共接入点处的有功功率。有无储能设备条件下的各测试场平均有功功率均相同。然而，如图6-15所示，BIMEP的峰均值比从2.8降到了1.6，而AMETS则从2.7降到了1.6。受饱和效应影响[11]，该数值比预期小。此外，储能设备还可防止有功功率的输出中断。

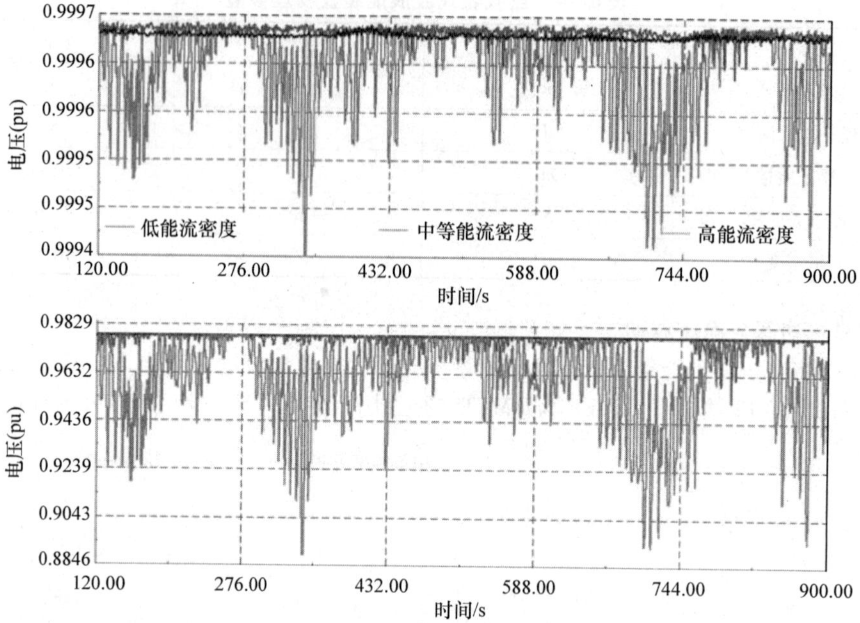

图 6-13　无储能情况下公共连接点处的电压（标幺值，pu）曲线，BIMEP（上图）与 AMETS（下图）

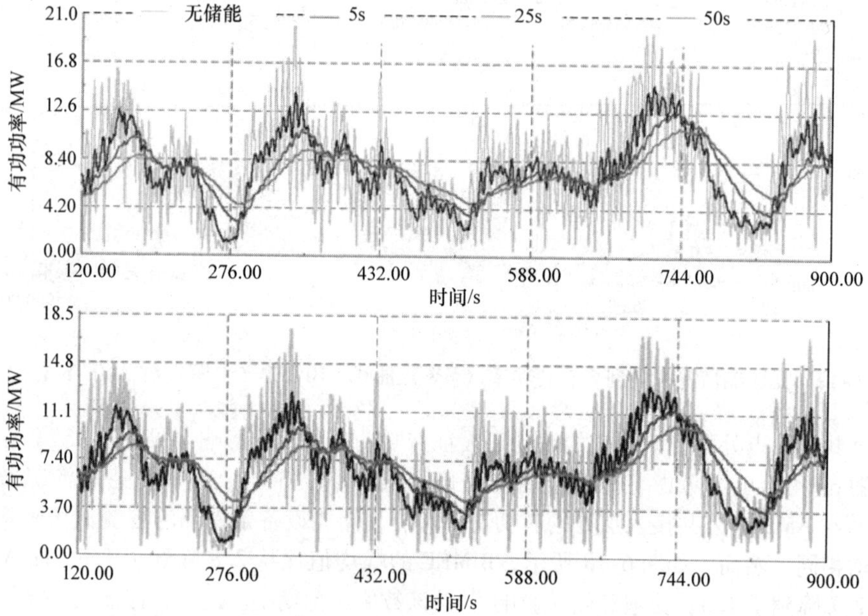

图 6-14　高能流密度海况条件下，不同储能水平对应测试场的有功功率曲线，BIMEP（上图）与 AMETS（下图）

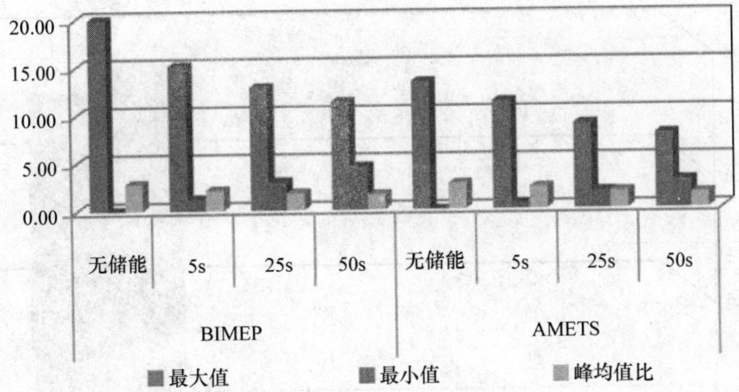

图6-15 BIMEP与AMETS有功功率的最大值、最小值及峰均比值

储能设备对于公共接入点处的电压影响如图6-16所示。对于BIMEP，由于无储能情况下的电压降几乎为零，因此储能的影响可忽略不计。对于AMETS，当储能时间常数为50s时，其电压下降率减少了6%。

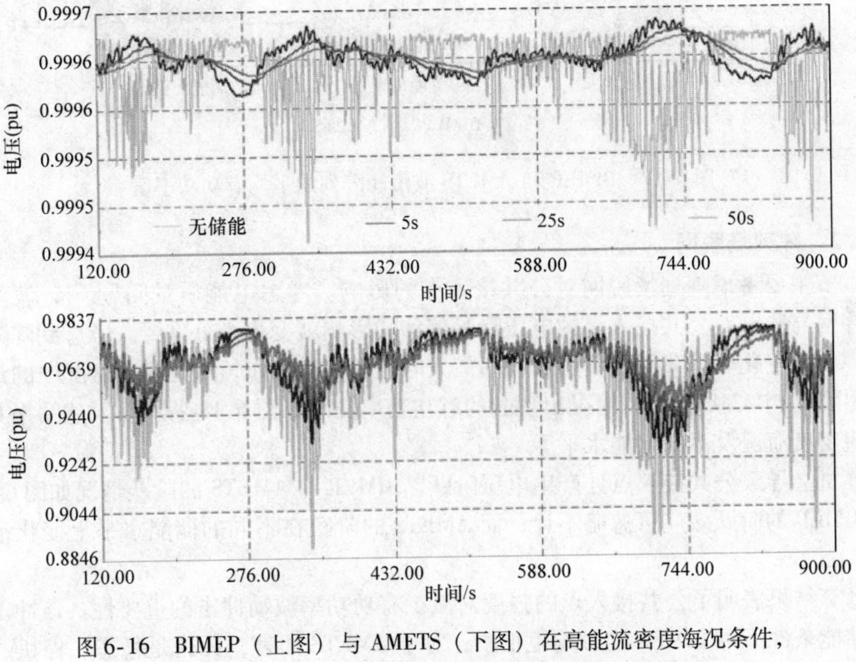

图6-16 BIMEP（上图）与AMETS（下图）在高能流密度海况条件，不同储能水平下测试场在公共接入点处的电压值

在相同的激励力序列条件下，AMETS的电压波动大于BIMEP，这是由于电网较弱造成的。同样需注意的是电网对有功功率的影响，由于AMETS的发电功率较低（见图6-17），减少波动就显得尤为重要。

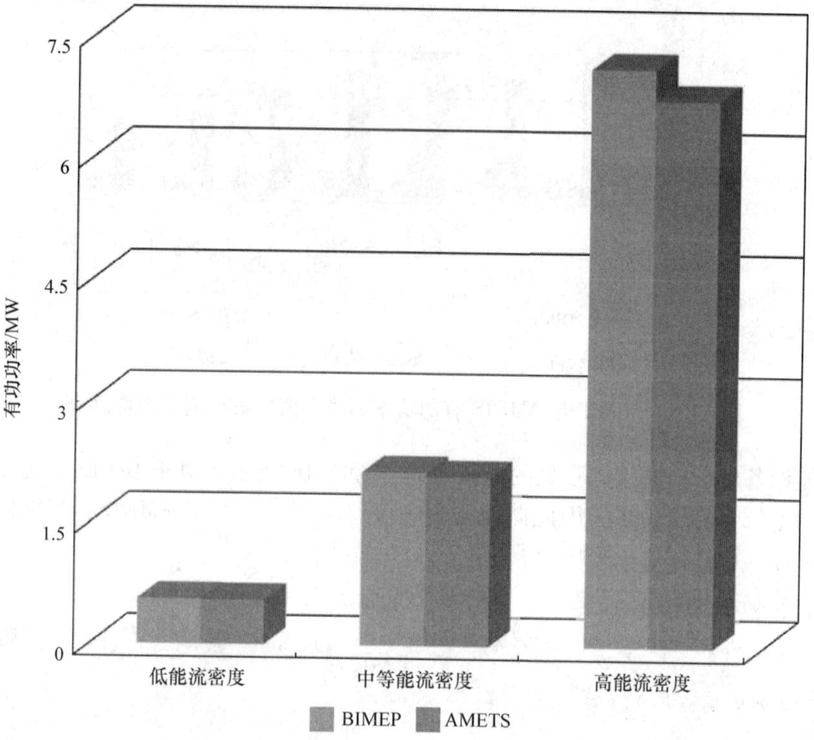

图 6-17 BIMEP 和 AMETS 波浪能阵列的平均有功功率值

6.3.2.2 阵列场脱网

本节主要考虑阵列场脱网对公共接入点的影响。考虑电能质量问题[15]，波浪能阵列场并网与脱网对公共接入点的电压瞬时偏移的影响就变得十分重要。考虑到阵列场有功功率的高变化率，我们在其有功功率最大时进行停机操作，这是相应海况中的最差情况。BIMEP 与 AMETS 停机情况出现时的有功功率曲线如图 6-18 所示。上述结果对应于高能流密度海况及不同储能水平。

停机会导致公共接入点处产生电压阶跃。BIMEP 与 AMETS 的阶跃情况如图 6-19 所示。BIMEP 的阶跃效应可忽略不计，而 AMETS 的阶跃在不同的储能水平上变化范围为 2.2% ~5.6%。

计算结果表明了公共接入点的强度对减少有功功率波动冲击的重要性。该冲击即使在无储能条件下对 BIMEP 的影响也很小；对于 AMETS 而言，无论是稳态、停机，还是闪变条件下，储能设备对减少电压波动都至关重要。

本节的研究表明了储能设备对一个弱电网的重要性。但是，若要更真实地评价储能系统的影响，则需更准确地进行建模。

6.3.2.3 产生闪变技术的影响

就产生闪变的技术而言，不同波浪能发电装置的主要区别取决于其固有储能能力，

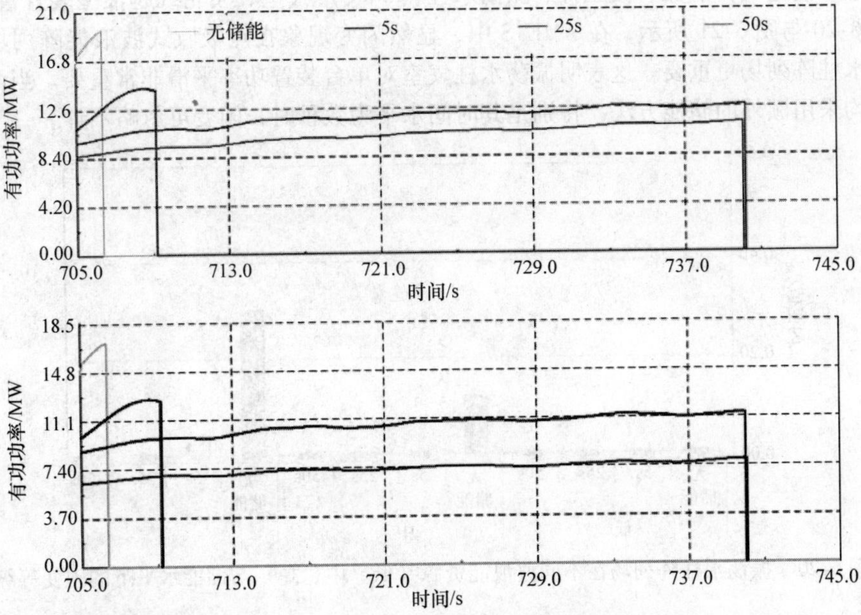

图6-18 BIMEP（上图）与 AMETS（下图）在停机条件下的阵列场有功功率

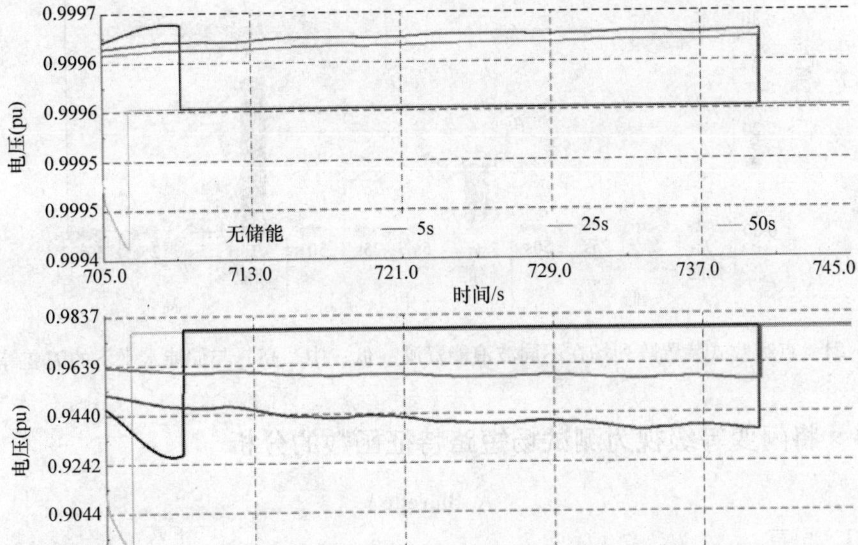

图6-19 BIMEP（上图）与 AMETS（下图）在停机条件下公共接入点的电压水平

包括液压或空气蓄能器、液压杆、振荡水柱（OWC）气室、飞轮或越浪型装置蓄水池。如图6-20与图6-21所示，在AMETS中，显然闪变现象在点吸收式波浪能阵列场中比振荡水柱阵列场更重要。这表明振荡水柱气室对单台装置功率平滑非常重要。当两类阵列场均采用额外的储能方法，特别是其时间水平为数秒时，闪变可忽略不计。

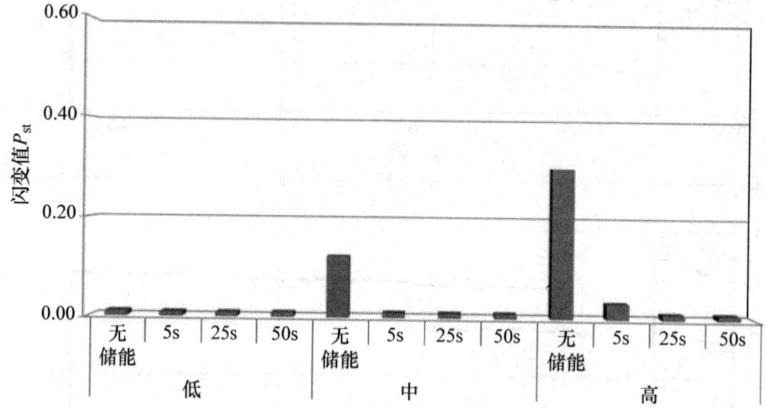

图6-20　振荡水柱阵列场在不同波浪能资源（低、中、高）与储能水平下的闪变等级

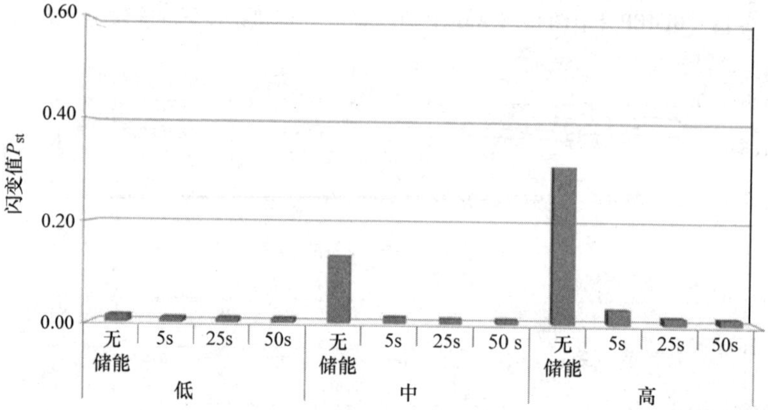

图6-21　点吸收式装置阵列场在不同波浪能资源（低、中、高）与储能水平下的闪变等级

6.3.3　将闪变等级视为测试场短路特征函数的分析

A. Blavette

6.3.3.1　引言

多数波能发电装置的功率波动幅值大，其在无足够储能或无合适的功率输出控制策略情况下，可导致波浪能阵列场接入的当地电网电能质量明显下降。因此，该类影响需在中等规模以上波浪能阵列场并网之前进行仔细评估。在选址过程中，特定场址电网冲击研究的复杂性往往导致该类详细研究无法开展。

短路水平 S_{SC} 与阻抗角 Y_k 这两个电能质量指标可用于评估电网强度，亦可协助评价电网的强度，尽管其绝对强度往往与接入功率波动的幅度有关。弱电网，往往比强电网更易受到输入功率波动的负面影响，可用低短路水平与低阻抗角表征，并写作：

$$S_{SC}=\sqrt{3}VI_{SC},\quad \Psi_k=\frac{X_k}{R_k} \tag{6.1}$$

式中，V 为指定节点的标称电压，I_{SC} 为其短路电流。X_k 与 R_k 分别为戴维南电抗与功率系统中其他部分的戴维南内阻。尽管中小型波浪能阵列场对电网的潜在冲击已有研究，地区电网的短路水平 S_{SC} 与阵列场最大功率 S_{farm} 比值要么很低、要么很高[16-21]。截至本书（英文版）出版时，仅见一篇论文发表了未考虑电网强度的研究[22]，且只涉及一小型阵列场。因此，关于不同电网强度条件下中型阵列场对连接点的电网影响研究仍不系统。此外，阵列场走向与装置布置方式仍未从电能质量合规角度进行考虑。对于最不利工况，例如主浪向垂直于阵列布置方向的情况，也仍未见任何研究。本书将对一中型阵列场对电网影响进行全面研究，其主要内容来源于参考文献［21］。

该案例研究拟深入探索 20MW 波浪能阵列场对电网的潜在影响，研究内容包括阵列场走向及装置布置对公共接入点最大、最小电压值与闪变等级的影响。为方便呈现，阵列场对五个测试场电能质量的影响也分别进行了研究。上述测试场要么正在运行，要么处在设计阶段，其电网强度可覆盖整个指标范围。仿真计算则采用 DIgSILENT 的电力系统仿真器“PowerFactory”。

6.3.3.2 建模

1. 试验数据

阵列场包含 22 台振荡水柱装置。作为输入数据的电力输出时间序列由 CORES（Components for Ocean Renewable Energy Systems，海洋可再生能源系统组件）项目提供。该 FP7 欧盟合作研究计划聚焦于漂浮式波浪能装置的能量摄取、控制、锚固、立管、数据采集等设备与新概念的开发[23]。该项目基于 2011 年 3 月至 5 月间投放于爱尔兰艾尔湾的漂浮式 1/4 比尺的振荡水柱装置数据。如图 6-22 所示，装置接入小型孤网。独立于国家电网且安装有 3 台 DC/AC 逆变器。装置产生的电能被充入电池系统，或者采用电阻负载进行消耗，系统中还装有一台柴油发电机与一台变频器。

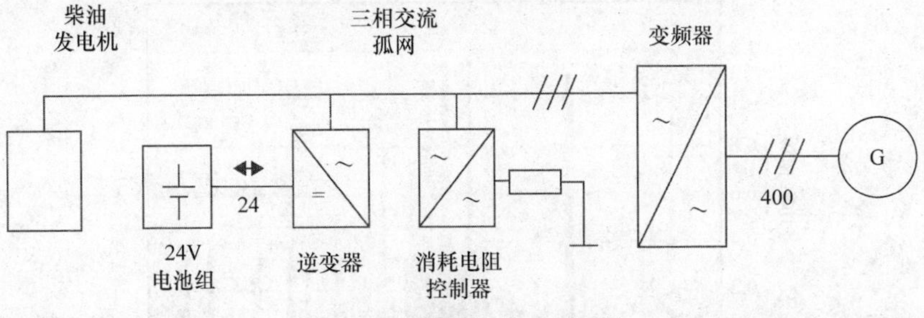

图 6-22　装置上的孤网系统

该项目为海洋能学界提供了大量离岸式波浪能装置投放、运行、维护的实际操作经验，并获取了大量参数的时间序列数据，包括分辨率高达 0.1s 的电气数据。相较于其他仅具备某海况年均或季均数据的项目，CORES 的电力时间序列数据可直接应用于电网影响研究。

为了代表世界各地典型的波浪能资源，选择可表征高、中、低能流密度的三组时间序列进行研究，其对应的有效波高 H_s 与平均波周期 T_z 见表 6-15。尽管这里代表高能流密度的时间序列“发电时段 A”，对于爱尔兰 AMETS 只能算中等能流密度水平，但其相对于其他一般的测试场的能流密度确属较高的。各海况对应的波功率正比于 $H_s^2T_z$。

表 6-15　不同发电时间特征

发电时段	原型 H_s/m	原型 T_z/s	能量等级
A	5.7	8.4	高
B	2.4	5.6	中
C	1.3	7.0	低

在 3 组发电时段内，发电机均处于定速控制运行状态。不同于变速运行，定速运行无法通过控制速度实现惯性能量存储。因此，机械功率峰值被直接转换为电功率峰值，可用其代表电能质量的最差工况。图 6-23 ~ 图 6-25 给出了 3 个发电时段内原型装置等效电功率输出的时间序列。

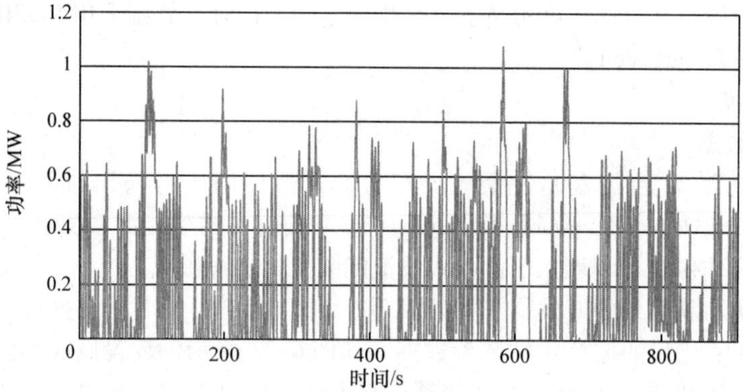

图 6-23　发电时段 A 条件下单台装置功率曲线

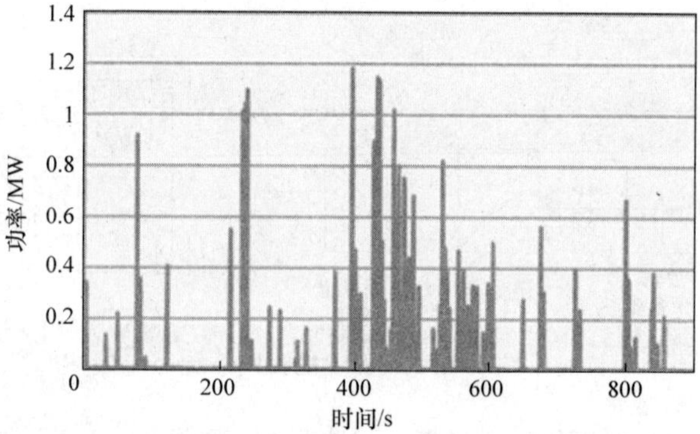

图 6-24　发电时段 B 条件下单台装置功率曲线

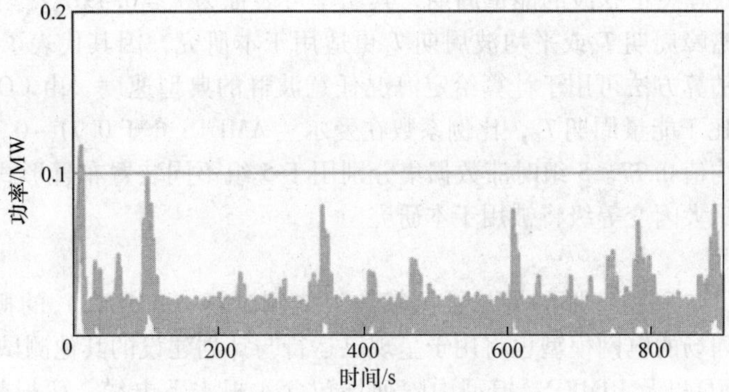

图6-25　发电时段C条件下单台装置功率曲线

2. 错列布置

将若干波浪能装置错列布置有助于平滑阵列场的功率输出，并提高其电能质量。该布置可将一台装置作为参考，对其他装置施加随机时滞的方法实现建模。各时滞 ΔT_{total} 均包含一个对应于波浪能装置间距 D 的定常时滞项减去一个可变的时滞项 ΔT_{i}。后一项是为了表示波浪能阵列场的空间分布随机性，对应于一个可变的间距 ΔD_{i}，如图6-26所示。装置间距 D 通常为数百米，典型的为200～500m[26]。各波浪能装置组（即连接于一条海底电缆）最多包含5～6台装置，布置的形状多种多样。考虑到数量与间距，假设多数装置距参考装置为1000m（最远），而不考虑装置组的布置形状。因此，参考装置与其他所有装置间的定距为 $D=1000\text{m}$，而可变距离 ΔD_{i} 为随机减去定距的0%～60%。因而装置间距 $D-\Delta D_{\text{i}}$ 范围为400～1000m。

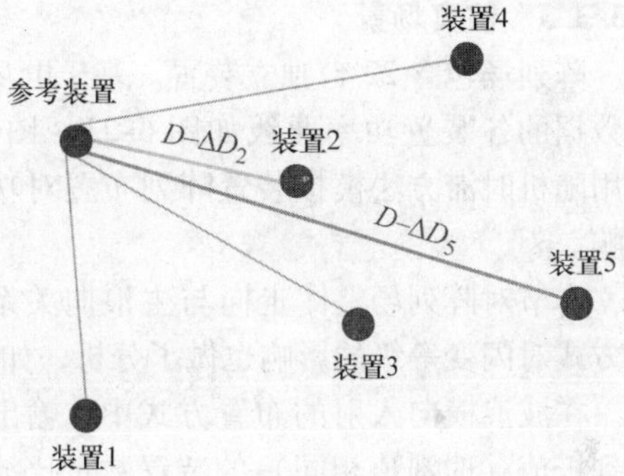

图6-26　时滞方法示意图

时滞可通过距离与波群速度 v_{g} 计算，其中波群速度 v_{g} 可由给定海区的能量周期 T_{e} 计算获得[27]：

$$\Delta T_{\text{total}} = \Delta T - \Delta T_{\text{i}} = \frac{D}{v_{\text{g}}} - \frac{\Delta D_{\text{i}}}{v_{\text{g}}} \tag{6.2}$$

式中，$v_{\text{g}} = \dfrac{g}{2\times 2\pi f}$。

v_{g} 也可通过下式估算：

$$v_{\text{g}} = \frac{gT_{\text{e}}}{4\pi} \tag{6.3}$$

式中，T_e为等效理想正弦波的能量周期，其功率可表征为$P=0.49H_s^2T_e$。能量周期比其他通用参数如谱峰周期T_p或平均波周期T_z更适用于本研究，因其代表了装置间的能量传播速度。该估算方法可用于计算给定海况任意波群的典型速度。由CORES提供的平均周期T_z，正比于能量周期T_e，比例系数在爱尔兰AMETS介于0.71～0.83之间，本研究中采用其平均值0.77。5组时滞数据集分别用于5组不同装置布置形式的建模，这5组仿真获得的最大闪变等级将被用于本研究。

3. 电气模型

受到位于贝尔玛利特郡的爱尔兰国家波浪能测试场（AMETS）的概念设计启发，构建波浪能阵列场的电网模型也将用于呈现已运行与计划建设的其他测试场特征，例如WaveHub、EMEC以及BIMEP。模型中阵列场包含4根水下电缆，两根长度为6.5km，另外两根长度为16.5km。岸上变电站通过5km长的架空线连接公共接入点，并将电压从10kV升压至20kV。无功功率补偿器将公共接入点的功率因子维持在定值，一般情况下等于1。仿真中也考虑了不同功率因子值，以研究该控制方法对闪变等级的影响。通过改变串联电抗器的阻抗以仿真不同短路水平S_{SC}与阻抗角Ψ_k，串联38kV交流电压源，用于国家（或地区）电网其他部分的建模。

6.3.3.3 仿真场景

阵列场包含22台独立装置。基于电功率时间序列数据的各装置功率曲线如图6-23～图6-25所示，采用随机时滞方法模拟装置阵列布置对功率输出的影响。

本节对阵列场整体走向与主浪向关系、装置布置方式对闪变等级的影响也做了分析，如图6-27所示。在波浪横向入射的布置方式中，输出功率同时达到极值（时滞值相同）的装置数量比波浪正向入射布置方式多。前一布置方式对电能质量的影响更大，阵列场的功率波动也更大。如图6-28所示，阵列场的功率曲线由4台理想波浪能装置的正弦功率

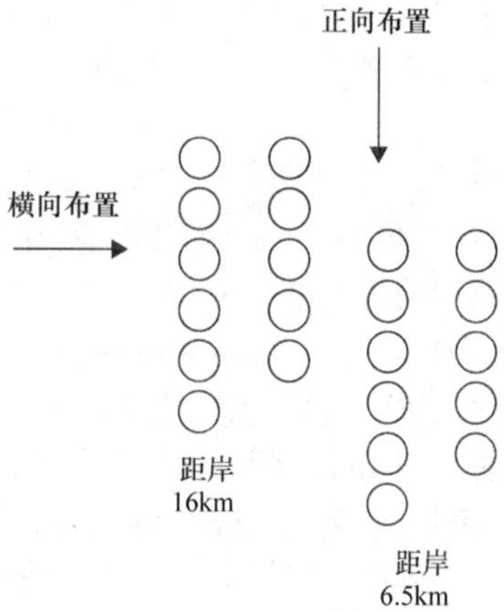

图6-27　仿真中采用的波浪入射方向

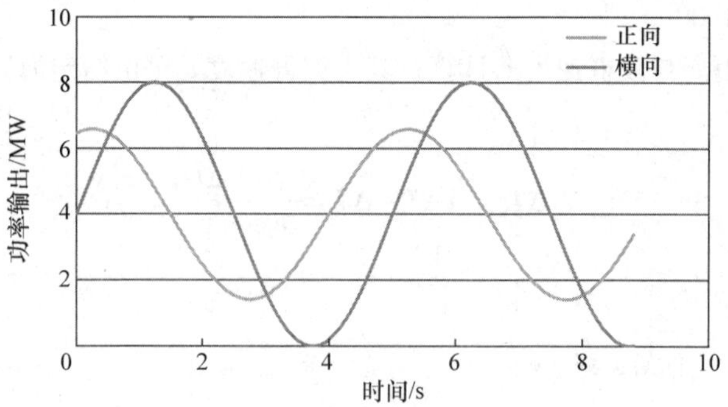

图6-28　包含4组理想装置正弦输出的阵列场功率输出

曲线组成。上述功率输出要么同相（横向布置），要么由于随机时滞而异相（纵向布置）。结果表明横向布置的功率变化幅度更大。

分析中还考虑了串联电抗器不同的电阻与电抗，即短路水平 S_{SC} 与阻抗角 Ψ_k 的数值有所变化。其中，短路功率范围为58MVA～10GVA。阻抗角采用 IEC 61400－21[15] 推荐值：30°、50°、70°与85°。如前所述，针对五个测试场开展了闪变等级的符合性验证。各测试场特征参数见表6-16。

1. 短路特征评估

BIMEP 的特征数据已由巴斯克能源代表处（Ente Vasco de la Energia）提供，本节将对其他测试场的短路水平与阻抗角进行估算。短路水平根据接入点电压分别为110kV 的爱尔兰测试场[9] 与400kV 的 WaveHub[29] 为参考进行估算。阻抗角则根据连接点与最近的38kV（爱尔兰）或33kV（英国）电力分配点之间的变压器与架空线阻抗进行估算。WaveHub 与 BIMEP 终端被变换为38kV 等效阻抗，以及电网模型中采用的电压水平。该方法尝试近似估算给定测试场的短路水平，考虑公共接入点与最近的110kV 或400kV 接入点间的负载消耗，该类数据通常难以获得。短路水平与阻抗角 Ψ_k 的误差忽略不计[23]。值得注意的是，考虑到爱尔兰与苏格兰乡村地区的电力系统结构与典型电网强度类似，贝尔马利特与阿吉尔岛的预测结果也应可用于爱尔兰与苏格兰地区潜在测试场的预测。有趣的是，上述两地也是欧洲波浪能资源最好的区域。

表6-16　各测试场终端的短路特征

测试场	国家	S_{SC}/S_{farm}	Ψ_k（°）
阿吉尔岛	爱尔兰	2.9	67
贝尔马利特	爱尔兰	3.2	69
基拉德	爱尔兰	8.2	81
WaveHub	英国	32.3	78
BIMEP	西班牙	232.0	90

2. 测试场信息

贝尔马利特的测试场由爱尔兰可持续能源局（SEAI）以及 WestWave 财团的两个计划共同支持建设。阿吉尔岛与基拉德是由 WestWave 财团考察的另两个备选点。基拉德与爱尔兰最大的电厂 MoneyPoint 及400kV 接入点非常近，与其他爱尔兰备选点适合于其西北部人烟稀少乡间区域较低的短路水平相比，其短路水平与阻抗角均较高。WaveHub 位于英国康沃尔郡，目前已在运行之中，正等待第一台测试设备入驻。它与400kV 的接入点距离也很近，因此短路水平也相对较高。从短路水平与阻抗角的角度看，位于巴斯克地区的 BIMEP 的电网强度最高。上述所有测试场的最大功率接入水平均为20MW。

6.3.3.4　闪变计设计

根据 IEC 61000－4－15[31] 与 IEC 61400－21 的设计细则，我们在 Matlab 中构建了一

闪变计。

本研究所采用的闪变计也包括由 Alcorn 设计的“空类”特征，并在分类器中（Block 5）用以平滑累积概率函数（Cumulative Probability Function，CPF）以提升其准确度。它还包含在基于周围非空类排序的空类插值。其他研究内容还包括确定用以分析浪致闪变必要的分类数量。分类数建议从 64（IEC 61000－4－15）增加至 6400（IEC 61400－21）。64 用以研究风电场导致的闪变，并以足够准确的方式捕捉较小电压波动导致的闪变。6400 对于分析波浪能阵列场导致的闪变似乎也同样合理，见表 6-17。表中给出了发电时段 A～C 对应不同分类数计算所得的短时闪变度。结果表明分类数等于或大于 6400 时其闪变等级仿真结果仍能保持稳定。

表 6-17 通过不同分类数计算的闪变等级

发电时段	分类数				
	64	3200	6400	12800	25600
A	1.582	1.417	1.416	1.415	1.415
B	0.102	0.093	0.093	0.093	0.093
C	1.132	1.015	1.015	1.015	1.015

针对 IEC 61000－4－15 中不同性能测试的较高等级准确度也可由闪变计表征。通过变化电压幅值－3%～2%，可发现瞬时闪变感知值几乎不变（变化率为 ±1%），而其允许的最大范围为 ±5%。针对 Block 5 的测试也可得到类似的结果，短时闪变度波动为－1%～3%，其允许的最大范围也为 ±5%。该闪变计的合规细节可参考 IEC 61000－4－15[23]。

6.3.3.5 并网导则要求

本节主要针对电压与闪变限值进行总结。并网导则通常根据电厂单独贡献至公共接入点的总闪变等级或公共接入点自身的总闪变等级定义闪变限值，见表 6-18。

表 6-18 闪变水平限值

导则、标准或推荐值来源	地区/国家	闪变水平	类型
ESB 配电导则	爱尔兰	0.35	单独
国家电网导则	英国	1.0	总和
IEC 61000－3－7	无	0.35（最小） 0.8	单独 总和
北欧电网导则[32]	挪威，瑞典，芬兰，丹麦东部	1.0	总和

然而，仅依据上述两个限值之一判断波浪能阵列场的闪变是否合规是不恰当的。以公共接入点（PCC）处的闪变水平为基础分析闪变的合规性，则必须获得足够多的波浪能阵列场与接入点之间的闪变等级信息，但这些通常是无法得到的。另一方面，采用闪

变发射限值 $P_{st}=0.35$ 评估电网闪变的合规性也不太现实。因为，除爱尔兰外，其他电网均强制要求闪变发射限值大于该值以满足 IEC 61000-3-7 的规定[33]。

相关标准也给出了分配至各电厂的闪变限值计算方法。该限值表征了电厂针对接入点可分配的闪变发射分量，并依据电厂装机容量与已接入总量的比值估算。当然，该方法可导致装机容量较小的电厂分配的闪变发射限值过低，这也是需规定最小闪变发射限值为 0.35 的原因。

合规测试中最严格与最宽松的闪变限值分别为 0.35 与 1.0。公共接入点总闪变水平小于 0.35 表明闪变不是问题，电厂均满足闪变等级需求。闪变水平介于 0.35～1.0 之间表明闪变可能是需要考虑的问题，需依据接入点背景电压变化的细节信息后方能得出明确结论。闪变水平超过 1.0 限值，则表明电场即使在最小预接入水平条件下，也不能满足闪变等级的要求。

6.3.3.6 闪变需求的合规性

在发电时段 A 与如图 6-29 所示横向布置，即最差工况条件下，公共接入点的闪变等级可能达到很高的数值。此时，当接入点阻抗角为 30°～50°时，为避免闪变等级超过 1.0，则推荐最小短路比为 5。对于典型的高短路比，拥有更高等级阻抗角的接入点不会出现上述问题。考虑到其较高的短路比，可不受此情况的影响。

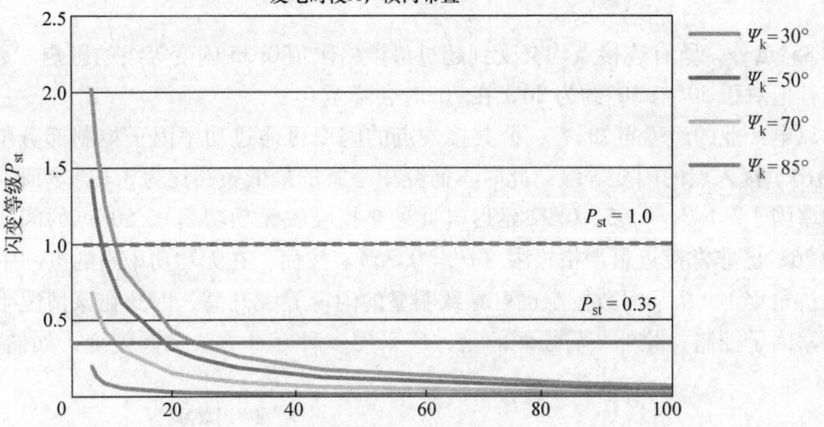

图 6-29 闪变等级 P_{st} 作为短路比函数的变化（发电时段 A，横向布置）

闪变等级随阻抗角的增加而降低，而阻抗角可表征在单位功率因子下系统的运行状况。这一点可简单理解为，有功功率的波动对电阻网络两端电压影响更大。该现象与一简单双总线系统的电压变化 ΔV 一致，并可表示为

$$\Delta V=\frac{PR+QX}{V} \tag{6.4}$$

式中，P 与 Q 分别为流过连接两总线阻抗 $Z=R+\mathrm{j}X$ 的有功与无功功率。与风电场防止

闪变等级超限的典型最小短路比 25 相比[34]，上述结果看起来是合理的。波浪能阵列场的短路限值推荐值也较小。如图 6-30 所示，与风电场产生的频率相比，由于其低频特征，波浪所引起电压波动感知度也较低。

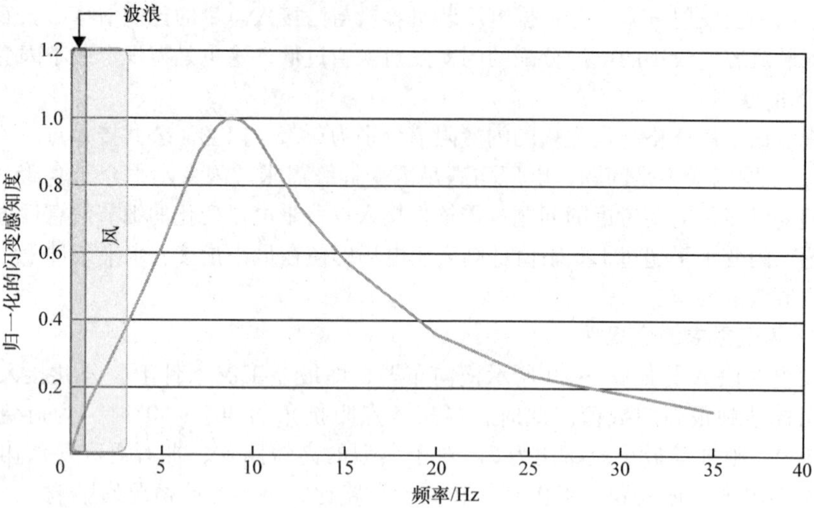

图 6-30　IEC 61000 - 4 - 15[31] 定义的闪变感知度曲线

除 85°点外，所有连接点均会受到超过最严格限值 0.35 闪变等级的影响。最小短路比的推荐值对于 50°与 30°约为 20，在 70°时会降至 6。

由风电产业的经验可知[35]，公共接入点的闪变可通过功率因子控制部分削弱。图 6-31 给出了接入点的闪变等级，此时本研究中考察的最低短路比为 3.0。本研究考察了如下功率因子：1.0，0.95，0.92 延迟（此处是指吸收无功功率）。50°点的闪变等级可降至 0.36，已非常接近最严格极限（$P_{st}=0.35$）。然而，在无功功率高的电网中（如较高的阻抗角Ψ_k），功率因数控制也可导致明显的闪变等级升高，因此在该情况下不推荐使用功率因子控制。此外，需强调的是，应采用多种互补方法抑制闪变，如储能或/和

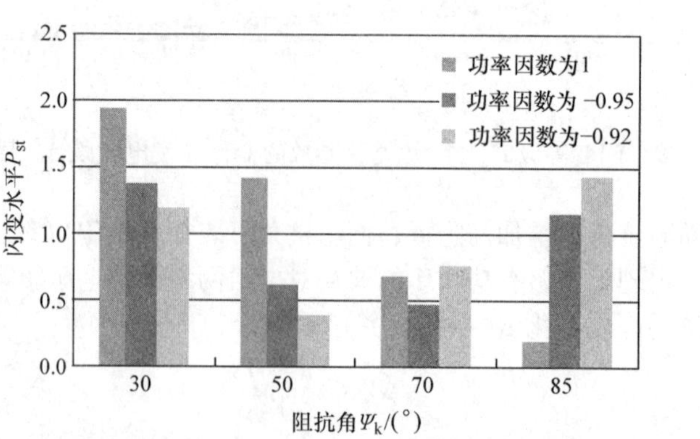

图 6-31　公共接入点在不同功率因子条件下不同阻抗角 Ψ_k 对应的闪变等级 P_{st}

适当的功率输出控制策略，特别是当阵列场与高阻抗网络（如较低的阻抗角Ψ_k）连接而功率因子控制效果不好时。该类分析详见参考文献［23］。

对各测试场而言，贝尔马利特与阿吉尔岛无法适应最严格闪变极限$P_{st}=0.35$，即爱尔兰的强制值。因此，仅采用功率因子控制是不够的。当预接入的闪变等级足够低时，波浪能阵列场接入某国或地区的类似薄弱接入点时，更宽松的限值才能保证其合规电网要求。综合考虑背景闪变与波浪能阵列场贡献，评估总闪变等级仍是相对困难的。

闪变为非线性现象，总闪变等级不等于各闪变贡献的简单代数和。因此，备选接入点背景电压波动的精确数据对评估总闪变等级非常必要，特别是由表征分布网络中闪变主来源的负荷切换导致的波动。波浪能阵列场接入前，需提供如电压时间序列，或电压频谱等数据。通常该类数据均无法获取。因此，针对闪变等级在0.35~1之间的情况需进一步开展研究。

因此，我们不推荐当公共接入点除了功率因子控制之外无其他消除手段时，波浪能阵列场接入阻抗角小于等于30°的点位。上述结论主要基于电能质量的考虑，但对常发生的低压配电网典型低功率传输能力造成的可预期电力系统拥塞可能并不合理。阻抗角为50°的连接点也会受到该问题的影响，但可通过采用滞后功率因子将其控制在一定范围内。该技术在多数情况下可保证波浪能阵列场满足闪变需求，至少是在最宽松条件下。若采用最严格的闪变限值，则需采用其他消除手段如储能或适当的功率输出控制策略，甚至可能影响到阻抗角为70°的连接点。阻抗角为85°的连接点则不会受该问题的影响。

综上所述，可知：

- 若输电能力有保证且采用了适当的功率因子控制，中等功率水平的波浪能阵列场可安全接入相对薄弱的电网（阻抗角小于50°）。阻抗角为50°的连接点可能适用于发展中国家与新兴国家的相对薄弱电力系统。潜在应用还包括被自然灾害或人为事故部分破坏的电力系统供电[36]。
- 此外，波浪能阵列场可能无需将其连接至内陆地区的强电网，例如爱尔兰或苏格兰人烟稀少的地区。因此，可避免在测试点岸上变电站与内陆接入点之间建设昂贵的架空线。从经济性的角度看，采用昂贵的电力系统补偿大规模建设的波浪能阵列场需推迟至波浪能产业达到一定的商业成熟度时。

波浪能阵列场布置对闪变等级的影响

本节主要考察波浪能阵列场布置对闪变的影响，此处布置主要是指相对于阵列场主浪向的方向与不同装置布置方式。尽管一年中波浪的方向相对是固定的，但根据观察其在短期内方向变化仍很大并可影响电能质量[37]。

仿真结果显示，阵列场布置的影响随接入点的短路比与阻抗角的增大而减小。此外，阵列场方向与装置布放可能对闪变等级具有显著影响，而阵列场方向占主导，考虑不同短路比与阻抗角组合，上述两者可能均为阵列场闪变合规的决定性影响因素。如图6-31与图6-32所示，尽管闪变等级在横向布置下对大多数短路比与阻抗角组合均超过了最宽松限值（见图6-32），在正向布置下则无超过情况出现（见图6-33）。

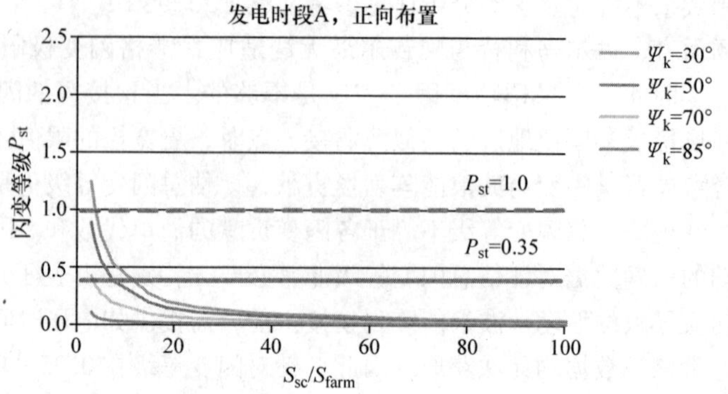

图6-32　闪变等级P_{st}随短路比的变化（正向布置）

图6-33的结果表明，当接入阻抗角为30°~50°的点位时，考虑到其代表性的低短路比水平，阵列场布置方向的影响非常明显。横向与正向布置差值仍然大于或等于0.1（最宽松许可限值$P_{st}=1.0$的10%），短路比可增至13及阻抗角为70°，因此可包括贝尔马利特与阿吉尔岛的测试场。对于接入点阻抗角大于85°的连接点，阵列场方向对其影响可忽略不计。阵列场装置布放对闪变的影响则不可忽略，如图6-34所示，在连接点阻抗角为30°~50°情况下影响非常明显。

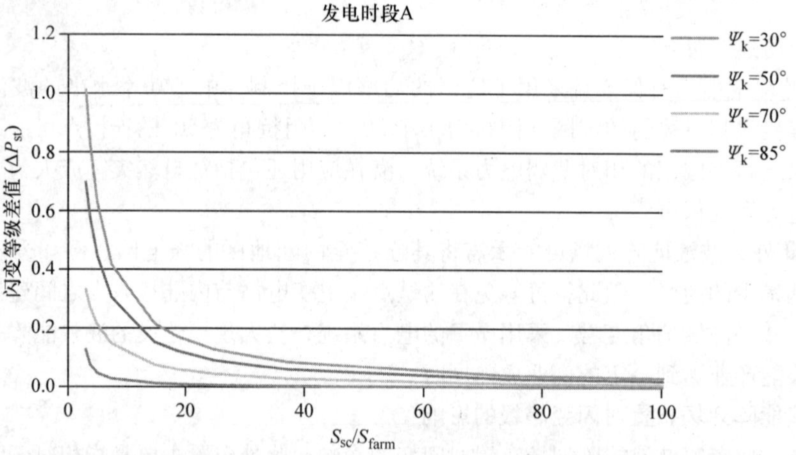

图6-33　正向与横向布置最大闪变等级差值

综上所述，当波浪能阵列场连接至阻抗角小于或等于70°的接入点时，阵列场的方向对公共接入点的闪变等级具有较强的影响，而不同群组装置布放的影响对于阻抗角增至50°的连接点影响则有限。阵列场方向，或者说范围更小的装置摆放方式，对于闪变影响可成为决定阵列场成败的关键因素。因此，电能质量是阵列场设计中需考虑的主要

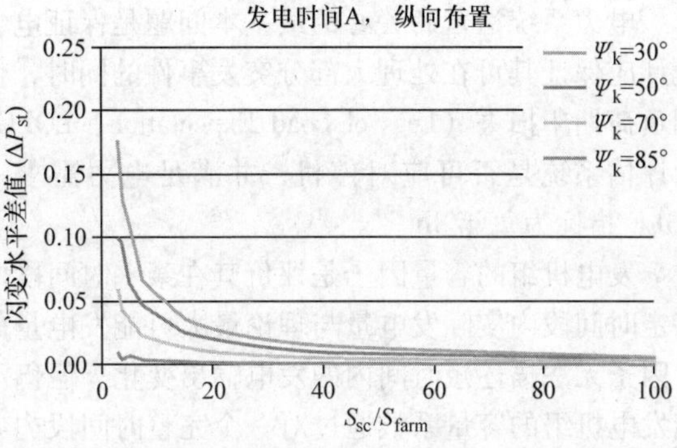

图6-34 5类不同装置摆放方式下的最大闪变水平差

限制因素，其他的内容还包括能量捕捉最大化或电缆长度最小化。

6.3.3.7 结论

本例详细分析了中等规模波浪能阵列场连接至具有较大范围电网强度等级的接入点后对电网闪变等级的影响。结果表明，闪变在特定条件下可能成为一个重要影响因素。具体来说，从闪变的角度分析，当在公共接入点采用适当的功率因子控制而阻抗角低至50°时，该类阵列场也可安全接入。由于该类技术无法保证充分安全，某些情况下还需采用其他方案，如储能或适当的功率输出控制策略。

此外，本节还分析了阵列场方向与装置布放对闪变等级的影响，而前者影响更大。上述因素还是影响阵列场满足闪变需求的潜在关键因素。

从电能质量角度看，阵列场是否能将最大功率安全接入配电网单节点仍是问题。除上述限制外，阵列场若接入输电系统，尚需成熟技术实现该类连接，这将导致非常大的投资。从这方面看，该限制可能成为海洋能产业大规模开发的里程碑：对其进行评估可明晰海洋能产业界与学术界的远景预期。另一个需要关注的点是评估电能质量所采用的准则。由于波浪能阵列场电力的波动性，一些潮流能的电能质量准则，如若干分钟内的平均电能变化率，将不适用于波浪能阵列场并网。采用潮流能准则可能会无法充分全面地捕捉到波浪能阵列场的影响。因此，需要发展新的评估方法，包括创新性的电能质量标准，这些目前都已作为IEC TC114，PT 62600－30标准正在研究的一部分内容[38]。

6.4 波浪能容量

D. Kavanagh，A. Keane，D. Flynn

6.4.1 容量因子与容量值：发电系统测量的充分性

电力系统需要平衡发电侧的可用功率容量与用电侧需求，因为每小时、每天及每季度的用电需求均不固定。电力系统需具备足够发电能力以满足用电高峰需求。发电系统由大量发电机组组合而成，通常这些机组包含不同的技术与经济特征。电力系统备用容量用以保证当最大单一发电机组停机后，其他发电机组可填补其电力缺口。系统需保证在所有给定的条件下寻得最优的发电机组调度。

可再生能源开发对电力系统运行带来了更严峻的挑战。可再生能源的变化不仅与技术有关，还与开发地点有关。电力系统规划者主要关注维持高可靠度的电力供应。将多种不稳定能源集成到电力系统中存在很多挑战性的问题，但小范围的独立电力系统更严重。本节将以此为例子介绍与大规模布放的可再生能源相关的容量因子与容量值问题。

电力系统运营商关心的最基本问题是保证电力供应达到预期的可靠性。电力系统的设计应保证其可在处理大部分突发事件的同时，仍能经济地满足电力供应需求。人们采用负荷期望损失（Loss of Load Expectation，LOLE）衡量发电系统的容量裕度。该指标为评估系统是否可应对停机，并满足电力需求一个重要标准。本节中所介绍案例的LOLE 指标为每年 8h[39]。

发电机组的容量因子是评价其在某一时间段内发电量的重要指标，其定义为在一个特定时间段内实际发电量与理论最大可能发电量的比值（类似于平均发电量）。尽管容量因子无法描述短时间内的发电输出变化，但仍不失为比较不同机组的有效指标。波浪能发电机组的容量系数通过对一个完整时间段内归一化的电力输出进行平均计算而得。当然，针对发电机组更深入的指标则是其容量值。

发电机组的容量值（也称为容量置信度）通常由其有效负荷能力（ELCC）决定[40-42]。容量值常被定义为发电系统维持已有发电充裕度水平情况下可提供的额外带载能力，该指标多取决于发电机组的可靠性。高容量值可提高系统满足峰值需求的能力，辅助系统运行，并可使波浪能成为发电系统的重要组成部分。另一方面，低容量值则被认为无法为电力系统提供可靠容量。就根本而言，若波浪能装置具有较高的容量值，它们就必须在用电上升期也具备持续供电的能力。若情况并非如此，则需增加额外的发电容量或与其他电力系统互连。基于负荷需求曲线，将不同电力系统集成起来也存在很多挑战。北欧国家冬季典型日用电需求曲线如图 6-35 所示。从可操作性与经济性的角度看，若波浪能每天、每季节都能够完全追踪系统用电需求曲线，则可减少对传统发电的影响。

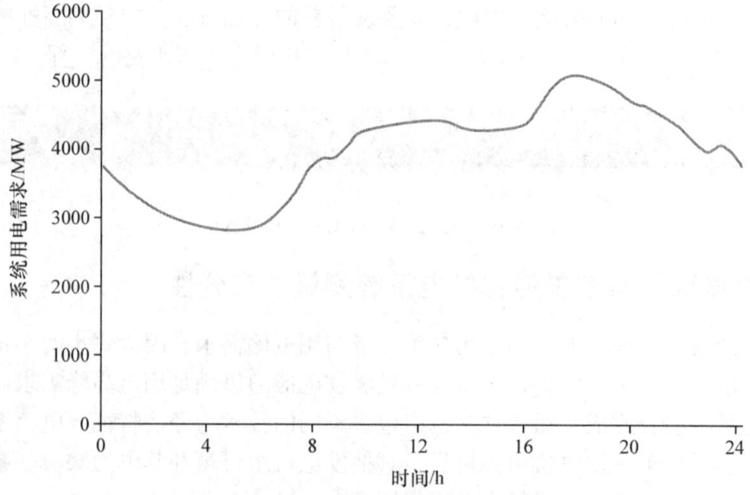

图 6-35　系统日用电需求峰值曲线

人们建议将波浪能阵列场与风电场耦合开发以降低其电力输出波动[43,44]。然而，此配置方式对电力系统更广泛的影响还有待于进一步研究。影响波浪能资源长期容量值的因素主要为其时空差异。此外，全球气候变化可能会减少其资源量[45,46]。因此，在验证容量值计算结果时应考虑其年际变化。波浪能发电的峰值是否与系统用电需求的峰值吻合，也是非常关键的影响因素。对于任何电力系统，虽然波浪能发电可作为风力发电的补充，但也可能加剧电力系统的波动，这要看它们之间的相关性以及电力系统的用电需求。

6.4.2　容量值计算

发电机组的容量值可视为有效负荷能力（ELCC），如参考文献［40］所述。发电机组的 ELCC 如式（6.5）所示，其中 L_{old} 为发电机组最初设计的负荷能力，而 L_{new} 为维持 LOLE 指标计算而额外增加的负荷。

$$\text{ELCC} = L_{new} - L_{old} \tag{6.5}$$

容量是一个表征系统充裕度的概率指标，反映发电机组的发电能力能否满足预定的 LOLE 水平。它有效地反映了电力系统发电容量的充裕性，并预测发电容量能否满足峰值时期的用电需求[47]。传统发电机组的 ELCC 取决于该机组的事故停机率（FOR）。不同发电能源的 ELCC 计算方法也不同，其中以时序方法与概率方法居多[48]。时序方法通过系统时域观测数据进行计算，而概率方法则通过将不同能源的概率密度函数与传统发电场的概率密度函数卷积积分进行计算。

两类方法共同的数据需求包括研究时段内的准确负荷时间序列（逐时的），目标可靠度水平，所有传统发电机组及其事故停机率（FOR）清单。此外，时序方法还需要一组与负荷数据相同时段内不同发电能源功率输出的无偏时序数据，且要求数据记录的时间分辨率相同。概率方法则需要同时段不同发电能源的概率密度函数。通常我们推荐采用时序方法，因为概率方法无法充分说明能源的可变性且结果也不够精确。一般在数据无法满足时序方法要求时，才会采用概率方法。

本节采用的时序方法，详见参考文献［41］。在迭代过程中，通过给定电力系统中各能源可发电水平概率构建累积概率函数（CPF）。对于给定的 CPF 与系统需求的时间序列，通过式（6.6）计算系统的 LOLE，其中 F_C 为传统发电容量的累积概率分布函数，而 l_t 为时间步 t 的负荷水平，总时间步数为 T。负荷概率损失（Loss of Load Probability，LOLP）根据一年中逐时数据计算而得，将 LOLP 求和即得到一年的 LOLE。为得到系统的 ELCC，逐步增加/减少系统用电需求，直至达到目标 LOLE 水平。实现其所需的过剩/不足需求则为系统提供了 ELCC。

$$\text{LOLE} = \sum_{t=1}^{T} F_C(l_t) \tag{6.6}$$

由于风能或波浪能等资源的不可控性以及需求模式的不确定关系，两类能源的 ELCC 并不容易计算。因此，易变能源如风能或波浪能常被视为系统的瞬态“负”负荷，并将减少任意时刻传统发电机组的总体净负荷。为计算波浪能发电机组的容量值，我们考虑在安装和不安装波浪能发电装置两种情况下计算整个系统的 ELCC，两者差为波浪能发电机组的容量值。该方法可自动捕获系统用电需求与波浪能间的潜在关系。

波浪能发电系统的空间差异可能增加系统的 ELCC。波浪能阵列场即为空间上分散的一组波浪能发电机组。因此，分析波浪能发电机组的安装位置对容量值的潜在影响是有意义的。若能通过合理布放波浪能发电机组以提高系统的容量值，将极大地减少电力基础设施的投资。

作为传统发电系统可靠性的指标，容量值取决于影响传统发电机组 FOR 的预设因素。其容量值不随时间发生变化。风能及波浪能具有不可控性。因此，任何波浪能发电容量值仅对计算时段有效。波浪能发电的容量值属于系统的规格参数，受多种因素影响，例如用电需求与波浪能发电能力间的关系、不同离岸测试场的波候变化等。

6.4.3 案例研究：爱尔兰

本节以爱尔兰为案例进行研究的原因是，其位置可作为一个小容量的独立电力系统，且未来可能大规模安装波浪能发电装置。目前已建设的电缆工程包括连接北爱尔兰与苏格兰的500MW 高压直流（HVDC）海底电缆，以及从爱尔兰东部海岸连接至威尔士北部海岸的500MW HVDC 海底电缆。传统电厂主要为火电厂，并有一小部分的水电站。本节分析了不同波浪能发电装置组合以判断空间布置方式变化是否会使容量值提高。数据则主要来源于四组离岸波浪浮标（L1 ~ L4），它们隶属于爱尔兰海洋管理局运维的浮标网络。各浮标的具体位置如图 6-36 所示。

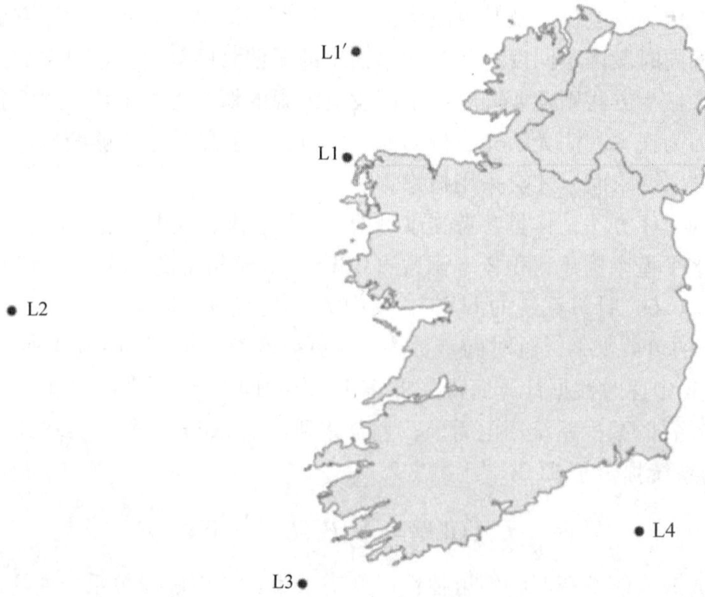

图 6-36　离岸测波浮标位置

全球气候过程为爱尔兰沿岸波浪能资源的原始驱动力。因此，全球气候现象会对潜在的 ELCC 结果产生巨大影响。我们比较了多年的爱尔兰波浪能发电容量值以分析其变化情况。各年 LOLE 均为 8h。海蛇 P－750 波浪能装置的功率矩阵已公开发表[49]，因此可作为典型装置功率矩阵用以生成 500MW 发电能力的波浪能电力输出时间序列。爱尔兰外海的波浪能阵列场容量因子与爱尔兰风电场季节变化的曲线形状（而非幅度）相似（冬季高、夏季低），其与归一化的机组发电量如图 6-37 所示。

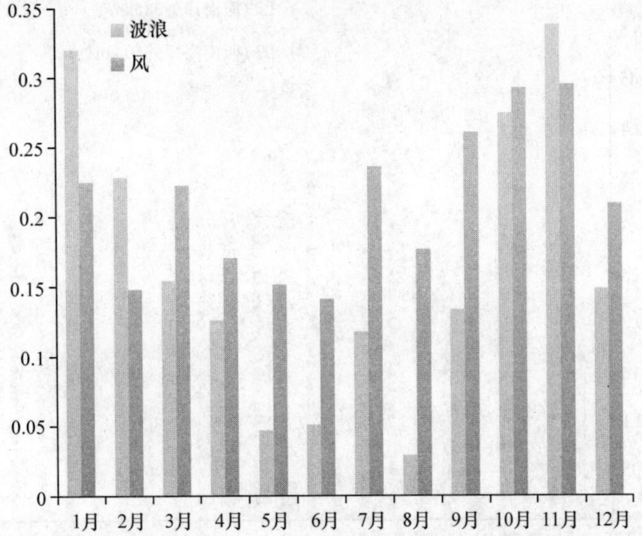

图 6-37　2010 年 L3 点位波浪/风容量因子的季节变化

波浪能的季节变化明显，且与电力系统用电需求的变化规律一致。由于波浪能能流密度较高的时段与电力需求较高的时段重合，其容量值也就更高。逐时变化则可与其他可变能源如风能比较，其 1h 内最大的变化率也只有 5%[50]。波浪能发电的季节变化大于风能。位于爱尔兰西海岸外（L3 点位）的波浪能阵列场一年的容量系数为 0.16pu，这掩盖了 2010 年 8 月到 11 月时均容量系数的变化范围达到 0.03～0.34pu 的情况。

波浪能的季节变化明显，但其时均变化与同一个时段内的风力发电却是相似的。需要注意的是，有限个波浪能发电点位的变化性与风力发电系统是可比较的，这是由于全国各处的风电场可经历不同的天气状况。波浪能的时均变化与风能不同相，这也增强了波浪能与风能集成发电的可能性。另一个影响波浪能发电的因素为空间分布，这与各波浪能发电装置面对的是来自大西洋的涌浪还是局地的风浪有关。

如图 6-38 所示，爱尔兰西海岸不同地点电力输出特征也各不相同，这说明近岸与离岸的波浪能条件也不相同。从整个电力系统运行看，通过在不同点位布置波浪能阵列场，我们可有效降低整体的时均变化，也有助于集成发电能力预测。因此，在某些位置通过实施降功率运行策略提高装置波浪能的摄取率也是可能的[52]。

总体而言，波浪能资源季间变化较大，而逐时平均变化则较小。波浪能阵列场位置的精确选择有助于通过空间分布调整降低发电功率的波动。除了明显的经济因素外，该类波动也会给电力系统集成带来极大挑战。上述情况在爱尔兰尤为明显，这是因为其电力系统容量较小且与其他电网互连较少。在用电需求高峰的几个月，波浪能资源也达到顶峰。另一方面，在需求较低的几个月，波浪能能流密度也有所下降。

对于每年 8h 的 LOLE 目标值，2010 年爱尔兰西海岸外测试场的波浪能发电容量值与同时段的风能是可比较的。图 6-39 给出了不同波浪能测试场的容量，其中波浪能装机容量为 500MW，FOR 为 5% ~30%。

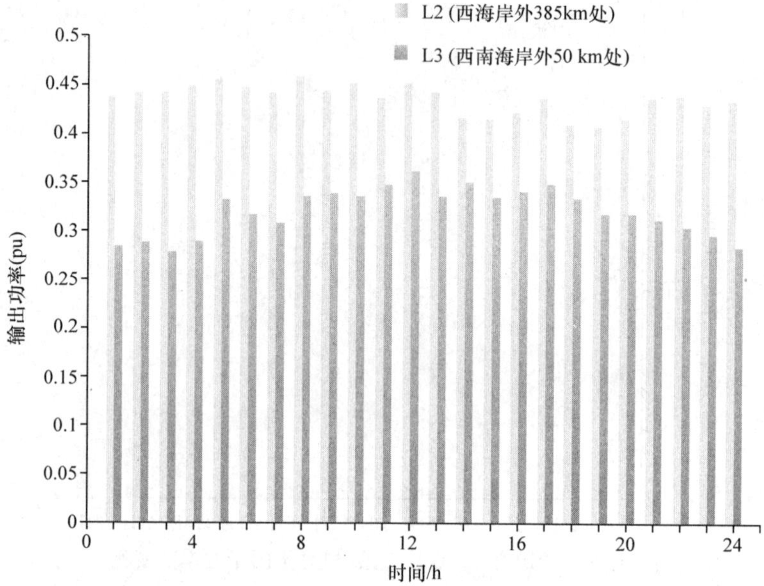

图 6-38　2010 年 1 月爱尔兰西海岸外两波浪能测试场平均逐时变化

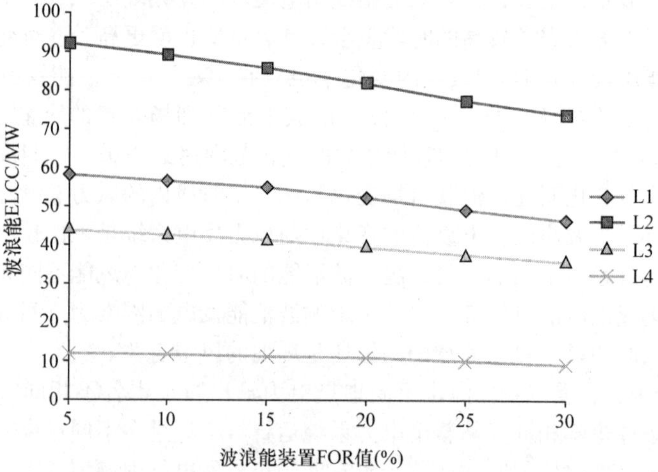

图 6-39　随 FOR 增加而变化的容量值（单点位，装机容量 500MW）

爱尔兰 2010 年可分配装机容量达到了 6829MW，电力系统负荷则在 1579 ~ 5090MW 之间。以 L3 点位为例，43MW（8.6%）的波浪能装机容量在 2010 年对于峰值用电需求应是足够的。相同时期的容量因子为 16%，这也充分说明了潜在能源容量值而非单容量因子作为系统测度的必要性。电价在用电高峰期也趋高，这对波浪能装置的经济潜力也有所影响。在爱尔兰这类国家，容量费甚至是能源补贴也赋予了电力生产更多时间价值[51]。

表6-19给出了不同测试场的空间差异。需特别注意的是L1点位的容量值，目前该点位正在被开发为原型波浪能测试场。该处500MW阵列场的容量值约为57MW（500MW的11.4%）。同时，若在L2、L3、L4点位开发500MW阵列场，其容量值则分别为89MW（17.8%）、43MW（8.6%）、12MW（2.4%）。同时期，若全部采用风能，其容量值为180MW（装机容量的12.8%）。需要注意的是，2010年是风能与潜在波浪能发电的小年，其发电量较往年有所下降。更有代表性的数值应在20%～25%的区间内。

表6-19　2010年500MW波浪能阵列场的容量值（FOR值为10%）

阵列场位置	风电容量值	波浪能容量值（系统中含有风电）	波浪能容量值（系统中不含风电）
L1	180MW	57MW	64MW
L2	180MW	89MW	112MW
L3	180MW	43MW	59MW
L4	180MW	12MW	21MW

表6-19与图6-39表明电力系统中可变能源的比例增加，将导致电力系统的边际容量值降低。若未安装风电场，500MW波浪能发电场的容量值在所有点位都将明显增加（比东南海岸有风电场的数值大75%）。不含风电的容量最大增长值之一出现在L3点位，位于西南海岸，与此处风能高度相关。最高值则出现在L2点位。但L2的位置不可能大规模投放波浪能阵列场。最低值出现在L1点位，位于西北海岸处，此处建议不集成风电场，但适宜投放波浪能装置。尽管无风电集成的波浪能阵列场容量值稍高，但过去十年已有大量风电装机，也就是说在后面的分析中均宜包含风电。

波浪能可为电力系统提供与风电可相提并论的容量值。某些点位甚至可提供较高容量值。此处需特别注意的是，风电数据是整个电力系统中所有风电场的净和值，既包括了最佳风电场点位数据，也包括了其他点位的数据。实际上，某些风电点位的容量值大大超过上述波浪能。

如图6-38所示，不同位置的发电量存在明显差异，在不同点位安装500MW装机容量的波浪能阵列场可能会使整体电力输出的波动更小。为了进行说明，本节设计了五种波浪能阵列场装机容量组合，见表6-20。在西北与西南海岸处装机容量的权重更高，是因为这些点位的波浪能资源更好，而且其距岸较近（减少离岸并网建设费用）。

西北海岸的权重相对较大，因为该处将建设波浪能测试场，且与风电场的集成较少。因此，现成的离岸并网等基础设施投入以及较好的波浪能资源，将促使更多装置在周边海域投放。L3点位的资源也较好，但需要额外建设并网基础设施，因此该处的权重比L1稍小。L4在爱尔兰的东南海岸，是所有点位中资源最差的，考虑到安装与运维因素，部分组合中分配的权重仍比 L2 大，因其距岸比 L2 更近。五种组合的容量值分析结果如表 6-21 及图 6-40 所示。

表 6-20　波浪能装机容量组合

组合	1	2	3	4	5
L1 阵列场/MW	300	300	200	300	250
L2 阵列场/MW	0	0	50	50	75
L3 阵列场/MW	200	150	150	150	175
L4 阵列场/MW	0	50	100	0	0

表 6-21　波浪能阵列场装机容量分配导致的容量值变化

组合	1	2	3	4	5
风能/MW	180	180	180	180	180
波浪能（10% FOR）/MW	53	50	50	58	59
波浪能（20% FOR）/MW	48	46	46	53	54
波浪能（30% FOR）/MW	43	41	40	47	48

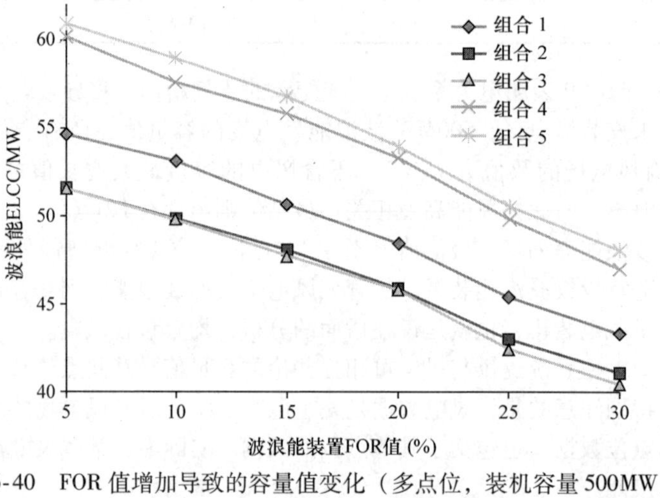

图 6-40　FOR 值增加导致的容量值变化（多点位，装机容量 500MW）

所有工况的容量值均随装置 FOR 值的增加呈准线性递减。结果表明组合中最高与最低容量值间的区别很小，且不同点位间组合效应也有限。当离岸更远的 L2 权重更高时，容量值也更高。该优势却将因投放区域的物流与技术困难被抵消。上述困难也将导致点位设于距岸更近的位置，而组合间的差异也就更小。

当然，距岸越远，波浪能资源也就越好。在深海投放装置的困难将抵消该优势。即使距岸较近，通过大规模投放也可显著提高容量值。与单个点位的容量值相比，不同点位间的组合效应对增加容量值效果有限。考虑到未来可能投放波浪能阵列场的数量有限，由波浪能装置地理上分布的差异导致的容量值损失也不会太大。

本节展示的结果对应时间为2010年。共有2007、2008、2009、2010四年的数据可用于进一步分析。L1的浮标安装于2009年，因此之前的数据缺失。考虑到位置关系，另一个浮标位于L1北侧，可提供2007～2009年的递补数据。L4在2008年的一段时期缺失数据。因此，两组合（组合2与组合3）的数据仅能分析2007、2009与2010年的情况。

三个组合（组合1、4、5）的数据均为四年，而另外两个组合为2007、2009与2010年。鉴于L4的容量值较低，其对整体结果的影响也较小。表6-22中各组合四年间的容量值变化均较大，其中最大值出现在组合5的2008年，达到150MW（30%），而最小值出现在组合3的2010年，低至40MW（8%）。

表6-22　年际风电与波浪能电场组合容量值

	FOR	2007	2008	2009	2010
风电装机	n/a	234MW	246MW	224MW	180MW
组合1	10%	103MW	146MW	131MW	53MW
	20%	96MW	134MW	121MW	48MW
	30%	85MW	119MW	108MW	43MW
组合2	10%	97MW	n/a	124MW	50MW
	20%	90MW	n/a	114MW	46MW
	30%	81MW	n/a	102MW	41MW
组合3	10%	98MW	n/a	115MW	50MW
	20%	91MW	n/a	106MW	46MW
	30%	80MW	n/a	93MW	40MW
组合4	10%	113MW	149MW	134MW	58MW
	20%	106MW	137MW	124MW	53MW
	30%	93MW	121MW	110MW	47MW
组合5	10%	117MW	150MW	134MW	59MW
	20%	108MW	137MW	123MW	54MW
	30%	95MW	122MW	110MW	48MW

图6-41给出了FOR＝10%时的ELCC值，同时也给出了同时段风能容量值的变化情况。需指出的是，此周期内风电的装机容量出现了显著增加（从805MW到1406MW），因此可将该图结果视为风电装机容量的百分比数。风电容量的绝对值从2007年到2008年增加了12MW，但相对于总装机容量则从29%下降至25%。该现象也可归结为风能的年际变化趋势以及电力系统中不断增加能源种类导致边际容量值下降。爱尔兰波浪能资源可使容量值有较大增长（2008年可达装机容量的30%）。不同点位建设波浪能阵列场的空间分布差异性导致容量值的增长非常有限。当装机容量达到一定

程度时，对电力系统的容量充裕度也将有重要贡献。

四年间的总变化趋势是一开始增加（表6-22 中2008 年达到峰值150MW），然后下降（2010 年达到40MW），表明该时期可用资源值在下降。风能容量值（记作装机容量的百分比）在四年间连续下降。波浪能从2008 年到2009 年的容量值较大，波浪能从2008～2009 年的下降也比风能要小。2010 年对波浪能而言是较差的年份，其容量值已小于风能。鉴于2007～2009 年的波浪能容量值变化不大，2010 年的小值可归因为较大的资源年际变化，也降低了其作为电力系统中固定发电源的可靠性。爱尔兰沿岸的资源大于世界上的多数地方[52,53]，波浪能可为电力系统的容量值做出重要贡献，并提高系统整体的容量充裕度[54]。

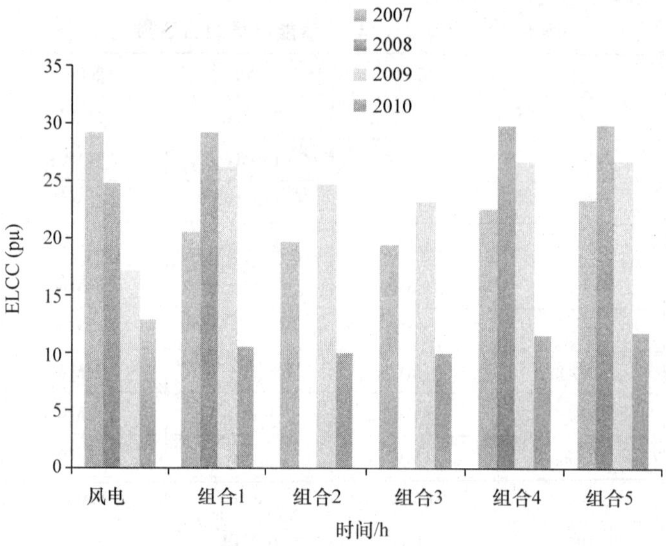

图6-41　风能与波浪能的年际变化（波浪能装置FOR值为10%）
（组合2、3在2008年数据缺失）

6.5　参考文献

[1] T. Thiringer, J. MacEnri and M. Reed, 'Flicker evaluation of the SeaGen tidal power plant', *IEEE Transactions on Sustainable Energy*, vol. 2, no. 4, pp. 414–422, October 2011.

[2] J. MacEnri, M. Reed and T. Thiringer, 'Influence of tidal parameters on SeaGen flicker performance', Philosophical Transactions Series A, Mathematical Physical and Engineering Sciences, vol. 371, no. 1985. doi: 10.1098/rsta.2012.0247, January 2013.

[3] P. Ricci, J.B. Saulnier, F.O. António and M.T. Pontes, 'Time domain models and wave energy converters performance assessment'. *Proceedings of the ASMET 27th International Conference on Offshore Mechanics and Artic Engineering, 15–20 June, 2008*. Estoril, Portugal, 2008.
[4] EN50160:2010: Voltage Characteristics in Public Distribution Systems.
[5] J. MacEnri, M. Reed and T. Thiringer, 'Power quality performance of the tidal energy converter, SeaGen', *ASME 30th International Conference on Ocean, Offshore & Arctic Engineering*. Paper No. 49549, June 2011.
[6] F. Salcedo J. L. Villate, Y. Torre-Enciso, M. Santos and D. Ben Haim. *Grid Integration of Wave Energy Farms: Basque Country Study*. ICOE 2010, October 2010.
[7] M. Egan, R. Alcorn, T. Lewis, A. Blavette and D. O'Sullivan, *Wave Energy Grid Integration in Ireland – a Case Study*. ICOE 2010, October 2010.
[8] bimep (Biscay Marine Energy Platform). Available at: http://www.eve.es/bimep/
[9] EirGrid, 'Transmission forecast statement'. Available at: http://www.eirgrid.com/transmission/transmissionforecaststatement/
[10] W. H. Michel, 'Sea spectra revisited'. *Marine Technology*, vol. 36, no. 4, pp. 211–227, 1999.
[11] N. Daratha, H. Polinder and M. de Sousa Prado, 'A first-order energy storage requirements estimation for an Archimedes wave swing park', *Proceedings of the International Conference on Sustainable Energy Technologies 2008 (ICSET08)*, 24–27 November 2008, Singapore, pp. 1161.C–1165.C, 2008.
[12] E. Tedeschi, M. Santos, P. Ricci, M. Molinas and J.L. Villate, 'Control strategies for the grid integration of wave energy converters at the Biscay Marine Energy Platform'. *European Wave and Tidal Energy Conference*, Southampton, 2011.
[13] D. O'Sullivan, D. Mollaghan, A. Blavette and R. Alcorn, Dynamic characteristics of wave and tidal energy converters and a recommended structure for development of a generic model for grid connection, 2011. Available at: www.iea-oceans.org
[14] E. Tedeschi, M. Molinas, M. Carraro and P. Mattavelli, 'Analysis of power extraction from irregular waves by all-electric power take off', *IEEE Energy Conversion Congress and Exposition (ECCE)*, 2010 IEEE, pp. 2370–2377, 12–16 September 2010. doi: 10.1109/ECCE.2010.5617893.
[15] IEC, *IEC 61400-21: Wind turbines – Part 21: Measurement and Assessment of Power Quality Characteristics of Grid Connected Wind Turbines*, TC/SC 88, 2008.
[16] R. Alcorn. *Wave Station Modelling Based on the Islay Prototype Plant*. PhD thesis, Queen's University Belfast, UK, 2000.
[17] A. J. Nambiar, A. E. Kiprakis, D. I. M. Forehand and A. Wallace. 'Effects of array configuration, network impacts and mitigation of arrays of wave energy converters connected to weak, rural electricity networks'. *Proceedings of the 3rd International Conference on Ocean Energy*, Bilbao, Spain, 2010.

[18] D. O'Sullivan, F. Salcedo, A. Blavette, M. Santos and A.W. Lewis. 'Case studies on the benefits of energy storage for power quality enhancement: Oscillating water column arrays'. *Proceedings of the 4th International Conference on Ocean Energy*, Dublin, Ireland, 2012.

[19] M. Santos, A. Blavette, E. Tedeschi, D. O'Sullivan and F. Salcedo. 'Case study on the benefits of energy storage for power quality enhancement: Point absorber arrays'. *Proceedings of the 4rd International Conference on Ocean Energy*, Dublin, Ireland, 2012.

[20] F. Sharkey, J. MacEnri, Bannon E., M Conlon and K. Gaughan. 'Voltage flicker evaluation for wave energy converters: Assessment guidelines'. *Proceedings of the 4th International Conference on Ocean Energy*, Dublin, Ireland, 2012.

[21] A. Blavette, D. O'Sullivan, T. Lewis and M. Egan. 'Impact of a wave farm on its local grid: Voltage limits, flicker level and power fluctuations'. *Proceedings of the IEEE/MTS OCEANS12 Conference*, Yeosu, South Korea, 2012.

[22] J. Aubry. *Optimisation du dimensionnement d'une chaîne de conversion électrique directe incluant un système de lissage de production par supercondensateurs: application au houlogénérateur SEAREV.* PhD thesis, Ecole normale supérieure de Cachan, France, 2011.

[23] A. Blavette. *Grid Integration of Wave Energy & Generic Modelling of Ocean Devices for Power System Studies*. PhD thesis, University College Cork, Ireland, 2013.

[24] F. Thiebaut, D. O'Sullivan, P. Kracht, S. Ceballos, J. Lopez, C. Boake, J. Bard, . . . A. W. Lewis. 'Testing of a floating OWC device with movable guide vane impulse turbine power take-off'. *Proceedings of the 9th European Wave and Tidal Energy Conference*, 2011.

[25] Website of the Sustainable Energy Authority of Ireland (SEAI): http://www.seai.ie

[26] A. Babarit, 'Impact of long separating distances on the energy production of two interacting wave energy converters', *Ocean Engineering*, vol. 37, no. 8–9, pp. 718–729, June 2010.

[27] J. Falnes. *Ocean Waves and Oscillating Systems: Linear Interactions Including Wave-Energy Extraction*. Cambridge University Press, Cambridge, the United Kingdom, 2002.

[28] B. G. Cahill and A. W. Lewis. 'Wave energy resource characterization of the Atlantic Marine Energy Test Site'. *Proceedings of the 9th European Wave and Tidal Energy Conference Series*, Southampton, UK, 2011.

[29] National Grid. *National Electricity Transmission System (NETS) Seven Year Statement*. Technical Report, National Grid, 2011.

[30] WestWave consortium: www.westwave.ie/

[31] IEC. *IEC Standard 61000-4-15, TC/SC 77A: Electromagnetic Compatibility (EMC) – Part 4–15: Testing and Measurement Techniques – Flickermeter – Functional and Design Specifications,* ed2.0, 2010.

[32] NORDEL. Nordic Grid Code, 2007.

[33] IEC. *IEC Standard 61000-3-7: Electromagnetic Compatibility (EMC) Part 3–7: Limits Assessment of Emission Limits for the Connection of Fluctuating Installations to MV, HV and EHV Power Systems*, 2008.
[34] T. Ackermann. *Wind Power in Power Systems*. Wiley, 2012.
[35] S. Lundberg. *Electrical Limiting Factors for Wind Energy Installations*. Master's thesis, Chalmers University, Sweden, 2000.
[36] US Navy. 'Navy issues new shore energy policy to achieve energy security goals'. Published on 7 October 2012. Available at: http://www.navy.mil/. Accessed on 24 October 2012.
[37] WavePlam. *Wave Energy: A Guide for Investors and Policy Makers*. Technical Report, 2009 [Project funded under the Intelligent Energy Europe Programme].
[38] IEC Technical Committee 114. Marine Energy – Wave, Tidal and Other Water Current Converters. Available at: http://www.iec.ch/dyn/www/f?p=103:7:0::::FSP_ORG_ID:1316
[39] EirGrid, *Winter Outlook 2011–12*, 2011.
[40] L. L. Garver, 'Effective load carrying capability of generating units', *IEEE Transactions on Power Apparatus and Systems*, vol. PAS-85, no. 8, pp. 910–919, 1966.
[41] B. Hasche, A. Keane and M. O'Malley, 'Capacity value of wind power, calculation and data requirements: The Irish power system case', *IEEE Transactions on Power Systems*, vol. 26, no. 1, pp. 420–430, 2010.
[42] C. J. Dent, A. Keane and J. W. Bialek, 'Simplified methods for renewable generation capacity credit calculation: A critical review', *IEEE Power and Energy Society General Meeting*, Minneapolis, 2010.
[43] F. Fusco, G. Nolan and J. V. Ringwood, 'Variability reduction through optimal combination of wind/wave resources – an Irish case study', *Energy*, vol. 35, no. 1, pp. 314–325, 2009.
[44] E. D. Stoutenburg, N. Jenkins and M. Z. Jacobson, 'Power output variations of co-located offshore wind turbines and wave energy converters in California', *Renewable Energy*, vol. 35, no. 12, pp. 2781–2791, 2010.
[45] D. E. Reeve, Y. Chen, S. Pan, V. Magar, D. J. Simmonds, A. Zacharioudaki, 'An investigation of the impacts of climate change on wave energy generation: The Wave Hub, Cornwall, UK', *Renewable Energy,* vol. 36, no. 9, pp. 2404–2413, 2011.
[46] E. B. L. Mackay, A. S. Bahaj, and P. G. Challenor, 'Uncertainty in wave energy resource assessment. Part 2: Variability and predictability', *Renewable Energy*, vol. 35, no. 8, pp. 1809–1819, 2009.
[47] R. Billinton and R. N. Allan, *Reliability Evaluation of Power Systems*, 2nd edn., New York, NY: Plenum Press, 1996.
[48] C. Ensslin, M. Milligan, H. Holttinen, M. O'Malley and A. Keane, 'Current methods to calculate capacity credit of wind power, IEA collaboration', *IEEE Power and Energy Society General Meeting*, Pittsburgh, 2008.
[49] Pelamis Wave Power, 'Pelamis P-750 wave energy converter'. Available at: http://www.pelamiswave.com/, 2010.

[50] D. Kavanagh, A. Keane and D. Flynn, 'Challenges posed by the integration of wave power onto the Irish power system', *European Wave and Tidal Energy Conference*, Southampton, 2011.
[51] Single Electricity Market Operator (SEMO), *The Single Electricity Market (SEM) Trading and Settlement Code Version 10*, 2011.
[52] *Options for the Development of Wave Energy in Ireland – A Public Consultation Document*, Marine Institute, Sustainable Energy Ireland, 2002.
[53] SEAI. *Ocean Energy – Roadmap to 2050*. Sustainable Energy Authority of Ireland, 2010.
[54] D. Kavanagh, A. Keane and D. Flynn, 'Capacity value of wave power', *IEEE Transactions on Power Systems*, vol. 28, no. 1, pp. 412–420, 2013.

第7章

电能存储系统

D. Murray，J. Aubry，B. Multon，H. B. Ahmed

7.1 引言

本章将关注波浪能装置（WEC）的电能存储系统（ESS）。波浪能装置上安装电能存储系统的目的是为了实现功率平滑、低电压穿越（LVRT）及其他辅助功能。本章研究的不同波浪能转换技术本质上都有能量存储机制，将对包括电池、电容与超级电容等各类电能存储技术进行对比。

本章将介绍两个采用超级电容储能技术平滑波浪能装置功率输出的实际案例。第一个例子为 SEAREV 波浪能发电装置，另一个为透平变速运行的离岸式振荡水柱（OWC）WEC。

本章将重点讨论为匹配 WEC 长间隔的非例行维护，其储能设备如何确保长寿的问题。此外，还将介绍用以验证超级电容循环寿命的长寿命测试，以及温度对普通循环寿命及应用功率分布的循环寿命的影响。随后将介绍一超级电容设备的老化模型。

本章末节将详细介绍功率平滑质量准则，以及基于超级电容的能量存储系统对平滑功率性能的贡献，以及如何找到电能质量与 ESS 的成本及规模的平衡点。

7.2 储能动机

7.2.1 功率平滑

图 7-1 给出了风速与风功率随时间的变化曲线。由于风功率与风速的 3 次方成正比，因此风功率在其平均值附近波动剧烈。相对于风速而言，风功率的标准差将大幅增加。

在风能转化为波浪能的过程中，上述很多能量波动已被消除。由于波浪有效地吸收了风能，其获得的功率与方向更稳定且更易预测，此为波浪能的主要优势之一。图 7-2 给出了归一化波面升沉随时间变化的曲线，而波功率为波高函数。对比图 7-1 和图 7-2 可知，当能量从风转化到波浪中时，其波动已被大幅消除。

海浪周期通常在 1 ~ 20s，若未采用某种形式的能量存储或者功率平滑，输出到电

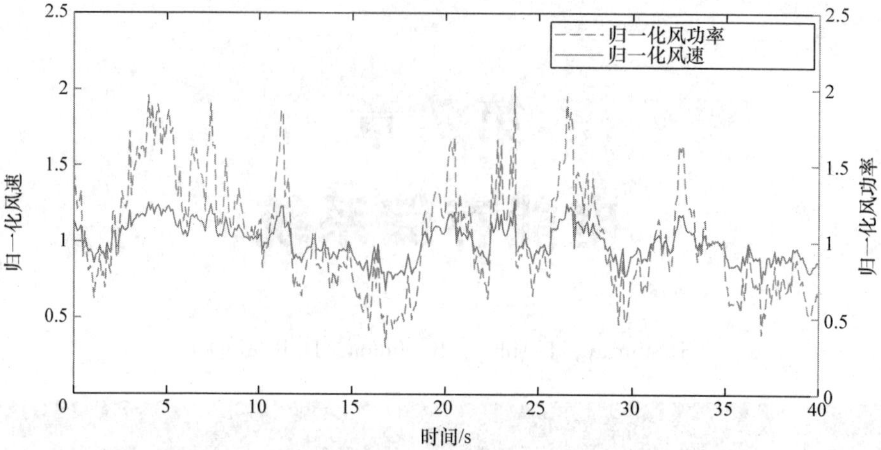

图 7-1 风速/风功率的短期变化曲线[1]

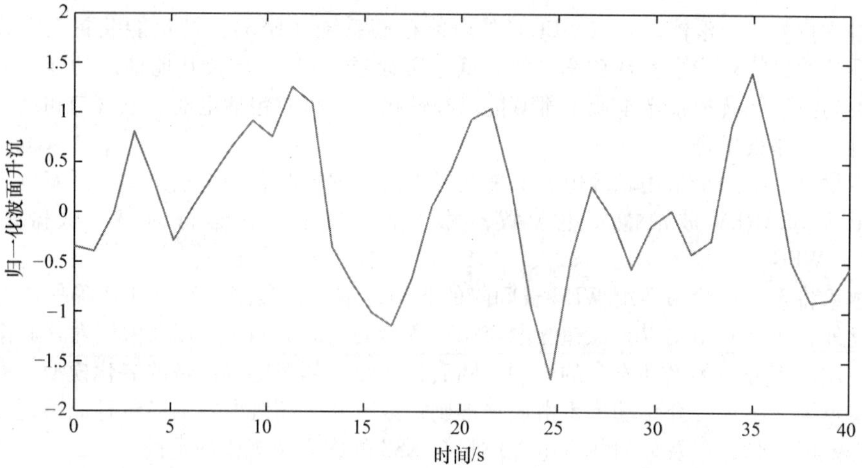

图 7-2 波高短期变化曲线[1]

网的功率在该时间尺度上波动剧烈。

电源输出功率变化大，则设备的额定功率与功率损耗也大，并导致电源成本增加、寿命降低。若 WEC 连接至弱电网，则闪变、电压及频率偏差问题会更突出，因为变化的电流与电网阻抗相互作用将影响本地电压水平[2]。闪变与供电侧的电压变化有关，导致照明光源光输出变化。人类对变化光强的敏感性促使 IEC 标准定义了闪变严重度的计算方法。人类对 8.8Hz 的闪烁频率最敏感。当输入 WEC 的功率频率较低且变化较大时，若不采取功率平滑措施，闪变等级与局部电压等级将显著变化，产生人眼可明显感受的灯光闪烁。

与故障情况相反，设备的额定功率问题与输出功率的峰均值比有关。额定功率大的设备成本也高。例如，高电流需增大导体面积，提高额定电压则需提高绝缘性能。峰均值比 1:1 为最优及性价比最高的方案。发电机、变压器、电缆等设备通常的峰均值比为 3:1～5:1，其在峰值功率运行的时间受限于热时间常数。电力电子设备温度时间常数通常更小，导致额定功率与峰值功率非常接近。为实现完全可控，电力电子变流器常用于控制功率流动。若能量摄取系统不具有功率平滑功能，电力电子变流器则需承受峰值功率，并据此确定额定功率。

随着功率波动，系统损耗和散热也呈周期性波动。对于具有不同温度系数与热膨胀系数的设备，此类周期性的热循环将降低整个系统连接的可靠性，例如电力电子变流模块中金属焊丝与硅之间的连接。功率波动的幅度和频率直接影响器件乃至整个系统的寿命，对于温度时间常数更小的电力电子设备，影响也更为严重。

对比两个具有相同平均功率的电源，其中一个功率输出恒定，另一个则为波动的，波动电源的功率损失更大。该附加功率损失可写为：

$$P_{\text{loss}} = R_{\text{sys}}\left[\frac{1}{T}\int_0^T I_{\text{rms}}^2(t)\,\mathrm{d}t - I_{\text{avg}}^2\right] \tag{7.1}$$

需要说明的是，由于ESS也有功率损耗，因此采用储能设备平滑输出功率后，虽可降低部件的功率损耗，但不一定会提高整个系统的效率。

7.2.2　低电压穿越（LVRT）

除功率平滑作用外，储能系统还可提高WEC与电网连接后的低电压穿越能力[3]。当电网发生低电压事件时（例如短路故障），由于与电网电压直接相关，电网的功率接收能力也将受限。当低电压事件恰好发生在WEC高功率输出期间，若不采用储能系统，将导致瞬态功率不平衡问题。若无储能系统，波浪产生的电能将直接经功率变流器输出到电网，而变流器的直流母线电压将上升至非常危险的水平，必须加以控制。采用储能系统则可避免该类故障，另一个方案是采用电力电子变流器与卸荷电阻池消耗多余的能量。

7.2.3　辅助服务

储能系统可能有助于特定的WEC运行。如离岸OWC装置采用的威尔斯式透平，由于自身转动惯量大，因此自启动困难。储能系统可提供能量加速启动[3]。虽然能量摄取设备中采用的功率变流器为双向的，理论上可通过电网启动设备，但实际中考虑到安全与保护成本，更倾向于使用功率单向流动的变流器。从电网运营商的角度看，采用储能系统可抑制启动的浪涌电流及接入功率对电网的影响。

离岸WEC中的照明、通信、设备监控系统需要用电。加热和通风设备也需要用电。即使在波浪能输入较少甚至没有的情况下，也需要电力维持系统运行。因此，需要某种形式的储能系统。鉴于其能量密度高，电池为该类应用的理想选择。

7.3　储能系统的应用方式

从波浪中提取能量的技术和方法多种多样，能量存储方法也很多。储能系统可用于单个 WEC，这种情况下储能系统通常安装在离岸设备平台上。波浪能阵列场各装置的输出也可汇集后统一接入离岸或靠岸的储能系统。

7.3.1 波浪能阵列场应用储能系统的方法

如 7.2 节所述，WEC 中采用储能系统是为了进行功率平滑。参考文献［4］对 3 台 WEC（SEAREV 点吸收式装置）超过 20 天的运行数据进行了检验，结果表明波浪能阵列场的汇集电力与单台装置相比，其标准差下降了 80%。参考文献［5］研究表明，功率平滑的效果不依赖于阵列的布局和海况，而与阵列中机组的数量有关。仿真结果表明，对于波浪能阵列场，集中储能方案比单机 WEC 方案所需的储能容量小[6]。

如参考文献［7］所述，尽管可能存在多个 WEC 同时达到功率峰值导致输出功率波动变大，采用 64 台未关联的设备的阵列可降低功率输出的波动，参考文献［6］对该效应亦有部分涉及。显然，若能提高各 WEC 输出的平稳性，汇集后系统功率平稳性将进一步得到改善。

ESS 容量若需匹配波浪能阵列场，就必须具备消纳其大功率输出的能力。目前，尚未建成商业化波浪能阵列场，该行业仍处于发展阶段。波浪能阵列场必须遵循并网导则要求，与单台设备相比，波浪能阵列场向电网输送的电能质量更重要。

当储能系统安装在岸上时，其体积和空间均不再受限。大规模系统的长期储能能力，将极大提高输送至电网的电能质量。这些长期的储能方法包括泵送蓄水池、压缩空气（储量 CAES）、大规模电池组。本章重点介绍短期能量存储方案及用于装置上的 ESS 设备。

7.3.2 储能系统在单台波浪能发电装置中的应用

目前正在研发的 WEC 各类型式中，原型样机仍较少。最近的调研显示，大约有 100 个项目处于不同的研发阶段，由于新出现的概念多于废止的，其数量仍在增大。

上述 WEC 涉及各种技术，利用不同方法从波浪中提取能量，有些设备在能量摄取机构中即蕴含储能机制。我们可根据不同的准则，对装置进行了分类。参考文献［8］根据工作原理对装置进行了分类，并选择了一些达到原型样机状态或已广泛应用的技术作为示例。分类如下：

- 振荡水柱型（装配空气透平）
- 振荡浮体型（装配液压马达、水轮机、直驱发电机）
- 越浪型（装配低水头的水轮机）

某些 WEC 功率提取装置中，自身蕴含储能机制，下面三类装置将被用于研究 ESS。

- 振荡水柱（OWC）型 - 惯性储能（透平的飞轮效应）
- 衰减型 - 液压蓄能器储能
- 越浪型 - 水能存储

由于离岸波浪受底摩阻与地形变化影响很小，因此其能量值较大。本章将主要聚焦于离岸型 WEC。储能的利用水平和设备的效率同样依赖于控制系统的应用。对于振荡浮子与 OWC 装置，若要转换效率高，其自身振荡频率应与入射波的频率相匹配，也就是说，在近似谐振的条件下运行[8]。显然，应用储能的控制方案应会减少输出功率的波动。然而，某些试图将功率输出最大化的控制方法将导致更显著的功率波动，例如某些点吸收式装置中的“锁闭”控制策略。

7.3.2.1 振荡水柱（OWC）型－惯性储能

在 OWC 装置中，入射波压缩并排出气室中的空气，使气流推动透平。透平常采用威尔斯式或冲击式，它们可将双向气动能转化为单向、脉冲式机械能，并带动发电机产生电能。

就离岸式 OWC 装置而言，一个成功的例子是模型海试成功的离岸型漂浮式 OWC 装置 OE 浮子。其工作原理为后弯管式浮子（BBDB），由 OceanEnergy（www.oceanernergy.ie）公司开发。其1/4 比尺装置在爱尔兰的高威湾运行超过 2 年，采用了威尔斯式透平[9,10]。在 BBDB 中，OWC 入口与波浪方向相反，工作性能比传统入口面对波浪方向的设计有所改进。

图 7-3 给出了后弯管型 OWC 装置的示意图。图 7-4 为能量传递流程图。如图所示，在 PTO 机构中，透平惯性具有飞轮储能效应。值得注意的是，PTO 机构具有反馈交互作用。

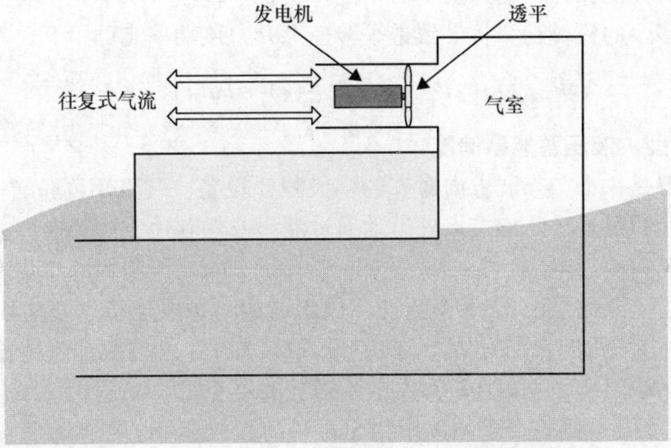

图 7-3 BBDB 振荡水柱式波浪能发电装置示意图

葡萄牙（皮考岛，亚速尔群岛，1999，参考文献［11］）与苏格兰（LIMPET，艾莱岛，2000，参考文献［12］）建设了靠岸型 OWC 装置。葡萄牙电站的额定功率为 400kW，选用转动惯量为 595kg · m^2的威尔斯式透平，转速范围为 750 ~ 1500r/min[12]。LIMPET 包含了 2 台 250kW 的威尔斯式透平，转速范围为 700 ~ 1500r/min，转动惯量为 1250kg · m^2[14]。

威尔斯透平在变速条件下运行时，透平转动惯量产生了明显的飞轮储能效果。例如，转动惯量为 J 的透平运行在ω_1和ω_2两种转速下，储能差为

$$W_{\text{turbine}} = \frac{1}{2}J(\omega_1^2 - \omega_2^2) \tag{7.2}$$

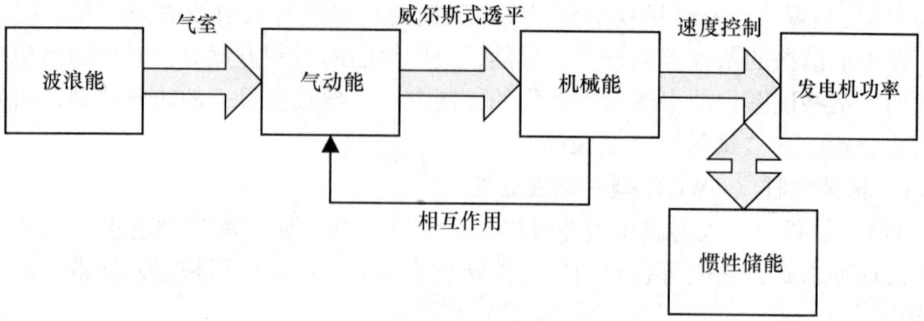

图7-4　振荡水柱式波浪能装置功率传输示意图

对于Pico电站，该能量差约为1.5kWh，相当于机组在额定功率下运行14s的发电量。对于LIMPET电站，该能量差约为3.2kWh，相当于单机组在额定功率下运行46s的发电量。

如图7-4中所示的能量传递中，若透平未产生机械功率反馈，则控制方案允许发电机连续向电网输出功率。若输入与输出的功率不平衡，则利用威尔斯式透平的惯性储能进行平衡，相应转速也将下降。当输出功率大于输入功率时，威尔斯式透平转速将减小，释放惯性机械能，弥补输入功率的不足。反之，若输入功率大于输出功率，除送入电网的电能，多余的机械功率将导致透平转速上升，该功率流可用下式表示：

$$P_{\text{mech}}(t)=P_{\text{gen}}(t)+P_{\text{loss}}(t)+J\omega(t)\frac{\mathrm{d}\omega(t)}{\mathrm{d}t} \tag{7.3}$$

7.3.2.2　衰减型－液压蓄能器储能

衰减型装置是一个与来波方向对齐的多段飘浮设备。装置不同位置处的波高不同，导致各段间产生相对运动。连接点处运动通过液压或者其他方式转换为电能。

由Pelamis Wave Power公司（www.pelamiswave.com）研制的海蛇装置为利用衰减器原理的一个例子。海蛇是由4~5个圆柱节段组成的，每段连接点处的液压缸将液压油泵送至液压马达并驱动3组发电机。在功率提取装置中，包含高压气体蓄能器，提供了部分内置储能。2010年，海蛇P2装置在苏格兰的奥克尼群岛附近海域投放。2008年，3台海蛇装置在葡萄牙阿古卡多拉离岸约5km外海投放运行，在拆除前它一直是世界上首个波浪能阵列场。各装置均包含3台250kW发电机，总容量为750kW。

衰减型WEC结构如图7-5所示。能量传递与转换过程如图7-6所示，PTO系统中装配高压蓄能器储能。同样值得注意的是，PTO机构为高度耦合系统，其中控制策略对各级简化功率捕获与传递过程间的反馈和相互作用影响很大。

在各连接处蓄能器的短时储能值，等于初级能量传递过程入口与次级能量传递过程出口间的差值。初级能量传递过程由液压系统完成，将波浪能存储至蓄能器。次级传递过程由液压马达和三相异步发电机组成，可将蓄能器存储的能量转化为电能，并输送上岸[15,16]。液压控制系统由电控阀控制液压油在活动关节中的液压缸、高压蓄能器和低压蓄能器间流动。

假设蓄能器中的气体满足理想气体定律，并且整个过程绝热（等熵），则在膨胀过

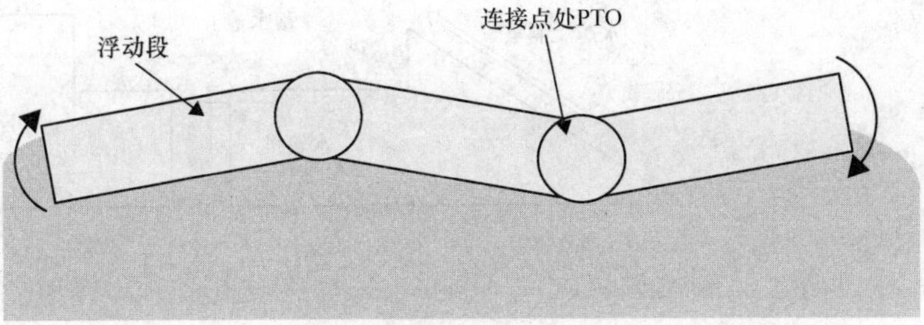

图 7-5 衰减型 WEC 示意图

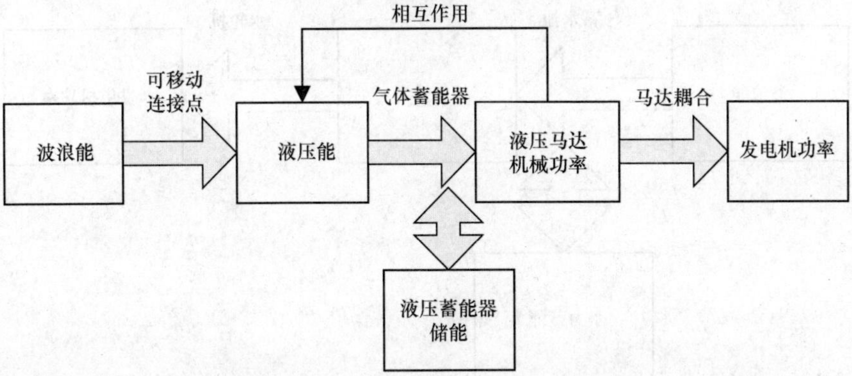

图 7-6 衰减器式 WEC 功率传递示意图

程中释放的能量为

$$W_{gas}=mc_v\ (T_1-T_2) \tag{7.4}$$

式中，m 为气体质量，c_v为定容比热，T_1和 T_2是气体在膨胀前后的开氏绝对温度（K）。关于 WEC 中气体蓄能器储能的进一步信息可查阅参考文献［17］。

7.3.2.3 越浪型－水力蓄能

越浪型装置通过引导波浪将海水引入并存储于高于海面的蓄水池中。海水被释放并流回大海的过程中，势能首先转化为动能，并推动传统低水头水轮机进一步转化为电能。蓄水池本身即为一个大的能量存储机构，可平滑由波浪造成的短时功率变化。

越浪型 WEC 结构如图 7-7 所示，能量传递过程如图 7-8 所示。储能机构即位于整个 PTO 系统中。

由 Wave Dragon 有限责任公司（www. wavedragon. net）开发的波龙是典型的越浪型波浪能发电装置。该设备采用坡道反射板辅助波浪汇聚入蓄水池。一台装机容量为 20kW 的 1∶4.5 比尺波龙样机投放于丹麦尼苏姆湾运行。该装置安装有 7 台低水头卡普兰水轮机，各个水轮机连接至一台 2.3kW 的永磁发电机。该设计主要针对低功率密度（0.4kW/m）的测试点。蓄水池容量为 55m^3，干舷高度为 3.6m。原型波龙则主要针对 48kW/m 波候，蓄水池容量为 14000m^3，斜坡总高为 19m，原型装置体量十分巨大。0.4kW/m 波功率的装置总长达到 33m，最宽处为 55m，重量为 237t。针对 48kW/m 波功率装置的尺寸将达到总长 220m，宽 390m，总重 54000t。对于如此巨大的装置，其蓄水

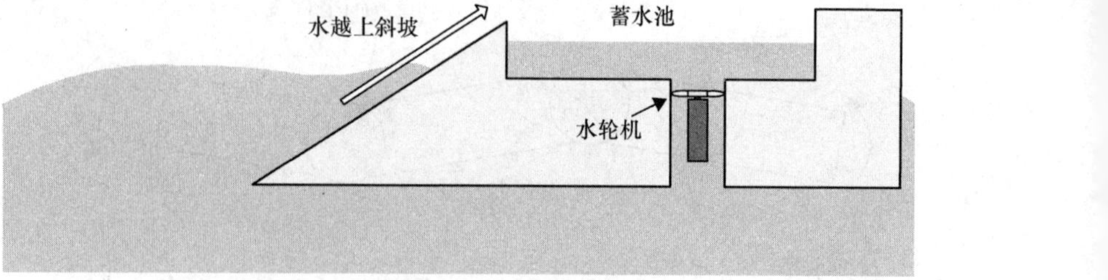

图 7-7 越浪型 WEC 示意图

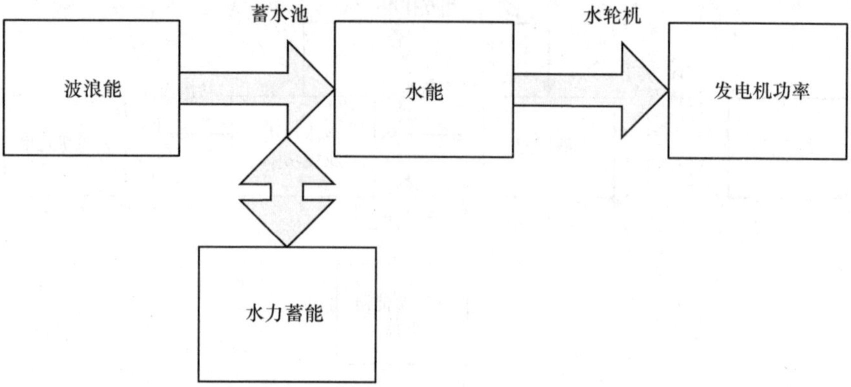

图 7-8 越浪型 WEC 功率传递示意图

池内水体具有显著的储能作用。

例如，对于体积为 V 的蓄水池，水的密度为 ρ（$1000\mathrm{kg/m^3}$），若水头差为 h，则蓄水池存储的势能为

$$W_{\text{reservoir}} = \rho g h V \tag{7.5}$$

式中，g 为重力加速度 $9.81\mathrm{m/s^2}$。若按照蓄水池斜坡高度计算总水量（偏大），即对于高度为 3.6m 的 0.4kW/m 装置高度为 19m 的 48kW/m 装置，两满载蓄水池中的存储能量分别为 0.54kWh 与 725kWh。

7.3.3 离岸 WEC 电功率摄取系统中的储能策略

在 WEC - PTO 系统中的发电机段后，还应在电能入网前加入电能处理段。一般采用背靠背变流器实现发电机频率与电网固定电压及固定频率（50Hz 或 60Hz）之间的解耦，从而允许发电机变速运行。背靠背变流器中包含直流母线，其直流电压由电容器组支撑。在标准控制方案中，电网侧变流器向电网输入功率以将直流母线电压维持在预设值。电容器运行电压范围也就是电容量，决定了 PTO 系统在直流母线段的储能大小。

进一步的电能存储控制可采用 DC - DC 变流器连接直流母线与电储能设备，典型电储能设备包括电池、超级电容（SC）模块或电容器组。DC - DC 变流器允许控制功率在 ESS 与直流母线间双向流动。发电机段之后的电气 PTO 结构如图 7-9 所示，与参考文献［18］示意图类似，也类似于参考文献［19］中风机全功率变流器的拓扑结构。参考文献［20］也给出了电池ESS的电力电子拓扑结构。上述布置适用于除双馈感应式外的大多数发电机类型，为了降低额定容量，双馈感应式发电机的变流器直接与转子绕组相连[21]。

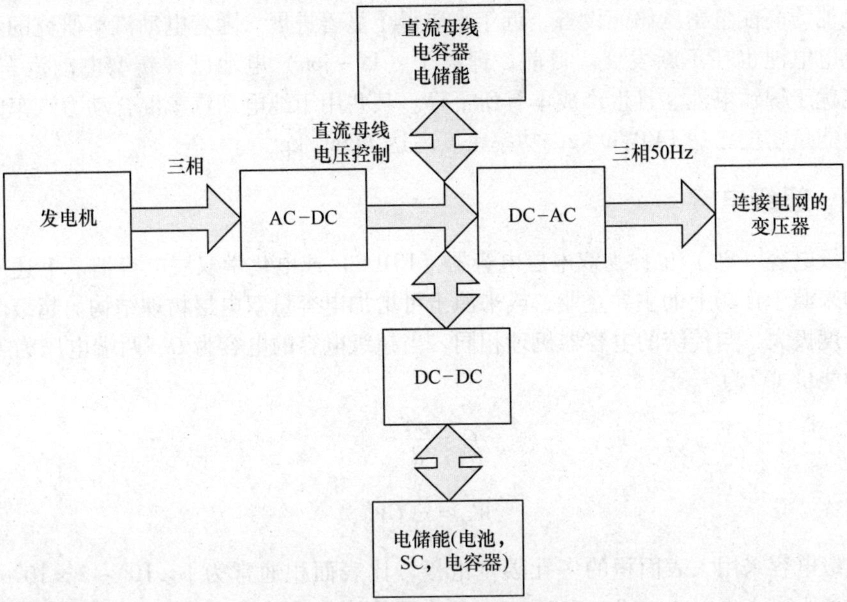

图7-9　电能转换示意图

7.4　电能存储——技术描述

离岸波浪能装置中应用的电能存储技术包括电池、超级电容（SC）、电容器以及超导磁能存储（SMES）设备。本节针对其在离岸WEC平台上的应用，对上述技术进行了总结。

7.4.1　超导磁储能（SMES）

SMES系统将能量存储在由直流电流产生的超导线圈周围的磁场中。当线圈被冷却至超导临界温度以下时，将呈现超导态。一旦充电，电流持续存在且损耗极低，所存储的磁场能量可记为：

$$W_{SMES}=\frac{1}{2}LI^2 \tag{7.6}$$

式中，I为电流的幅值，L为对应该电流等级的电感。

SMES目前成本很高，还处于研发状态[21,22]。该系统包含多个重要组成部分，其中的低温冰箱在海上恶劣波候条件下易损坏，因此对波浪能发电系统中的机械和空间支持也提出了更高的要求。正是由于上述原因，在离岸海洋能应用中尚未考虑过采用SMES。

7.4.2 电池

电池为高能量密度储能设备，近年来取得了显著进展。随着电动汽车研究的不断深入，充电电池也在不断发展。目前，锂离子（Li - ion）电池已被新型电动汽车采用，其性能优于镍锰电池，且生产成本有所下降。某些用于纯电动汽车混合动力汽车的锂离子电池能量密度已达140Wh/kg，功率密度高达745W/kg[23]。

7.4.3 超级电容

超级电容（SC）也称为双电层电容器（EDLC）或电化学双层电容器。上述不同名称有的来源于市场上的主导企业，或来源于可增加电容量双电层物理结构。超级电容的能量密度极大，与传统的电容器机理相同。当超级电容的电容为C、两端电压为V时所存储的能量W_{SC}为

$$C=\frac{\varepsilon A}{d} \tag{7.7}$$

$$W_{SC}=\frac{1}{2}CV^2 \tag{7.8}$$

超级电容采用大表面积的多孔碳基电极，比表面积通常为$1\times10^6\sim2\times10^6\mathrm{m^2/kg}$。电荷分离距离小于10Å（$10\times10^{-10}$m），远小于传统介质材料。由式（7.7）可知，上述特性导致超级电容可拥有异常大的电容量，通常从若干法到五千法。然而，由于“双电层”的电荷分离距离非常短，造成额定电压较低，通常接近于2.7V。为提高电压，人们研制了串联结构的超级电容。由于串联结构中各超级电容的容量不完全相同，还需增加均压电路。

超级电容已在光伏应用中说明了其鲁棒性。超级电容作为电池储能的补充，提高了储能系统的性能与电池寿命[25,26]。它们也可在海上长期运行[25]。超级电容已被应用于风机变桨系统、混合动力汽车、火车、公共汽车和铲车中。超级电容的时间常数通常在1s左右，其能量密度小，但功率密度大，是短时储能方案的理想选择。若超级电容的使用寿命进一步延长，与海上WEC装置的寿命周期相匹配，即可应用于海洋能发电系统储能。

7.4.4 电容

陶瓷电容、电解电容及薄膜电容为三大主要电容技术。陶瓷电容通常应用于高频场合，其等效串联电阻（ESR）非常低，但易老化。

电解电容相对其他种类而言电容量大（非超级电容），常用于存储大量能量。电解电容常作为功率变流器直流母线的支撑电容，在大功率变化下用于维持母线电压稳定。电解电容的不足之处在于电容值的耐受性与高频特性差。

薄膜电容的电容量比电解电容更大，价格也更高，但它的抗冲击或脉冲负荷能力强、额定电压高（达到 kV 级），并具有抗老化与抗高纹波电流的能力。其等效串联电阻（ESR）与等效串联电感（ESL）值均很低。

在功率变流器中，电容与电力电子设备功能近似，通常用于维持直流母线的电压。为了减少引线长度并降低寄生电感，电容通常不封装为模组，而在设计与组装时直接集成至功率变流器中。因此，下述关于储能模组技术的比较中不包括电容。

7.4.5　技术比较

对各制造商的产品以及其间细微的差别进行全面技术比较非常困难。因此，针对每一种技术仅选择领导品牌进行比较。其中，大容量的超级电容模组选取 Maxwell Technologies，高能锂离子电池模组选择 SAFT，高容量电解电容选择 EPCOS，高性能铅酸电池选择 Enersys。在比较研究中，除了比较组本身性能之外，也需比较与之相关的控制、安全及冷却设备。

目前的锂离子电池循环寿命约为几千次，而 SAFT（www. saftbatteries. com）的 Synerion 48E 模组在更低的放电深度下的循环次数反而有所增加。在不同充电率条件下，电池在 3. 2% ~6. 0% 的放电深度下循环寿命超过了 100 万次（由外推计算得到）。

在循环寿命的分析中，终点寿命的定义为电池容量达到初始容量 70% 的寿命。标称 2200Wh 的 Saft Synerion 48E 模组，放电深度为 3. 2% 时进行了 100 万次循环，剩余有效可利用的能量仅为 71Wh，此时的有效能量密度与比能量分别为 4Wh/L 及 4Wh/kg。若充电率未给定，当放电深度下限为 3. 2%（71Wh）时，最大连续放电能力为 1150W，对应的循环周期约为 450s。按此计算，连续进行 100 万次循环的时间将达到 14 年以上。

超级电容在能量密度方面无法与电池竞争，但超级电容在循环寿命、功率密度和运行温度范围及完全放电能力方面的优势使得其可应用在很多储能系统中。典型的超级电容能量密度超过 5Wh/kg，功率密度超过 6000W/kg，额定的循环寿命可达 100 万次（www. maxwell. com）。表 7-1 表明超级电容的功率密度与能量密度介于电容与电池之间。此外，超级电容的充电/放电效率为 0. 85 ~0. 98[26]。上述特性和电池是互补的，因此非常适合于 WEC 的应用。

表 7-1　电能存储技术比较

	Maxwell 技术 BMOD0063 P125	SAFT Synerion 48E		Epcos B41456B8150M	Enersys genesis EP 12V G12V70EP
技术	超级电容模组	锂离子电池模组		铝电解电容器	铅酸电池
电压/V	125	48		63	12
电容量/F	63			0. 15	
能量/Wh	137	2200（70% DOD）	71（3. 2% DOD）	0. 083	644（1C）
最大功率/W	15000	1150		1575	644（1C）
体积/L	70	17		1. 03	10

（续）

	Maxwell 技术 BMOD0063 P125	SAFT Synerion 48E		Epcos B41456B8150M	Enersys genesis EP 12V G12V70EP
重量/kg	61	19		1.3	24
循环寿命/次	1000000（75% DOD）	10000（70% DOD）	1000000（3.2% DOD）		400（80% DOD）
能量密度/(Wh/L)	1.96	129	4.2	0.0806	64.4
比能/(Wh/kg)	2.25	116	3.7	0.0638	26.8
功率密度/(W/L)	214	67.6	67.6	1529	64.4
比功率/(W/kg)	246	60.5	60.5	1212	26.8

7.5 储能系统（ESS）实例研究

本节将介绍两类不同海洋能发电装置中的储能系统。第一个实例为直驱摆轮型波浪能发电装置 SEAREV；第二个为配有威尔斯式透平的振荡水柱（OWC）波浪能发电装置。

案例 1：SEAREV

引言

SEAREV 波浪能发电装置含有一重达数百吨的摆轮，并被完全封闭在浮子中[27]。摆轮可在浮子内自由摆动。涌浪作用于浮体时，内部的摆轮与浮子之间产生相对摆动。SEAREV 的 PTO 机构可为液压系统亦可为全电气系统。液压系统由液压缸、蓄能器和液压马达组成，液压系统驱动经典的感应发电机。在全电气系统中，摆轮驱动装配有全控电力电子变流器的直驱发电机。由于全电气系统未采用内部蓄能方案（液压版本中有液压蓄能器），因此需配置电储能系统以平滑输出功率（见图 7-10）。PTO 通过在摆轮上施加如式（7.9）所示的阻尼力矩 T_{damp}，并通过其运动产生电能。

直驱方案的优点是瞬时转矩可控。不仅可施加与摆轮相对于浮子运动的角速度 $\Omega(t)$ 成正比的粘性阻尼力矩，而且方便限制输出最大功率 P_{lev}。相应的阻尼力矩计算公式如下[28]：

$$T_{damp}(t)=\begin{cases}\beta\Omega(t), & \beta\Omega(t)^2\leqslant P_{lev}\\ \dfrac{P_{lev}}{\Omega(t)}, & \beta\Omega(t)^2>P_{lev}\end{cases} \tag{7.9}$$

式中，β 为粘性阻尼系数，可根据海况进行调整。

值得注意的是，对于液压型 PTO 和直线运动型 PTO，并不容易实现转换功率的平准化输出。该类平准化操作可显著降低输出功率的峰均值比，而无需浪费过多的波浪能。该策略的主要优势在于可优化电力电子变流器的额定功率[29]。

我们依据南特中央理工学院国家科学研究中心流体力学试验室的研究成果，计算了不同海况下的瞬时功率时程曲线。多年来，他们意在开发流体动力学与机械模型用于仿

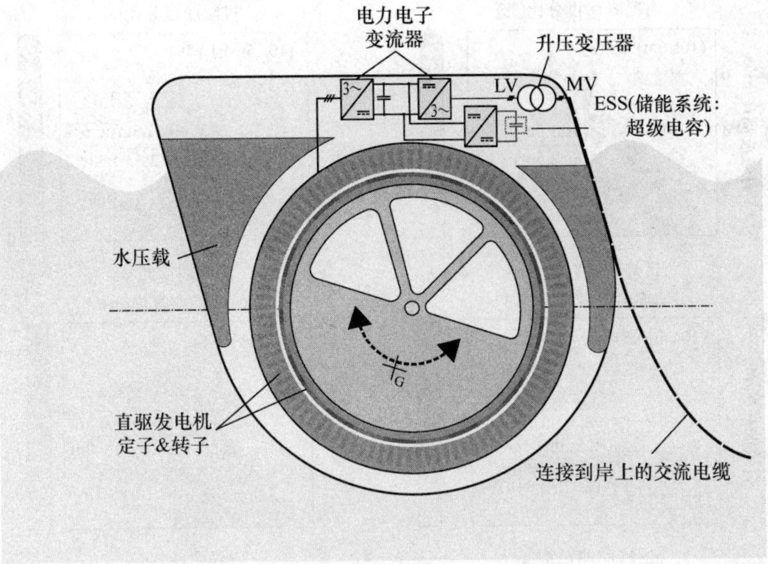

图 7-10　直驱型 SEAREV 波浪能装置

真 SEAREV - WEC 的行为[26,30]。前者基于线性势流理论，假设波浪激励力为单频波合力。后者则考虑了内部摆轮运动的非线性。上述数值模型已被封装入“白盒”，可在电气工程领域内围绕此类 WEC 直驱能量转换链开展不同研究。

SEAREV 数值模型中所考虑的参数包括海况（H_s，T_p）以及相关的阻尼转矩控制参数（β 与 P_{lev}）（见图 7-11）。后续研究中浮子与内部摆轮的几何形状不作更改。

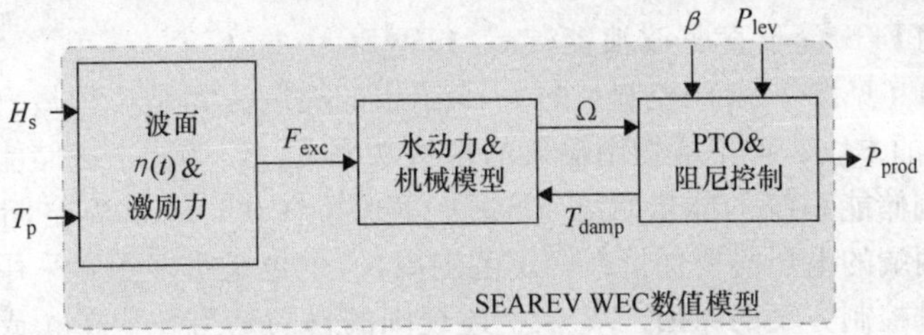

图 7-11　SEAREV 数值模型框图（从海况输入到机械功率输出）

下述算例中，为评估装置各年（覆盖整个生命周期）的能量捕获性能，我们采用法国旺代省约岛的波浪统计数据。波浪统计数据如图 7-12 所示，其四散布图表示：

- 海况年发生百分比（或概率）；
- $\beta = 4\text{MNms}$，$P_{lev} = 1\text{MW}$（在不同海况下 P_{lev} 保持常数，即使 β 可调谐）时，不同海况下的平均机械输出功率；
- 各海况机械能概率百分比，通过不同海况的平均机械功率与海况出现的概率加权计算得出；
- 等效捕获宽度，为 SEAREV 的平均机械输出功率与单位宽度波峰线下波功率之

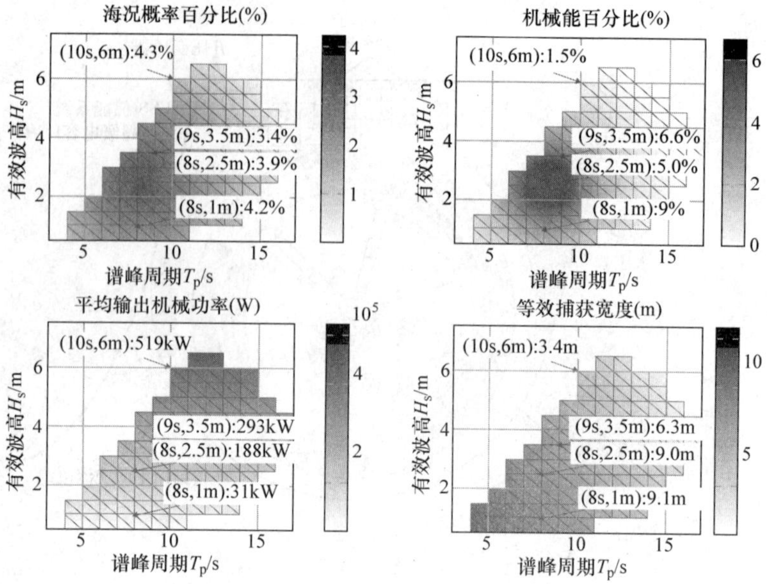

图 7-12　法国旺代省约岛的波浪统计数据，SEAREV 波浪能装置（30m 宽）平均输出功率及等效捕获宽度

比，单位波峰线宽度下波功率可通过式 $P_w = 420H_sT_p$（W/m）计算得到。

图 7-13 给出了 SEAREV 模拟结果中相关参数的时序曲线，对应海况为 $T_p = 9s$，$H_s = 3.5m$，ISSC 谱，阻尼参数为 $\beta = 4MNms$，$P_{lev} = 1MW$。

EES 能量管理

SEAREV 的 EES 置于直驱波浪能装置（DWEC）的直流母线上，由可逆（半桥）DC－DC 变流器（见图 7-14）控制。图 7-15 给出的控制方案是一种最直观的确定储能功率设定值 P_{sto}^* 的方法，可平滑控制输入的机械功率 P_{prod}。然而，该储能控制方案无法确保在任意时刻储能系统的能量状态（SoE）都保持在 0%～100% 之间（例如在算例中，超级电容两端的电压需要保持在一定范围内）。这也是很多作者采用基于 SoE 的模糊逻辑规则改进控制方案的原因[33-38]。上述规则的目的是当 SoE 高（或低）时，减少（或增大）储能功率的设定值，以保持 SoE 在允许的范围内。

进一步地将电网功率设定值 P_{grid}^* 设为 SoE 的线性函数（见图 7-16），同时通过合理选择 P_{max} 与 P_{min} 确保 SoE 的限值，即可将该控制视为对 P_{prod} 的低通滤波。

说明

当 SoE＝0 且 $P_{min} \leqslant \min P_{prod}$ 时，P_{sto} 必须为正，SoE 随之增长。同样，若 SoE＝1 且 $P_{min} \geqslant \max P_{prod}$ 时，P_{sto} 必须为负，SoE 随之减少。上述分析表明，通过储能功率设定点控制，可保证 EES 的 SoE 在 0 与 1 间变化。

式（7.10）和式（7.11）表明 P_{grid} 与 SoE 的线性关系相当于对 P_{prod} 进行低通滤波。

$$\frac{dSoE}{dt} = \frac{1}{E_{rated}} \frac{dE_{EES}}{dt} = \frac{1}{E_{rated}}(P_{prod} - P_{grid}) \tag{7.10}$$

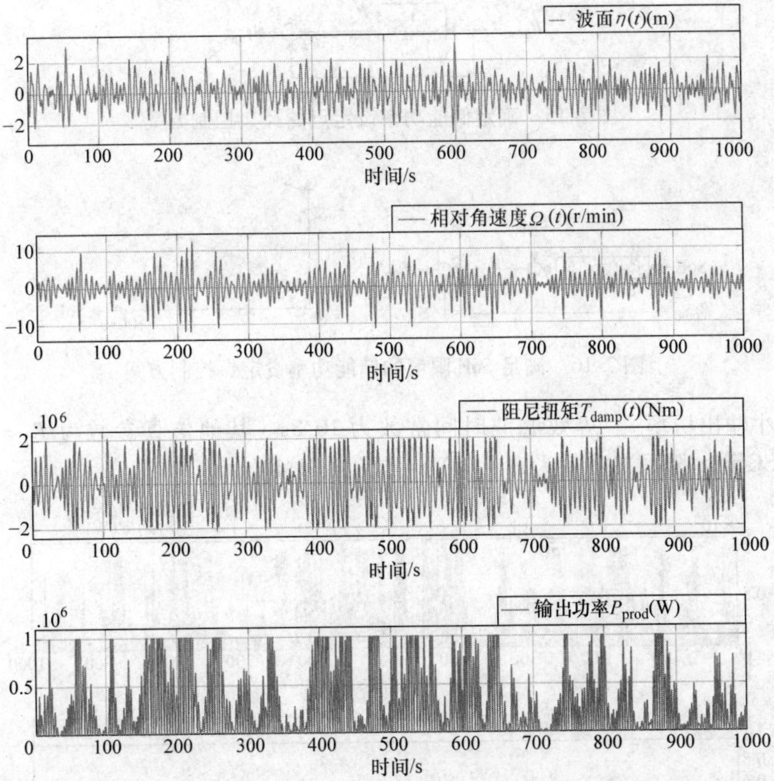

图 7-13　在 $T_p=9s$，$H_s=3.5m$，海况 ISSC 谱与阻尼参数 $\beta=4MNms$、$P_{lev}=1MW$ 的条件下仿真计算 1000s 所得各参量的时间序列

假设 $P_{grid}=(P_{max}-P_{min})SoE+P_{min}$（参考图 7-16），我们可将式（7.10）改写为

$$\left(\frac{E_{rated}}{P_{max}-P_{min}}\right)\frac{dP_{grid}}{dt}+P_{grid}=P_{prod} \tag{7.11}$$

$$\tau_{smooth}\frac{dP_{grid}}{dt}+P_{grid}=P_{prod} \tag{7.12}$$

式（7.12）为一阶线性微分方程，说明 P_{grid} 与 P_{prod} 的一阶低通滤波结果相关，其滤波时间常数为 $\tau_{smooth}=\dfrac{E_{rated}}{P_{max}-P_{min}}$。

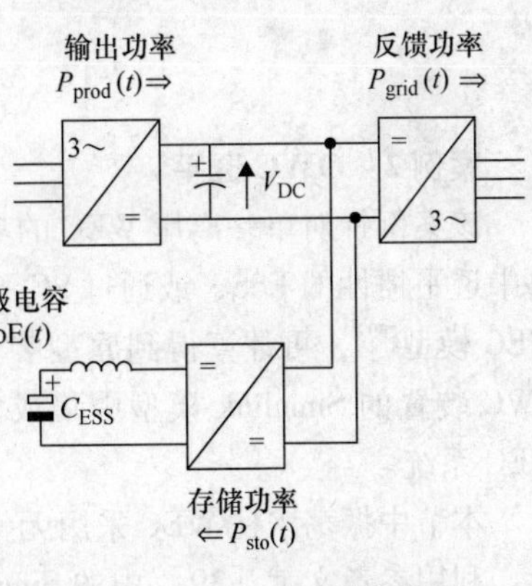

图 7-14　SEAREV 波浪能装置直流母线上 EES 的配置

算例

图 7-17 给出了功率与 SoE 时间序列的仿真结果。此处，ESS 额定能量为 3kWh（0.8MJ）。P_{max} 和 P_{min} 分别为 1MW（对应 1MW 平准化功率的最大输出功率）和 0MW（对应粘性阻

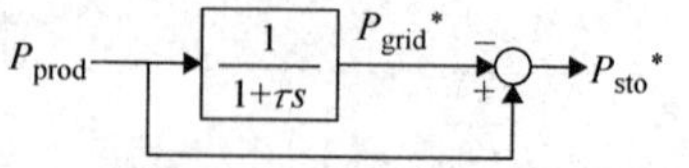

图 7-15　确定储能功率设定点的经典控制方案

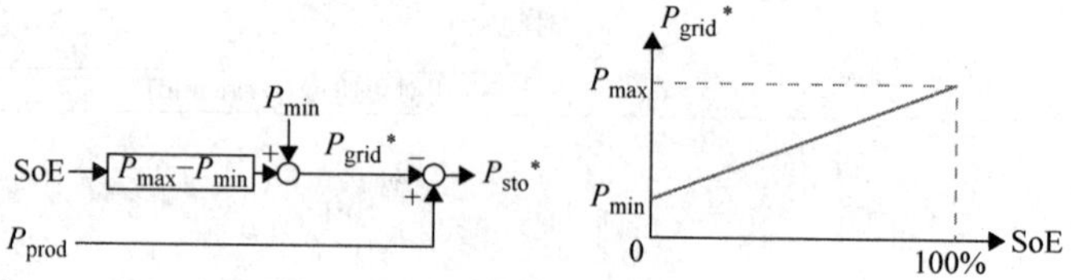

图 7-16　满足 SoE 限值的储能功率设定点控制方案

尼下的最小输出功率）。等效滤波时间常数为 10.8s。其他仿真参数为 $T_p = 9s$，$H_s = 3.5m$，ISSC 谱，阻尼参数值为 $\beta = 4MNms$ 与 $P_{lev} = 1MW$。

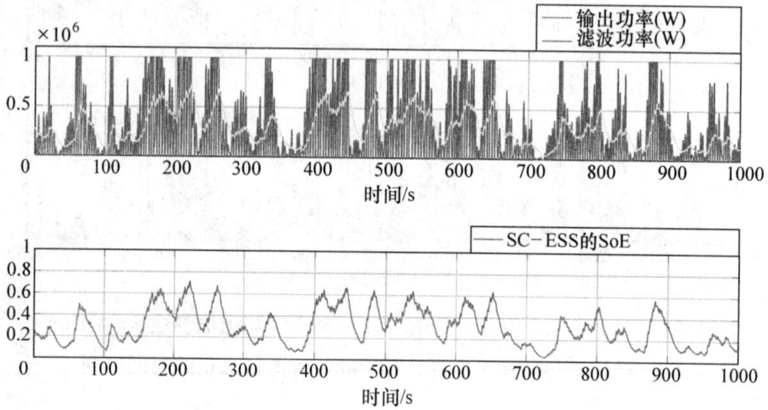

图 7-17　额定储能为 3kWh 的仿真时间序列

案例 2：OWC 透平

该案例针对单一离岸 WEC 的功率平滑问题，主要包含以下两类途径：利用变速策略中透平惯性的 ESS，或通过 SC 平滑发电机输出功率。利用实海况数据与试验获得的 WEC 模型[39]，可计算得到原型装置的功率流与系统的转速响应。在表征 500kW 原型 OWC 装置的 Simulink 模型中集成定容的超级电容系统，一个全功率原型为 500kW 的 WEC 系统。

本节中振荡水柱 WEC 采用无整流阀的威尔斯式透平，可表征 WEC 结构如图 7-3 所示。利用参考文献［39］中的 Simulink 模型分析变速运行下的 PTO 信息，并采用位于大西洋离岸测试场的 1/4 比尺模型装置的试验数据。仿真考虑了透平不同转速对气动功率的影响。模型输入为气动功率与透平转速，输出结果为透平转矩。无量纲量计算结果可用于原型评价。

对于诸多处于研发中的 WEC，其变速策略各有特点。参考文献［40］讨论了控制策略设计中需考虑的因素：

- 速度限制范围；
- 高效性能；
- 并网电能质量；
- 依据测量参数的可实现控制规程。

基于上述透平模型，我们对参考文献［13，40，41］中的控制策略在实海况下进行了测试与比较。参考文献［13］中提出的控制策略最优，其中发电机的转矩通过透平转速计算而得。

该控制方案包含两部分。第一部分基于固定转速下透平平均机械功率开发，针对13种海况下，给出了平均功率最大的发电机转速及其对应的功率曲线。两个中等功率海况结果如图7-18所示。

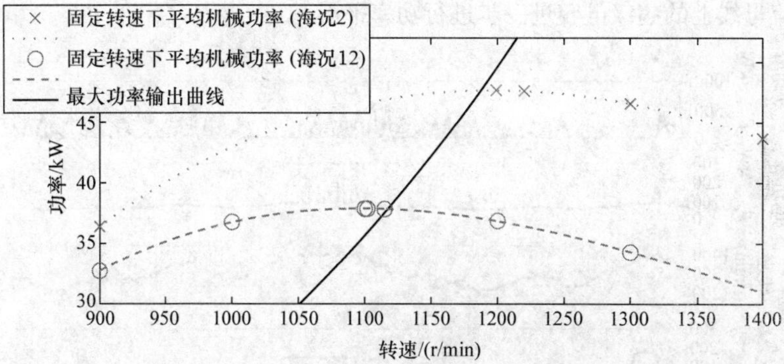

图7-18 两海况下平均机械功率与转速的对应曲线及最大功率曲线

采用Matlab中的曲线拟合工具对各海况下最大平均功率与对应转速的关系进行曲线拟合，经验公式为式（7.13）（R为0.9996），即图7-18中的实线。

$$P_{gen} = 0.0005307\omega^{3.797} \tag{7.13}$$

控制方案的第二部分，根据式（7-14）限制发电机的输出功率并避免透平超速导致的机械应力与可能的故障。

$$P_{gen} = \left[P_{max}^2 - J\left|\frac{dP_{gen}}{dt}\right|(\omega_{max}^2 - \omega^2) \right]^{\frac{1}{2}} \tag{7.14}$$

式中，与参考文献［13］相同，$J|dP_{gen}/dt| = 100MW\ s^{-2}\ kgm^2$，$\omega_{max} = 1500r/min$，透平转动惯量为595kgm²，与其他原型OWC装置的威尔斯透平一致。

根据透平转速控制算法，可经式（7.13）和式（7.14）计算得到发电机功率最大值，如图7-19所示。

图7-20a、b、c分别给出了气动输入功率、电功率与透平转速的仿真结果。发电机功率在式（7.13）起作用的转速附近存在波动。为防止功率波动，采用了滞环开关控制器，保持局部最大发电机转矩直至转速降至预设值以下（滞环值为80r/min）。图7-20d、e给出了对应的输出功率与透平转速曲线。

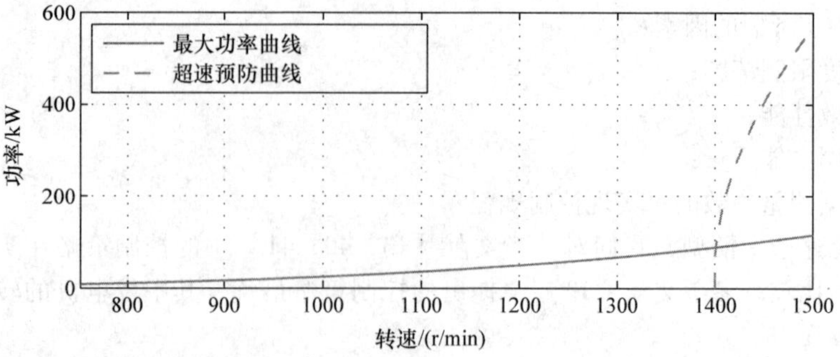

图 7-19 发电机功率与转速对应曲线（转速控制功率曲线）

如图 7-20 所示，发电机电功率偶尔会产生较大的峰值，需通过安装在背靠背并网变流器直流母线上的超级电容进一步进行功率平滑。

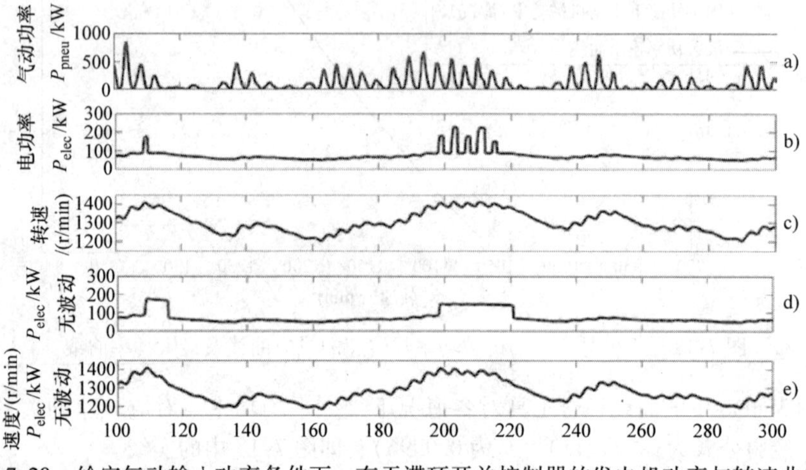

图 7-20 给定气动输入功率条件下，有无滞环开关控制器的发电机功率与转速曲线

通过统计各海况发电机功率输出峰值的个数，并乘以各海况发生概率值，可得 WEC 5 年维修间隔外的峰值总数。假设 WEC 在非常低（或高）能流密度的海况下不运行，装置有效运行时间也超过总时间的 70%，约有 981000 个电峰值需被平滑。电功率峰值的数量应在超级电容模组的循环周期数量范围内。

超级电容的放电策略是维持其电压在最低运行值（额定电压的一半）以保持吸收峰值功率的能力。一旦发电机功率超出预定值（取决于海况），超级电容将吸收多余功率以免其流入电网。一旦输入功率低于预设值，则超级电容向电网输出功率，直至其电压降至最低值。电压滞环可在其值被超出前防止超级电容快速充放电。

超级电容的规模依据最大海况下 WEC 平均为 294kW 的气动功率进行设计。采用了多个 Maxwell Technologies 公司的 BMOD0063 P125 63F 模组（使用的超级电容与被测试的超级电容技术相同），相关参数见表 7-2。两串联模块的电压范围为 125～250V，并联五组该类模块可满足其额定值要求，并将产生最大波功率（海况下）输入至电网的最大值限制在175kW。考虑到WEC的物理空间与相当数量的压舱水，超级电容体积可不作限制。

表7-2　超级电容模组参数[42]

Maxwell Technologies BMOD0063 P125	
电容/F	63
最大连续电流/A	150
最大峰值电流，1s/A	750
R_{esr} DC/mΩ	18
循环寿命/次	1000000
重量/kg	59.5

功率平滑的水平以作用在透平上的机械功率为参考，通过测量在仿真时间内系统不同功率的标准差给出。结果显示，机械功率为1pu，电功率为0.43pu，电网功率为0.33pu。表7-3给出了最常见的海况下的仿真结果。

表7-3　带有超级电容的变速控制策略仿真数据

策略	参考文献[13]	参考文献[13] 包含开关控制器	参考文献[13] 包含开关控制器+超级电容
效率（%）	54.9	55	55
P_{mech}峰均值	6.9	6.8	6.8
P_{elec}峰均值	5.5	4.6	4.6
P_{grid}峰均值	5.5	4.6	2.2
P_{mech}标准差（pu）	1	1	1
P_{elec}标准差（pu）	0.37	0.43	0.43
P_{grid}标准差（pu）	0.37	0.43	0.33
测量转速最大值ω_{max}/(r/min)	1440	1428	1428
测量转速最小值ω_{min}/(r/min)	941	941	941

带有开关控制器变速策略的电气平滑效果的标准差测度为0.43pu，而不带开关控制器的平滑标准差测度为0.37pu。图7-20也能看出不带开关控制器的功率平滑效果好于带开关控制器的平滑效果。集成了超级电容和透平惯量的功率平滑策略主要优点在于降低了输入电网功率的峰均比。

7.6　电储能相关问题

如何准确估计超级电容的寿命仍在研究之中。参考文献给出了两种方法：一种为基于ESS的充放电循环记数；另一种基于老化模型，主要考虑超级电容电压与温度两个因素。

制造商在说明书上标明了超级电容的循环次数等指标，由于超级电容寿命长，这一指标难以进行检验与测试。对于小型超级电容，人们通过测试开发了基于温度与恒定电流循环的老化模型。

但在某些应用中，由于储能功率曲线非常复杂充放电循环次数很难定义，因此通用老化模型可能更合适。

本节将展示基于上述两种方法的结果。

7.6.1 循环法

离岸型 WEC 的维护间隔应尽量越长越好，非常规与破坏性维护的典型期望间隔为 5~10 年。这是由于海上维护成本高，困难大[43]，由于漂浮式 WEC 的工作环境不稳定，以及维修船舶的系泊问题，人员设备均只能在小波高时间登上装置。这一维护间隔决定了所采用储能单元的最短期望寿命。

在参考文献［44］中，Harrison 和 Wallace 声称他们的装置每年大约有 1/3 的时间为停机状态，尽管许多 WEC 技术在开发初期均很难给出运行时间这一指标。

典型的波浪周期为 1~20s，甚至更长。典型原型装置可采用的波周期为 10s，波频则为 0.1Hz。若采用短期储能设备在每个波周期内平滑功率，按照 5 年的维修间隔，估计总功率循环次数为：

$$\text{功率循环次数} = 6\ \text{次/min} = (6)(60)(24)(365.25)(5)(2/3) \approx 1050\ \text{万次/5 年}$$

对于整流输入波功率的 WEC，储能的设备功率频率将加倍。也就是说，每 5 年达到 2100 万次循环，若仍针对各波周期进行功率平滑，则会对储能设备造成非常严重的寿命问题。

7.6.1.1 超级电容（SC）循环

超级电容的 100 万次循环寿命与前述寿命要求相比，显然仍不能满足减少正常功率输出波动的要求。前面提到的降低运行电压延长循环寿命思路，仍未见实测数据报道，能否支持 2100 万次的功率循环也不得而知。考虑到超级电容单体间的容差，为防止产生过电压，还需进行均压处理。因此，当考虑超过 5 年的连续运行时，除了要考虑超级电容自身寿命外，也需考虑均压电路的可靠性。

7.5.2 节中的案例给出了超级电容在与透平的惯性储能相结合的 ESS 中的应用。其中，超级电容的功率循环预计会稍小于 100 万次。

超级电容寿命无法用一确切失效点表征，而需用参数的最大变化量体现。典型参数变化包括容量降低 20%，串联等效电阻（ESR）增加 100%。尽管超级电容寿命已进行了测试，但其为通过升压升温实现的加速测试。基于升压升温小偏差条件下超级电容寿命的变化量，可外推得到正常条件下的寿命[45-47]。Maxwell Technologies 公司提供的加速测试循环次数仅达到 150000 次，100 万次的循环寿命[34]为外推得到。测试中，各功率循环间的停顿为 15s。

根据测试条件不同，超级电容的寿命测试包括标准型与应用型。额定温度下超级电容标准测试可用于判断影响其寿命的升温范围。该寿命测试将有助于判断超级电容的循环寿命是否为离岸型 WEC 功率平滑应用中的制约因素。

7.6.1.2 标准循环寿命测试

本例中，为了减少循环测试的时间，选择了 Maxwell Technologies 公司容量最小的超级电容测试循环寿命。采用的30个超级电容为BCAP0005 P270型。对各超级电容利用额定电流1.6A充电至额定电压2.7V，并经过5s停顿（约为5倍时间常数），测量电压（V_{start}）与对应时间（t_d）。接着，在额定电流下给超级电容放电至额定电压的一半（$V_{rated}/2$），等待5s后，测量终点电压（V_{finish}）。

特征曲线如图7-21所示，电容值与ESR可通过下式计算：

$$C = \frac{I_{rated} t_d}{V_{start} - V_{finish}} \tag{7.15}$$

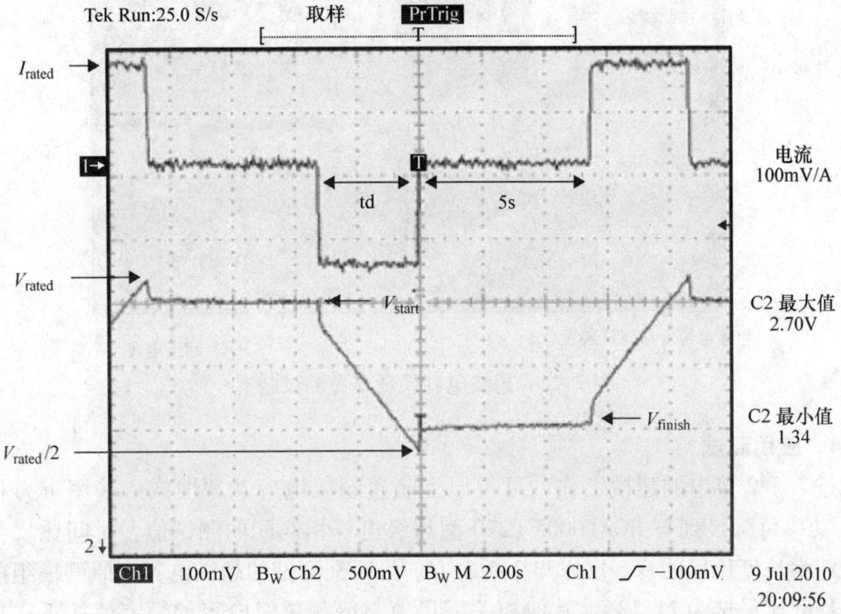

图7-21　特性测试中的超级电容电流与电压曲线

和

$$R = \frac{V_{finish} - V_{rated}/2}{I_{rated}} \tag{7.16}$$

测试所选择的超级电容接近平均规格。图7-22为测试装置，包括充电电源、电子负载、高精度电压表和热电偶测温器。其中，热电偶测温器用于监测超级电容顶部、中部及引脚处温度，同时也测量室温。用Matlab程序控制GPIB硬件运行系统。测试在温室条件下，采用额定电流进行连续测试。

采用恒定电流对超级电容在额定与半额定电压间进行连续的充放电循环测试。每100次循环进行连续5次特性测试，取更为准确的平均值BCAP0005 P270型超级电容的循环寿命为50万次，当电容量下降30%或者ESR增大100%时，认为其寿命到期。7.6.1.5节中将详细介绍其退化过程。

7.6.1.3　额定温度下标准循环寿命测试

尽管之前已进行过高温测试，但一般均与高电压测试同步进行。在无人值守的离岸型WEC中，超级电容模组被安装在甲板控制室中，散热差，实际运行温度超过室温

25℃。为测试高温对于超级电容运行寿命的不利影响，我们将一个 BCAP0005 P270 超级电容置于热处理室中，并将温度保持在 64℃。按照前述标准循环测试规程，进行恒电流充放电测试。超级电容被置于热处理室中风扇气流作用下的散热器中。连续额定电流测试中，超级电容的温升约为 1℃，允许其在的额定温度处运行。

图 7-22 超级电容循环寿命测试装置

7.6.1.4 应用测试

通过 7.5.2 节中的建模工作，可得原型装置超级电容功率曲线。采用重力相似准则[48]，功率可降尺到与 BCAP0005 P270 型超级电容相匹配的测试值。时间比尺与功率比尺分别为长度比尺的 0.5 次方与 3.5 次方。为匹配测试的超级电容与原型模组的连续功率，长度比尺选为 21.135。其他相关缩尺值与待测超级电容的额定值接近，具体见表 7-4。测试中由于超级电容可用能量值小于缩尺值，预计最大电压值将达到极限。

表 7-4 超级电容模组缩尺至待测超级电容的相关数值

	缩尺后的超级电容模组	待测超级电容
连续功率/W	4.32	4.32
1s 功率/W	10.17	9.18
可用能量/J	18.5	13.7

根据最常见海况可仿真得到电压达限值前的超级电容功率曲线，而电网功率限制在 145kW。该海况包含超过 30min 的数据并产生了 10 个功率峰值，这与全年均峰功率比也接近。

超级电容应用测试采用与循环寿命测试相同的设备。考虑到重力相似准则，功率曲线时长为 395s。在特性测试前先循环 3 次。测试为连续进行，用于测试的超级电容与循环寿命测试的超级电容规格接近。

7.6.1.5 结果

超级电容的标准测试进行了大约 400 万次。表 7-5 给出了初始参数与测试条件。测试一次连续运行几天，在计算机再次重启测试前完成数据文件回收、设备自检与参数记录。图 7-23 和图 7-24 分别给出了电容容量与 ESR 的退化曲线。

表 7-5 测试条件下的超级电容初始参数

	循环寿命测试	温度测试	应用测试
初始电容 C/F	5.794	5.747	5.759
初始 R_{esr}，DC/mΩ	0.108	0.105	0.103
平均相对湿度（在测试开始前）（%）	35.0	41.0	34.1
平均环境温度/℃	25.1	64.1	23.8

超级电容额定寿命为 50 万次循环，图 7-23 与图 7-24 给出了 400 万次循环测试曲线。此前循环测试最多为 15 万次。图 7-23 和图 7-24 验证了文献［49］讨论的超级电容性能，超级电容的容量退化一开始呈指数衰减，随后表现为线性。预计达到寿命极限时，超级电容容量会呈指数下降。

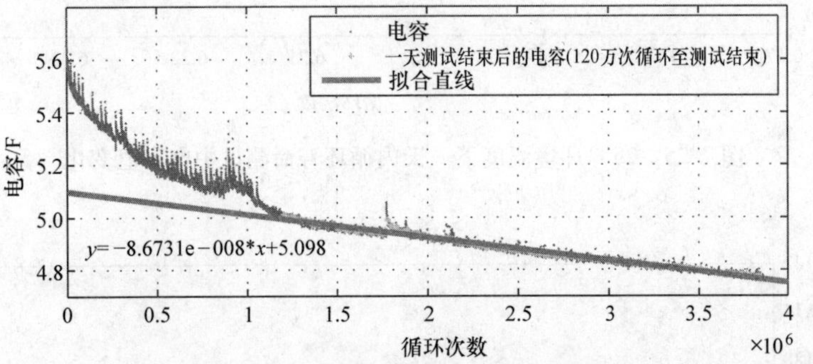

图 7-23 环境温度为 25℃时，循环寿命测试中电容量与循环次数的对应关系

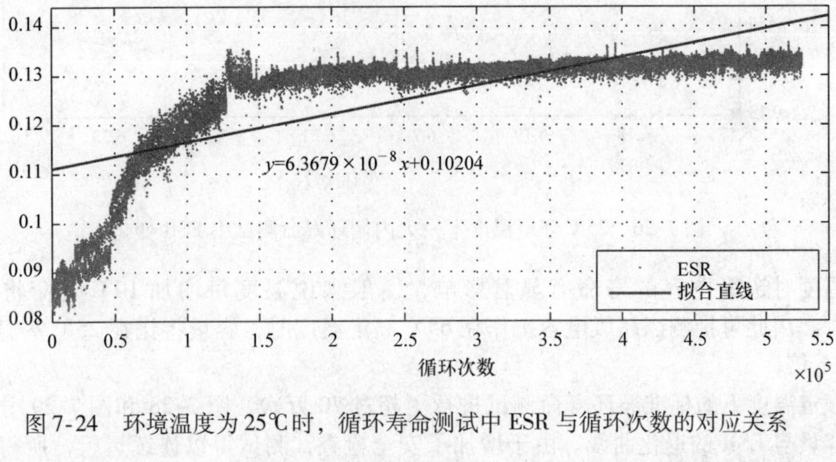

图 7-24 环境温度为 25℃时，循环寿命测试中 ESR 与循环次数的对应关系

自 120 万次循环开始，从电容图中取出各测试日最后一点，得到线性最佳拟合线。采用该趋势直线估计电容寿命，可防止起始段指数下降及暂停测试时电容回复造成的估计误差。起初，晚上与周末未进行测试（图 7-23 清晰可见大约在 100 万次时的周末，电容出现回复现象），后续测试则保持连续进行。若上述拟合曲线的趋势持续下去，电

容值会率先达到寿命终点，这与参考文献［49］结果一致：电容将在2050万次循环后达到标称电容值5F的70%，尽管Maxwell Technologies公司声称电容值的指数衰减会影响其估计值。

图7-25和图7-26给出了超级电容的电容值与ESR一天内的变化曲线。环境温度与超级电容顶部、中部及引脚处的温度在图7-27中给出。由于散热器与风扇的作用，超级电容温度仅高于环境温度。图7-25～图7-27中的第一个特征点为超级电容隔夜停测后充放电循环进行前的参数。

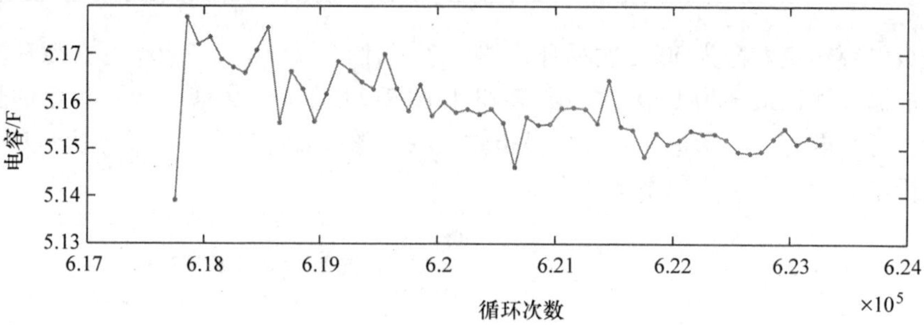

图7-25　25℃环境温度下一天内循环寿命测试中电容值变化

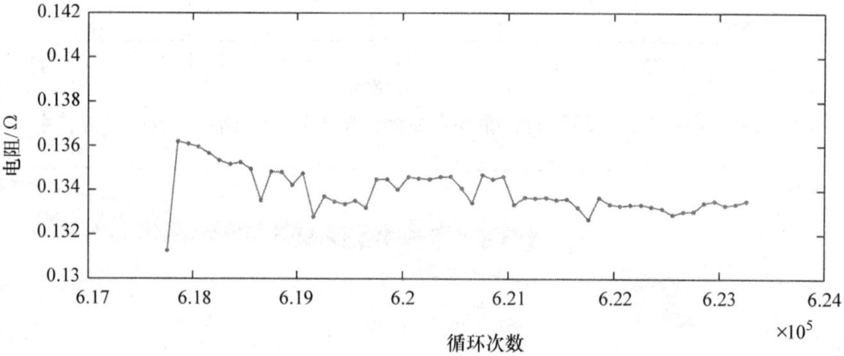

图7-26　25℃环境温度下一天内循环寿命测试中ESR变化

温度对超级电容的寿命有显著影响，一般来说温度每增加10℃寿命将减少一半[50,51]。由此可推测当超级电容工作在65℃额定温度时，容量将比在25℃室温环境下下降16倍。

额定温度下的标准循环寿命测试进行了超过70万次。图7-28和图7-29分别给出了电容量与ESR的退化曲线。由于增加了安全检查，测试得以连续运行，所得到的曲线也比其他测试光滑。在61万次循环后，测试暂停一天，电容量可见明显恢复。在电容量测试曲线中，取出自20万次循环后各测试日的最后一点，得到线性最佳拟合线。按照拟合曲线的变化趋势，电容量将在375万次循环后率先达到寿命终点。

为了研究温度对超级电容循环寿命的影响，参考文献［52］将反映温度和化学反

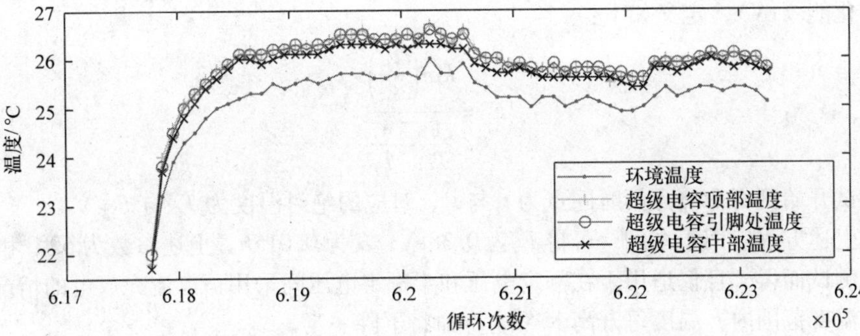

图7-27　一天循环寿命测试中环境温度与超级电容温度的变化曲线

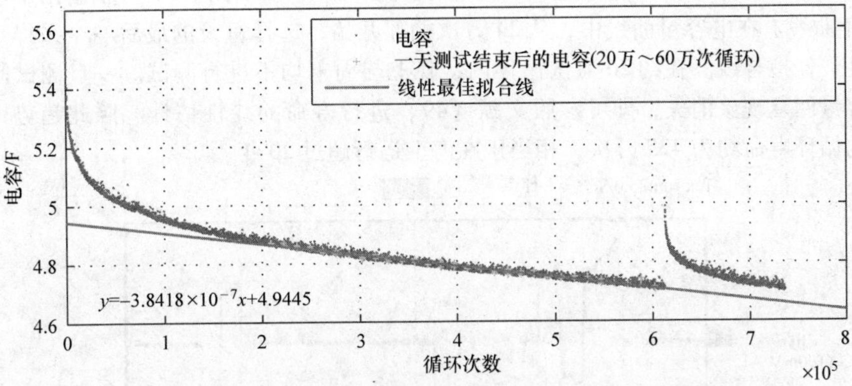

图7-28　64℃环境强度下标准测试中电容量与循环次数的对应关系

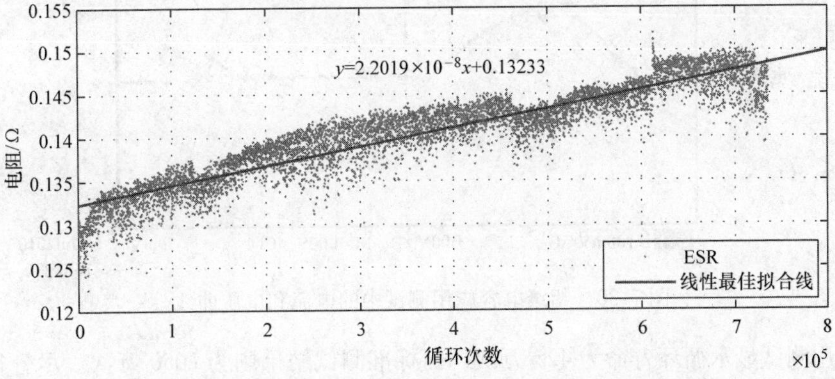

图7-29　64℃环境强度下标准测试中 ESR 与循环次数的对应关系

应率之间关系的阿列纽斯方程用于表征两标准循环寿命测试趋势。

$$t_i = Be^{\frac{-E_a}{kT_i}} \tag{7.17}$$

式中，T_i为开氏绝对温度（K），t_i为反应时间（h），k 为玻尔兹曼常数，B 为待定参数，

E_a为活化能（eV），定义如下：

$$E_a = \frac{k\ln\left(\frac{t_1}{t_2}\right)}{\frac{1}{T_1} - \frac{1}{T_2}} \tag{7.18}$$

测试开始到寿命终点两时间点为 t_1与 t_2，对应的绝对温度为 T_1 与 T_2。

将上述方程应用于本例，可得 E_a为 0.38eV，B 为 0.015h。上述参数为 65℃ 和 26℃ 单样本测试而得，且仅适用于在额定电压和半额定电压间采用恒电流充放电的情况。在研究的温度范围内，温度每升高 15℃，寿命将下降一半。

应用寿命测试循环超过了 50 万次，这相当于两年半的原型装置运行时间。图7-30 给出了施加在超级电容上的电流及相应电压示例。图 7-31 和图 7-32 分别给出了电容量与 ESR 曲线。在电容量曲线中，从 24 万次循环开始，选择每天的最后一个采样点，得到线性最佳拟合线。在约 20 万次循环内，晚上与周末均不进行测试。一旦测试间断导致电容量回复现象消失，即可参照文献［49］进行寿命的线性估计。照此趋势，超级电容的循环寿命约为 425 万次，相当于在海上运行超过 20 年。

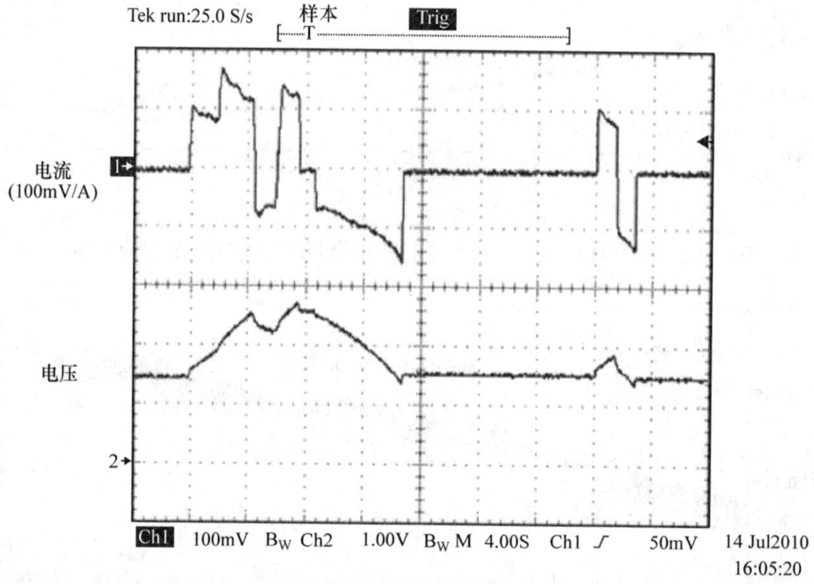

图 7-30 超级电容应用测试中的电流和电压曲线

应用测试显示循环寿命为 425 万次，而标准测试结果则为 2050 万次。尽管很难从图线上比较预测寿命退化，但测试耗时却值得注意。应用测试需连续运行 1780 天才能达到 425 万次循环，而标准测试仅需连续测试 1550 天即可达到 2050 万次循环。

7.6.1.6 结论

由于离岸型波浪能发电系统对部件长寿命的要求，我们利用 GPIB 设备构建了计算机控制的寿命测试系统，以验证超级电容循环寿命并确定其应用寿命。在标准测试中，

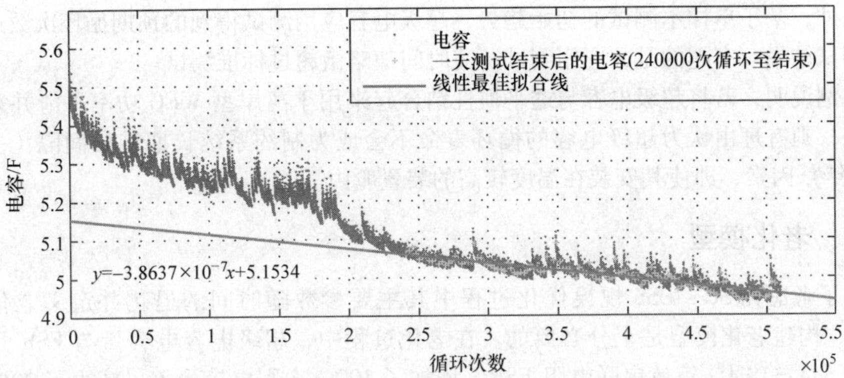

图7-31 24℃环境温度下应用测试中电容量与循环次数对应关系

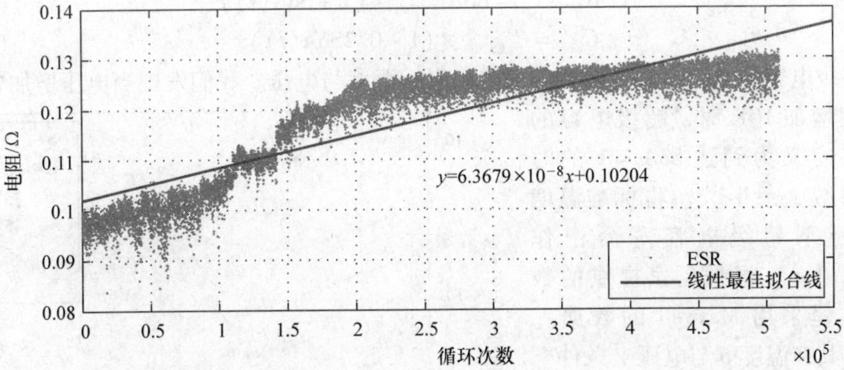

图7-32 24℃环境温度下应用测试中ESR与循环次数对应关系

进行了400万次的循环测试。在额定温度下进行了70万次循环，对应用测试进行了50万次循环，相当于原型条件下运行了2.5年。此前文献报道中最多循环测试只有15万次[50]。表7-6给出了测试结果总结。假设超级电容的温度退化规律满足阿列纽斯方程，根据小容量超级电容在65℃和26℃下单样本测试结果确定方程中的相关参数，进一步可得寿命预测方程。结果显示温度每增加约15℃，超级电容寿命将减少一半。

表7-6 BCAP0005 P270型超级电容测试结果汇总

25℃下额定循环寿命	500000		
	超级电容循环寿命	超级电容温度测试	超级电容应用测试
测试循环/次	400万	700000	500000
等效原型运行时间/年			2.5
平均环境温度/℃	25.1	64.1	23.8
预期循环寿命/次	2050万	375万	425万
等效原型运行时间/年			21.5
预期循环寿命测试所需时间/天	1551	284	1778

此外，基于单样本测试的初始趋势，超级电容应用测试得到的预期循环次数远小于标准测试结果。有趣的是，应用测试所需时间却略微超过标准测试。

此例说明，若将超级电容与透平惯性结合起来用于离岸型 WEC 功率平滑并采用本章算法，则有理由认为超级电容的循环寿命不会成为制约系统长期维修间隔（一般为 5~10 年）因素，即使其安装在温度较高的装置舱内。

7.6.2 老化模型

为了考虑在 SC－ESS 规模优化过程中其主要参数随时间的退化并定义老化状态（SoA），构建老化模型是十分必要的。在老化过程中，超级电容电容量与 ESR 是变化的。当 SoA＝1 时，等效串联电阻 ESR_{ESS} 增加了 100%，则电容量 C_{EES} 减少了 20%，则 SoA 演化可用以下两公式表示：

$$ESR_{EES}(t)=ESR_{EES,init}\times(1+SoA(t)) \tag{7.19}$$

$$C_{EES}=C_{EES,init}\times(1-0.2SoA(t)) \tag{7.20}$$

超级电容的老化过程主要依赖两个因素：温度与电压。我们发现当电压增加 200mV 或温度增加 10K 时，超级电容的寿命（定义为到达 SoA＝1 的时间）将减少一半[53]。将标准温度与电压下超级电容寿命记作 $\mathscr{L}(\theta_0, V_0)$，根据厂家提供的数据（这里采用 Maxwell 的数据），可推导其在温度 θ 与电压 V 条件下的寿命为 $\mathscr{L}(\theta, V)$，如式（7.21）所示：

$$\mathscr{L}(\theta,V)=\mathscr{L}(\theta_0,V_0)\times 2^{\frac{\theta_0-\theta}{10}}\times 2^{\frac{V_0-V}{0.2}} \tag{7.21}$$

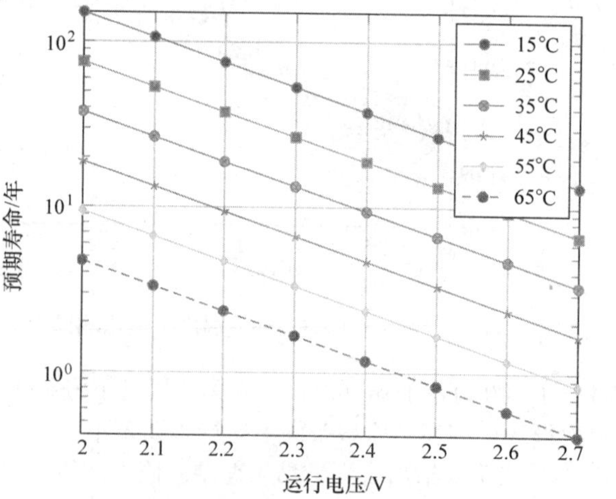

图 7-33 超级电容的运行电压、温度与预期寿命的关系曲线

图 7-33 为预期寿命与温度、电压的关系曲线。

考虑到温度与电压为时变参量，老化状态（SoA）可定义为

$$SoA(t)-SoA(t=0)=\int_0^t \frac{1}{\mathscr{L}(\theta(t),V(t))}dt \tag{7.22}$$

据此定义，当 SoA＝1 时，即认为超级电容达到了使用寿命。电压与温度的运行条件可由 SoE 与 P_{sto} 计算：

$$V(t)=\frac{V_{rated}}{2}\sqrt{1+3SoE}\text{（假设电压范围在}V_{rated}\text{与}\frac{1}{2}V_{rated}\text{之间）} \tag{7.23}$$

$$\theta(t)=\theta_{ambient}+R_{th}ESR_{EES}\left(\frac{P_{sto}(t)}{V(t)}\right)^2 \tag{7.24}$$

式中，SoE 为超级电容的能量状态（0～100%），$\theta_{ambient}$为环境温度，R_{th}为热阻，ESR_{EES}为超级电容储能系统的串联等效电阻，$P_{sto}(t)$为超级电容储能系统吸收的功率，$\overline{\left(\frac{P_{sto}(t)}{V(t)}\right)^2}$为电流的平均值。

实际中，超级电容单元与模组的热时间常数（1000s）远大于功率的波动周期（4s）。因此，（仿真）计算中的功率曲线时长为1h，此即为温升相对于海况可视为常数并可按平均损耗计算的原因。但需注意的是，当仿真时间超过超级电容热时间常数数倍时，上述热问题简化不成立。最后，电压条件本质上与 SoE 相关，而温度条件则与环境温度加上由 ESR 损失导致的自加热有关。此外还有一个强假设是超级电容模组的温度分布是均匀的。其他假设还包括电容量和 ESR 与功率曲线时段内的温度及电压无关。然而，考虑到老化问题，ESR 和电容量变化在更长时间段内仍需考虑。本研究未考虑温度不均匀性对老化进程的影响。

超级电容老化过程中会产生附加热量并迅速积累，其直接原因为ESR_{EES}增大，间接原因为C_{EES}下降。也就是说，SoA 变化高度非线性，因此需采用迭代计算方案估计其寿命。计算的时间步长可能为数月甚至是几年。实际中，步长的选择是为了使 SoA 的变化率保持在10%以下。因此，需考虑变步长的积分策略。在每一步中（代表数月或数年）对 SoA 的增长计算，需以许多仿真为基础：根据波浪的统计数据设计每一种海况。对于每种海况，还需考虑随机产生的不同初始相位波面曲线。

7.7　根据性能准则确定电容规模

ESS 在直驱式 WEC 中的作用是平滑 PTO 的输出功率。直驱式装置与包含液压系统的装置不同，电功率归零时长仅为3～5s（对于6～10s 的海况），因此峰均比很高。

7.7.1　平滑质量准则

为评估 ESS 的规模，我们必须定义平滑质量准则。

7.7.1.1　考虑电网功率波动的额外损失百分比

参考文献［54］中，D. O' Sullivan 等认为对于恒定（或准恒定）电压水平，电网功率有效值与平均值之比表示由功率波动传输而非平均值导致的额外损耗：

$$\Delta P_{loss}=\frac{P_{gridRMS}}{P_{gridAVG}} \tag{7.25}$$

然而，仅考虑此准则的单独一个绝对值没有意义，只有比较两个值（例如功率平滑前后）才能初步看出 ESS 的平滑效果。

7.7.1.2　功率离散准则

我们可采用多种经典的离散化准则定量评价功率平滑质量。这里我们采用平均绝对离差（Mean Absolute Deviation，MAD）与标准差（Standard Deviation，STD）。将上述准则用于平滑后的功率 $P_{grid}(t)$ 和其对时间的导数 $\frac{dP_{grid}}{dt}$。

时变量 $x(t)$ 的 MAD 定义如下：

$$\mathrm{MAD}(x(t)) = \overline{|x(t) - \bar{x}|} \tag{7.26}$$

式中，$\bar{x}$ 为 $x(t)$ 的平均值。

STD 的定义如下：

$$\mathrm{STD}(x(t)) = \sqrt{\overline{(x(t) - \bar{x})^2}} \tag{7.27}$$

7.7.1.3 闪变严重度（闪变系数的修正定义）

闪变严重度（瞬时值 $s(t)$，短期值 P_{st} 或长期值 P_{lt}）与电网公共连接点（PCC）的短路视在功率 S_k 有关，尤其在 PCC 为弱电网（即 S_k 值较小）时，闪变严重度显得更为重要[55]。该值也与电网阻抗角 ϕ_k 有关。实际上，闪变是根据电压变化量 $\Delta V(t)$ 的有效值计算的，$\Delta V(t)$ 可根据供给电网的功率曲线（有功功率 $P_{grid}(t)$，无功功率 $Q_{grid}(t)$），经下式得到：

$$\Delta V(t) = \frac{R_k P_{grid}(t) + X_k Q_{grid}(t)}{3V_n} \tag{7.28}$$

式中，V_n 为电网相电压的标称有效值，R_k 和 X_k 分别为电网阻抗的电阻和电抗部分，它们与短路视在功率 S_k 及电网阻抗角 ϕ_k 的关系如下：

$$Z_k = \frac{3V_n^2}{S_k} \tag{7.29}$$

$$R_k = Z_k \cos\phi_k \tag{7.30}$$

$$X_k = Z_k \sin\phi_k \tag{7.31}$$

可证明，闪变严重度和短路视在功率的乘积将不再与短路视在功率有关，而仅取决于电网的阻抗角或功率曲线。基于此性质，参考文献［56－58］定义了风机的闪变系数。闪变系数为风机在连续运行中闪变严重度的归一化测度，其定义如下：

$$c(\phi_k, v_w) = P_{st}\frac{S_k}{S_n} \tag{7.32}$$

式中，v_w 为参考文献［58］中定义的年平均风速，P_{st} 为短路视在功率为 S_k 时风机产生的闪变，而 S_n 为风机的额定视在功率。风机闪变系数的意义在于，基于该系数可计算出风机接入任何电网后所产生的闪变值。然而，计算闪变系数必须已知额定视在功率 S_n，但在波浪能发电中的 S_n 不易得到[59]。因此，接下来我们不再依据 S_n 进行归一化，而是将闪变严重度与短路视在功率 S_k 的乘积作为评价闪变的指标。修正的闪变系数记作 c^*：

$$c^*(\phi_k) = P_{st} S_k \tag{7.33}$$

为了计算特定短路视在功率下 WEC 释放至电网的闪变值，仅需用修订后的闪变系数除以短路视在功率即可。

例如，在法国，对于短路视在功率大于 40MVA 的情况，闪变严重度限定在 0.25

（否则，该限值必须乘以40MVA与有效短路功率之比）。因此，无论电网强度如何，修订的闪变系数必须低于10MVA才能满足这一要求。

实例：无储能设备时SEAREV的闪变量估算

为合理使用储能方案，我们可先评估未进行功率平滑时闪变严重度等级。对于风机，闪变保证率必须达到99%，依此类推，我们选择同数值研究WEC。对于风机，闪变严重度随风速的增加而增加，闪变的99%保证率对应风速的99%保证率。然而，对于WEC，闪变严重度与H_s及T_p的关系并不那么明显。

当电网阻抗角ϕ_k为30°时，图7-34给出了修订的闪变水平系数c^*与海况参数的关系图。闪变的严重程度不仅随有效波高H_s增大而增大，还随eT_p减小而增大。闪变严重度的变化不同于波功率资源（正比于$H_s^2T_p$），而更接近于平均机械功率（见图7-12）。图7-34中，我们可看到许多海况下（灰色区域，白色区域表示闪变符合监管限制）闪变系数已超过限值。

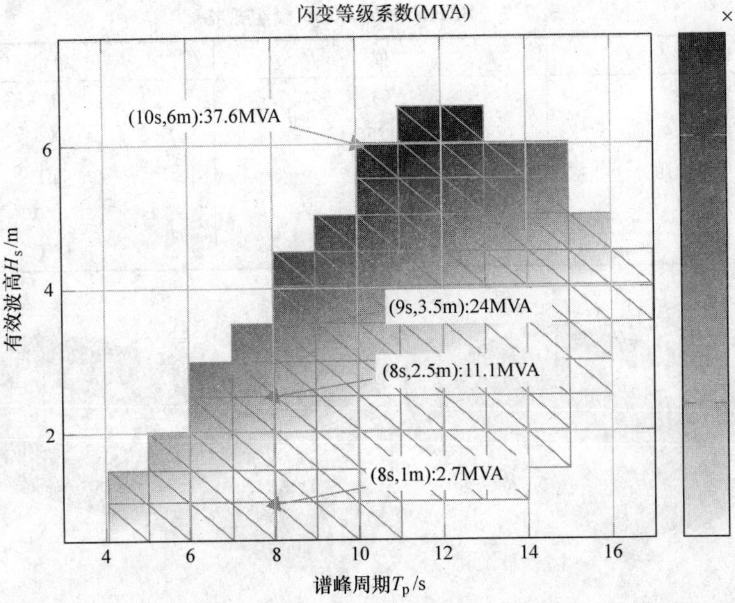

图7-34 无储能与主动功率平滑措施下，修订后的闪变等级系数c^*。该图基于120min短期闪变P_{st}的平均值进行计算（遵循CEI标准），其他参数包括：电网阻抗角$\phi_k=30°$，阻尼参数$\beta=4$MNms，$P_{lev}=1$MW。图中符合10MVA监管限制的区域用白色填充

根据特定位置的海况统计数据，可估算99%保证率的短期和长期闪变严重度。以约岛（参考图7-12）为例，取

短期闪变$c^*(30°)=34.5$MVA

长期闪变$c^*(30°)=33.3$MVA

上述值仅仅为一台SEAREV－DWEC的闪变量。需注意的是，对于n台SEAREV装置，即使经过精心布局，其产生的闪变量，也非一台产生闪变量的n倍。对于风电场而言，研究发现n台风机产生的闪变量约等于一台风机的闪变量乘以$\sqrt{n}$。长期与短期闪变

系数基于约岛波浪统计数据（1999 年），并根据其出现的概率，选择了 106 个海况进行计算得到。对于各海况，均生成了 80 组 1h 的波高时程序列。

这意味着在不采用 ESS 的情况下，当电网阻抗角 ϕ_k 为 30°时，公共接入点的短路视在功率必须大于 135MVA（=34.5/0.25）才能满足监管限制。若短路视在功率达不到该值，则需采取主动功率平滑措施。为了在任何电网强度下满足监管限制，闪变系数必须下降 71%（(34.5－10)/34.5=0.71）。

实例：基于超级电容的 ESS 对平滑性能的贡献

在最后一个例子中，我们将考察 EES 能量额定值 E_{rated} 对不同平滑性能与标准的影响。

超级电容制造商 Maxwell，提供了型号为 BMOD0063 P125（见表 7-7）[60] 的超级电容模组，其参数为 63F/125V，最多可串联 12 节。该模组由 48 个 3000F/2.5V 的超级电容 BCAP3000[61] 串联而成。采用主动控制系统确保单元间的电压均衡（参考图 7-35）。

表 7-7　BMOD0063 P125 模组规格

项目	值	单位
额定容量	63	F
额定电压	125	V
等效串联电阻	223	mΩ
热阻	0.04	°C/W
热容	33370	J/°C

图 7-35　Maxwell Technologies®的超级电容模组 BMOD0063 P125（左，$L \times W \times H$（mm）=619×425×265，60.5kg），超级电容单元 BCAP3000（右，$L \times D$（mm）=138×60，510g）

考虑直流母线的电压为 1300V（对 690V 交流连接而言），并采用半桥 IGBT DC－DC 变流器。SC－ESS 由 BMOD0063 P125 模组经过 $N_{parallel}$ “并”与 N_{series} “串”组成。为了达到模块的额定电压，且接近但不超过直流母线的电压，串联数量 N_{series} 必须小于或等于 10。假设电压工作范围在 V_{rate} 和 $V_{rate}/2$ 之间，各模块的能量在 100Wh 左右。

计算结果如图 7-36 所示，考虑到计算耗时，本计算仅抽取 30 个波高分布的初始相位（之前为 80 个）。也就是说，对各海况，我们考虑了 30 个不同发电功率小时曲线。最后，根据波浪统计数据中所有的海况，共得到 3200h 的实际功率时间序列数据并加以应用（见表 7-8）。

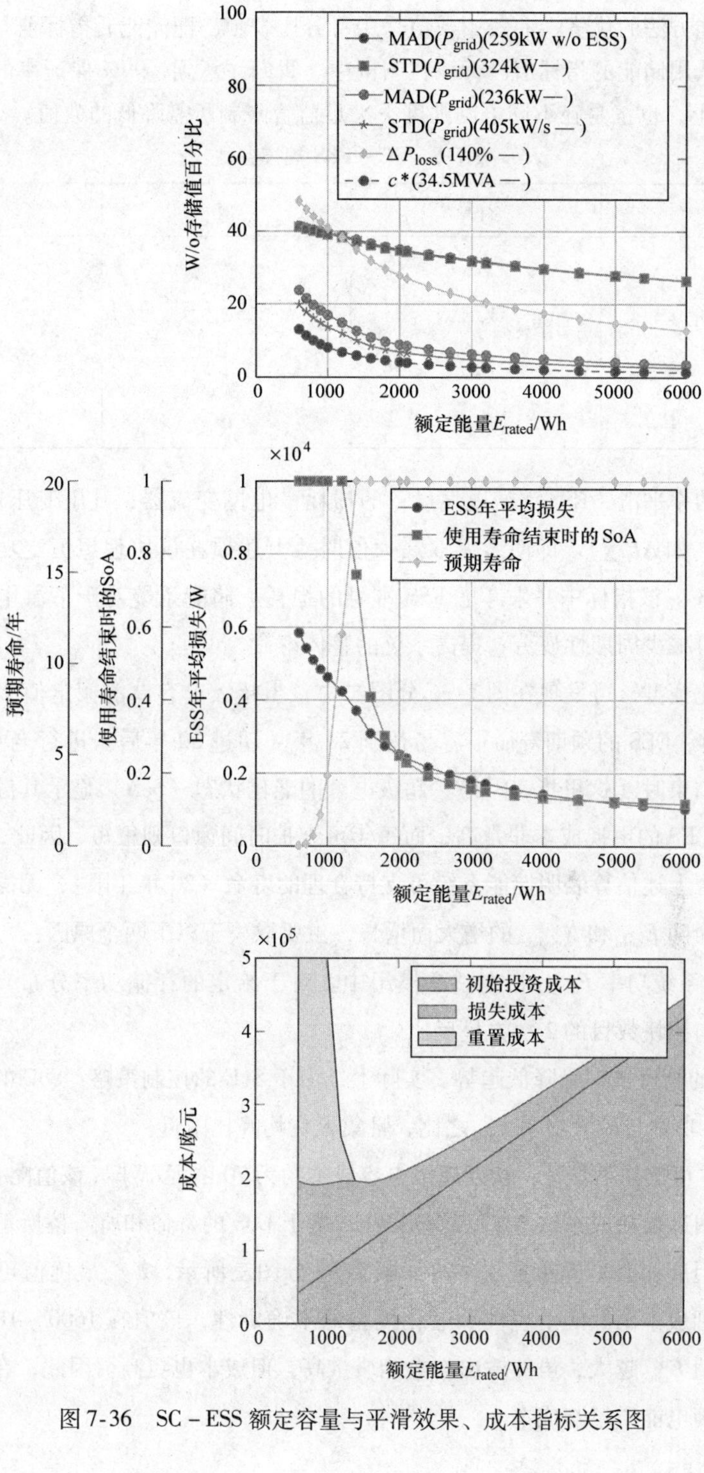

图 7-36　SC－ESS 额定容量与平滑效果、成本指标关系图

不出所料，所有的电功率质量标准随着 E_{rated} 的减小而下降（见图 7-36 的分图一）。为了评估储能方法的优劣，曲线中数值采用百分比表示，即储能后指标值与未储能指标值的比。未采用储能的指标值已标注在图例中。我们注意到，99% 保证率的闪变系数下降了 71% 以上，也正是在不同电网强度下满足监管限制所需降低的数值。

表 7-8　SC - ESS 规模参数

项目	符号	值	单位
环境温度	$\theta_{ambient}$	30	°C
ESS 额定电压	V_{rated}	$125N_{series}$	V
最大电网功率	P_{max}	1	MW
最小电网功率	P_{min}	0	MW

得益于功率平滑，ESS 下游电气设备的损耗（电网变流器、升压变压器、电缆等）将显著降低（如 ΔP_{loss}）。即使 E_{rated} 取最大值时，上述损耗仅比理想恒定功率模式增加了 20% ~30%。该指标中并未考虑 ESS 本身的损耗。储能系统对于下游电气设备的另一个好处是可减少周期性疲劳，提高系统的整体寿命。

对于老化模型，可发现在图 7-36 分图二中，当超级电容储能额定值 E_{rated} 大于最低值 1.6kWh 时，EES 的预期寿命很容易达到 20 年（超过 20 年后未进行老化计算）。即当老化计算结束时（这里指 20 年），超级电容的老化状态（SoA）显示其健康状态仍良好。离岸型 EES 的更换成本非常高，而每年可维护时间窗口则很短。因此，ESS 的长寿命非常关键。上述估算表明储能系统可支持合理的寿命（20 年年限），无需更换。

预期寿命随 E_{rated} 和 $N_{modules}$ 的增大而增长，主要取决于以下两个原因：

1）储能系统功率 P_{sto} 分布在整个模组中。对于给定的存储功率分布，ESR 导致的能量损失，与模块数目的 2 次方呈反比。

2）SoE 的高值概率呈降低趋势。实际上，由于 SoE 的控制策略，SoE 的值等于输出（平滑后的）功率与最大功率 P_{max} 之比，且集聚在均峰比附近。

ESS 成本可按如下估计：初期超级电容成本约为 70 欧元/Wh（该值略偏大），假定收入不足，内部损耗成本约为 15 欧分/kWh，基于 ESS 的寿命和所需替换系统（维护成本未考虑，但应加上）的重置成本。如图 7-36 分图三所示，E_{rated} 最优值可将成本降至最低。考虑到成本函数的平直性和老化模型的不确定性，该值在 1600 ~ 1800Wh 之间。储能的额定值 E_{rated} 越大，虽然输出的电能质量高，但成本也更高。因此，在选择 ESS 容量时，需平衡电能质量与成本。

7.8 参考文献

[1] D. Murray, J. Hayes, M. G. Egan, A. W. Lewis and D. O'Sullivan, 'The benefits of device level short term energy storage in ocean wave energy converters', in Rosario Carbone, Ed., *Energy Storage in the Emerging Era of Smart Grids*, 2011.

[2] R. G. Alcorn and W. C. Beattie, 'Power quality assessment from the LIMPET wave-power station', *Proceedings of the 11th International Offshore and Polar Engineering Conference*, 2001.

[3] D. B. Murray, M. G. Egan, J. G. Hayes and D. L. O'Sullivan, 'Applications of supercapacitor energy storage for a wave energy converter system', *Proceedings of the 8th European Wave and Tidal Energy Conference*. Uppsala, Sweden, pp. 786–795, Uppsala, Sweden, 2009.

[4] M. Rahm, O. Svensson, C. Boström, R. Waters and M. Leijon, 'Experimental results from the operation of aggregated wave energy converters', *Renewable Power Generation, IET,* 2012, pp. 149–160.

[5] J. Tissandier, A. Babarit and A. H. Clément, 'Study of the smoothing effect on the power production in an array of SEAREV wave energy converters', The International Society of Offshore and Polar Engineers (ISOPE), 6–11 July 2008. Vols. *ISOPE-2008: Eighteenth (2008) International Offshore and Offshore and Polar Engineering Conference Proceedings*. ISBN 1-880653-68-0.

[6] M. Molinas, O. Skjervheim, B. Sørby, P. Andreasen, S. Lundberg and T. Undeland, 'Power smoothing by aggregation of wave energy converters for minimizing electrical energy storage requirements', *Proceedings of the 7th European Wave and Tidal Energy Conference*. Porto, Portugal, pp. 3–8, Porto, Portugal, 2007.

[7] S. H. Salter, 'World progress in wave energy–1988', *International Journal of Ambient Energy*, vol. 10, pp. 3–24, 1989.

[8] A. F. d. O. Falcão, 'Wave energy utilization: A review of the technologies', *Renewable and Sustainable Energy Reviews*, vol. 14, pp. 899–918, 2010.

[9] HMRC, UCC, 'State of the art analysis, a cautiously optimistic review of the technical status of wave energy technology', WAVEPLAM 2009. Available at: http://www.waveplam.eu/files/downloads/SoA.pdf

[10] D. O'Sullivan, J. Griffiths, M. G. Egan and A. W. Lewis, 'Development of an electrical power take off system for a sea-test scaled offshore wave energy device', *Renewable Energy*, vol. 36, pp. 1236–1244.

[11] A. F. d. O. Falcão, 'The shoreline OWC wave power plant at the Azores', *Proceedings of the Fourth European Wave Energy Conference*. Aalborg, Denmark, pp. 42–48, Aalborg, Denmark, 2000.

[12] T. Heath, T. J. T Whittaker and C. B. Boake, 'The design, construction and operation of the LIMPET wave energy converter (Islay, Scotland)', *Proceedings of the 4th European Wave Energy Conference*. Aalborg, Denmark, pp. 49–55, Aalborg, Denmark 2000.

[13] A. F. d. O. Falcão, 'Control of an oscillating-water-column wave power plant for maximum energy production', *Applied Ocean Research*, vol. 24, pp. 73–82, 2002.

[14] C. Boake, *Islay LIMPET Wave Power Plant, Publishable Report, 1 November 1998 to 30 April 2002.* The Queen's University of Belfast. 2003. Contract JOR3-CT98-0312.

[15] B. Czech and P. Bauer, 'Wave energy converter concepts: Design challenges and classification', *IEEE Industrial Electronics Magazine*, vol. 6, pp. 4–16, 15 June 2012.

[16] R. Henderson, 'Design, simulation, and testing of a novel hydraulic power take-off system for the Pelamis wave energy converter', *Marine Energy*, vol. 31, pp. 271–283, February 2006.

[17] A. F. d. O. Falcão, 'Modelling and control of oscillating-body wave energy converters with hydraulic power take-off and gas accumulator', *Ocean Engineering*, vol. 34, pp. 2021–2032, October 2007.

[18] M. Molinas, O. Skjervheim, P. Andreasen, T. Undeland, J. Hals, T. Moan and B. Sorby, 'Power electronics as grid interface for actively controlled wave energy converters', *International conference on clean electrical power*. ICCEP'07. IEEE, pp. 188–195, 2007.

[19] J. M. Carrasco, L. G. Franquelo, J. T. Bialasiewicz, E. Galván, R. C. P. Guisado, M. A. M. Prats, J. I. León and N. Moreno-Alfonso, 'Power-electronic systems for the grid integration of renewable energy sources: A survey', *IEEE Transactions on Industrial Electronics*, vol. 53, pp. 1002–1016, 2006.

[20] F. Wu, X. P. Zhang and P. Ju, 'Application of the battery energy storage in wave energy conversion system', *International Conference on Sustainable Power Generation and Supply*. SUPERGEN'09. IEEE, pp. 1–4, 2009.

[21] C. A. Luongo, 'Superconducting storage systems: An overview', *IEEE Transactions on Magnetics*, vol. 32, pp. 2214–2223, 1996.

[22] M. H. Ali, B. Wu and R. A. Dougal, 'An overview of SMES applications in power and energy systems', *IEEE Transactions on Sustainable Energy*, vol. 1, pp. 38–47, 2010.

[23] S. Amjad, S. Neelarkrishnan and R. Rudramoorthy, 'Review of design considerations and technological challenges for successful development and deployment of plug-in hybrid electric vehicles', *Renewable and Sustainable Energy Reviews*, vol. 14, pp. 1104–1110, 2010.

[24] M. E. Glavin, P. K. W. Chan, S. Armstrong and W. G. Hurley, 'A stand-alone photovoltaic supercapacitor battery hybrid energy storage system', *13th Power Electronics and Motion Control Conference*. EPE-PEMC 2008. IEEE, pp. 1688–1695, 2008.

[25] D. V. Weeren, H. Joosten, R. Scrivens and A. Schneuwly, 'Ultracapacitors double operational life of wave measurement buoys'. Available at: www.altenergymag.com. Accessed 21 July 2012.

[26] H. Douglas and P. Pillay, 'Sizing ultracapacitors for hybrid electric vehicles', in *The 31st Annual Conference of the IEEE Industrial Electronics Society*, 2005,. IEEE, pp. 1599–1604, 2005.

[27] A. Babarit, A. H. Clément and J.-C. Gilloteaux, 'Optimization and time-domain simulation of the Searev wave energy converter', *The 24th International Conference on Offshore Mechanics and Arctic Engineering*, vol. 2. OMAE, pp. 703–712, 2005.
[28] M. Ruellan, H. Ben Ahmed, B. Multon, C. Josset, A. Babarit and A. H. Clément, 'Design methodology for a SEAREV wave energy converter', *IEEE Transactions on Energy Conversion*, vol. 25, no. 3, pp. 760–767, 2010.
[29] J. Aubry, H. Ben Ahmed and B. Multon, 'Sizing optimization methodology of a surface permanent magnet machine-converter system over a torque-speed operating profile: Application to a wave energy converter', *IEEE Transactions on Industrial Electronics*, vol. 59, no. 5, pp. 2116–2125, 2012.
[30] C. Josset, A. Babarit and A. H. Clément, 'A wave-to-wire model of the SEAREV wave energy converter', *Journal of Engineering for the Maritime Environment*, vol. 221, no. 2, pp. 81–93, 2007.
[31] J. Aubry, M. Ruellan, H. Ben Ahmed and B. Multon, 'Minimization of the kWh cost by optimization of an all-electric chain for the SEAREV Wave Energy Converter', *The 2nd International Conference on Ocean Energy*, 2008.
[32] J. Aubry, P. Bydlowski, B. Multon, H. Ben Ahmed and B. Borgarino, 'Energy storage system sizing for smoothing power generation of direct wave energy converters', in *The 3rd International Conference on Ocean Energy*, pp. 1–7, 2010.
[33] L. Leclercq, 'Control based on fuzzy logic of a flywheel energy storage system associated with wind and diesel generators', *Mathematics and Computers in Simulation*, vol. 63, no. 3–5, pp. 271–280, 2003.
[34] A. B. Marques, G. N. Taranto and D. M. Falcao, 'A knowledge-based system for supervision and control of regional voltage profile and security', *IEEE Transactions on Power Systems*, vol. 20, no. 1, pp. 400–407, 2005.
[35] C. Abbey and G. Joos, 'Supercapacitor energy storage for wind energy applications', *IEEE Transactions on Industry Applications*, vol. 43, no. 3, pp. 769–776, 2007.
[36] S. M. Muyeen, R. Takahashi, T. Murata and J. Tamura, 'Integration of an energy capacitor system with a variable-speed wind generator', *IEEE Transactions on Energy Conversion*, vol. 24, no. 3, pp. 740–749, 2009.
[37] L. Jerbi, L. Krichen and A. Ouali, 'A fuzzy logic supervisor for active and reactive power control of a variable speed wind energy conversion system associated to a flywheel storage system', *Electric Power Systems Research*, vol. 79, no. 6, pp. 919–925, 2009.
[38] G. O. Suvire and P. E. Mercado, 'Active power control of a flywheel energy storage system for wind energy applications', *IET Renewable Power Generation*, vol. 6, no. 1, p. 9, 2012.
[39] D. P. Cashman, D. L. O'Sullivan, M. G. Egan and J. G. Hayes, 'Modelling and analysis of an offshore oscillating water column wave energy converter', *Proceedings of the 8th European Wave and Tidal Energy Conference*, pp. 924933, Uppsala, Sweden, pp. 924–933, 7–10 September 2009.

[40] P. Justino and A. F. d. O. Falcão, 'Rotational speed control of an OWC wave power plant', *Journal of Offshore Mechanics and Arctic Engineering*, vol. 121, pp. 65–70, May 1999.

[41] J. Duquette, D. O'Sullivan, S. Ceballos and R. Alcorn, 'Design and construction of an experimental wave energy device emulator test rig', *Proceedings of the 8th European Wave and Tidal Energy Conference*. Uppsala, Sweden, pp. 443–452, 7–10 September 2009.

[42] Technologies, Maxwell. BMOD0063 P125 ultracapacitor datasheet. Available at: www.maxwell.com. Accessed 23 July 2012.

[43] D. L. O'Sullivan and A. W. Lewis, 'Generator selection for offshore oscillating water column wave energy converters', *13th Power Electronics and Motion Control Conference*. EPE-PEMC 2008. IEEE, pp. 1790–1797, 2008.

[44] G. P. Harrison and A. Robin Wallace, 'Sensitivity of wave energy to climate change', *IEEE Transactions on Energy Conversion*, vol. 20, pp. 870–877, December 2005.

[45] W. Lajnef, J. M. Vinassa, O. Briat, H. El Brouji and E. Woirgard, 'Monitoring fading rate of ultracapacitors using online characterization during power cycling', *Microelectronics Reliability*, vol. 47, pp. 1751–1755, 2007.

[46] K. Paul, M. Christian, V. Pascal, C. Guy, R. Gerard and Z. Younes, 'Constant power cycling for accelerated ageing of supercapacitors', *13th European Conference on Power Electronics and Applications. EPE*' 09. IEEE, pp. 1–10, 2009.

[47] H. El Brouji, O. Briat, J. M. Vinassa, N. Bertrand and E. Woirgard, 'Comparison between changes of ultracapacitors model parameters during calendar life and power cycling ageing tests', *Microelectronics Reliability*, vol. 48, 2008.

[48] Wavenet. *Results from the work on the European thematic network on wave energy.* March 2003. ERK5-CT-1999-20001.

[49] Technologies, Maxwell. BOOSTCAP energy storage modules life duration estimation, application note 1012839, 2007. Available at: www.maxwell.com. Accessed 25th July 2012.

[50] Product Guide, Maxwell Technologies BOOSTCAP ultracapacitors. Available at: www.maxwell.com. Accessed 23rd July 2012.

[51] D. Linzen, S. Buller, E. Karden and R. W. De Doncker, 'Analysis and evaluation of charge-balancing circuits on performance, reliability, and lifetime of supercapacitor systems', *IEEE Transactions on Industry Applications*, vol. 41, pp. 1135–1141, 2005.

[52] G. Alcicek, H. Gualous, P. Venet, R. Gallay and A. Miraoui, 'Experimental study of temperature effect on ultracapacitor ageing', *European Conference on Power Electronics and Applications*. IEEE, pp. 1–7, 2007.

[53] P. Kreczanik, C. Martin, P. Venet, G. Clerc, G. Rojat and Y. Zitouni, 'Constant power cycling for accelerated ageing of supercapacitors', *EPE*, pp. 1–10, 2009.

[54] D. L. O'Sullivan, D. Murray, J. G. Hayes and M. G. Egan, 'The benefits of device level short term energy storage in ocean wave energy converters', in R. Carbone, Ed., *Energy Storage in the Emerging Era of Smart Grids*, 2011.
[55] IEC, 'IEC 61000: Electromagnetic compatibility (EMC) – Part 4-15: Testing and measurement techniques – Flickermeter – Functional and design specifications', 2010.
[56] A. Larsson, 'Flicker emission of wind turbines during continuous operation', *IEEE Transactions on Energy Conversion*, vol. 17, no. 1, pp. 114–118, 2002.
[57] T. Ackermann, *Wind Power in Power Systems*, Chichester, UK, John Wiley & Sons, Ltd, 2005.
[58] IEC, 'IEC 61400-21: Wind turbines – Part 21: Measurement and assessment of power quality characteristics of grid connected wind turbines', 2008.
[59] A. Babarit, J. Hals, M. J. Muliawan, A. Kurniawan, T. Moan and J. Krokstad, 'Numerical benchmarking study of a selection of wave energy converters', *Renewable Energy*, vol. 41, pp. 44–63, 2012.
[60] Maxwell Technologies, 'BMOD0063 P125 Datasheet'; Document number: 1014696.3. Accessed on line in August 2012.
[61] Maxwell Technologies, 'K2 SERIES ULTRACAPACITORS'; Document number: 1015370.3. Accessed on line in August 2012.

第 8 章

控制系统——设计与实现

8.1 控制方案概述

J. V. Ringwood

8.1.1 引言

控制系统无处不在，常被“无形”地集成于产品，设备与车辆之中。控制系统被广泛应用于汽车与航空工业，成为提高性能、节约燃料和增加安全性的先进技术。将控制技术集成于多数系统，其吸引人之处在于仅需补充特定的软件代码即可增加控制功能，多数情况下，可能还需增加传感器与执行器。

相对简单的实现形式掩盖了控制系统的强大能力及开发使用控制算法的工程高级性。例如，多数高性能模型的控制设计方法要求采用精确数学模型控制系统，并在建模时耗费大量工时 。然而，通过集成控制技术提升技术经济性、可靠性及安全性已多有成例。我们将在本章研究如何利用控制工程使海洋能技术更具竞争力。

理想情况下，应按照自顶向下流程设计整个系统。然而，传统做法为先由特定学科专家设计实物系统，后由控制工程师配合学科专家完成控制系统设计。尽管此设计流程已被广泛地应用于工业控制工程中，但并非最佳。历史上有一些值得注意的意外情况，其中最著名的是飞行控制系统设计。20 世纪 70 年代，飞行器设计控制系统采用开环而非闭环控制，导致控制结果不稳定，飞行员无法驾驶。当控制系统改进后，飞行器的操控性和经济性显著提高。参考文献［1］的初步研究中，测试了波浪能装置的优化设计（几何形状）与控制系统间的相互作用。结果表明，当以捕能优化为目标时，装置几何形状与控制方法存在较强的相互作用。

对于海洋能应用，控制系统装置可助其提升性能。假设能量转换系统主体已设计完成，增加控制可显著提高能量的捕获能力。虽然潮流能发电系统尚未构建其完善的控制方案，但可借鉴风机控制，其间显著差异为水体密度接近空气的 1000 倍。风机的控制研究[2]表明变速方案通过转矩与转速控制，能量吸收率可比定速方案提高 2.3%，而定速方案则由电网频率决定。在波浪能系统中，能量吸收率的提升更为显著。例如，参考文献［3］采用的简单闭锁控制，近似实现了复共轭控制。结果表明，不规则波条件下，捕能系数可实现翻倍，而规则波则可增加 4 倍。

当应用控制系统获取更多能量时，也需考虑其对设备使用寿命的影响。对于往复式波浪能装置而言，控制会显著影响系统运动，对潮流能装置的影响则相对柔和。因此，应认真考虑并平衡获能（收入）与磨损（成本）间的矛盾。目前也有一些尝试解决该问题的构想[4]，但尚未有很好的解决方案。

虽然控制可能加剧装置的运动，但在实际应用仍有许多可取之处。例如，许多控制方案中均需明确包含实物系统约束[5]。此外，最优控制方案需在控制行为与其主要目标间进行平衡（如，设定点跟踪与能量摄取最大化等），也要求对控制进行设计约束[6]。控制科学也允许控制系统设计对装置、执行器与传感器的失效容错（通常在某些方面表现为性能下降）[7]。

最后，在海洋能应用中需考虑不同“层次”的控制。其中顶层为监管控制，评估能量输入，并在极端海况下限制装置运行。与上述措施用于确保装置完整性与安全性，或者与风机一样确保其合规。对于潮流能系统（不同于风能），海流极端条件已知，潮流能装置可通过设计仍在该相对较窄的工作范围内仍然保持工作状态。然而，波浪能装置会经常遇到超出其正常运行范围的海况，为确保装置完整性，可能需要采取监管措施。尽管监管控制非常重要，但本章不作讨论。

8.1.2　什么是控制

若要理解控制的本质，建议读者研读此本厚达 1548 页的《百科全书》[8]。本节将尝试深入浅出地介绍控制的基础知识，以便于读者理解海洋能系统中的控制问题。一般来说，控制可表达为应用某种算法使系统遵循期望的路径、目标或行为模式。传统的控制问题可定义为如图 8-1 所示的跟踪问题，其目标为系统输出跟踪参考输入。虽然该类问题确实出现在海洋能应用中，例如潮流能水轮机的速度控制等，但为了评估海洋能中控制工程的潜力，我们有必要稍微扩展一下控制问题的定义与控制解决方案。

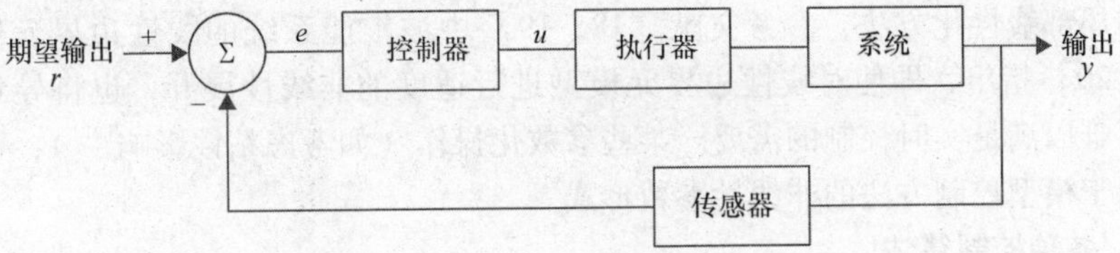

图 8-1　控制系统的典型跟踪问题

通常，控制问题可按以下几类方式定义。

定义 1：通用控制问题定义

在满足系统约束（幅度、速率、作用力等）条件下，使性能目标最大/最小化（能量最大化，误差最小化）。

即为一个受约束的优化问题。上述定义与图 8-1 的控制目的一致，其目标函数通常为输出与设定值间偏差（即跟踪误差）的某种测度（例如二次型测度）。

图 8-1 中跟踪系统的期望性能，可按以下多种方式定义：

1）期望的瞬态响应，例如参考文献［9］。

2）期望的稳态响应，例如参考文献［10］。

3）期望的闭环极点（闭环传递函数的特征根），例如参考文献［11］。

4）控制能量（u^2）与跟踪误差（e_2）的折中，例如参考文献［12］。

5）最小化闭环系统对系统摄动的敏感度，例如参考文献［13］。

6）最小化闭环系统对外部干扰的敏感度，例如参考文献［13］。

上述第 5 项和第 6 项与系统鲁棒性有关，为实现上述目标的具体控制方法，自 20 世纪 70 年代后期一直发展至今。

多数控制器的设计方法可给出图 8-1 中控制器的显式解，但也有某些方法采用优化方法计算各时间步的控制量。下一节中我们将介绍特殊或通用控制方法如何在海洋能系统中开展应用。

最后，某些控制方法需根据系统的数学模型确定控制算法，也称为“基于模型”的控制。构建系统的精确数学模型往往比控制器设计本身花费更多时间，系统辨识[14]技术可用以建立黑箱模型，该模型仅表示系统输入与输出之间的关系，与实物系统的内部结构无关。将系统辨识技术与控制器修正相结合，即形成自适应控制。自适应控制可控制未知（在自调谐模式下）或时变系统。基于线性系统模型的自适应控制方案也具备跟踪线性系统中非线性量导致变化的能力，但非线性系统最好还是由专用固定参数的非线性控制器控制。自适应控制方案需特别注意在整个运行域内保证稳定与收敛[15]。

对于海洋能系统，由于涉及水动力学模型开发控制模型则更为复杂。虽然人们对水动力模型的非线性建模方法已有深入研究，例如光滑粒子流体动力学、计算流体力学（CFD）等，但上述模型很难集成入控制模型，需开发更紧凑或结构上更简单的模型。此外，由于 SPH 或者 CFD 的计算非常复杂，导致其也难以应用于实时控制系统。基于模型的控制策略常采用紧凑的线性模型，如参考文献［16，17］中风机在其平衡点附近采用的局部线性化方法，参考文献［18，19］中波浪能系统的线性边界元模型。参考文献［20］指出，即使对线性边界元模型进行适度的非线性展开，也将导致其无法求解，而难以满足实时控制的需要。某些参数化操作（如考虑粘性影响[21]），可给出用于嵌入基于模型控制方法的非线性参数形式。

8.1.2.1 各种控制算法

为便于说明，首先将图 8-1 所示的控制框图变换为图 8-2 的形式。为使讨论更具一般性，此处先不考虑算子 K、G 与 H 的分类问题，它们可为连续时间模型或离散时间模型，可为线性或非线性。通过扩大框图使用范围，可弥补数学表达上的不严谨。

图 8-2 中，图 8-1 中的“系统”与“执行器”合并为 G，附加输入 d 与 ξ 分别表示干扰（确定的与/或随机的）与测量噪声。由于 H 可能是非单位矩阵，用“ * ”标记的误差 e^* 并非严格误差 $e=r-y$。

1. 比例、积分、微分（PID）控制

PID 控制已有超过 70 年历史，作为一种最常用的控制方法，被广泛应用于过程控

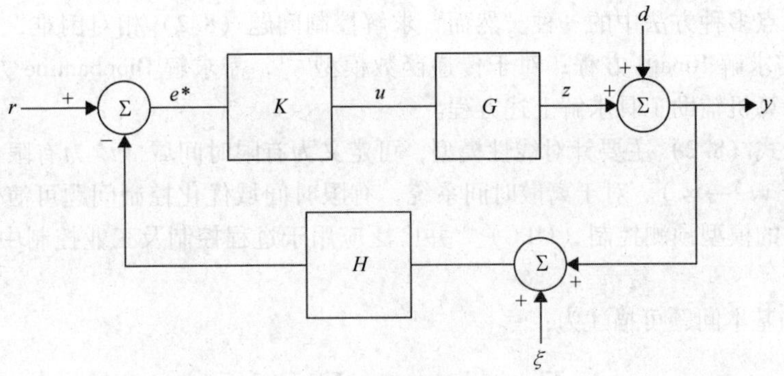

图 8-2　反馈系统框图

制及其他领域。在此框图中，控制信号由误差、误差积分（用于消除稳态控制）及误差的一阶微分（用于改善瞬态响应）的线性组成。其连续时间形式表达式如下：

$$u(t) = k_p e^*(t) + k_i \int e^*(t)\mathrm{d}t + k_d \mathrm{d}e^*(t)/\mathrm{d}t \tag{8.1}$$

各种其他形式，包括 PI（比例 – 积分）与 PD（比例 – 微分）及其他改进形式，如速度形式、无扰切换、微分先行、微分滤波等方法使得 PID 控制器更加实用。比例、积分与微分增益（k_p、k_i 和 k_d）可由各种基于模型的设计规则确定，或手动调节。PID 控制器参数与闭环阶跃响应之间的物理意义明确，可通过观察闭环响应变化调节或优化 PID 控制器参数，因此 PID 控制具有很强的吸引力。参考文献［22］对 PID 调节规则进行了全面总结。PID 控制适用于控制主要为线性动态变化的系统，而增益调度型控制器则可用于控制非线性系统[23]。

2. 极点配置

由于期望闭环极点与闭环瞬态响应密切相关，因此可通过定义其位置决定控制器 k。虽然瞬态响应指标更容易在（连续时间）s 平面中决定，但极点配置的计算在连续域或离散域均较易执行。采用零极点映射的方式[24]，连续时间域的设计极易转化为离散时间域形式。极点配置方法所需的系统数学模型，可采用传递函数模型[25]或状态空间模型[26]。对于传递函数描述的系统，除得到闭环极点外，还可获得部分设计自由度（观测器多项式的不同选择）。多变量系统（多输入 – 输出系统）的极点配置常导致反馈增益结果的不唯一，这也同时赋予系统更多的设计自由度以处理鲁棒性问题。

3. 最优控制

自 20 世纪 60 年代“现代控制”理论诞生以来，出现了许多最优控制方法。上述方法可采用状态空间模型[12]与传递函数模型[27]，也都可用于连续时间模型及离散时间模型。传统的（连续时间）线性二次型调节器（LQR）最优控制公式如下：

$$\min_u J = \int_0^{t^*} (e^{\mathrm{T}} Q e + u^{\mathrm{T}} R u)\mathrm{d}t \tag{8.2}$$

式中，$e = r - y$，Q 与 R 为权重矩阵，用于兼顾误差最小化与控制能量最小化指标。例如，对于高精度伺服控制问题，通常选择 $Q \gg R$，而对于燃料受限的卫星控制应用，则选择 $R \gg Q$ 更为合适。由于 Q、R 与系统闭环极点的隐性关系，传统最优控制亦可视为确定闭环极点多种方法中的一种。然而，求解控制问题（8.2）相对困难，对于状态空间模型[12]需求解 Ricatti 方程；对于传递函数模型[27]，需求解 Diophantine 方程。目前，已可借助计算机辅助工具求解上述方程。

通常，式（8.2）主要针对线性模型，可定义为有限时间域（t^*为有限值）或无限时间域问题（$t^* \to \infty$）。对于离散时间系统，有限时间域优化控制问题可演化为基于系统输出预测的模型预测控制（MPC）[28]并广泛应用于过程控制及工业控制中，可与 PID 控制匹敌。

MPC 的基本问题可描述为：

$$\min_{u(0),\cdots,u(h_c)} \sum_{k=0}^{h_p} e(k)^{\mathrm{T}} Q e(k) + \sum_{k=0}^{h_c} \Delta u(k)^{\mathrm{T}} R \Delta u(k) \tag{8.3}$$

式中，$\Delta u(k)=u(k)-u(k-1)$，$e(k)=r(k)-y(k)$，h_p 和 h_c 分别为预测水平与控制水平。根据系统模型，提前预测系统未来步输出，可计算最优控制序列，务使系统输出跟踪参考轨迹。控制输入被应用于系统后，重新计算获得新的控制序列。这一“滚动优化”过程，可有效抑制输出干扰（图 8-2 中的 d），使系统保持良好鲁棒性。

MPC 非常灵活，可处理相当数量的实际系统特性。例如，若系统包含纯滞后（n_d 步），则式（8.3）中性能函数可由作为第一求和项下限的 n_d 重新定义。据此，可有效构建一 Smith 预估器[29]，将滞后环节调整至控制环外。MPC 可推广至很多包含约束的应用中，例如输入、输出与状态受限的系统。在应用优化控制时，需考虑诸如速度、位置、作用力、电流、电压等系统变量的实体限制。参考文献［30］中给出了限制公式，包括式（8.3）及下列约束：

$$y_{\min} \leqslant y \leqslant y_{\max}$$
$$u_{\min} \leqslant u \leqslant u_{\max}$$
$$|\Delta u| \leqslant u_{\max}$$

MPC 可采用线性模型及非线性模型。基于反向 MPC 公式，根据 $r(k)$ 与 $y(k)$，有可能求得 $u(k)$ 的代数解。对包含约束模型与/或非线性模型的 MPC 公式[31]，需求解定义 1 中所提及的通用（数值）优化问题。因此，针对包含约束/非线性 MPC 的高效优化算法已受到广泛关注[32]。

最后，通用 MPC 框架的一个有益探索是将式（8.3）中的二次型项（如：$e^{\mathrm{T}}e$）替换为能量相关项，例如“电流◇电压”或“力◇速度”。相应地，将指标函数的求“最小值”修改为求性能函数的“最大值”。该方法可能更适用于海洋能系统，具体将在 8.1.3 节讨论。

4. 鲁棒控制

自 20 世纪 70 年代以来，鲁棒控制理论发展迅速，它给出了对（由时变或者非线性等因素引起的）系统变化与扰动鲁棒最优的合成控制器范式。对于鲁棒控制设计，需考虑系统模型与模型不确定性测度。不确定性可按结构化（μ 综合[33]）或非结构化（H_∞ 设计[34]）。下面简单解释一下鲁棒控制中 H_∞ 的设计。经典的 H_∞ 控制设计问题的性能函数定义如下：

$$J_\infty = \left\| \begin{matrix} W_1(s)S(s) \\ W_2(s)T(s) \end{matrix} \right\|_\infty \tag{8.4}$$

式中

$$S(s) = (1 + GKH(s))^{-1}, T(s) = GKH(s)(1 + GKH(s))^{-1} \tag{8.5}$$

分别为灵敏度函数与互补灵敏度函数（参考图8-2），而 $S(s)+T(s)=1$。$S(s)$表征 G 和 K 的闭环灵敏度，也为干扰 d 对输出 y 的传递函数。$T(s)$表征测量噪声 ξ 与输出 y 间的关系，也决定了鲁棒稳定性。

通过确保权矩阵 $W_2(s)$的最大奇异值大于对象摄动（乘性）最大值，可保证鲁棒稳定性，即

$$\overline{\sigma}[W_2(\mathrm{j}\omega)] \geqslant \overline{\sigma}[\Delta(\mathrm{j}\omega)]\ \forall\, \omega \geqslant 0 \tag{8.6}$$

式中

$$G(s) = G_o(s)(1+\Delta(s)) \tag{8.7}$$

G_o 为标称系统。通常权函数 $W_1(s)$选择原则如下：

- 在低频段纠正灵敏度 $S(s)$，提供良好的抗干扰能力；
- 尽管 $G(s)$在低频段有参数变化，确保系统性能（动态响应）保持不变。

W_2 的选择原则如下：

- 通过覆盖 $\Delta(s)$ 确保鲁棒稳定性，即满足条件（8.6）；
- 通过减少 $T(s)$ 在高频段增益，衰减高频测量噪声 ξ。

此外，$W_1(s)$和 $W_2(s)$的相对位置决定了闭环系统带宽、控制设定点(r)及干扰(d)的动态响应。

早期的鲁棒控制可较好处理系统鲁棒性，但无法保证系统的动态性能（例如，跟踪性能）。参考文献［35］的解决方法为设计 LQR 调节器，并通过回路传递再生(LTR）增强控制器鲁棒性。参考文献［36］提出了一种鲁棒预测控制方法，具备处理约束的可能性。参考文献［37］将设计 H_∞ 方法扩展到了非线性系统。由于非线性度可看作线性系统的不确定性，鲁棒控制也因此具备处理非线性系统的可能性。但我们并不建议采用该方法，因为与专用的非线性设计方法相比，该方法为保证系统的鲁棒性降低了系统在运行频段内的控制性能。

通常，如式（8.4）所示的代价函数最小化所致优化问题非常复杂，但可将该问题转化为一组线性矩阵不等式（LMI)，并通过有效数值计算工具对其求解[38]。

5. 非线性控制

针对线性系统的控制算法可应用于绝大部分该类系统（亦有例外，如开环稳定/不稳定、非最小相位零点、时滞问题等）。但对于非线性系统，目前尚未有通用控制理论。大多数非线性设计方法仅对某一类非线性形式，例如 Hammerstein 和 Volterra 型。参考文献［39］和［31］基于人工神经网络（ANN）系统模型提出了一些通用的非线性控制方法，包括受模型参考自适应控制、内模控制（IMC）及模型预测控制启发产生的方法。另一类方法则对非线性系统进行了反馈线性化处理[40]，并进一步采用了线性设计。其他流行的非线性控制方法还包括反推[41]与滑模控制[42]。滑模控制为变结构控

制，采用高增益与开关控制策略实现鲁棒反馈控制。

8.1.3 海洋能中的控制系统

8.1.2 节主要介绍了经典调控问题。海洋能应用中除上述问题外，还有更宽泛的问题可用控制技术解决。本章的目的是给出这些问题的定义，研究解决方案，或者将其分解为较简单的几个部分分别解决。

8.1.3.1 问题定义

在潮流能和波浪能系统中，其共同问题为电网与环境条件约束下的最大能量捕获问题。然而，我们可将目标从最大能量捕获改为最大经济回报[4]，这需在最大能量捕获与最小部件损耗间取得平衡。考虑到经济性函数也要求将资本成本和运行成本准确结合，这对目前相对尚不成熟的海洋能领域非常困难，并将显著加剧优化的复杂性。因此，为了聚焦最基本的控制问题，本节仍将重点讨论最大能量捕获问题。

最大能量捕获问题的求解大致有两种方法：

（a）全局寻优控制方法[43]，这种方法对系统精确模型要求低。

（b）确定系统最优设定值，并通过调节达到设定值以给出最大捕获能量。

方案（a）吸引人之处在于不需要系统的精确模型，但动态性能受制于收敛率，对于非凸问题，也可能很难找到全局最大值。例如，在波浪能应用中，控制器很难在瞬时波频变化前收敛到合适的设定值。

有趣的是，对于方案（b），可采用如图 8-3 所示的波浪能与潮流能系统通用的控制框架。8.1.3.2 节与 8.1.3.3 节分别介绍了潮流能和波浪能控制的细节。对于图 8-3 中的标准反馈调节，根据系统特点、控制所需准确性及计算复杂性要求，可选用 8.1.2 节中所提及的技术。由于潮流水轮机与波浪能装置的动态变化较慢（功率变流器部分可能除外），可采用复杂控制策略。

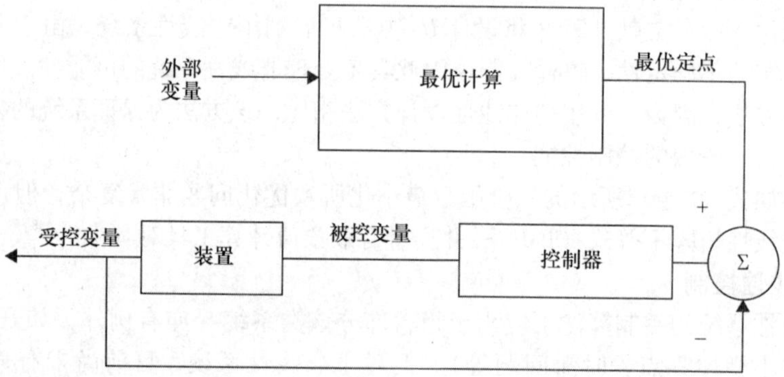

图 8-3 序贯优化计算与调节

8.1.3.2 潮流能

对于潮流能水轮机，可基于入射流速设置最优桨距角 β 与转速［通过尖速比（TSR）即 λ 调节］，以获得最大功率系数 C_p。使用标准的反馈环控制桨距驱动器与转子转矩，可得到期望的桨距角与转速。变桨控制的操作变量为施加在变桨驱动器上的功率（电压和/或电流）。对于转矩控制，背靠背（B2B）功率变流器（其中一组）或发电机励磁均可作为控制执行器。

对于不同潮流能水轮机，β、λ 和 C_p 之间关系各不相同，需单独确定。尽管由于部件磨损或水密度差异会导致轻微的变化，上述关系基本可视为固定不变。值得注意的是，当潮流能水轮机达到额定功率时，水轮机必须“降额”使用，以避免超出其额定值。在此情况下，就无法按最大功率转换，而需通过变桨距限制功率捕获。

风机的控制系统已发展得比较成熟[2,16,17]，许多控制方案可用于潮流能水轮机的控制。但风机与潮流能水轮机也存在一些重要的差异[44]。8.2 节将具体研究潮流能水轮机控制策略的细节。

8.1.3.3　波浪能

对于波浪能发电，最优速度曲线由装置激励力决定，反馈控制器通过控制 PTO 系统得到该曲线。对于波浪能系统而言，图 8-3 所示的优化控制问题，可表达为如图 8-4 所示的优化阻抗匹配问题，系统输入为多频正弦波，波浪能装置可表达为（复）本征阻抗。对于装置 PTO 的最大功率传输问题，我们可采用普遍接受的结论：

$$Z_{PTO} = Z_i^* \tag{8.8}$$

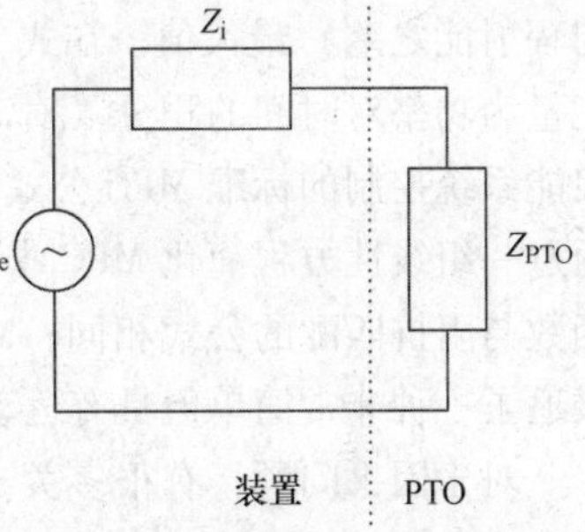

图 8-4　波浪能装置的阻抗匹配问题

式中，* 代表复共轭。为研究的典型形式，可使用最初由参考文献［18］提出的简化波浪能装置模型，

$$m\ddot{x}(t) + m_\infty \ddot{x}(t) + \int_0^{+\infty} h_r(\tau)\dot{x}(t-\tau)\mathrm{d}\tau + K_v\dot{x}(t) + K_b x(t) = f_{ex}(t) \tag{8.9}$$

式中

$$f_{ex}(t) = \int_{-\infty}^{t} h_e(\tau)\eta(t-\tau)\mathrm{d}\tau \tag{8.10}$$

$\eta(t)$ 为波面高程；$h_e(\tau)$ 和 $h_r(\tau)$ 分别为与激励力和辐射阻尼卷积相关的核函数；m 为装置的质量；m_∞ 为附加质量无限频分量；K_v 和 K_b 分别为粘性损失系数与回复力（浮力/重力）系数。

$$B(\omega) = \mathscr{F}\left[\int_0^{+\infty} h_r(\tau)\dot{x}(t-\tau)\mathrm{d}\tau\right] \tag{8.11}$$

装置的特征阻抗 Z_i 如下：

$$Z_i(\omega) = F_{ex}(\omega)/V(\omega) = B(\omega) + K_v + \mathrm{j}\omega\left[m + m_\infty - \frac{K_b}{\omega^2}\right] \tag{8.12}$$

若波浪激励力为单频，即 ω 为已知单值，则可直接计算式（8.8），最优速度变化为

$$v_{opt} = \int_{-\infty}^{t} h_v(\tau) f_{ex}(t-\tau)\mathrm{d}\tau \tag{8.13}$$

式中，$h_v(\tau) = \mathscr{F}^{-1}\{1/2b(\omega)\}$。然而，实际（不规则）海况具有以下困难：

- 无功功率由 PTO 提供；

- 式（8.13）为非因果计算；
- 运动无约束。

对于约束问题，Budal[45]与 Evans[46]考虑了运动约束条件下的最优功率吸收问题。如前所述，MPC 可提供将运动约束在控制问题设计中明确表征的机制。MPC 困难之处在于其通常用于求解二次型调节问题［见式（8.3）］，因此需将最大获能问题转化为如下代价函数：

$$\min_{u(0),\cdots,u(h_c)} T_s \sum_{k=0}^{h_p} [v(k)f_{ex}(k) - v(k)f_r(k)] \tag{8.14}$$

采用标准 MPC 工具箱可求解捕获机械能的（即不考虑能量损失的情况下，激励能与辐射能之差）最大值。在式（8.3）中，T_s 为采样周期。功率为力与速度的乘积，而能量为功率对时间的积分（对离散时间而言为求和）。参考文献［47，48］中给出了波浪能系统控制的标准 MPC 公式。参考文献［49］采用基函数逼近原系统，并进一步可通过一组线性方程简化 MPC 求解问题。尽管在约束条件下得到了最优解，但由于指标函数与阻抗匹配的公式相同，MPC 仍能隐性实现复共轭控制功能。参考文献［50］则报道了一种非常简单但具有运动幅度约束功能的次优控制器。

对于因果问题，有很多关于复共轭控制的因果近似法，如闭锁[3,51]、离合[52]及其他方法[53]。参考文献［54］报道了一种基于 8.1.2.1 节中扩展 LQR 策略的因果方法。另一种非因果控制的方法则尝试预测式（8.13）中自由波面高程或激励力。式（8.13）表明需预测 $t\to\infty$ 时的激励力 f_{ex}，而参考文献［55］根据装置及典型海况，评估了现实的预测需求，发现预测需求与预测易用性有很强的正相关关系。参考文献［56］介绍了一些激励力与自由波面高程的预测方法。

8.3 节将详细介绍波浪能装置的控制策略。

8.1.4 结论

控制技术，包括系统辨识（黑箱建模）与优化技术，在海洋能系统中具有重要的作用，它可以增强系统功能性，提高性能与经济可行性。虽然传统输出调节问题在海洋能系统中相当重要，但标准控制方法很难解决海洋能系统中的一些主要问题（如获能最大化）。另一方面，用于解决更为通用优化问题的控制方法（如定义 1），例如 MPC，则可实现获能最大化的目标。

目前，还未被应用于海洋能的控制技术其他领域，包括容错控制[57]，对于维护困难的海洋能系统也非常重要。例如海洋能阵列场，当一台或多台装置发生故障时，容错控制可用来保障电网合规性并平滑能量输出。

8.2 控制策略对潮流能装置中电气系统设计的影响

S. Benelghali，M. E. H. Benbouzid 和 J. F. Charpentier

术语

ϕ	磁链
β	桨距角
σ	总漏磁系数，$\sigma = 1 - M^2/L_s L_r$
Ω_{gen}	机械转速，$\Omega = \omega/p$
C_p	获能系数
d，q	同步参考框架索引
h	粘度系数
J	转子惯量
L（M）	电感（互感）
MPPT	最大功率点跟踪
P（Q）	有功（无功）功率
PI	比例 - 积分
PID	比例 - 积分 - 微分
p	极对数
R	电阻
s，（r）	定子（转子）标号（上标）
T_{em}（T_{gen}）	电磁转矩（机械转矩）
V（I）	电压（电流）
V_{tides}	潮流流速
η	发电机传动系的机械效率
θ_r	转子角位置
λ_{TSR}	尖速比
ω（ω_s）	转子电气速度（电气同步速度）

潮流湍流与由磨损导致的系统参数漂移会显著影响潮流能水轮机的动态性能。在此情况下，适用于不同水轮机配置的多种控制方法均可采用。多数情况下，人们会采用经典 PI 和 PID 控制。本节将综述潮流能发电的控制策略。上述控制策略主要从风机应用实践中启发而来。

8.2.1　潮流能摄取的通用控制策略

图 8-5 给出了潮流能水轮机组理想的功率摄取策略。该策略为潮流能水轮机能量捕获控制策略的基础。

当流速低于预设的切入流速 V_c 时，潮流能发电机组不运行。当潮流速度（V）超过切入流速时，采用最大功率点跟踪（MPPT）算法后，发电机的输出功率与流速的三次方成正比。当流速达到额定流速 V_R 时，发电机/变流器组的输出功率被限制在设计额定功率。当流速超过额定流速时，输出功率保持额定不变。

MPPT 控制策略与功率限制可由多种方法实现。对于变桨距系统，可根据式

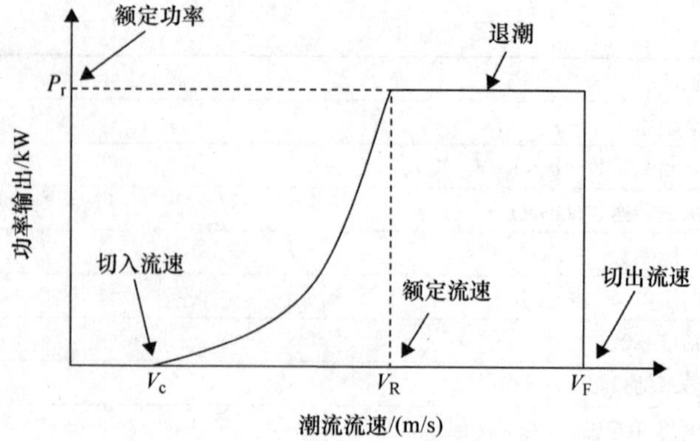

图 8-5 理想的功率曲线

(8.14) 实现；对于定桨距系统，可通过式 (8.15) 变速实现，或者通过式 (8.16) 组合两种方法实现。

8.2.2 定速变桨潮流能发电机

本例中，优化捕能涉及 C_p (λ，β) 特性 (见图 8-6，见 9.1.3 节)。若 $V < V_R$，可通过查表插值找到 C_p (λ，β) 最优值。在定速运行条件下 (即水轮机转速恒定)，该曲线由桨距角 β 及流速 V_{tides} 决定。若 $V < V_R$，通过改变桨距角 β，可使机组在该流速条件下的最大 C_p (β) 下运行。若 $V > V_R$，桨距角用于限制功率输入，或在极端流速下切出运行。

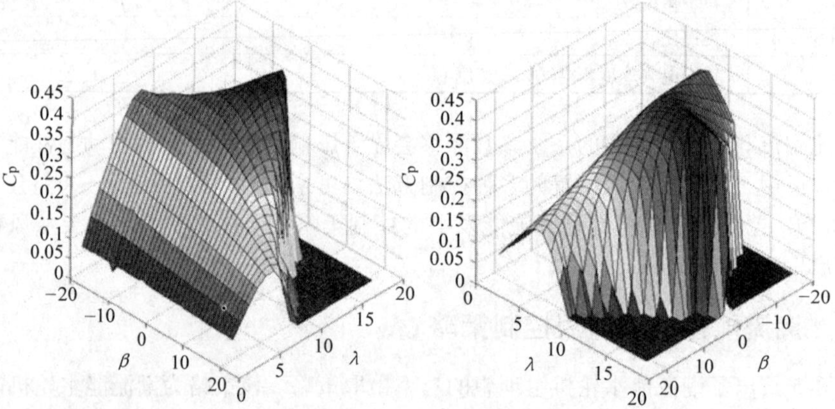

图 8-6 C_p (λ，β) 曲线

8.2.3 变速定桨水轮机

变速定桨控制是指根据潮流流速调节发电机转速，实现调节捕获功率的控制方法。特别需要说明的是，其控制目标为从潮流中摄取最多可捕获的能量。当 $V < V_R$ 时，最优

转速对应其最大功率系数 C_p。当 $V > V_R$ 时，则调节参考转速将发电机的输出功率限制在额定值。此时，参考速度将大于最大 C_p 值对应的转速，从而限制转矩，使机组运行在功率曲线稳定的区域。

上述所有参考速度（潮流流速的函数）构成了参考文献［58，59］中所述的最优区域特征（ORC）（见图8-7a）。将水轮机静态运行点维持在ORC附近，可确保获得最佳稳定状态。在此情况下，所捕获功率即为从潮流中可获得的最大功率。这相当于在 $V < V_R$ 时，将尖速比维持在最优值 λ_{opt} 上（见图8-7b）。根据流速改变转速，可使尖速比维持在最优值[58]。当然，此策略只有发电机与传动系可将转速控制在相应范围内时才有效。

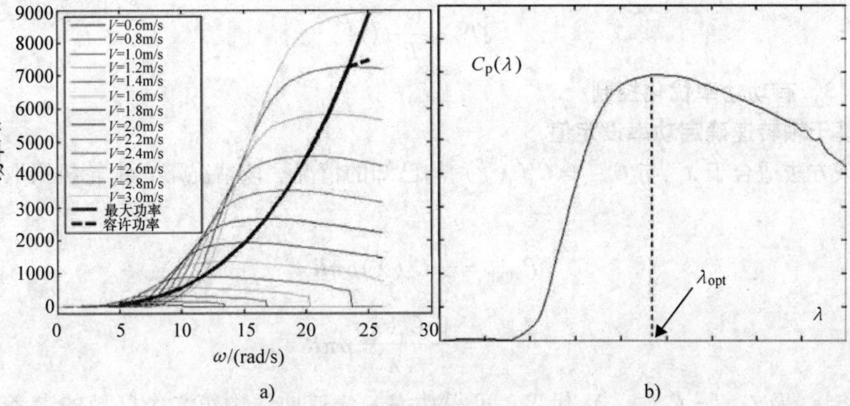

图8-7 a）不同流速下的功率曲线；b）获能系数曲线

基本上，根据已知模型与参数，可测量变量及采用的水轮机模型，可采用不同的控制策略。当 $V < V_R$ 时，基于对水轮机模型特别是转矩和功率特性的深入认识，则可根据以下方法实现定速变桨优化控制。

8.2.3.1 最大功率点跟踪（MPPT）策略

该方法适用于 λ_{opt} 与 $C_{pmax} = C_p(\lambda_{opt})$ 未知的情况。调整转速控制环的参考值，使发电机在该流速下摄取最大功率[58,59]。为了确定参考值是否需增加或减少，需估计当前运行点与最大功率曲线 $P_{TURB}(\omega)$ 的位置关系。可通过如下两种方法实现：

- 参考速度根据转速变化 $\Delta\omega$ 进行改变。对应的有功功率变化为 $P_{TURB}(\omega)$，进一步可得 $\frac{\partial P_{TURB}}{\partial \omega}$。其正负号表征了当前工作点与功率曲线 $P_{TURB}(\omega)$ 最大点之间的位置关系。若参考速度根据该导数按线性斜率调节，则工作点将趋向于其最优值 $\frac{\partial P_{TURB}}{\partial \omega} = 0$。
- 在参考流速中加入探测信号。该信号为缓慢变化正弦曲线。其振幅不会显著影响系统运行，但在有功功率演进中将产生可检测到的响应。为得到工作点与最大点间的相对关系，可比较探测正弦信号对有功功率正弦信号的相位滞后。若相位滞后为0，则工作点位于 $P_{TURB}(\omega)$ 的上升段。若相位滞后为π，则工作点位于 $P_{TURB}(\omega)$ 的下降段。

因此，参考速度斜率必须增加/减小。在最大值附近，探测信号不会产生任何可检测到的响应，且参考速度不变[60]。

上述简单的 MPPT 算法，忽略了诸如潮流湍流、系统动力等干扰运行点位置信息的因素。更详细的描述与性能分析见参考文献［58］。

8.2.3.2 轴转速最优控制

基于水轮机数据确定转速设定值

若已知尖速比 λ_{opt} 最优值，则可采用该方法。发电机运行在 ORC 区域，若

$$\lambda(t)=\lambda_{opt} \tag{8.15}$$

假设轴转速为闭环控制，则最优转速为

$$\Omega_{ref}=\frac{\lambda_{opt}}{R}v(t) \tag{8.16}$$

8.2.3.3 有功功率优化控制

基于轴转速确定功率设定值

该方法适合于 λ_{opt} 与 $C_{pmax}=C_p(\lambda_{opt})$ 均已知的情况。该情况下，水轮机摄取的功率如下：

$$\begin{aligned}\partial P_{TURB}&=\frac{1}{2}C_p(\lambda)\rho\pi R^2v^3\\&=\frac{1}{2}\frac{C_p(\lambda)}{\lambda^3}\rho\pi R^5v^3\end{aligned} \tag{8.17}$$

将 λ_{opt} 及 $C_{pmax}=C_p(\lambda_{opt})$ 代入，可得功率－流速曲线中第二个区域的参考功率设定值：

$$P_{TURB}=P_{ref}=K\omega_{ref}^3 \tag{8.18}$$

式中

$$K=\frac{1}{2}\frac{C_p(\lambda_{opt})}{\lambda_{opt}^3}\rho\pi R^5 \tag{8.19}$$

该方法假设对有功功率进行闭环控制，其设定值可由式（8.19）得到。该方法已被广泛应用，特别是中、高功率风机，也可用于潮流能水轮机控制[58,59]。

8.2.4 潮流能水轮机控制

本节中将介绍若干经典风机的 PI 控制系统设计，也可用于前述三种水轮机控制。

8.2.4.1 转矩控制环

为改进并最大化捕获能量，水轮机需尽可能在最大功率下运行。这意味着施加的电磁转矩（T_{ref}）与对应可获得最大功率的潮流能水轮机转矩相等。水轮机通过调节尖速比至最佳值，可获得最大效率，由式（8.18）和式（8.19）可知最大功率正比于转速的 3 次方。

$$T_{ref}=\eta K\omega_{ref}^2 \tag{8.20}$$

显然，当 $V>V_R$ 的时候，参考转矩必须被限制在：

$$T_{ref}=P_r/\omega \tag{8.21}$$

在机械载荷允许的范围内，水轮机控制系统可实现在流速缓慢变换情况下的最大功率点跟踪。对于高湍动的潮流，还需增加滤波器以适应缓慢闭环控制变化。此外，该方法对参数变化十分敏感。

8.2.4.2　速度控制环

该控制器设计基于水轮机的线性模型。图8-8给出了该简化闭环控制结构。高增益K_p可保证更好的跟踪性能。然而，由于控制（转矩）的限制，K_p值也必须受限。为使超调为零，需对参考信号进行一阶滤波补偿（见图8-8）。尽管稳态速度误差为零，参考转速信号ω_{ref}的显著变化，也将导致非零动态误差始终存在。

需注意的是，闭环控制性能仅可在所选工作点得到保证。转矩控制系统在某稳态工作点附近的增益与时间常数也取决于该工作点（通过流速与转速确定）。因此，系统的动态跟踪性能也将随工作点的变化而变化[58,59]。

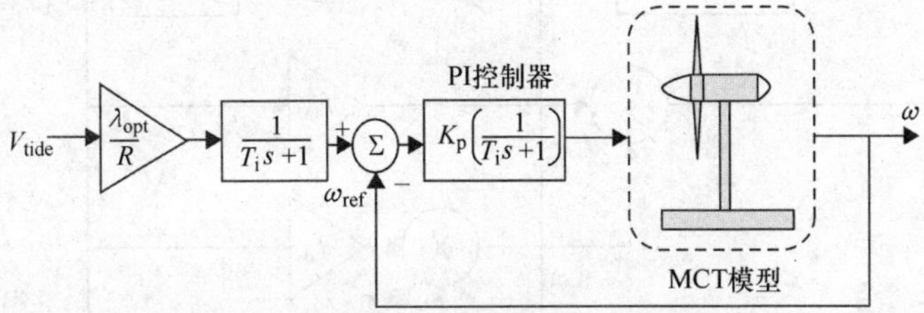

图8-8　水轮机PI控制结构：速度控制环

8.2.4.3　功率控制环

系统输入为电磁转矩，输出为有功功率P。控制器设计基于给定流速下发电机转矩的阶跃响应参数化开展。潮流输入转矩与电磁转矩的差值将引起转速变化，以致功率也即随潮流流速变化增长至新的稳态值[58-60]。

实例：基于PI速度控制PMSG驱动的潮流能水轮机的优化控制

本例通过使用参考文献［61］给出的Matlab/Simulink®工具库，针对低功率变速定桨PMSG驱动的水轮机，开展了基于PI速度控制器的最优控制仿真。控制系统定义在同步d-q坐标系下。对于所提出的控制策略，PMSG的s域定子电压动态模型如下：

$$\begin{cases}-(R+L_d s)i_d=V_d-\phi_q\omega_s\\-(R+L_q s)i_q=V_q+\phi_d\omega_s\end{cases} \tag{8.22}$$

力学方程为

$$T_{gen}-T_{em}=(Js+h)\Omega_{gen} \tag{8.23}$$

式中，$\Omega=\omega_s/p$为机械速度；T_{gen}为齿轮箱或者水轮机（直驱系统）驱动发电机的轴功。

电磁转矩T_{em}定义如下：

$$T_{em}=\frac{3}{2}p(\phi_d i_q-\phi_q i_d)=\frac{3}{2}p[\phi_m i_q+(L_d-L_q)i_d i_q] \tag{8.24}$$

式中

$$\begin{cases}\phi_d = L_d i_d + \phi_m \\ \phi_q = L_q i_q\end{cases}$$

仿真发电机为表面安装式 PMSG，因此无凸极效应且 $L_d = L_q$。因此，电磁转矩可简化为

$$T_{em} = \frac{3}{2} p \phi_m i_q$$

基于上述条件，PMSG 的 Park 模型可用图 8-9 解释。

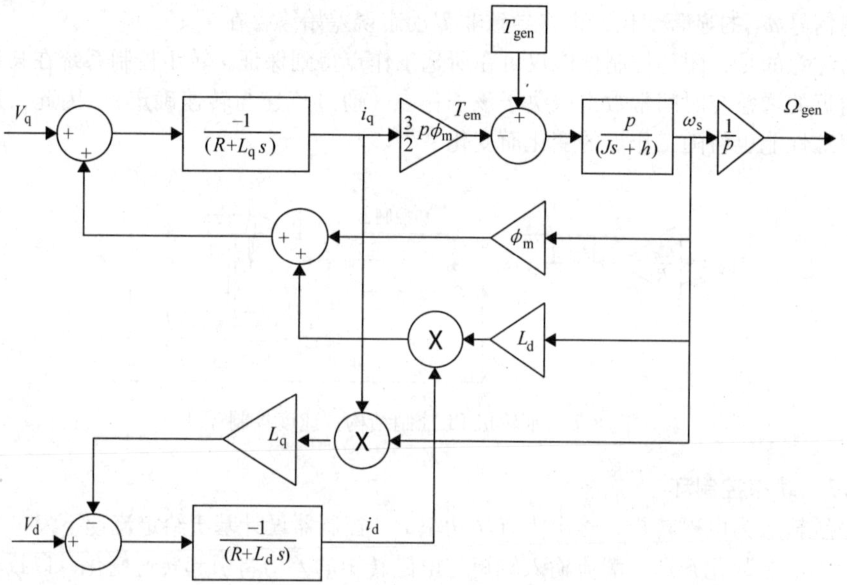

图 8-9　PMSG 的 Park 模型

电流（转矩）控制需通过内环实现，而外环用于主轴速度控制。事实上，如图 8-9 所示，PMSG 转速可通过与转矩成正比的转子电流 I_q 进行控制。在定桨水轮机中，可通过超速运行限制功率（发电机/变流器需按相应速度范围进行可控设计）。

为演示控制行为，对基于 PMSG 的水轮机在变潮流流速条件下进行了仿真。并对直径 1.44m 的低功率试验性 MCT 水轮机与 7.5kW 的 PMSG 测试了 PI 控制策略[62,63]。

对于由 MPPT 策略（$V < V_R$）给定参考速度的情况，基于 PMSG 的水轮机转速跟踪性能与发电有功功率的控制性能分别如图 8-10 与图 8-11 所示。

估算的功率代表最大可被摄取的功率，依据潮流流速变化与潮流水轮机水动力模型推算得到。仿真功率表示由水轮机仿真器得到的功率，其结果表明 PMSG 转速跟踪性能很好。然而，潮流湍动与系统磨损导致的参数变化将显著影响水轮机的动态性能。此情况下，可采用多种不同控制方案。但大多数情况下，常采用经典 PI 与 PID 控制。为了得到更好的性能，特别是模型不确定性条件下为保证系统鲁棒性，也可采用先进控制

技术[62-65]。

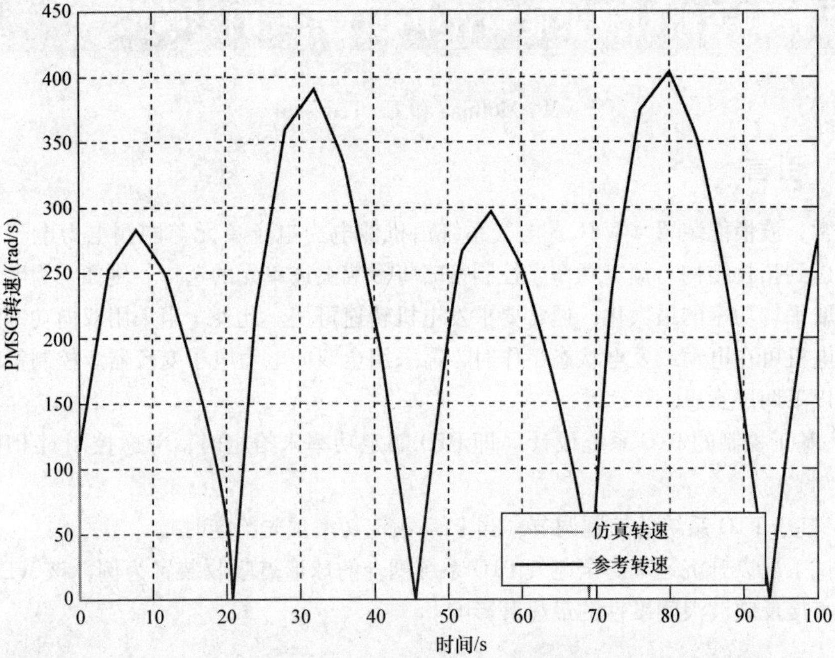

图 8-10　PMSG 转速与参考值

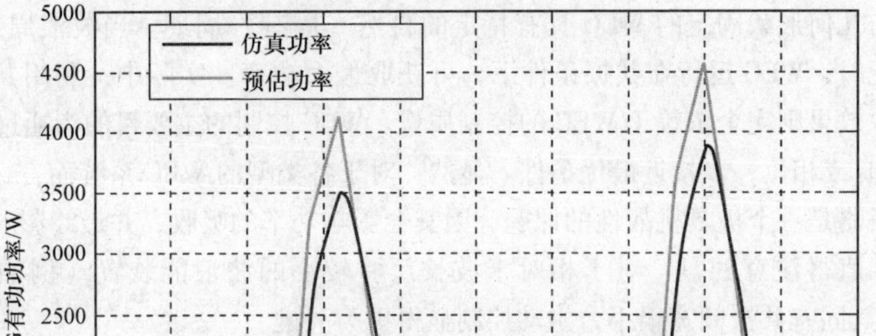

图 8-11　PMSG 有功功率

8.3 控制策略对波浪能装置中电气系统的影响

M. Molinas 和 E. Tedeschi

8.3.1 引言

通常，波浪能装置（WEC）电气系统由机侧电力电子单元与网侧电力电子单元构成。考虑到拓扑结构与额定功率，控制策略将影响上述单元的选择。例如，为实现从波浪中提取平均功率的最大化，通常要求发电机转速可变。此外，当采用双向功率流控制时，即电机可在电动或发电状态工作时，需采用全双向电力电子变流器。控制策略的设计包括以下两层意思：

1）基于控制的 PTO 系统设计（即 PTO 额定功率未给定时，考虑控制对 PTO 额定功率影响）。

2）基于 PTO 系统的控制调节（当 PTO 额定功率预先给定时）。

测试工况以升沉运动与全电气 PTO 系统耦合的球形点吸收装置为例，该 WEC 设计概念可直接反映波浪间歇性的最显著影响。

8.3.2 控制方案与 WEC 电气系统的关系

质量与几何形状固定的 WEC 具有特定的自然（固有）周期。当波浪周期 WEC 固有周期匹配时，WEC 运行在共振条件下，可获取最大功率。实际中，利用共振特性提高功率摄取效果则完全依赖于 WEC 的控制质量。WEC 控制的主要目的为通过 PTO 修正运动幅度和/或相位，以接近最优条件。显然，对于各类型的 WEC 系统而言，设计最合适的控制策略是一个极具挑战性的课题，因其会影响功率的吸收，并最终影响到盈利能力。然而，值得注意的是，对于相对于波长尺寸较小的波浪能装置（例如点吸收浮子），由于其固有共振频宽很小，主动控制显得更为关键。

目前为止，用于点吸收式波浪能装置最常用的控制技术包括：

- 复共轭控制：通过主动修正运动幅值与相位，将 WEC 控制在谐振条件下。为实现此目的，PTO 作用浮子上的力包含两个分量，一个分量与 WEC 的速度成正比，另一个分量与 WEC 的位置或加速度成正比。
- 被动加载控制：PTO 作用力正比于浮子的速度，以修正动态阻力（或阻尼）。在此情况下，仅改变运动幅度可得到相对最大的摄取功率。
- 闭锁与离合控制：点吸收浮子被限制在一个具有上、下限区间内，使其速度与激励力保持同相。当浮子释放时，其阻尼被设置为被动加载状态。离合控制与闭锁控制不同之处仅在于阻力在零与一个（不同）常值间切换。
- 模型预测控制：在一个较短的时间水平上进行约束优化并实现期望响应。应用该控制方法要求 WEC 系统为离散模型并需预测激励力。

8.3.2.1　基于控制的 PTO 系统的设计

当 WEC 的 PTO 额定功率事前未确定时，WEC 控制策略的选择将直接影响到 PTO 部件的额定功率，这是因为不同控制方案将导致不同的峰均功率摄取。

平均摄取功率为 PTO 设计及 WEC 性能评价的主要参考参数。为使系统设计完全可行，在设计初始阶段考虑 PTO 系统施加的机－电约束非常重要。另一个重要参数为峰值功率，主要影响发电机与变流器容量。峰值功率将决定发电机的选择及相关电力电子接口的最大电流限值。参考文献［66］清晰地解释了峰值功率与上述要素的关系。电力电子器件的时间常数非常小，通常在几百毫秒[67]，因此，电力电子器件的容量选择非常重要。发电机与其他电气部件例如变压器、电缆的时间常数为分钟级，可承受比额定功率更高的瞬时峰值功率。尽管对散热的要求不那么苛刻，但 WEC 运行过程中发热对于发电机额定值的影响仍较大。这是由于对大多数 WEC 而言，发电机的作用不仅为实现机电转换，它还主动参与初级能量转换效率优化。实际上，诸如越浪式装置与采用变速空气透平的振荡水柱（OWC）式波能装置均要求较宽的转速与转矩控制范围，以确保性能优化。这对于有或无液压 PTO 的点吸收装置甚至更为关键，因为发电机可控并直接作用于浮子运动[68]。需强调的是，WEC 的性能通常由峰均功率比表征，也是与其他多个要素相关的度量值（从 PTO 设计到 WEC 并网[69,70]）。该指标适合于多种类型的系统[68,71]，但尤其适合点吸收式直驱系统[66,72,73]。

对于某包含行程限制的点吸收式装置，参考文献［74］开展了对比研究。结果表明，传统被动加载控制的峰均功率比达到 12。在同样海况下，无功控制策略将增加平均功率输出，但其代价为高峰均比（采用复共轭控制时为 17，采用模型预测控制时超过了 35）。闭锁控制具有相对较高的峰均比（11～18），采用离合控制后可降至 6～9。然而，闭锁与离合控制在小波浪条件下的效果均较差。

8.3.2.2　基于给定 PTO 的控制调节

当 WEC 的 PTO 已事先设计好时，除峰值功率限制外，还必须考虑 PTO 所能承受最大转矩/力与速度的这些特定限制。表 8-1 给出了 4 种不同类型 WEC 的机－电参数范围与峰均比。因此，应用于 WEC 的控制方案需在控制算法中考虑实物系统限制，形成实际可行的解决方案，以满足潜在市场的需要。这也就将 WEC 功率摄取问题转化为约束优化问题，即在下述两指标间折中：

1）PTO 系统额定值；

2）在额定功率约束条件下的最优功率摄取。

某些研究[75,76]表明，为了在约束 PTO 条件下优化功率摄取，需根据波浪频率与幅值采用不同的实时控制策略。在参考文献［77］中，相对于固定参数的控制方案，基于简化的单频方法及基于入射波选择性无功控制的全过程自适应控制策略，均表现出了提高功率摄取的潜力。

表 8-1 4 种不同 WEC 与 PTO 的电气、机械参数范围（摘自参考文献［68］）

WEC 类型	原动机速度范围	发电机峰值转矩范围	发电机类型	实例中报道的峰均比
OWC	600～1500r/min	2～4pu；随惯量增加而降低	变速（VS）：SCIG/SG/PMG	10[3]
装配液压 PTO 的点吸收装置	1000～3000r/min	采用较大蓄能器储能时接近 1pu，减小储能可最大达到 4pu	定速（FS）：SG/SCIG－SVC（大储能设计） 变速：SG/PMG/SCIG（小储能设计）	N/A
越浪式/采用水力 PTO 的泵备送装置	100～250r/min	接近 1pu	变速箱（GBC）：FS SG/SCIG 静态无功补偿（SVC）或 VS PMG/SCIG	N/A
装配直驱 PTO 的点吸收装置	0～3m/s 0～400r/min	2～5pu；随惯量增大而减小	直线电机：PMG（定制） 旋转电机：GBC VS SG/PMG	7.7～17.1（被动加载），采用其他控制策略，取值更高[9,20]

案例分析

本例中，采用直驱式球形（半径为 5m）点吸收浮子与全电气 PTO 系统，包括鼠笼型感应发电机与背靠背（BTB）电力电子并网变流器。感应发电机的额定功率为 850kW，额定转速为 2985r/min。

点吸收浮子的参考速度为 3m/s，小齿轮的半径为 0.1m，点吸收浮子与 PTO 耦合的齿轮比为 10。发电机的额定转矩为 2716N·m，峰值转矩为 7333N·m。相应承载力的额定值为 271.6kN，峰值为 733.3kN。

为便于解释，考虑一简单情况，假设正弦入射波周期为 $T=9s$，与采用固定参数的复共轭控制策略相比，自适应控制策略摄取的平均功率最大，而峰均比有所降低（见图 8-12）。该方法易于扩展并纳入系统中的所有主要约束，并可根据特定 WEC 不同的入射波幅值与频率，给出建议的控制策略（图 8-13 即为针对测试实例给出的控制策略选择建议图）。

不规则波条件下的性能

根据布氏谱[78,79]产生 20min 不规则波波幅变化曲线，其有效波高为 $H_s=2.12m$，能量周期为 $T_s=9s$。采用传统的被动加载方式，施加周期为 9s 的正弦波且相应的最优阻尼保持不变。经过 1200s 仿真，得平均摄取功率 $P_{avg}=43kW$，最大功率为 $P_{max}=602kW$ 且只持续数秒（见图 8.14a）。本例中，PTO 作用力有效值低于额定值（$P_{max}=602kW$）。峰值作用力达 $P_{max}=602kW$，也低于峰值力上限。在相同海况下，采用同样额定功率为 840kW 的 PTO，对于固定参数的复共轭控制，由图 8-14b 可知，每隔数十秒即达到峰值上限，但平均功率仅为 41.6kW。从机械的角度看，复共轭控制对于所选择设备不可行，该方案导致发电机承受力的有效值为 621.4kN，而最大值将达到 2000kN。自适应控制

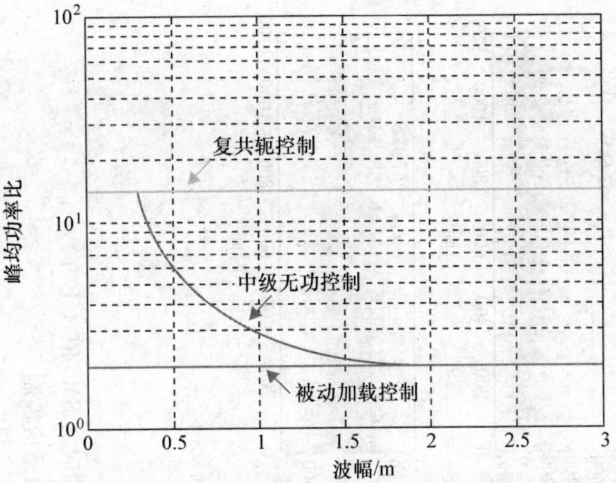

图 8-12　在 $T=9\mathrm{s}$ 正弦入射波条件下，三种不同的控制策略的峰均功率比

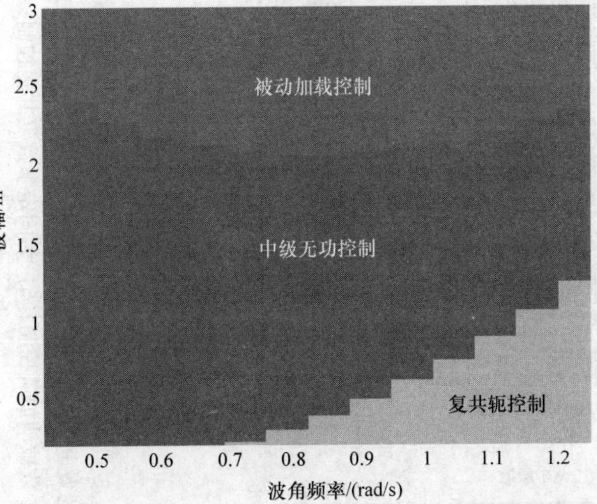

图 8-13　不同正弦入射波幅与波频条件下建议控制策略图

策略（中区无功控制）的结果如图 8-14c 所示，峰值功率 $P_{max}=719.17\mathrm{kW}$，平均功率 $P_{avg}=62.6\mathrm{kW}$。与传统的被动加载控制相比，中区无功控制的平均获取功率提高了 46%，优势明显，能更好地利用 PTO 设备。如图 8-14c 所示，在小波高条件下采用无功控制策略时，功率流为双向的。另一方面，在大波高条件下，采用调节被动加载控制策略的功率流则为单向的。相应的 PTO 机械力为 $F_{rms}=267.4\mathrm{kN}$。在允许范围内，与传统加载方式相比，该策略改善了 PTO 效用。机械力最大值 $F_{max}=-689.8\mathrm{kN}$ 也在允许范围内。与理想正弦波相比，不规则波测试结果可为实际 PTO 系统所需扩容量级提供参考。但这并非否定采用正弦波进行初步分析的作用[71,80-82]，反而强调了在采用该方法作为初步设计的基础上，需进一步开展更实际的测试（见表 8-2）。

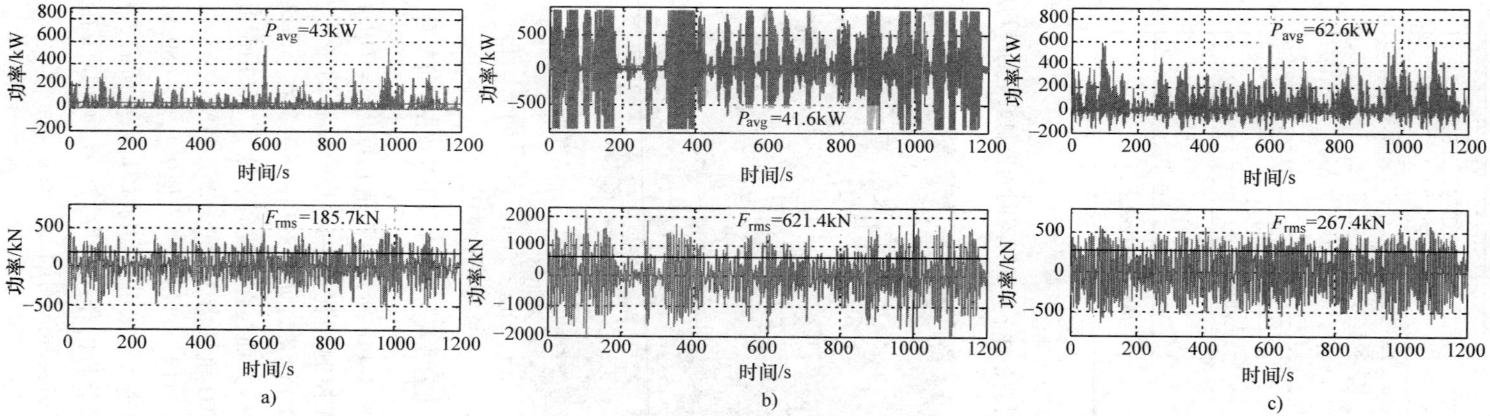

图 8-14　三种控制方法的发电机瞬时与平均输出功率（上方）和 PTO 作用力的瞬时与 RMS 值（下方）。a）为固定参数被动加载控制；b）为固定参数复共轭控制；c）为自适应控制

表 8-2　仿真测试结果

	被动加载控制	复共轭控制	自适应控制
P_{avg}/kW	43	41.6	62.6
P_{max}/kW	602	840	719.2
F_{rms}/kN	185.7	621.4	267.4
F_{max}/kN	696.5	≥2000	-689.8

8.3.3　效率对功率摄取的影响

在分析 WEC 系统的功率摄取能力时，研究其整体功率转换效率是非常重要的[69,83,84]。发电机与电力电子部件的效率受到很多因素影响（如转速及负载条件），当摄取的功率相对于额定功率较小时，效率下降严重。不同控制策略条件对其影响程度也不同。最重要的影响是，在可比较的条件下，当摄取相同的平均功率时，采用复共轭控制的峰值功率比采用被动加载控制的峰值功率大得多。其结果是，由于 PTO 的效率不一致，复共轭控制的功率损耗更大。若需考虑复共轭（或中区无功）控制，将在双向上（从 WEC 到电网，从电网到 WEC）观察到损耗。该损耗在复共轭控制中更为严重，与被动加载相比，这显然是很不利的。

在更简单的正弦波条件下，图 8-15b 和 c 显示了由于效率不统一对于被动加载控制和复共轭控制造成的影响。为了便于比较，在理想效率曲线下，对入射波波幅进行了调整，以保证两种方法具有相同的平均功率。由于系统运行条件及最大功率值的不同，非理想功率导致复共轭控制的平均功率下降了 12%，而被动加载控制的平均功率仅下降了 5%。

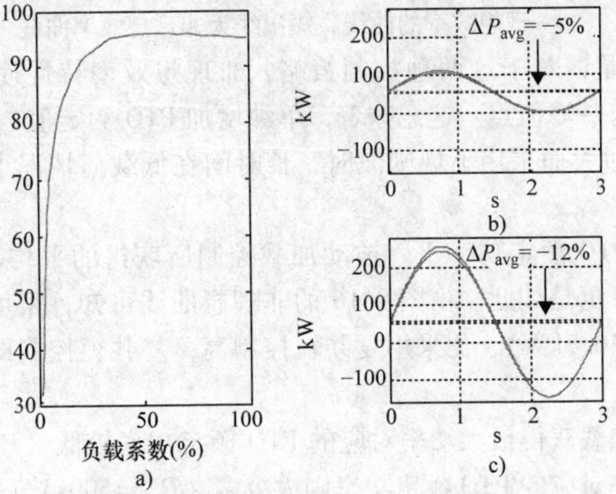

图 8-15　a）PTO 设备效率示例；b）被动加载控制下对摄取功率的影响；c）复共轭控制下对摄取功率的影响

案例分析

图 8-15a 给出了功率转换中电气 PTO 的非理想效率曲线。下面将针对点吸收装置与电气 PTO 直连情况，当海况条件为 $T_e = 6\text{s}$，有效波高 $H_g = 1.41\text{m}$[85] 时，分析了非理想

效率对于不同控制策略的影响。在理想与非理想条件下，平均摄取功率与 PTO 额定功率的关系曲线如图 8-16 所示，控制方法为被动加载与复共轭控制。

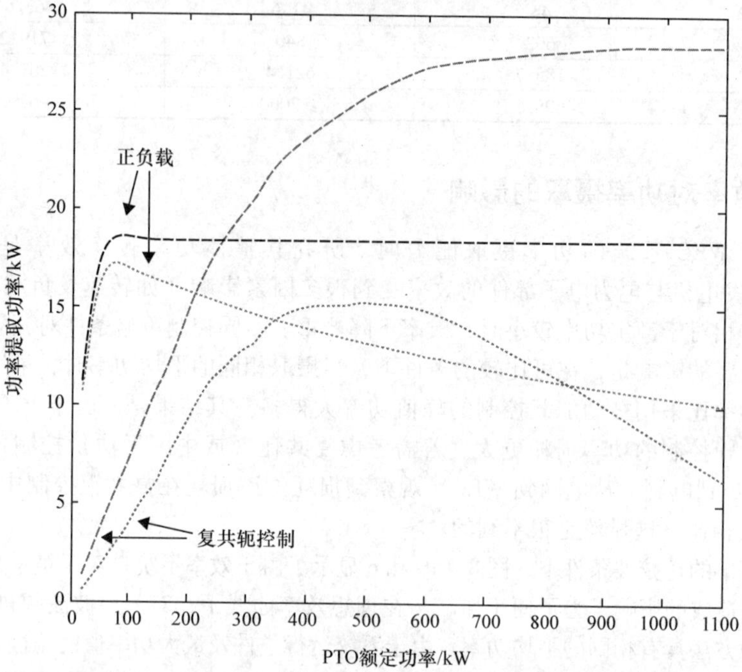

图 8-16　平均摄取功率与 PTO 额定功率之间的关系曲线。长虚线为理想效率的曲线，短虚线为非理想效率曲线

值得注意的是，对于这两种控制策略，非理想效率特性使平均提取功率对应某 PTO 额定功率具有一峰值点。这意味着，单纯增加 PTO 额定值，并不能增加功率摄取。其原因是当 PTO 过大而采用不规则波时，长时间在低载荷情况下工作，将使整个功率转换愈加低效。

在非常低的 PTO 额定功率下，被动加载控制所获得的平均功率比复共轭控制高，非理想效率情况下更是如此。由图 8-16 的非理想曲线可知，采用被动加载控制得到的最大功率（$P_{avg}=16.7kW$），比采用复共轭控制高，复共轭控制即使在最好条件下也只有 $P_{avg}=15kW$。

此外，被动加载获得最大功率对应的 PTO 额定功率较低（$P_{rat}=75kW$），而复共轭控制获取最大功率对应的 PTO 额定功率则大得多（$P_{rat}=500kW$）。这证明了在非理想效率下被动加载控制性能优于复共轭控制。进一步可证明，在非理想效率条件下，中区无功控制策略也可得到较好的控制效果。实际上，为最大化最终摄取功率应慎重进行优化。示例如下：假设 PTO 的额定值为 110kW，按照被动加载方式考虑一固定阻性控制分量加复共轭控制方式中按比例增加的抗性分量以评估系统平均摄取功率。如图8-17所示，当抗性分量增加至此前复共轭控制的 50% 时，平均摄取功率为 21.8kW，比单纯被动加载控制提高了约 30%。类似能量捕获性能的提高也在全系统仿真中获得了验证，包括详细的PTO的（开关）模型[85]。

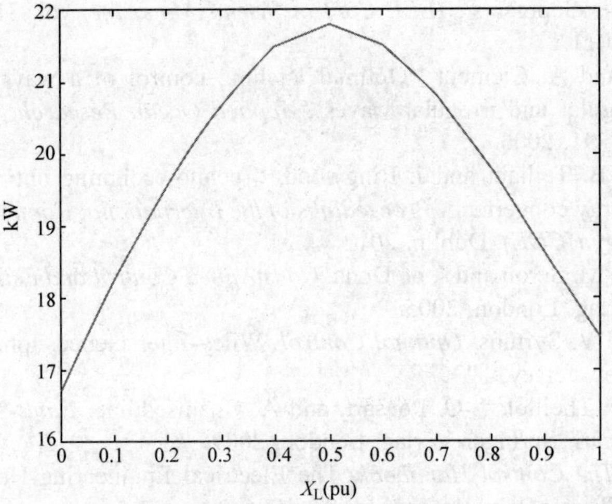

图8-17 非理想效率条件下，平均提取功率与按复共轭控制比值取的抗性分量的关系。被动加载控制中采用阻性分量

8.3.4 讨论

本节以点吸收式WEC为对象，讨论了WEC控制策略对于能量获取能力的影响，以及全电气型PTO组件的规模。该问题可从两方面考虑，一种为预先设定PTO额定值（约束控制问题），另一种为根据单一控制策略达到最合适的能量获取峰均比，确定PTO的容量（非约束控制问题）。

更严格的方式是，通过一整年或多年数据仔细评估无约束控制策略对能量摄取影响后，确定PTO的初步规模。据此，选择最合适的峰均比，通过求解约束优化问题，以确定用于WEC最大化能量摄取的控制策略。从案例分析中也可清晰看出若在决定控制策略时不考虑行程、速度、作用力等实物系统限制，单纯的功率约束无法确保WEC装置具备使用的功能性。这意味着，在定义优化问题前应仔细选择相关约束，以确保WEC装置的实物系统限制可适当解决。

在控制策略影响计算中引入非理想效率时，随控制策略不同，可观察到不同程度的功率摄取下降现象。上述结果清晰表明，在定义波浪能摄取优化问题时，哪些参数（电气与机械）应予考虑。

8.4 参考文献

[1] J.-C. Gilloteaux and J. Ringwood, ‘Control-informed geometric optimisation of wave energy converters’, *Proceedings of the IFAC Conference on Control Applications in Marine Systems (CAMS)*. Rostock, Germany, 2010, pp. 399–404.

[2] L. Pao and K. Johnson, 'Control of wind turbines: Approaches, challenges and recent developments', *IEEE Control Sytems Magazine*, vol. 31, no. 2, pp. 44–62, 2011.

[3] A. Babarit and A. Clement, 'Optimal latching control of a wave energy device in regular and irregular waves', *Applied Ocean Research*, vol. 28, no. 2, pp. 77–91, 2006.

[4] R. Costello, B. Teillant and J. Ringwood, 'Techno-economic optimisation for wave energy converters', *Proceedings of the International Conference on Ocean Energy (ICOE)*. Dublin, 2012.

[5] G. Goodwin, M. Seron and J. de Dona. *Constrained Control and Estimation*. Springer-Verlag, London, 2005.

[6] F. Lewis and V. Syrmos, *Optimal Control*. Wiley-Interscience. John Wiley and Sons, New Jersey, 1995.

[7] H. Noura, D. Theillol, J.-C. Ponsart, and A. Chamseddine, *Fault-Tolerant Control Systems*. Springer-Verlag, London, 2009.

[8] W. Levine. *The Control Handbook*. The Electrical Engineering Handbook Series. CRC Press, Boca Raton, Florida, 1996.

[9] Y. Kim and L. Keel and S. Bhattacharyya, 'Transient response control via characteristic ratio assignment', *IEEE Transactions on Automatic Control*, vol. 48, no. 12, pp. 2238–2244, 2003.

[10] B. Quo, *Automatic Control Systems*, 8th edn. Wiley, New Jersey, 2007.

[11] F. J. Brasch and J. Pearson, 'Pole placement using dynamic compensators', *IEEE Transactions on Automatic Control*, vol. 15, no. 1, pp. 34–43, February 1970.

[12] B. Anderson and J. B. Moore, *Linear Optimal Control*. Prentice-Hall, Englewood Cliffs, New Jersey, 1971.

[13] S. Skogestad and I. Postlethwaite, *Multivariable Feedback Control Analysis and Design*. Wiley, Chichester, England, 2007.

[14] L. Ljung, *System Identification: Theory for the User*. Pearson, New Jersey, 1998.

[15] K. Narendra and A. Annaswamy, *Stable Adaptive Systems*. Dover Publications, Mineola, New York, 2005.

[16] W. Leithead and B. Connor, 'Control of variable speed wind turbines: Design task', *International Journal of Control*, vol. 73, no. 13, pp. 1189–1212, 2000.

[17] F. Bianchi, H. De Battista and R. Mantz, *Wind Turbine Control Systems: Principles, Modelling and Gain Scheduling Design*. Springer-Verlag, London, 2007.

[18] W. Cummins, 'The impulse response function and ship motions', *Schiffstechnik*, vol. 9, pp. 101–109, 1962.

[19] M. Eriksson, R. Waters, O. Svensson, J. Isberg and M. Leijon, 'Wave power absorption: Experiments in open sea and simulation', *Journal of Applied Physic*, vol. 102, no. 8, 084910–084910–5, 2007.

[20] A. Merigaud, J.-C. Gilloteaux and J. Ringwood, 'A nonlinear extension for linear boundary element methods in wave energy device modelling', *Proceedings of the Conference on Offshore Mechanics and Arctic Engineering*

(OMAE). Rio de Janeiro, Brazil, 2012.

[21] M. Bhinder, A. Babarit, L. Gentaz and P. Ferrant, 'Effect of viscous forces on the performance of a surging wave energy converter', *Proceedings of the Conference of the Intenational Society of Offshore and Polar Engineers (ISOPE)*. Rhodes, Greece, 2012, pp. 545–550.

[22] A. O'Dwyer, *Handbook of PI and PID: Controller Tuning Rules*. Imperial College Press, London, 2003.

[23] F. J. Doyle III., H. S. Kwatra and J. S. Schwaber, 'Dynamic gain scheduled process control', *Chemical Engineering Science*, vol. 53, no. 15, pp. 2675–2690, 1998.

[24] N. Hori, R. J. Cormier and K. Kanai, 'Matched pole-zero discrete-time models', *IEE Proceedings on the Control Theory and Applications D*, vol. 139, no. 3, pp. 273–278, May 1992.

[25] K. Astrom and B. Wittenmark, *Computer-controlled Systems: Theory and Design*. Prentice-Hall, New Jersey, 2011.

[26] K. Furuta, A. Sano and D. Atherton, *State Variable Methods in Automatic Control*. Wiley, New York, 1988.

[27] M. Grimble and M. Johnson, *Optimal Control and Stochastic Estimation: Theory and Applications*. Wiley, New York, 1986.

[28] R. Soeterboek, *Predictive Control: A Unified Approach*. Prentice-Hall, New Jersey, 1992.

[29] J. Marshall, *Control of Time-Delay Systems*. Peter Peregrinus, London, 1979.

[30] J. Maciejowski, *Predictive Control: With Constraints*. Pearson Education, Prentice-Hall, New Jersey, 2002.

[31] K. Hunt, D. Sbarbaro, R. Zbikowski and P.J. Gawthrop, 'Neural networks for control systems: A survey', *Automatica*, vol. 28, no. 6, pp. 1083–1112, 1992.

[32] C. Rao, S. Wright and J. Rawlings, 'Application of interior-point methods to model predictive control', *Journal of Optimization Theory and Applications*, vol. 99, no. 3, pp. 723–757, 1998.

[33] A. Packard and J. Doyle, 'The complex structured singular value', *Automatica*, vol. 29, no. 1, pp. 71–109, 1993.

[34] I. Petersen, V. Ugrinovskii and A. Savkin, *Robust Control Design using H-Infinity Methods*. Springer-Verlag, London, 2000.

[35] D. McFarlane and K. Glover, 'A loop-shaping design procedure using H∞ synthesis', *IEEE Transactions on Automatic Control*, vol. 37, no. 6, pp. 759–769, 1992.

[36] M. Kothare, V. Balakrishnan and M. Morari, 'Robust constrained model predictive control using linear matrix inequalities', *Automatica*, vol. 32, no. 10, pp. 1361–1379, 1996.

[37] J. Helton and M. James, *Extending H-Infinity Control to Nonlinear Systems: Control of Nonlinear Systems to Achieve Performance Objectives*, vol. 1. SIAM, Philadehphia, 1987.

[38] L. Ghaoui and S. Niculescu, *Advances in Linear Matrix Inequality Methods in Control*. SIAM, Philadehphia, 1987.

[39] K. Narendra and K. Parthasarathy, 'Identification and control of dynamical systems using neural networks', *IEEE Transactions on Neural Networks*, vol. 1, no. 1, pp. 4–27, 1991.
[40] H. Khalil and J. Grizzle, *Nonlinear Systems*, vol. 3. New Jersey: Prentice-Hall, 1996.
[41] C. Kwan and F. Lewis, 'Robust backstepping control of nonlinear systems using neural networks', *IEEE Transactions on Systems, Man and Cybernetics, Part A: Systems and Humans*, vol. 30, no. 6, pp. 753–766, 2000.
[42] V. Utkin, 'Sliding mode control design principles and applications to electric drives', *IEEE Transactions on Industrial Electronics*, vol. 40, no. 1, pp. 23–36, 1993.
[43] K. Ariyur and M. Krstic, *Real-Time Optimisation by Extremum-seeking Control*. Wiley, New York, 2003.
[44] S. Draper, *Tidal Stream Energy Extraction in Coastal Basins*. PhD thesis, University of Oxford, 2011.
[45] J. Falnes, *Ocean Waves and Oscillating Systems: Linear Interactions Including Wave-Energy Extraction*. Cambridge, University Press, Cambridge, 2002.
[46] D. Evans, 'Maximum wave-power absorption under motion constraints', *Applied Ocean Research*, vol. 3, no. 4, pp. 200–203, 1981.
[47] J. Hals, J. Falnes and T. Moan, 'Constrained optimal control of a heaving buoy wave-energy converter', *Journal of Offshore Mechanics and Arctic Engineering*, vol. 133, no. 1, 2011.
[48] J. Cretel, *et al.*, 'Maximisation of energy capture by a wave-energy point absorber using model predictive control', *Proceedings of the IFAC World Congress*, Milan, 2011, pp. 3714–3721.
[49] G. Bacelli, J. Ringwood and J. Gilloteaux, 'A control system for a self-reacting point absorber wave energy converter subject to constraints', *Proceedings of the 18th IFAC World Congress* (2011), International Federation of Automatic Control (IFAC), pp. 11387–11392.
[50] F. Fusco and J. V. Ringwood, 'A simple and effective real-time controller for wave energy converters', *IEEE Transactions on Sustainable Energy*, vol. 4, no. 1, pp. 21–30, 1981.
[51] K. Budal and J. Falnes, 'Interacting point absorbers with controlled motion', In: *Power from Sea Waves*. B. Count (Ed.), Academic Press, London, 1980.
[52] A. Babarit, M. Guglielmi and A. Clément, 'Declutching control of a wave energy converter', *Ocean Engineering*, vol. 36, no. 12, pp. 1015–1024, 2009.
[53] M. Lopes, *et al.*, 'Experimental and numerical investigation of non-predictive phase-control strategies for a point-absorbing wave energy converter', *Ocean Engineering*, vol. 36, no. 5, pp. 386–402, 2009.
[54] J. Scruggs and S. Lattanzio, 'Optimal causal control of an ocean wave energy converter in stochastic waves', *Proceedings of the European Wave and Tidal Energy Conference*. Southampton, UK, 2011.
[55] F. Fusco and J. Ringwood, 'A study of the prediction requirements in real-time control of wave energy converters', *IEEE Transactions on Sustainable Energy*, vol. 3, no. 1, pp. 176–184, 2012.

[56] F. Fusco and J. Ringwood, 'Short-term wave forecasting for real-time control of wave energy converters', *IEEE Transactions on Sustainable Energy*, vol. 1, no. 2, pp. 99–106, 2010.

[57] P. Mhaskar, J. Liu and P. Christofides. *Fault-Tolerant Process Control*. Springer-Verlag, London, 2013.

[58] I. Boldea, *et al*., *The Induction Machine Handbook*. CRC Press, 2001.

[59] I. Munteanu, *Contribution to the Optimal Control of Wind Energy Conversion Systems*, PhD Thesis, University of Galaty, 2006.

[60] I. Munteanu, *et al*., *Optimal Control of Wind Energy Systems: Towards a Global Approach*. Springer, 2008.

[61] S. E. Benelghali, *On Multiphysics Modeling and Control of Marine Current Turbine Systems*, PhD thesis, University of Brest, France, 2009 (free link: http://tel.archivesouvertes.fr/docs/00/52/16/15/PDF/THESE_BENELGHALI_LBMS_UBO_2009.pdf, last consultation September 2012).

[62] S.E. Ben Elghali, *et al*., 'High-order sliding mode control of a marine current turbine driven permanent magnet synchronous generator', *Proceedings of the IEEE IEMDC'09*, Miami, FL, pp. 1541–1546, May 2009.

[63] S.E. Ben Elghali, *et al*., 'Experimental validation of a marine current turbine simulator: Application to a permanent magnet synchronous generator-based system second-order sliding mode control', *IEEE Transactions on Industrial Electronics*, vol. 58, no. 1, pp. 119–126, 2011.

[64] S.E. Ben Elghali, *et al*., 'High-order sliding mode control of a marine current turbine driven doubly-fed induction generator', *IEEE Journal on Oceanographic Engineering*, vol. 35, no. 2, pp. 402–411, 2010.

[65] S.E. Ben Elghali, *et al*., 'Performance comparison of three- and five-phase permanent magnet generators for marine current turbine applications under open-circuit faults', *IEEE Powering Proceedings* – 2011 IEEE Powereng, Espagne, 2011.

[66] M. Stalberg, R. Waters, O. Danielsson and M. Leijon, 'Influence of generator damping on peak power and variance of power for a direct drive wave energy converter', *Journal Of Offshore Mechanical and Arctic Engineering*, vol. 130, pp. 1–4, August 2008.

[67] D. O'Sullivan, D. Murray, J. Hayes, M. G. Egan and A. W. Lewis (2011). The benefits of device level short term energy storage in ocean wave energy converters, In , R. Carbone (Ed.), *Energy Storage in the Emerging Era of Smart Grids* ISBN: 978-953-307-269-2, InTech. Available at: http://www.intechopen.com/books/energy-storage-in-the-emerging-era-of-smart-grids/the-benefits-of-device-level-short-term-energy-storage-in-ocean-wave-energy-converters

[68] D.L. O'Sullivan and A.W. Lewis, 'Generator requirements and functionality for ocean energy converters', 2010 XIX International Conference on Electrical Machines (ICEM), pp.1–7, 6–8 September 2010.

[69] D. Ravi Kiran, A. Palani, S. Muthukumar and V. Jayashankar, 'Steady grid power from wave energy', *IEEE Transactions on Energy Conversion*, vol. 22, no. 22, pp. 539–540, June 2007.

[70] S. Muthukumar, S. Kakumanu, S. Sriram, R. Desai, A. A. S. Babar and

V. Jayashankar, 'On minimizing the fluctuations in the power generated from a wave energy plant', *Proceedings on the IEEE International Conference on Electric Machines and Drives*, San Antonio, TX, pp. 178–185, June 2005.

[71] J. Hals, T. Bjarte-Larsson and J. Falnes, 'Optimum reactive control and control by latching of a wave-absorbing semisubmerged heaving sphere', *Proceedings of the 21st International Conference on Offshore Mechanics and Artic Engineering*, Oslo, Norway, pp. 1–9, June 23–28, 2002.

[72] M. Ruellen, H. BenAhmed, B. Multon, C. Josset, A. Babarit and A. Clement, 'Design methodology for a SEAREV wave energy converter', *IEEE Transactions on Energy Conversion*, vol. 25, no. 3, pp. 760–767, September 2010.

[73] M. Molinas, O. Skjervheim, P. Andreasen, T. Undeland, J. Hals, T. Moan, and B. Sorby, 'Power electronics as grid interface for actively controlled energy converters', *Proceedings of the International Conference on ICCEP*, Capri, Italy, May 21–23, 2007, pp. 188–195, 2007.

[74] J. Hals, J. Falnes and T. Moan, 'A comparison of selected strategies for adaptive control of wave energy converters', *Journal of Offshore Mechanics and Arctic Engineering*, vol. 133, no. 3, August 2011, pp. 1–32.

[75] E. Tedeschi and M. Molinas, 'Control strategy of wave energy converters optimized under power electronics rating constraints', *Proceedings of the 3rd International Conference on Ocean Energy*, Bilbao, Spain, 2010.

[76] M. Schoen, J. Hals and T. Moan, 'Wave prediction and fuzzy logic control of wave energy converters in irregular waves', *Proceedings of the Mediterranean Conference on Control and Automation*, Ajaccio-Corsica, France, pp. 767–772, 2008.

[77] E. Tedeschi and M. Molinas, 'Tunable control strategy for wave energy converters with limited power take-off rating', *IEEE Transactions on Industrial Electronics*, vol. 59, no. 10, pp. 3838–3846, 2012.

[78] W. H. Michel, 'Sea spectra revisited', *Marine Technology*, vol. 36, no. 4, pp. 211–227, 1999.

[79] G. P. Harrison and A. R. Wallace, 'Sensitivity of wave energy to climate change', *IEEE Transactions on Energy Conversion*, vol. 20, no. 4, pp. 870–877, December 2005.

[80] P. R. M. Brooking and M. A. Mueller, 'Power conditioning of the output from a linear vernier hybrid permanent magnet generator for use in direct drive wave energy converters', *Proceedings of the Institute of Electrical Engineers — Generation, Transmission and Distribution*, vol. 152, no. 5, pp. 673–681, September 2005.

[81] J. K. H. Shek, D. E. Macpherson, M. A. Mueller and J. Xiang, 'Reaction force control of a linear electrical generator for direct drive wave energy conversion', *IET Renewable Power Generation*, vol. 1, no. 1, pp. 17–24, March 2007.

[82] V. Delli Colli, P. Cancelliere, F. Marignetti, R. Di Stefano and M. Scarano, 'A tubular-generator drive for wave energy conversion', *IEEE Transactions on Industrial Electronics*, vol. 53, no. 4, pp. 1152–1159, August 2006.

[83] T. K. A. Brekken, H. Hapke and J. Prudell, 'Drives comparison for reciprocating and renewable energy applications', *Proceedings of the 24th Applied Power Electronics Conference and Exposition*, APEC 2009, Washington, DC, pp. 732–738, 15–19 February 2009.

[84] H. Lendenmann, K.-C. Stromsem, M. Dai Pre, W. Arshad, A. Leirbukt, G. Tjensvoll and T. Gulli, 'Direct generation wave energy converters for optimized electrical power production', *Proceedings of the 7th EWTEC*, Porto, Portugal, September 11–13, 2007, pp. 1–10, 2007.

[85] E. Tedeschi, M. Carraro, M. Molinas and P. Mattavelli, 'Effect of control strategies and power take-off efficiency on the power capture from sea waves', *IEEE Transactions on Energy Conversion*, vol. 26, no. 4, pp. 1088–1098, December 2011.

第9章 建模与仿真技术

9.1 潮流能发电装置的全过程建模

S. Benelghali, J. F. Charpentier, M. E. H. Benbouzid

术语

ρ	流体密度
A	潮流能水轮机的扫掠面积
V_{tide}	潮流流速
C_p	功率系数
β	桨距角
C	潮汐系数
$V_{st}(V_{nt})$	涨潮（落潮）流速
λ	尖速比
$s,(r)$	定子（转子）标号（上标）
d，q	同步电机转子参考框架标号
$V(I)$	电压（电流）
$P(Q)$	有功（无功）功率
ϕ	磁通量
ϕ_m	永磁磁通量
$T_{em}(T_m)$	电磁转矩（机械转矩）
R	电阻
$L(M)$	电感（互感）
σ	总磁漏系数（$\sigma=1-M^2/L_sL_r$）
θ_r	转子位置
$\omega(\omega_s)$	转子电气转速（同步电气转速）
ω_r	转子电流频率（$\omega_r=\omega_s-\omega$）
Ω	机械转速（$\Omega=\omega/p$）
f	粘性系数

J	转子转动惯量
p	极对数
L_{ss}	定子电感
M_s	定子互感
M_{jr}	j 相的转子互感，$j=a,\ b,\ c$
λ_j	PMSG 在 j 相的转子磁通量，$j=a,\ b,\ c$

9.1.1　建模需求

如图 9-1 所示，为分析潮流能装置的动力性能，需建立系统各部分的计算模型，包括潮流资源、水轮机、发电机、功率变流器、控制系统及并网等，上述模型通常采用非线性微分 - 代数方程表示。然而，建模的最大困难在于各子系统（水轮机、机械系统、发电机、电力电子及其他部件）具有不同的水动力荷载响应时间尺度。因此，用户应重视选取合适模型处理上述问题，决定描述潮流能发电装置特性的数据。

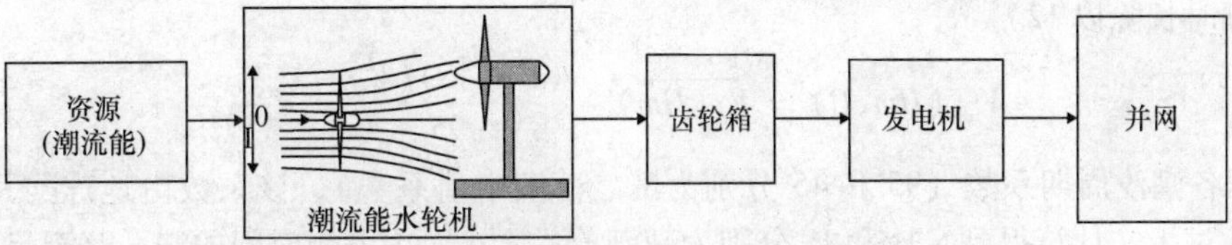

图 9-1　潮流能装置总体方案

模型选择主要取决于仿真的时间尺度。在如图 9-2 所示的对数坐标轴上，潮流能装置动力性能的时间尺度范围很宽，从毫秒级到数天（坐标轴为对数坐标轴）。各部件框图最左端为其最小时间常数，在精确建模时需加以考虑。

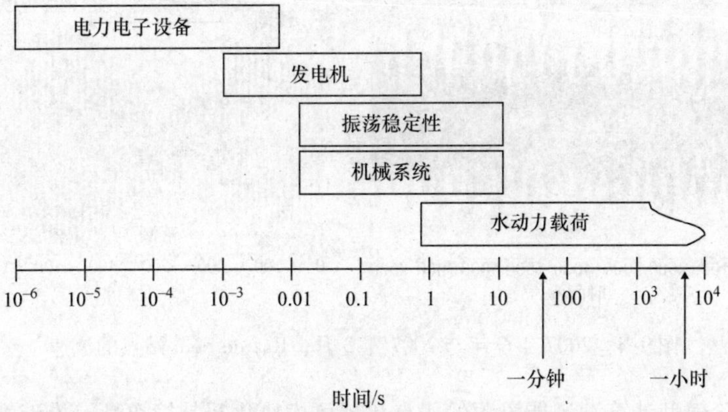

图 9-2　潮流能装置时间尺度

框图最右端表示建模分析必需的时间长度。针对潮流能装置，可建立覆盖整个时间尺度的仿真模型，包含从快速作用力到非常慢的水动力荷载等全部动力作用。然而，建模与求解过程也将非常耗时。为提高效率、便于分析，在一般工程实践中，通常只采用与关注部分特定性能相关的动力作用仿真模型。下节将具体介绍潮流能资源、水轮机、发电机及功率变流器等子系统的基本模型。

9.1.2 资源建模

首先，介绍一基本潮流能资源模型，用于计算 Raz de Sein 潮流站点（布列塔尼，法国）可获取的潮流能资源。该建模方法也可应用于其他潮流能站点。与欧盟委员会 EUR16683 报告中列出的其他站点相比，该站点流速高，水深适宜投放水轮机[1]。而且，该站点多数时间海流流速大于潮流能装置经济运行的最小速度 1m/s[1,2]。潮流数据由 SHOM（法国海军水文与海洋学服务处）提供，其他位置的数据可由参考文献［3］查表获得。

海洋服务部门（如法国的 SHOM）绘制了各站点涨、落潮的流速曲线。这些数据从高潮前 6h 起至高潮后 6h（潮时），每小时记录一次。因此，若已知潮汐系数，较易得出简单实用模型计算各潮时的潮流流速矢量 V_{tide}（Hm，C）。其中，Hm 为潮时（即半日潮周潮时长除以 12）[10]。

$$\overrightarrow{V_{\text{tide}}}(Hm,C) = \overrightarrow{V_{\text{nt}}(Hm)} + \frac{(C-45)(\overrightarrow{V_{\text{st}}} - \overrightarrow{V_{\text{nt}}})}{95-45} \tag{9.1}$$

C 表征各潮汐周期系数（95 和 45 分别为涨、落潮中值系数），该系数由地球与月亮的位置通过天文计算得到。V_{st} 和 V_{nt} 分别为高潮前后六小时内各小时间的涨、落潮流速。

以某一给定地理位置、潮汐系数 $C=80$ 的半日潮站点为例。此时为高潮后 3h，数据表中显示 $V_{\text{st}}=1.8$ 节，$V_{\text{nt}}=0.9$ 节，通过式（9.1）计算可得 $V_{\text{tide}}=1.53$ 节。该一阶模型即可用于计算各小时的潮流流速矢量，用户可得到预定时间范围内的流速。图 9-3 为由模型输出的 2007 年全年与 2007 年 3 月的流速数据。

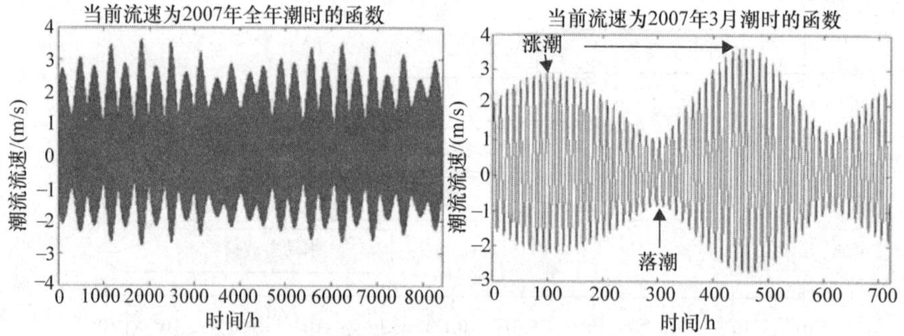

图 9-3　2007 年全年与 2007 年 3 月，Raz de Sein 站点的流速

采用一阶模型计算潮流能资源的优点包括可模块化及其简单性。模型中潮流能装置的站址可改变，可用流速可改变，时间范围也可从一个月变为一年。对于短时仿真（少于数分钟），潮流流速可认为是常数，但更高精度的模型则需考虑涌浪、湍流等快速干扰作用。

9.1.3　水平轴水轮机水动力学模型

将潮流能转化为电能的技术有多种，其中应用最为广泛的是已被成功应用于风能发电的水平轴涡轮机[4]。因此，我们可将风机中的设计与运行技术转移至水轮机中[5]。然而，水轮机与风机在设计与运行方面还存在一些本质不同。其中，在作用力载荷、浸没深度、失速特性及叶片处可能产生的空化等均存在显著差异。参考文献［6］详细介绍了海洋螺旋桨的空化现象与失速特性，可为水轮机设计提供有用信息［7-8］。

最早的水轮机水动力特性理论分析主要基于朗肯-弗劳德激盘模型。该模型采用理想激盘代替叶轮，具有圆形表面，厚度为零，可承受压差，因此当潮流流经圆盘后流速会下降。激盘理论首先被用于估算尾涡致流动，后用于推导诱导功率损失。需注意的是，由于流速的不均匀性与不稳定性，根据激盘理论推导的诱导功率损失会小于实际数值。参考文献［5］对朗肯-弗劳德激盘理论的假设条件进行了详细介绍。其中一假设为流速衰减沿径向相等，相当于整个圆盘上的推力均匀分布。换句话说，均布推力相当于认为转轮上有无限多个叶片。

图 9-4 显示了在水轮机加载与空载条件下，一维流通过激盘的流速变化情况。当水轮机负载为零时，叶轮平面上的流速（V_r）与未扰动的输入流速（V_{tide}）相等；而对于加载水轮机，通过叶轮的流速降低了。若通过叶轮的流速降低了 V，则叶轮面处的流速为 $V_r = V_{eide} - V$，而水轮机下游远场的流速降为 V_∞。上游输入面轴向流速与叶轮面上的轴向流速之差被称为诱导速度。因此，叶轮面上的流速是水轮机上、下游流速的平均值。式（9.2）定义轴向诱导因子 a 为叶轮平面上流速下降值与自由流速之比。

$$a = \frac{V}{V_{tide}} \tag{9.2}$$

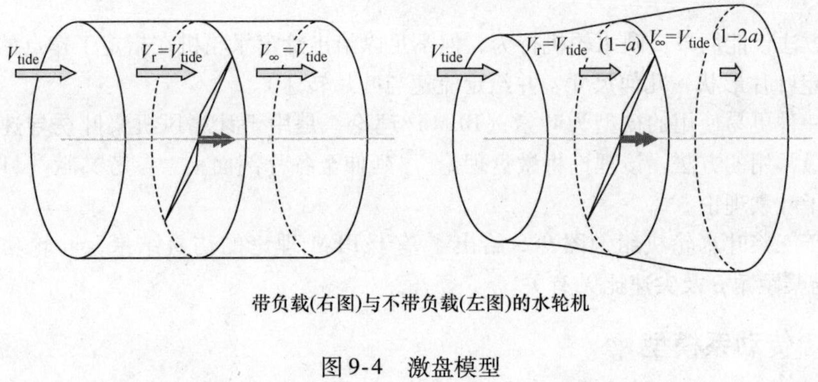

带负载(右图)与不带负载(左图)的水轮机

图 9-4　激盘模型

进一步可得

$$\begin{cases} V_r = V_{tide}(1 - a) \\ V_\infty = V_{tide}(1 - 2a) \end{cases} \tag{9.3}$$

对于 $a=0$，流速不会降低，未摄取功率。对于 $a=0.5$，水轮机后尾流消失，无流动情况下水轮机也不能摄取功率。式（9.4）给出了叶轮从潮流中摄取的功率为

$$P = \frac{1}{2}\rho A V_{\mathrm{r}}(V - V_{\infty})(V + V_{\infty}) \tag{9.4}$$

将式（9.3）中的 V_{r} 和 V_{∞} 代入式（9.4）可得

$$P = \frac{1}{2}\rho A V_{\mathrm{tide}}^{3} 4a(1-a)^2 \tag{9.5}$$

定义功率系数 C_{p} 为

$$C_{\mathrm{p}} = \frac{P}{\frac{1}{2}\rho A V_{\mathrm{tide}}^{3}} = 4a(1-a)^2 \tag{9.6}$$

式中，分母部分代表了蕴含在与圆盘等面积的流管中自由流场所具有的动能。摄取的功率可写为

$$P = \frac{1}{2}\rho C_{\mathrm{p}} A V_{\mathrm{tide}}^{3} \tag{9.7}$$

当 $a=1/3$ 时，功率系数 C_{p} 达到理论最大值，即 $C_{\mathrm{p,max}} = 16/27 \approx 0.59259$，$V_{\mathrm{r}} = \frac{2}{3}V_{\mathrm{tide}}$，$V_{\infty} = \frac{1}{3}V$。因此，理论上水轮机最大摄取的能量为海流中蕴含动能的16/27。此即为所谓的贝兹极限（Betz limit），或者更准确地说是兰切斯特－贝兹极限（Lanchester－Betz limit）。实际中无法达到这一极限，真实水轮机的 C_{p} 一般在0.4～0.5之间。

C_{p} 随桨距角（β）与尖速比（λ）的变化而变化，其中尖速比（λ）为转轮叶尖的线速度与流速的比值。图9-5为水轮机制造商给出的典型 $C_{\mathrm{p}}(\lambda,\beta)$ 曲线，可反映水轮机性能。

该方法仅能简单反映水轮机行为，但不足以给出给定水轮机在指定工作点的真实性能（给定叶片形状、几何尺寸、并给定流速与叶片转速）。

另一种更易使用的模型为叶素（BEM）理论，是用于计算风机桨叶诱导速度的最早也是最常用的方法。该理论将激盘理论[5,9]延伸至各片剖面上。参考文献［11］完整地介绍了叶素理论。

对于三桨叶水轮机组，图9-5给出了基于BEM理论的仿真结果，叶轮功率系数（C_{p}）与桨距角 β 及尖速比 λ 有关。

9.1.4 传动系模型

对于机械部分建模，重点研究潮流能装置中与电网相互作用有关的动力结构。因此，仅对传动系进行建模，因为该部分对功率波动的影响最明显。该一阶方法未考虑潮流能水轮机的结构部件。

机械传动系，可用双质点模型表示，即用一个大质量代表叶轮，小质量表示发电机（见图9-6）。其转动惯量分别为 J_{rot} 和 J_{gen}。叶轮转轴（低速）与发电机轴（高速）间通

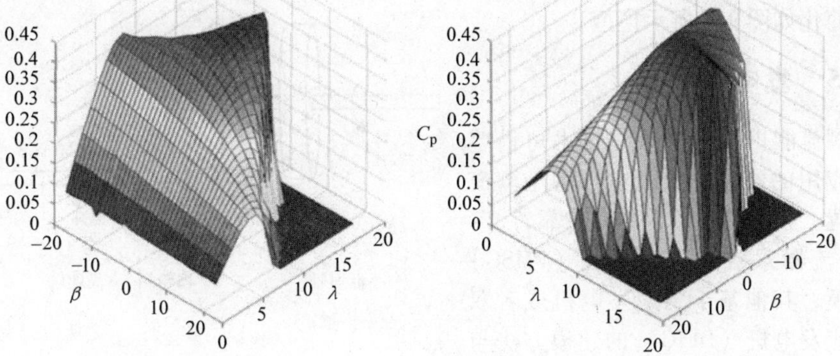

图 9-5　$C_p(\lambda, \beta)$曲线

过一传动比为 1∶N 的齿轮增速箱连接。低速轴模型刚度为 k，阻尼系数为 c，高速轴假设为刚性的。

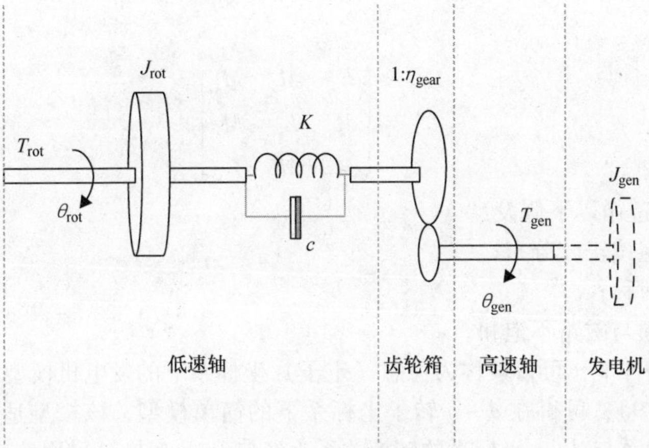

图 9-6　传动系模型

传动系将叶轮的水动力转矩 T_{rot} 转化为高速轴转矩 T_{gen}。式（9.8）为该机械模型的动力学描述：

$$\begin{cases} \dfrac{d\theta_{rot}}{dt} = \omega_{rot} \\ \dfrac{d\theta_k}{dt} = \omega_{rot} - \dfrac{\omega_{gen}}{\eta_{gear}} \\ \dfrac{d\omega_{rot}}{dt} = \dfrac{(T_{rot} - T_{gen})}{J_{rot}} \end{cases} \tag{9.8}$$

式中，θ_k为柔性轴两端的角度差。为简化起见，可认为θ_k为常数，则传动系可简化如图9-7所示模型。

9.1.5 发电机模型

潮流能摄取中的很多技术可借鉴风能应用的经验。风机也可用于潮流能装置。本节主要关注带有背靠背IGBT变流器永磁同步发电机（PMSG）的建模，其他基于感应发电机或者双馈感应发电机（DFIG）的建模方法与此类似。

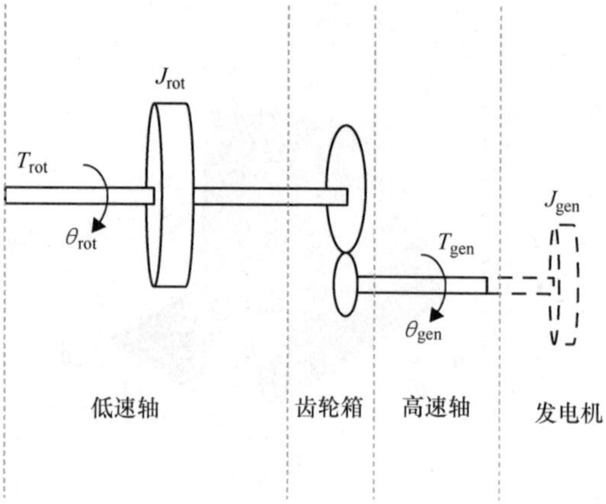

图9-7 简化传动系模型

对于PMSG，在静止参考坐标系下的定子电压方程为

$$[V_{abc}] = [R][i_{abc}] + [L]\frac{d[i_{abc}]}{dt} + \frac{d\lambda_{abc}}{dt} \tag{9.9}$$

式中，

$$[L] = \begin{bmatrix} L_{ss} & M_s & M_s \\ M_s & L_{ss} & M_s \\ M_s & M_s & L_{ss} \end{bmatrix}$$

PMSG建模遵循以下假设：

- 定子绕组按正弦分布；
- 电与磁对称；
- 忽略铁损与磁路不饱和。

上述假设条件下，可得被称为稳态（定子）坐标系下的发电机模型。

基于式（9.9），可得在$d-q$转子坐标系下的简单模型，该模型适于仿真与控制。（a，b，c）坐标系与$d-q$坐标系的转换关系为经典Park变换。采用该变换，可得$d-q$坐标系下PMSG电压与磁通量的关系如下：

$$\begin{cases} V_d = Ri_d + L_d\dfrac{di_d}{dt} - L_q i_q \omega_s \\ V_q = Ri_q + L_q\dfrac{di_q}{dt} + (L_d i_d + \phi_m)\omega_s \end{cases} \tag{9.10}$$

电磁转矩方程为

$$T_{em} = \frac{3}{2}p(\phi_d i_q - \phi_q i_d) = \frac{3}{2}p[\phi_m i_q + (L_d - L_q)i_d i_q] \tag{9.11}$$

若永磁体安装在转子表面，则$L_d = L_q$，于是电磁转矩方程变为

$$T_{em} = \frac{3}{2}p\phi_m i_q \tag{9.12}$$

该方程可与旋转部分（发电机、转子、传动系、透平）的机械方程联立。例如对于直驱系统，机械方程为

$$T_{gen} - T_{em} - T_{l} = J\frac{d\Omega_{gen}}{dt} \tag{9.13}$$

式中，T_{gen}为发电机的机械转矩，由齿轮箱或水轮机（直驱系统）输出，也是发电机的输入转矩。该转矩可由齿轮箱特性、水轮机功率曲线、流速与水轮机转速推算得到。T_{l}代表机械损失与铁损。

若发电机主要电气参数（L_d、L_q、ϕ_m，及发电机机械参数）已知，式（9.10）、式（9.11）及式（9.12）即可仿真发电机的机电行为。当然，对于其他不同类型的发电机（感应发电机、双馈感应发电机），均可建立类似的机电模型。

9.1.6 系统全局模型

对于系统中的各模型，其输入或输出对应于其他模型的输出或输入。例如，水轮机模型的输入为机械方程中的转速与资源模型中的流速。因此在如 Matlab/Simulink 此类系统仿真的模块化环境中，将上述基本模型连接起来，即可得系统模型。在此开发环境中，前述方程组（资源、水轮机、传动系、变流器、发电机模型）可被封装为仿真模块，模块间互连即形成全局仿真模型。在给定的潮流资源与能量获取控制策略下，即可计算全局系统的电气与机械行为。

在如图9-8的全局仿真模型中，控制律（如第8章所述）被封装在控制模块中，连接至变流器/发电机模块，即可实现变速控制仿真。

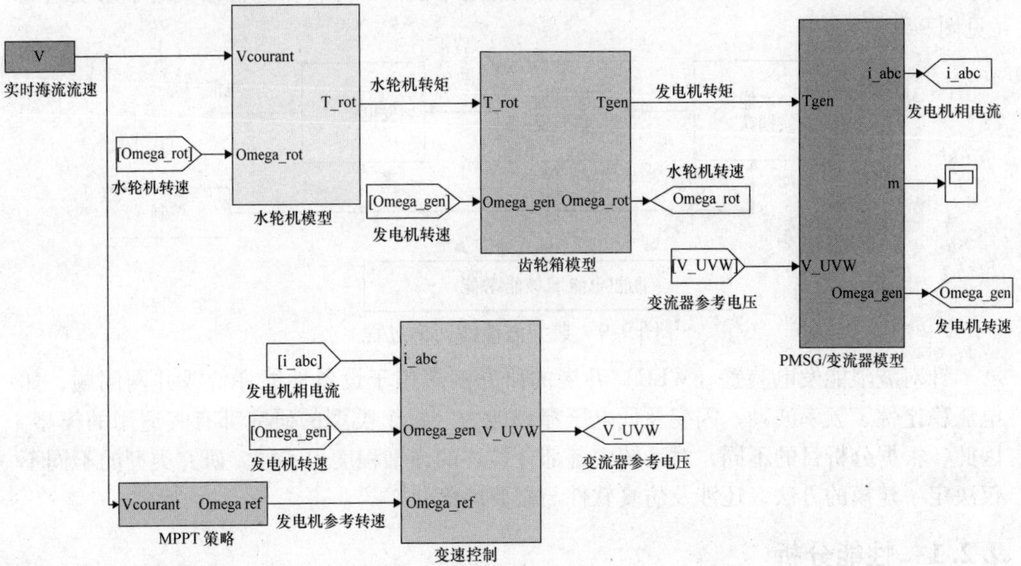

图9-8 在 Matlab/Simulink 仿真环境下建立的水轮机全局仿真模型图

9.2 波浪能发电装置的全过程建模

M. Santos－Mugica，J. L. Mendia，F. S. Fernandez

术语

A	波幅
$A_{jk\infty}$	无限频率处的附加质量
K_{jk}	关于 k 向自由度单位幅度振荡引起 j 向自由度振荡的辐射脉冲响应函数
B_{jk}	辐射阻尼系数
τ	时延
ρ	水密度
g	重力加速度
f_e	无量纲激励力
x	垂向坐标
Γ	激励力系数
t	时间
S_B	淹没物体湿表面
W	波频
Σ	数值解

波浪能发电装置的设计方案繁多，且采用多种能量转换方式，发展程度不一。各装置均有其自身优点与不足，但是从工程与经济角度看，目前尚未明显迹象收敛至某个或某类技术。典型波浪能发电装置的全过程模型通常由 5 个与转换过程相关的子系统组成（见图 9-9）[12]。

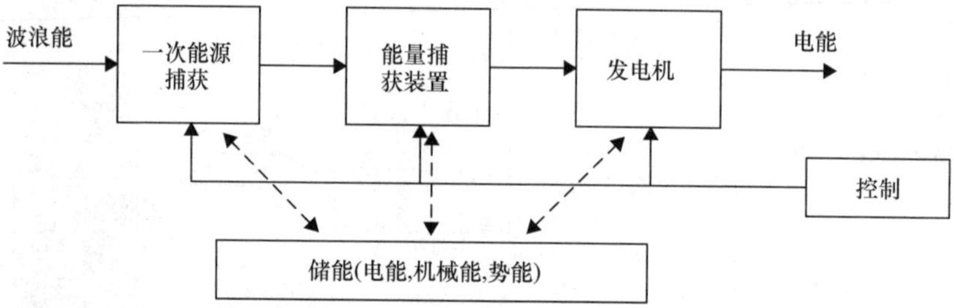

图 9-9　典型波浪能转换过程

针对波浪能发电装置（WEC）开展的研究多聚焦于设备性能评价或并网问题，如电压稳定性、频率波动、闪变及低电压穿越能力。每个类型的研究都有其适用的模型。因此，根据分析目的不同，对系统中各部分描述的详细程度也不同。研究类型的不同不仅决定了建模的方法，还涉及仿真软件与必要的简化[13,15]。

9.2.1 性能分析

性能分析的目的是正确预估装置的输出功率。通常采用频域分析初步了解装置的性能，当考虑了实际 PTO 配置、锚系、控制系统以及其他因素时，需采用时域模型描述其中的非线性因素。

9.2.1.1 频域分析

频域分析通常用于 WEC 概念设计的水动力优化。从数学的观点看，对波浪能发电装置的建模与分析主要在于求解其动力学方程。式（9.14）为升沉型波浪能发电装置的动力学方程：

$$M\ddot{x}_3(t) = F_{e3}(t) - A_{33}\ddot{x}_3(t) - B_{33}\ddot{x}_3(t) - \rho g S_w x_3(t) - C_{PTO}\dot{x}_3(t) - K_{PTO}x_3(t) \tag{9.14}$$

在单频波激励与线性系统的假设下，等式右边求和项为与位移、速度、加速度直接成正比的升沉型振荡浮子 WEC 所受各辐射力。[否则需提供辐射脉冲响应函数（RIRF）]。

对于正弦激励的线性系统，其运动响应也为正弦型，可用式（9.15）描述：

$$x_i(t) = \mathrm{Re}\{\hat{X}_i e^{i\omega t}\} \tag{9.15}$$

式（9.14）可改写为

$$-\omega^2 M\hat{X}_3 = \hat{F}_{e3} + \omega^2 A_{33}\hat{X}_3 - i\omega B_{33}\hat{X}_3 - \rho g S_w\hat{X}_3 - i\omega C_{PTO}\hat{X}_3 - K_{PTO}\hat{X}_3$$

由此可直接求得运动幅度为

$$\hat{X}_3 = \frac{\hat{F}_{e3}}{-\omega^2(M + A_{33}) + i\omega(B_{33} + C_{PTO}) + \rho g S_w + K_{PTO}}$$

此为一著名表达式，我们称之为升沉运动的幅值响应算子（RAO）。与传统海洋工程表达式的主要区别在于引入了一个简化的能量摄取（PTO）系数，该系数将明显影响设备的动力性能。

PTO 系统吸收的瞬时功率为

$$P(t) = F_{PTO}\dot{x}_x(t) = C_{PTO}\dot{x}_3^2(t) + K_{PTO}x_3(t)\dot{x}_3(t) \tag{9.16}$$

在正弦运动的条件下，规则波的平均吸收功率为

$$\overline{P} = \frac{1}{2}C_{PTO}|\hat{V}_3|^2 = \frac{1}{2}C_{PTO}\omega^2|\hat{X}_3|^2$$

与前式联立，进一步可得功率表达式为

$$\overline{P} = \frac{1}{2}\frac{C_{PTO}\omega^2|\hat{F}_{e3}|^2}{(-\omega^2(M + A_{33}) + \rho g S_w + K_{PTO})^2 + \omega^2(B_{33} + C_{PTO})^2} \tag{9.17}$$

9.2.1.2 时域分析

为证明 PTO 设计或控制策略的有效性，需更实际的方法，尤其要考虑验证实际海况。在此情况下，通常需要采用时域模型。

当考虑粘性力或其他相互作用等非线性因素时，线性假设不再有效。处理这些情况的最通用与基本的方法是完全非线性时域分析，需在时域内求解流体方程，可采用复杂且耗时的计算流体力学（CFD）代码，但现阶段该方法实施困难且精度不够。

另一种方法为基于康明斯方程的线性时域模型[16]，特别是可用具有时变系数的常微分方程（ODE）建模。该方法被广泛应用于耐波性分析中。它基于矢量积分 - 微分方程，采用卷积项表达辐射力。单自由度振荡式点吸收装置的动力学方程为：

$$(M + A_{33\infty})\ddot{x}(t) + \int_{-\infty}^{t} K_{33}(t-\tau)\dot{x}_3(\tau)\mathrm{d}\tau + \rho g S x_3(t) + F_{\mathrm{ext}}(\dot{x}_3, x_3, t) = F_{\mathrm{e}}(t) \tag{9.18}$$

此方程中，所有可能的非线性因素均集成至 F_{ext} 项中，表征作用于系统上的外力，例如 PTO 或者锚系力，可与其他独立变量联立，构成常微分方程组。

激励力在时域上的表达式可通过对频域表达式进行傅里叶逆变换[17]得到。单频波的激励力表达式为

$$F_{\mathrm{e}}(t) = |\Gamma(\omega)|A\cos(\omega t + \phi) \tag{9.19}$$

式中，激励力系数 $\Gamma(\omega)$，正比于波幅。对于不规则波，激励力可用 N 个独立的正弦分量的线性组合构建（理想情况下 $N\to\infty$），如

$$F_{\mathrm{e}}(t) = \sum_{i=1}^{N} |\Gamma(\omega_i)|A_i\cos(\omega_i t + \phi_i) \tag{9.20}$$

各频率分量的幅值A_i，由能谱密度 $S(\omega)$决定，服从均方差为 $2S(\omega)\Delta\omega$ 的瑞利分布。相位 ϕ_i 在 $[0, 2\pi]$ 之间服从均匀分布。在上述假设条件下，可合理再现波面变化过程的随机性，并保证其统计特性可正确建模。

通过某些方法可得时变的辐射脉冲响应函数。例如，TiMIT[18] 或 ACHIL3D[19] 采用的线性时域边界元方法（Boundary Element Methods，BEM）；或者首先在频域求解线性问题，然后计算频率相关的水动力系数：

$$K_{33}(t) = \frac{2}{\pi}\int_{0}^{\infty} B_{33}(\omega)\cos(\omega t)\mathrm{d}\omega \tag{9.21}$$

求解上述方程中的积分项，需选择合理的截断频率。由于当频率趋向于无穷时，辐射阻尼系数 $B(\omega)$趋向于零，因此当频率达到某一上限时，阻尼系数即可忽略不计。例如，为了满足精度要求，我们可将阻尼系数 $B(\omega)$小于其最大值 1‰所对应的频率选为截断频率。

然而，采用商业 BEM 代码并不总能解决此问题，这是因为最大频率受限于面元的数量（或者，更准确地说，面元尺寸需要与波长相比较），辐射阻尼系数在计算中假设的最大频率处可能仍远大于零。

对于初步简化模型，通过与频域模型计算结果比较，可用于检验时域模型的质量。该模型采用阻尼器近似表征 PTO，该反作用力正比于浮子运动速度。此外，若无回复力项，可假设一弹簧项（即力正比于位移），以保证系统稳定。

9.2.2 并网分析

针对电力系统的研究是基于对真实现象进行仿真以表征真实系统相同的行为。在开发电网集成分析模型之前，必须尽可能准确了解系统特性，量化系统元件参数，以及与电力系统相关的不同现象[15]。这些现象的时间跨度从毫秒到数小时不等。

鉴于电力系统的复杂性以及波浪能接入水平的增加，精准描述波浪能设备的特性几乎不可行。因此，有必要开发简化模型。当分析上述现象时，在模型中引入控制系统非

常重要。控制系统不会影响快速现象（毫秒到秒级）。对于慢速现象（分钟到小时级），则必须考虑控制系统。因此，分析类型及装置与电力系统的模型均与研究现象的持续时间有关。表 9-1 给出了所需分析类型决定的模型类型示例。

表 9-1 模型类型与分析类型[13,14]

分析类型	模型
电压变化	静态模型
潮流分析	
短路	
瞬态稳定性	动态模型 功能模型
小信号稳定性	
瞬态响应	
稳态波形	
控制综合设计	
优化	
启动瞬态效应	动态模型 数学物理模型 （电力电子）
负荷瞬态效应	
故障操作	
谐波与次谐波	
详细控制综合设计	
详细优化	

如表 9-1 所示，并网研究可采用两种不同的模型。静态模型简单易于构建，动态模型功能丰富且数学化程度高。数学物理模型则包含了详细的电力电子模型[13,14]。

9.2.2.1 静态模型

静态模型仅考虑基频下的电气变量。对于三相平衡系统，等效为三个单相系统进行分析；对于不平衡系统，则简化为序列分量分析。当需关注稳态电压时，装置的有功与无功功率可简化为有功与无功电源。有功功率由波浪能装置静态功率曲线及海况与输出有功功率之间的关系给定，而无需水动力学模型。与电网交换的无功功率则取决于装置的控制目标。

9.2.2.2 动态模型

动态模型从系统稳定性、电压动态变化、故障性能及额定值的角度，为电网运行者提供了一个评价可再生能源发电机组对地区及国家电网影响的方法[12]。下一节将详细讨论电力系统的动态模型。

9.3 电力系统动态模型

D. Mollaghan

9.3.1 电力系统的动态模型

电力系统的动态模型主要用于电力系统的稳定性分析。电力系统的稳定性是指电力系统运行在正常条件下保持稳定状态的能力，以及在受到干扰后再次达到可接受的平衡状态的能力[20]。此类分析对确保供电可靠性至关重要，没有动态模型便无法实现。对于常规的发电厂设备，人们已开发了标准模型。近年来，随着可再生能源发电技术发展迅速，发电设备的种类也越来越多，因此动态模型研究变得愈加重要。风能与海洋能此类可再生能源功率具有不稳定性，人们通过多种形式接入电力系统，例如定速/变速感应发电机、双馈感应发电机、具有背靠背变流器的同步发电机等。对于电网运营商而言，研究上述新发电设备的并网特性非常必要，因此也对动态模型的精度和可靠性提出了新要求。

世界上许多并网导则均要求在发电场并网之前提供动态模型[21]。发电厂运营商必须向电网运营商提供与电网软件兼容的电力系统动态模型。模型必须能够仿真发电厂输出的电功率及其他动态特性，包括正常运行与故障运行状态。输电系统运营商（TSO）运用这些模型确保新发电设备并入总系统后满足如下需求：

- 在正常和故障条件下保持系统稳定；
- 不影响其他用户与发电机；
- 电能质量合格；
- 不会引起现有的保护电路与电力线过载；
- 允许执行潮流分析。

9.3.2 模型开发与分析

电力系统的动态模型由多个针对其部件的子系统模型构成，包括发电机、变压器、无功补偿设备、电力电子设备等。许多动态仿真的软件包，例如西门子 PSS/e 及 DIgSILENT PowerFactory，均包含了标准设备模型。电力系统中各电气设备的配置可用网络模型表示，包括从发电机到国家电网的公共连接点（PCC）。模型开发者必须决定所需设备模型，如何构建网络，并通过设备规格确定模型参数。对于全动态研究，还需进一步考虑 PTO 模型、控制算法及保护机制等。图 9-10 给出了网络模型（左图）与风电场电气控制拓扑图的例子（右图）。

电力系统的模型与发电厂的设计级模型有很明显的差别。设计级模型通常包含从能源到发电机间机械传动系的详细物理模型。上述模型通常用于性能评估或系统优化。然而，对电力系统的研究不需要如此详细的模型，因为在电力系统仿真中，许多设计级模型中的参数在相对短时范围内不会对电力系统造成影响。此外，对于大规模电网研究，设计级模型计算消耗过大。考虑到这些原因，电力系统动态模型常采用简化的 PTO 模型，以减少计算工作量。模型开发者必须合理地在模型仿真运行时间与仿真精度之间取得平衡。

在进行动态分析时，需遵循相关步骤。典型的分析步骤如下：

1）潮流分析：潮流（功率流）分析是计算网络模型中各节点的电压及功率流。计算采用迭代方法，例如牛顿 - 拉夫森（Newton - Raphson）法。

2）初始化：模型的初始化要求确保仿真从稳态开始，避免产生任何瞬态量。通常采用潮流计算的结果设置模型内部状态变量的初始值。

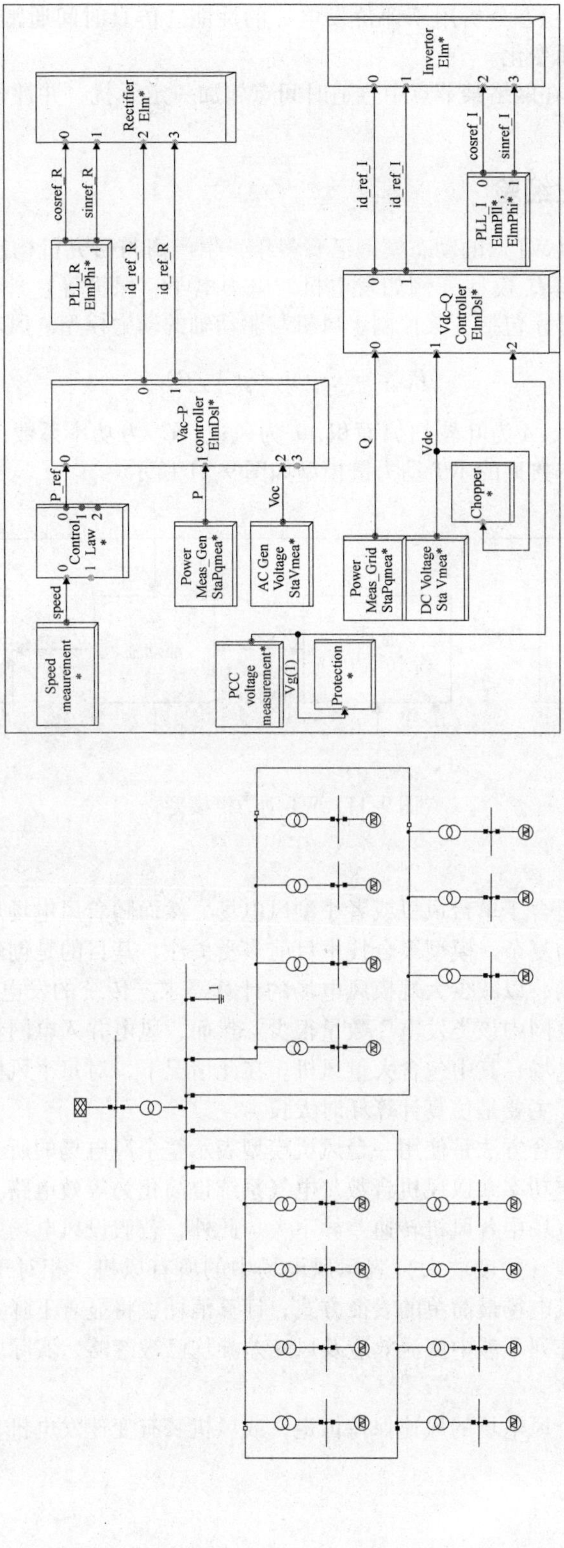

图 9-10　基于 DIgSILENT PowerFactory 开发的风电场网络模型（左图）及电气控制与保护模型（右图）

3）稳态分析：稳态分析用于评价发电厂的性能。仿真时间通常小于30s，但也可根据具体分析类型而变化。

4）干扰分析：在网络某节点中合适时间点施加一定干扰，并评价系统从干扰中恢复的能力。

9.3.3 风电产业经验

人们研究风机（WT）的动态模型已有多年，生产商与研究机构也已公开了部分模型[22-25]。除了电气系统模型（例如发电机、电力电子、保护等）外，WT模型主要为机械动力传动系模型，包括变桨控制、风机与驱动轴的动力模型。风功率的计算公式为

$$P_{\text{wind}} = \frac{1}{2}\rho A v^3 C_{\text{p}}(\lambda, \beta) \tag{9.22}$$

式中，ρ 为空气密度，A 为叶轮扫掠面积，v 为风速，C_{p} 为功率系数，功率系数为尖速比与桨距角的函数。典型的WT动力链模型如图9-11所示。

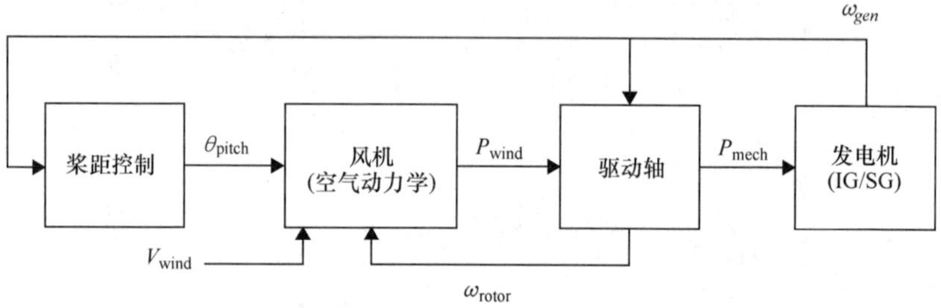

图9-11 WT动力链模型

9.3.3.1 模型聚合

前述建模方法适合于单台风机或者小型风电场，然而随着风电场规模增大，仿真运行时间变长，也更为复杂。模型聚合技术目前多受关注，其目的是创建一个或多个等价模型表示整个风电场，以减少大规模风电场的计算需求。传统的发电厂采用单独建模，因为在一个典型的电网中该类发电厂数量很少。然而，风电并入电网量较高的国家，电网中会接入多个风电场，其中包含大量风机。在此情况下，对每个风机单独建模研究并网的方法并不可行，主要是仿真计算耗时太长。

最简单的模型聚合方法是使用一台风机模型表示整个风电场的所有风机，其额定功率等于单台风机额定功率乘以风机台数。电气系统也简化为等效电路。该方法适用于定速风机，但要求风电场中各风机转速差异不大。此外，若假设风电场中的风速恒定，可采用等价传动系模型（适度放大）表示风电场中的所有风机。相对于单独风机详细模型而言，该方法为风电场最简单的表征方式，计算消耗也将显著下降。该方法仍受制于多个假设。例如，阵列干涉中尾流效应及风速差异均已被忽略，实际风电场中各风机的转速偏差也已被忽略。

若不能假设整个风电场的风速保持恒定，或风机装有变速发电机，则只能对部分模

型进行聚合。例如，对于变速风机风电场[26]，仅对电气系统进行聚合。电力电子变流器控制部分及发电机的电气部分采用等价模型。发电机转动惯量、空气动力学、变桨控制器则无法聚合。实际上有很多可用于聚合建模的方法，需根据不同的研究领域选择最适合的方法。

9.3.3.2 通用模型

风能产业发展目前领先于海洋能产业，我们可从风能技术中汲取很多经验，特别是在动态建模方面。参考文献［27］中描述了爱尔兰电网运营商 Eirgrid 对大量风机动态模型的测试结果及遇到的问题。其中包括：

1）由于使用了不同的集成算法与动态系统，在仿真中产生的数值不稳定。

2）模型初始化不充分，特别是对于部分负荷的情况。可能是由于该仿真模型对于部分负荷情况研究还不充分。

3）为保护知识产权，风机生产商以“黑盒”格式提供模型，无法访问其源代码，导致很难诊断仿真中遇到的问题。

由于各方（例如电网运营商，设备制造商，项目开发者）都对动态建模感兴趣，人们试图针对风机开发一种通用的标准模型。过去几年中，WECC 风力发电建模小组与 IEEE 风力发电动态性能工作小组已开始了这方面的研究。此外，针对风力发电通用仿真模型的全新 IEC 标准（IEC 61400 - 27）也在开发中。该标准的工作小组由风电行业各部门代表共同组成，包括制造商、电网运营商、项目开发者、软件开发者及研究机构。

IEC 61400 - 27 的目标是为风机和风电场定义标准、公开的动态仿真模型，用于大型电力系统及电网稳定性分析，还可用于电力系统事件仿真，如短路（低电压穿越）、发电或负载损耗，以及典型的倒闸操作事件（例如，线路倒闸）[28]。

通用标准模型已包括了四种风机类型：

类型1：感应发电机；

类型2：具有可变转子电阻的感应发电机；

类型3：双馈感应发电机；

类型4：具有全功率变流器接口的异步或同步发电机。

上述种类覆盖了风电行业中最常用的发电机类型。除了发电机/变流器模型，还包括一个有功与无功控制模块以及一个机械传动系模块。未来，该标准还将定义风电场的聚合标准模型。这一标准化工作将是风电工业向前发展的重要一步，它将为电网运营商、项目开发者和设备开发者提供性能评估、设计、规划和比较研究等多方面的帮助。

9.3.3.3 验证

模型验证是建模过程中的重要环节。对于电力系统稳定性研究，模型验证需确保模型能够准确反映物理设备的动态性能。我们可通过对比仿真模型结果与物理设备实测结果进行验证。物理测试可在实验室或现场进行，施加特定情况并记录过程，例如电压跌落，然后将测试结果与模型仿真结果进行比较。然而，这种方法并不总是可行的，尤其是在处理故障分析时。

在风机开发的早期阶段，很难得到足够的现场数据，一种解决方法是将电力系统模型与制造商提供的设计级模型进行对比。该方法的主要缺点是缺少实测数据。该方法结果在缺乏现场数据时可被用作第一近似值。另一种方法是监测已有设备，在一段时间内检测各种扰动并与模型计算结果进行对比。该方法需要相当长的时间收集足够的信息以验证模型[29]。

9.3.4 海洋能产业需求

海洋能转换技术仍处于相当初级的阶段。到本书写作时，全球并网的海洋能装置总装机容量尚不足10MW。波浪能与潮流能装置多种多样，且处于不同开发阶段，能量转换方式也不同。各设备均有其自身的优势与不足，但从工程或经济角度看，尚不能收敛于某类技术或技术群。全球仅有一小部分设备并网输电。典型例子包括：

- MCT 水轮机（潮流），斯特兰福德湾，北爱尔兰
- 海蛇装置（波浪），阿古萨多拉，葡萄牙
- Oceanlinx 振荡水柱装置（波浪），堪培拉港，澳大利亚
- 皮考岛振荡水柱电站（波浪），亚速尔群岛
- Wavegen 振荡水柱电站（波浪），艾莱，苏格兰

从电力系统角度看，海洋能技术的多样性对于电网运营商来说是个问题，也凸显了动态模型对于电力系统的重要性。开发者使用的建模技术趋向于更高级的精度，目标是设备与性能的优化。这些模型通常包含装置水动力学的研究内容。一个具备完整与精确描述能力的动态模型至少需要包括如下内容：

- 各自由度下的水动力系数；
- 一级能量转换阶段的水动力与热动力模型；
- 完整的装置几何形状信息；
- 能量转换设备的动态压力与流动特征；
- 控制策略的完备信息。

该类模型力求高精度地表征装置的动力学特性。然而，构建此类模型相当复杂且耗时。如前所述，对用于并网研究的动态模型而言，并不需要如此详细的模型。一个成功的电力系统动态模型，应能捕获海洋能电气系统的主要动力学特征，最初可针对单台装置，最终目标是将多台装置聚合成海洋能阵列场。

通常条件下，功率从海洋向能量转换装置传递的动态特征将决定电气系统的动力性能。然而，在故障条件下，电气功率动态变化迅速，系统必须做出快速响应。在故障期间，电力系统的快速动态变化也意味着海洋能输入对整个系统的影响减小了。同时，并网导则要求必须在指定时间内完成故障处理（典型的是3s）[30]，可采用故障穿越机制或脱网方法。因此，故障条件下的模型要求为高阶，但时间尺度更小。

电力系统动态模型和设计级模型应有所不同。在电力系统动态模型中，功率输出变化、保护机制、发电机与能量转换设备原动机动力特征需在合理的精度水平上建模，考虑到模型的时间尺度，水动力学模型并不那么重要。在海洋能装置中采用前端储能方

法，如水库、液压蓄能器等，也可能对故障情况下的电气动力特性产生影响，因此也需纳入电力系统模型。

潮流能水轮机动力模型与风机动力模型有很多共同之处，因此可借鉴风电中的先进动力模型。波浪能动力模型则更复杂一些，不同技术需采用不同模型。尽管技术不同，但很多装置的能量转换过程十分相似，如图 9-12 所示。人们已经开展了一些海洋能系统通用建模方法的研究，例如 Khan 提出的大纲[31]、IEA - OES 报告[32]以及 SEAGRID 等。SEAGRID 为 HMRC[33]目前正在开发的一类海洋能系统动力建模工具。随着海洋能技术商业化进程的发展，上述内容也将逐渐成为研究热点。

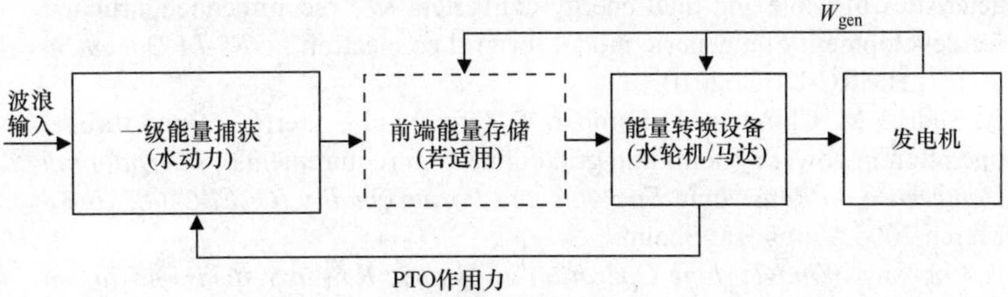

图 9-12　典型波浪能装置模型总图

建模是海洋能并网研究中的重要领域。海洋能需借鉴风能并网的经验，尽量避免重蹈风电中的覆辙。未来海洋能大规模并网时，为辅助电力系统分析与电网调度，需努力开发高质量、可验证的动态模型。

9.4　参考文献

[1] EU Commission, ‘The exploitation of tidal marine currents’, *Report EUR16683EN*, 1996.

[2] L. Myers *et al.*, ‘Simulated electrical power potential harnessed by marine current turbine arrays in the Alderney Race’, *Renewable Energy*, vol. 30, pp. 1713–1731, 2005.

[3] I. G. Bryden *et al.*, ‘ME1 – Marine energy extraction: Tidal resource analysis’, *Renewable Energy*, vol. 31, pp. 133–139, 2006.

[4] S. E. Ben Elghali *et al.*, ‘Marine tidal current electric power generation technology: State of the art and current status’, in *Proceedings of IEEE IEMDC’07*, Antalya (Turkey), vol. 2, pp. 1407–1412, May 2007.

[5] E. Bossanyi, *Wind Energy Handbook*. New York: Wiley, 2000.

[6] J. S. Carlton, *Marine Propellers and Propulsion*, 2nd edn. Oxford: Butterworth-Heinemann, 2007.

[7] W. M. J. Batten *et al.*, ‘Experimentally validated numerical method for the hydrodynamic design of horizontal axis tidal turbines’, *Ocean Engineering* (2006), doi:10.1016/j.oceaneng.2006.04.008.

[8] W. M. J. Batten *et al.*, 'Hydrodynamics of marine current turbines', *Renewable Energy*, vol. 31, pp. 249–256, 2006.

[9] H. Glauert, *The Elements of Airfoil and Airscrew Theory*, 2nd edn. Cambridge University Press, Cambridge, England, 1959.

[10] Notice Courants: Les courants de marée des côtes de France (Manche/Atlantique)-Edition 2005-Service Hydrographique et Océanographique de la Marine (SHOM) France.

[11] H. Glauert, *The Elements of Airfoil and Airscrew Theory*, 2nd edn. Cambridge University Press, Cambridge, England, 1959.

[12] A. Blavette, D. O'Sullivan, D. Mollaghan and R. Alcorn, 'Dynamic characteristics of wave and tidal energy converters & a recommended structure for development of a generic model for grid connection', *OES-IA Document T0321*, HMRC-UCC, 2010.

[13] A. Sudrià, M. Chindris, A. Sumper, G. Gross and F. Ferrer, 'Wind turbine operation in power systems and grid connection requirements', *International Conference on Renewable Energies and Power Quality ICREPQ'05*, 16–18 March 2005, Zaragoza, Spain.

[14] Z. Lubosny, *Wind Turbine Operation in Electric Power Systems: Advanced Modeling*. Springer-Verlag New York, LLC, September 2003, ISBN: 354040340X.

[15] M.ª Inmaculada Zamora, *Simulación de sistemas eléctricos*. Pearson Prentice Hall, Madrid, Spain, 2005, ISBN: 84-205-4808-1.

[16] W. E. Cummins, The Impulse Response Function and Ship Motions. *Schiffstechnik*, vol. 9, no. 1661, pp. 101–109, 1962.

[17] J. Falnes, *Ocean Waves and Oscillating Systems: Linear Interactions Including Wave-Energy Extraction*. Cambridge University Press, Cambridge, United Kingdom, 2002.

[18] F. T. Korsmeyer, H. B. Bingham and J. N. Newman, 'TiMIT—A panel method for transient wave–body interactions', USA: Res. Lab. of Electronics, M.I.T, 1999.

[19] A. H. Clément, 'Using differential properties of the green function in seakeeping computational codes', *Proceedings of 7th International Conference on Numerical Ship Hydrodynamics*, pp. 1–15, Paris, France, 1999.

[20] P. Kundur, *Power System Stability and Control*. McGraw-Hill, United States, 1993.

[21] ECAR, 'Wind integration: International experience WP2: Review of grid codes', 2011.

[22] M. Singh, 'Dynamic models for wind turbines and wind power plants', NREL Report SR-5500-52780, October 2011.

[23] A. I. Estanqueiro, 'A dynamic wind generation model for power systems studies', *IEEE Transactions on Power Systems*, vol. 22, no. 3, pp. 920–928, 2007.

[24] J. O. G. Tande, J. Eek, E. Muljadi and O. Carlson, 'Final technical report dynamic models of wind farms for power system studies', IEA WIND Annex XXI, 2007.

[25] K. Clark, N. W. Miller and J. J. Sanchez-gasca, "Modeling of GE wind turbine-generators for grid studies," version 4.5, April 16, 2010.

[26] M. Poller and S. Achilles, 'Aggregated wind park models for analyzing power system dynamics', in *4th International Workshop on Large-Scale Integration of Wind Power and Transmission Networks for Offshore Wind Farms*, 2003, pp. 1–10.

[27] Y. Coughlan, P. Smith, A. Mullane, M. O. Malley and S. Member, 'Wind turbine modelling for power system stability analysis—a system operator perspective', *IEEE Transactions on Power Systems*, vol. 22, no. 3, pp. 929–936, 2007.

[28] P. Sørensen, B. Andresen, J. Fortmann, K. Johansen and P. Pourbeik, 'Overview, status and outline of the new IEC 61400 -27–Electrical simulation models for wind power generation', in *The 10th International Workshop on Large-Scale Integration of Wind Power into Power Systems*, 2011.

[29] M. Asmine *et al.*, 'Model validation for wind turbine generator models', *IEEE Transactions on Power Systems*, vol. 26, no. 3, pp. 1769–1782, Aug. 2011.

[30] Eirgrid, 'EirGrid Grid Code Version 3.4.' p. PCA.4.10.1, 2009.

[31] J. Khan, A. Moshref and G. Bhuyan, "A generic outline for dynamic modeling of ocean wave and tidal current energy conversion systems", Power & Energy Society General Meeting, 2009. PES '09. IEEE, vol., no., pp.1,6, 26–30 July 2009.

[32] D. Mollaghan, S. Armstrong, D. O. Sullivan, A. Blavette and R. Alcorn, 'SEAGRID: A new dynamic modelling tool for power system analysis of ocean energy devices', in *4th International Conference on Ocean Energy*, 2012.

[33] D. O' Sullivan, D. Mollaghan, A. Blavette and R. Alcorn, 'Dynamic characteristics of wave and tidal energy converters and a recommended structure for development of a generic model for grid connection', a report prepared by HMRC-UCC for the OES-IA Annex III. Available: www.iea-oceans.org [online].

第10章
海洋能电气系统经济学

10.1 海洋能电气系统的经济学挑战与优化

F. Sharkey

10.1.1 海洋能电气系统简介与组成

海洋能产业尚不成熟，关于其大规模阵列并网造价费用等方面的经验也极为有限。因此，类似项目的投资成本也多存在不确定性。可借鉴海上风电产业对海洋能产业造价进行估算。海上风电与波浪能或潮流能阵列场既有相似之处也有关键不同[1]，并可采用比现有海上风电更高的装机容量为海洋能产业提供相关信息。海上风电电气系统造价通常占其总投资的20% ~25%[2]，海洋能阵列场估计也与此相当[3]，波浪能的比例会高些，而潮流能则会低一些。上述估算的假设也基于海洋能阵列场的总造价与海上风电场相当。由于海洋能装置投资较高，因此对于早期阵列，海洋能电气系统的投资占比将会低一些。

本章将介绍海洋能电气系统造价的组成，以及海洋能在该领域内面临的主要挑战。本章还将聚焦阵列布置的技术经济优化，并提出降低海洋能电气系统造价的潜在策略。相关内容以波浪能电气系统为主。潮流能电气系统与其多有共同之处，面临的挑战在很多方面也相同。

尽管波浪能与潮流能发电装置种类繁多，电力收集与输出方案也不尽相同，但典型海洋能装置阵列场均将包括如下组成部分（其他章已有详细介绍）：

- 发电机与其他在站电力平衡设备（电力电子变流器、变压器与开关设备等）；
- 动态电缆（仅针对漂浮式海洋能装置）；
- 水下连接器与其他水下电气设备；
- 海底电缆；
- 离岸变电站；
- 岸上变电站与并网设备。

当然也会有例外（如装配液压传输设备的近岸波浪能装置），上述组件仍可作为海洋能阵列场的代表性装备。

10.1.2 电气系统组件的预期成本

若我们假设海洋能系统的目标成本与海上风电系统相当[4]，而其中的电气系统成本也占总投资的20% ~25%，则海洋能电气系统的预期成本可按如下考虑：

海洋能的装机成本为400万欧元/MW[4]，海洋能电气系统的目标成本为100万欧元/MW（占总投资的25%）。

因此，所有电力组件的总成本小于100万欧元/MW时，海洋能方可与海上风电相提并论。尽管海洋能装置的造价在产业成熟后可显著下降，而电气系统采用的均为成熟技术，其成本目前也已相对成熟。当然，某些设计准则会导致电气系统成本增加，而一些后续讨论的潜在策略则有可能降低成本。

电气系统组件的实际成本很难给出：一是其本身随时间变化较大，二是可能还会因项目而异。表10-1给出了其主要组成部分在欧洲的初步成本估算。

表10-1 海洋能阵列场典型电气组成部分的成本范围

组成部分	建议成本
发电机①	40 ~70 欧/kW[4-7]
变流器①	90 ~110 欧/kW[6,7]
变压器①	40 ~60 欧/kW[6,7]
开关设备①	60 ~100 欧/kW[6,7]
水下连接器	接头罩：6000 ~10000 欧/连接器（估算） 干插拔连接器：10万 ~20万欧/连接器（估算） 湿插拔连接器：15万 ~25万欧/连接器（估算）
动态电缆－中压（MV）	300 ~800 欧/m（估算）
阵列间海底电缆（MV）	300 ~800 欧/m[4,8-14]
海底输出电缆－高压（HV）	1000 ~2000 欧/m[4,8-14]
离岸变电站	基础与结构：未知 水线以上部分：12万 ~15万欧/MW（仅估算电力部分）
岸上变电站与并网设备	建议成本：10万 ~25万欧/MW[15]

① 多数情况下，该部件为海洋能装置的一部分，因此它们可能也被列入海洋能装置的成本，而未列入电气系统成本。为保持完整性，此处列入电气系统作为参考。

严格来说，上述估算无法用于制作预算。这里假设各组件全部为成熟产品，无需专门定制与特殊安装。

10.1.2.1 海底电缆成本模型

海底电缆的成本变化非常大，这是由于多个因素会影响电缆及其安装的总造价。其中包括：材料成本（主要为铜与钢材）、进场费（特别对偏远地点）、海底条件（影响安装方法）、停工期（取决于常见天气）以及设备可利用率（取决于市场需求）。因此，很难用表10-1所示的欧洲电缆价格应用到所有的海洋能项目中。另一方法是利用电缆安装价格的各组成部分构建归一化的成本模型，并考虑个别项目的电缆成本与安装方法等因素。该方法不考虑合同策略，例如大宗采购或多项目模式无法在模型中体现。

通过考虑电缆成本的各组成要素，可构建其归一化成本模型。影响电缆成本的主要因素包括：

1）电缆的额定电压（如绝缘等级/厚度）；

2）导体截面积（CSA）；

3）安装费用。

简化起见，我们假设采用三芯交联聚乙烯电缆，采用铜导体与单层护套。该类电缆在海上风电中最为常用。

归一化模型需采用一基础例子进行归一化处理：10kV，$1\times3\times95\text{mm}^2$ 电缆。该电缆的安装归一化成本为1.0，其他电缆成本按照该标准表达。成本模型采用的主要计算公式详见参考文献［8］，并通过不同能种进行比较验证[9-14]。归一化的电缆成本见表10-2。

表 10-2　电缆归一化成本

电缆截面积/mm^2	电压			
	10kV	20kV	33kV	132kV
35	0.79	0.82	0.85	—
50	0.81	0.85	0.88	—
70	0.85	0.89	0.94	—
95	1.00	1.05	1.11	—
120	1.05	1.11	1.18	—
150	1.10	1.17	1.25	—
185	1.25	1.34	1.43	—
240	1.35	1.46	1.58	—
300	1.65	1.80	1.97	—
400	1.80	1.99	2.21	2.79
500	2.00	2.25	2.53	3.25
630	2.25	2.55	2.89	3.75

例如，33kV、240mm^2 电缆比10kV、95mm^2 的电缆贵58%（1.58/1.0）。而20kV、500mm^2 的电缆则比20kV、50mm^2 的电缆贵165%（2.25/0.85）。

后续的电网分析也将采用表10-2所示的成本模型。

10.1.3　海洋能电气系统的经济挑战

海洋能电气系统在经济方面面临诸多挑战，本节将做详细分析与讨论。将早期海洋能阵列研究转化为商业项目是一项具有挑战性的工作，需承担降低系统部件（例如电气系统）成本的压力。因此，应采用最低成本配置。当然，设计者不能屈从于成本压力而降低关键的安全与功能要求。

本节以参考文献［1］中介绍的“中等”规模40MW波浪能阵列（见图10-1）为例进行讨论与分析。该阵列满足如下基本假设：

- 各海洋能装置（节点）装机容量为1MW，功率因数为1；
- 各海洋能装置的容量系数为30%；
- 海洋能装置间距为400m（装置间电缆长为400m加2倍水深）；
- 水深为100m；

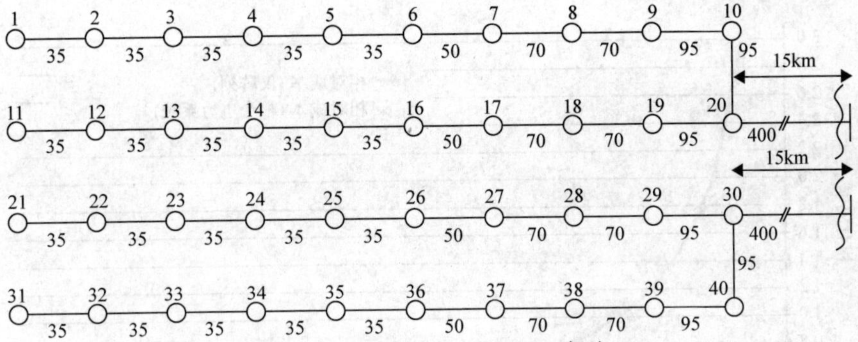

图10-1　候选方案，40MW，阵列

- 输出电缆长度为15km。

该方案与上节给出的归一化电缆成本模型一起用作经济性分析。

10.1.3.1　单组海洋能装置装机容量

根据海洋能产业成熟度，波浪能与潮流能装机容量未来发展趋势将达到1MW。因此，本节以单机额定功率1MW为基础案例进行分析。当然，还有很多例外的情况。海上风电的装机容量趋势为3~4MW，甚至更高（5MW）。

海洋能发电装置需配套动态缆（限于漂浮式海洋能装置）、水下连接器、阵列内装置间连接用电缆等附属电气部件。海洋能发电装置单机装机容量小，经济方面的压力较大。显然，阵列中的装置越多，每兆瓦水平的额外成本也越高。

此处仅对动态与静态缆的成本进行评估，计算了40MW阵列单机容量为250kW、500kW、1MW（基础方案）、2MW与4MW对应的相对成本。阵列的总装机容量均为40MW，装置数量随装机容量的增大而减小。阵列与输出电压均为20kV。

相对成本是指相对于基础方案成本的百分比。图10-2给出了不同单机装机容量对应的相对成本曲线。相对成本又分为两类：相对阵列本身、相对整个电气系统（如阵列与输电电缆）。正如预期，单机装机容量越小，相对成本越高，而单机装机容量越大，相对成本则越低。阵列电缆的成本最大最小值差距可达3倍。需注意的是，随单机装机容量的增大，相对成本不再像开始那样以指数形式下降，降速减慢最终稳定在0.4倍左右。

本节仅关注电气系统本身。需注意的是，较小的海洋能装机容量还将增加其他的投资预算，如安装与锚固等。

10.1.3.2　装置容量因子

受风机型式、位置、年均风速等因素影响，海上风电的容量因子一般为30%~40%[16]。考虑到波浪能与潮流能装置的多样性，目前尚不清楚其容量因子取多少合适。

对于直驱式波浪能装置，由于输出峰均比较高其容量因子可能低至20%。另一方面，某些潮流能水轮机在高能流密度站点的容量系数可高达60%。与基础案例相比，阵列电网的相对成本分别按照备选阵列容量因子为10%、20%、30%（基础方案）、40%、50%及60%构建。各情况下，阵列整体平均输出保持在12MW（基础方案40MW的30%），但峰值电力输出随容量因子变化而不同。

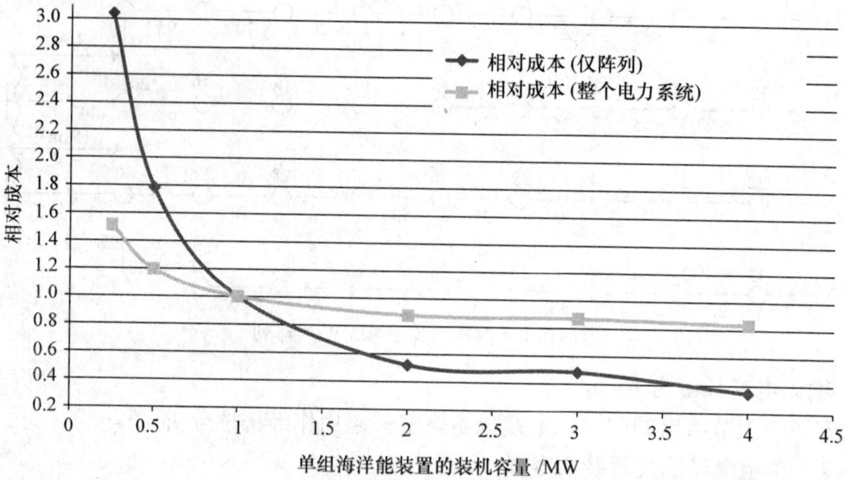

图 10-2　不同海洋能装机容量对应的 40MW 阵列并网的相对成本

图 10-3 给出了不同容量因子下的相对成本曲线。图中相对成本针对整个电气系统（包括阵列与电缆）。这是由于容量因子将同时影响阵列与电缆。相对成本按照两组电压水平（20kV 与 33kV）评估。电网的相对成本随容量因子的升高而降低、随容量因子的降低而升高。若容量因子如预期从 30% 降至 15%，电网的成本将加倍。若容量因子从 30% 上升至 60%，成本则最多可下降 40%。

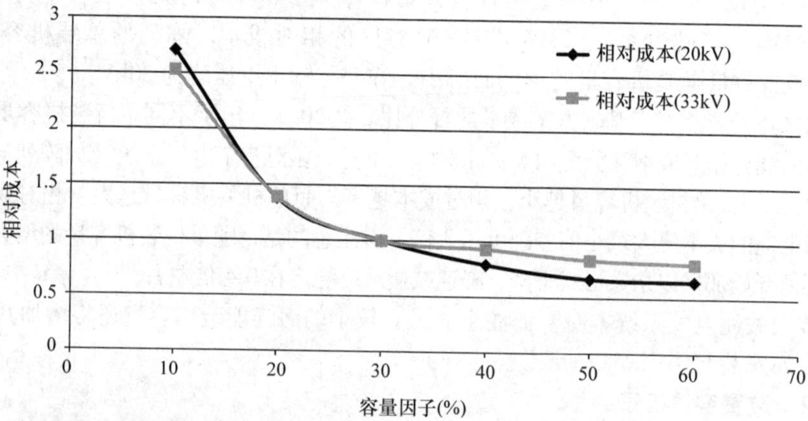

图 10-3　海洋能装置容量因子对 40 台装置阵列并网相对成本的影响

10.1.3.3　海底连接器与其他海底电气系统

对于海上风电，电缆通过 J 形管道伸入风机塔架。该情况对于波浪能装置并不适用，因其需从固定基础移出以进行维护。这将导致一系列问题，包括将在下节讨论的电气系统冗余。对于漂浮式海洋能装置，动态缆与静态缆之间需要一组连接器。某些情况下（尽管多为原型测试阶段），还需将装置快速、重复地与电网连接与断开。因此，需要某种连接器完成上述功能。该类连接器已在第 3 章中讨论过。

由于仅海洋能电气系统需要上述连接器，而风电行业并不需要，因此它们自然也被列入了海洋能电气系统的总成本中。某些情况下，当采用辐射式电力线路布局时（详见下节），每台装置需要两组连接器。如10.1.2节所述，电气系统的成本需控制在100万欧元/MW。此外，安装的电力连接器成本则在单台6万~25万欧元之间。若想不超过100万欧元/MW的界限，则每台装置仅用于连接器的成本就达到50万欧元是不可行的。尽管湿插拔连接器可提升装置的功能性，在很长一段时间内受制于成本也是不可行的。无论如何，水下连接器都是必需的。因此，需在连接器的功能与成本间取得平衡，具体内容将在下节详述。

还有其他潜在的水下电气系统解决方案可供海洋能阵列使用。具体包括：简单的接驳盒（如“波浪能转接器”），水下开关模块（如OPT的水下变电装置），甚至是更为复杂、不以离岸平台为基础的“水下变电站”。目前尚不清楚上述组件的准确成本，但可以肯定的是上述成本均将记入相对于传统风电行业的额外成本。可以预见的是，上述系统的建设、安装、维护均将非常昂贵，成本可达数百万欧元。此外，还有功能性与安全性的问题需要考虑。尽管水下电气系统已在深水油气产业成功应用，但其经济性无法与海洋能相提并论，也不一定适合。

10.1.3.4　电缆安装与保护

10.1.2.1节给出的电缆成本基于采用标准安装方法的假设，即将电缆冲埋入海底泥沙中。实际上，不同的投放点水下情况差异很大。英国与爱尔兰西部海底几乎全是基岩，由于流速较高，大部分泥沙均已被冲走。上述环境条件给电缆的安装与保护带来了巨大挑战，也必须采用昂贵的安装与保护方法，如岩石开沟、堆石、铠装、混凝土沉排，或者竖向开孔等[17]。上述方法也将导致安装成本成倍增加，技术上的挑战也不会减少。波浪能与潮流能装置可参考如下案例：

- 欧洲海洋能中心（铠装加混凝土沉排）；
- 波浪能转接器（堆石保护）；
- MCT的SeaGen潮流能水轮机（竖向钻孔）。

若能仔细选择到含有丰富泥沙的站点，则可有效降低电缆的成本，这也需要同时考虑波浪能阵列的锚固需求。

动态缆保护带来的挑战也需要增加额外的组件如限弯器、减压器、浮力组件与冲刷保护等。这也将导致电气系统总成本一定程度上的增加。

10.1.4　海洋能电气系统的技术经济优化

本节将主要从经济与技术角度考虑海洋能阵列电气系统布局的优化。

10.1.4.1　阵列电网布局优化

影响海洋能阵列电气系统功能与成本的一个主要因素即为其电网布局。各类备选方案如图10-4所示。对于海洋能阵列，部分方案基于水下转接器提出，其在星形网络中可作为集散点，具体将在10.1.4.3节中讨论。

我们将按照不同的标准对图10-4中的各种方案进行讨论。

除了10.1.3节中的内容，我们还将进一步做如下假设：

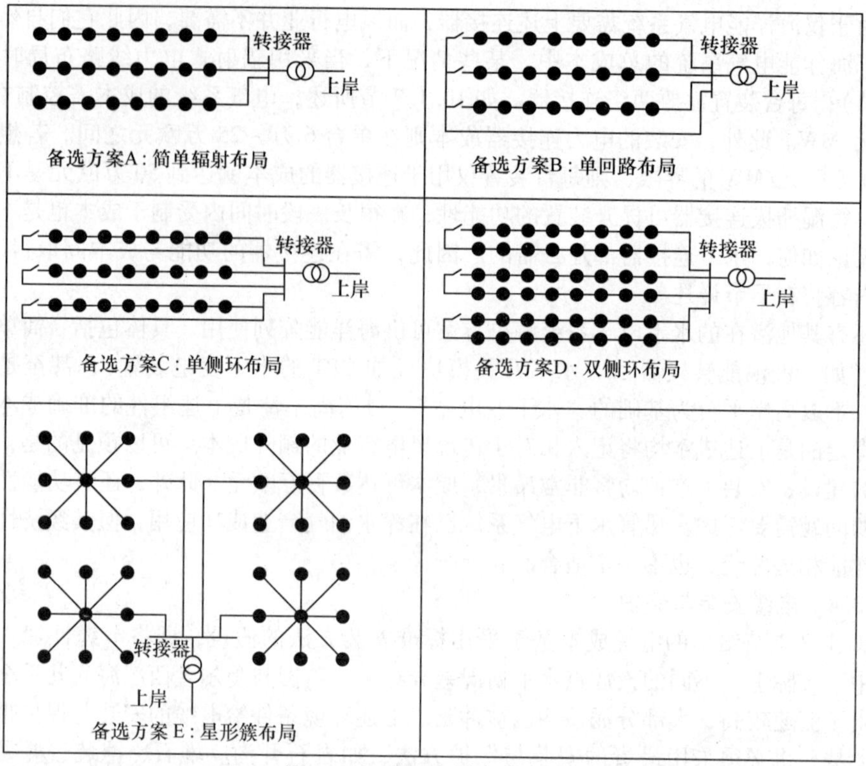

图 10-4　电网布局备选方案

- 各方案装置的物理空间布局保持不变；
- 冗余电路假设按最不利情况满负荷运行，即 100% 冗余；
- 目前不考虑定制产品，如水下开关装置等。所有的开关操作均在海洋能装置上或岸上变电站进行。

1. 成本（相对于备选方案 A）

表 10-3 给出了图 10-4 所示不同备选方案下仅阵列及阵列与输出电缆两种情况的相对成本。对阵列布置而言，辐射型布局的成本最低，这是由于其他方案的电缆长度均有所增加。考虑到电路的冗余与多向性，某些情况下电缆截面积需相应增加，也会导致成本升高。星形簇网络在现有布局下的相对成本为 1.54。若对其进行适当优化，成本有望进一步接近辐射型布局方式。电气成本是空间布局选择优化的唯一控制要素。

表 10-3　阵列电网布局备选方案成本比较

网络布局	相对成本（仅阵列）	相对成本（阵列与输出电缆）
辐射型（A）	1.0	1.0
单回路型（B）	2.58	1.39
单侧环型（C）	1.8	1.2
双侧环型（D）	1.69	1.17
星形簇（E）	1.54	1.13

2. 安装

辐射型布局的安装最为简单，但需要多个短途电缆敷设。其他备选方案均更为复杂，需更多更远敷缆，并可能出现电缆交叉情况。

3. 运行

辐射型布局在阵列电网中无冗余，这也意味着正常运行过程中若出现故障，所有电路中的上游装置均将从电气系统中断开。其他备选方案包含一定冗余，可提高整个阵列系统的实用性[18]。

4. 维护

深水波浪能阵列场的一个独有特征是其各独立装置可从系统中移除以开展例行或非例行维护。如前所述，辐射型布局无冗余。其他备选方案更适宜开展维护工作，但也有其他解决方案克服辐射型布局无冗余的缺点，具体后续讨论。

5. 隔离与保护

单台海洋能装置与阵列电缆如何隔离是海洋能阵列安全操作的一个重要内容。辐射型布局的任意装置或电缆均可通过简单关闭任一侧连接实现隔离。其他布局方案则需要更为复杂的开关与隔离系统。

由前述讨论可知，最简单的辐射型布局似乎也为最节约的方案，但其不适用于需冗余的电网。实际上，如10.1.2节所述，电气系统的成本越低越好，因此其他技术与功能性考虑均不适用。辐射型可作为最适合海洋能阵列场的电气系统网络布局。

海上风电场多数采用该类辐射型布局，几乎没有风电场会在电气系统中保留冗余。鉴于我们需将海洋能装置从电路系统中移出，可采用如下备选方案：

1）“备选”或“虚拟”海洋能装置原位替代；

2）电路中临时“桥接”海洋能装置留下电气接口的系统；

3）可允许在役电路连续工作的水下开关（详见下节）。

看起来，方法2的成本应为最低。

10.1.4.2　关键电气接口

若选择辐射型作为海洋能阵列场的电网布局型式，则海洋能装置与辐射网络间的电气接口需进行优化，这也意味着需在接口功能与成本间取得平衡。

关键的电气接口包括：

1）动态缆与海洋能装置的接口；

2）动态缆与静态缆之间的接口；

3）海洋能装置中压开关接口；

4）离岸变电站。

电气系统与海洋能装置间关键接口所需实现的功能包括：

1）海洋能装置多次连接与断开；

2）电缆初始安装；

3）电气保护；

4）电气隔离（与接地）；

5）电缆壳体穿透；

6）电路连续性（即冗余）。

尽管我们希望实现关键电气接口的功能最大化，但同时还需考虑将成本压缩至最低。预期成本可能会限制电气接口中的功能实现。关键接口的细节未在此处给出，但其技术经济优化细节可参见参考文献［19］。

10.1.4.3 其他定制方案

前述重点均以辐射型布局为主。本节的定制方案则针对星形簇布局方案采用水下“转接器”。

该转接器通常收集若干台海洋能装置的电力，升压并传输至岸上。转接器可包含以下一个或多个设备：

- 变流器；
- 低压或中压开关；
- 变压器；
- 储能设备；
- 电池充电器与辅助系统。

尽管此处未详述上述设备的细节，仍有多项挑战需克服以实现方案功能。上述挑战对大型离岸海底变电站同样适用，罗列如下供参考：

- 即使出现非常简单的故障也需要前往实地操作变流器、数字保护继电器、电池充电器等复杂设备，即使单独进行上述操作也将导致巨大的费用消耗。
- 出于安全考虑，需设置电气隔离点与接地点，但这些位置无法进行验证与锁定。
- 连接多条低压与中压缆进入水下转接器非常困难，需多组昂贵的湿插拔连接器或可进行远程操作的水下机器人（ROV）。
- 建设与安装水下转接器将导致高昂费用。区别于油气行业，相关经验极为欠缺。
- 其他技术与经济性挑战稍弱的电力连接方案，应先进行探索。

10.1.5 海洋能电气系统的成本削减

本节主要探索削减海洋能阵列场电气系统资本支出的策略，即通过重点分析电缆系统实现电气系统资产价值的最大化，这将有效降低海洋能阵列整体的资本支出。如10.1.3节所示，增加海洋能装置的容量因子或单机装机容量，将降低电气系统的资本支出。

本节将探索多个其他实现海洋能电气系统增值的策略。

1）基于统计数据降额选用电缆（少于100%）

- 基于海洋能阵列场极少达到100%装机容量输出的思路。

2）基于环境数据的动态容量

- 基于电缆额定容量随环境条件变化的思路。

3）基于实时数据的动态输出容量

- 基于实时测量实际电缆额定容量的思路。

上述策略仅做如下简述，详细分析可参阅文献［20］。

10.1.5.1　基于统计数据降额选用电缆（少于 100%）

受制于资源可用性与装置可靠性，海洋能阵列场很难达到 100% 容量输出。这也使电力系统实际输出可能少于 100% 标称容量。该情况下，电缆的额定容量实际为所有海洋能发电装置同时达到输出最大值的容量。当海洋能发电机组输出的功率大于电缆额定容量时，需限制功率输出，或者采用本节中提出的一种或几种技术方案组合实现。然而，发电量减少导致的经济损失可通过选用较低容量电缆所节约的成本来补偿。

本节构建了一个小型的海洋能阵列场模型以评估电缆容量小于百分百的影响。计算了超过电缆容量极限的时间比例（与发电量）。通过计算其对年发电量的影响，判断降额选用电缆所节约的投资是否可补偿发电量减少带来的经济损失。

本节针对小型阵列场评估了通过降低电缆容量实现成本削减的可能性。为简化起见，阵列场中共考虑了 5 台装置。需注意的是，与图 10-1 所示的阵列场不同，本节单独考虑了装置的空间物理排布。各装置配置相同，且装置间干扰无论有利或有害，均不作考虑。虽然装置间的干扰是波浪能业界关心的问题，但由于相关研究仍不完善，本节不予考虑。

为避免同相运行，阵列进行了错列布置，无论波浪入射角是多少，各装置运行相位均不同。尽管周期与入射角存在某些组合使 5 台装置同时面对波峰线（同时工作），但本节计算不会发生上述情况。阵列如图 10-5 所示。

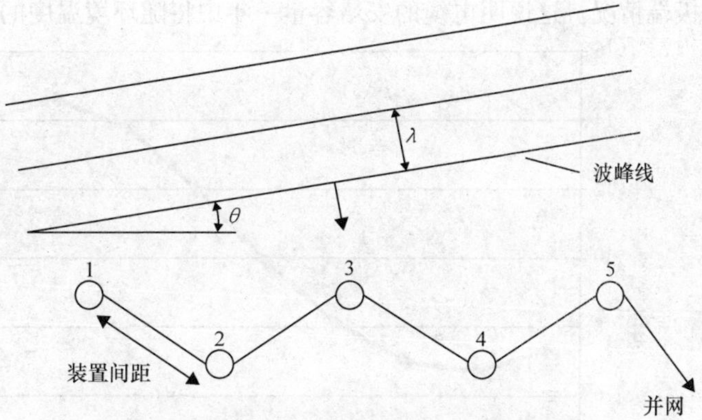

图 10-5　概念阵列（入射角为 θ，波长为 λ）

仅针对输出电缆（5 号装置到电网），电缆截面积从 95mm^2 减到 70mm^2，将导致输出容量从 5MVA 降至 4.15MVA，或者说下降至满容量的 83%。从 10.1.2.1 节的归一化成本模型可知，该手段可为输出电缆节约 15% 的费用。通过评估 5 台装置的功率输出时间序列，可知总功率输出是否（或何时）将超过 4.15MVA。成本效益分析也可评估潜在的成本削减能否折抵阵列场年均能量损失。

结果显示，5 台装置的阵列场每年有 3.2% 的时间可达到 100% 输出。大于满容量 83%（即 >4.15MVA）的时间占全年有效发电时间的 6.2%，占全年发电量的 2.98%。

因此，若输出电缆容量从 5MVA 下降至 4.15MVA，总成本将下降 15%。另一方面，每年损失的电量为 2.98%。通过盈亏损益分析可知，电缆节约的成本是否可弥补发电量损失。

10.1.5.2　基于环境数据的动态容量法

根据标准 IEC 60287 可计算电缆载流量（安培容量）[21]。基于电缆生产商定义的最大导体运行温度可计算最大容许持续电流。对于交联聚乙烯绝缘电缆，其温度一般为90℃。在正常工作过程中，电缆需进行散热。因此最大允许电流需基于电缆所有的组件（绝缘层、屏蔽层、护套、填充物、铠装以及外皮）、电缆的几何形状与周围的热力学环境进行计算。

用于计算海底电缆容量的环境条件假定如下：

- 环境温度为20℃；
- 护套在终端接地；
- 埋深1m；
- 周围环境的热阻系数为1Km/W。

环境温度、埋深与周围环境的热阻系数通常由设计者控制。上述参数随时间与电缆路由长度的变化而变化。因此，最大容许电流也是变化的。

对于我们的波浪能阵列场而言，特别是其输出电缆，20kV选用截面积为400mm^2的电缆，而33kV选用为150mm^2的电缆，我们可评估缩减电缆截面积带来的影响。

对于爱尔兰西海岸，图10-6显示水温的季节性变化大约范围为6~15℃。图10-7给出的空气温度对于陆上段电缆非常重要，其季节变化范围为3~17℃，个别时间会出现极端情况。这说明电缆的安培容量一年中将随环境温度的变化而变化。

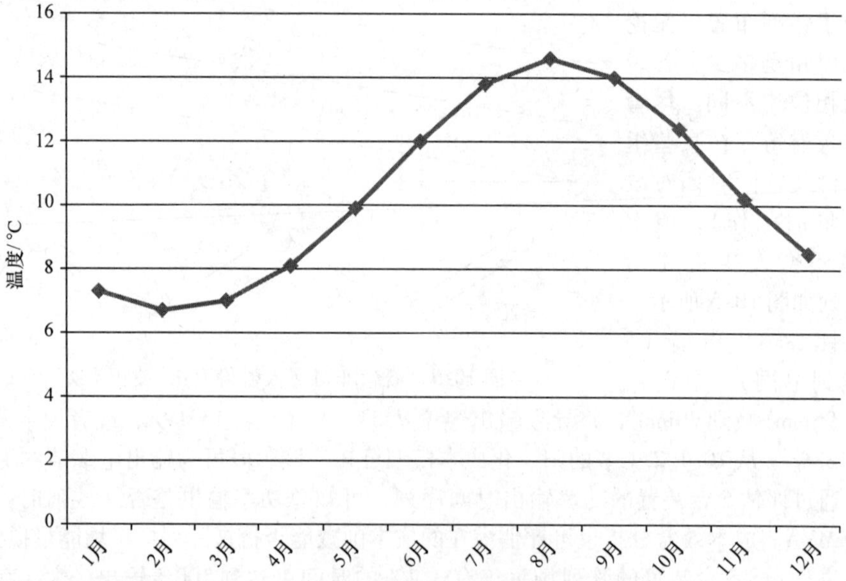

图10-6 马林角1961~1990年月平均海水温度（来源：Met Eireann）

假设本分析中最不利的热阻系数为1.0Km/W，而沿整个路由的埋深均为1.0m。据此，我们可给出特定电缆一年内有效的和所需的电缆容量，以及最小电缆截面积。相较于海水温度，用于计算的空气温度存在更高的极限值。因此，海底电缆的陆上段计算结果将成为瓶颈值。

图10-8给出了20kV系统的季节调整结果。仅通过调整季节温度，可看到300mm^2

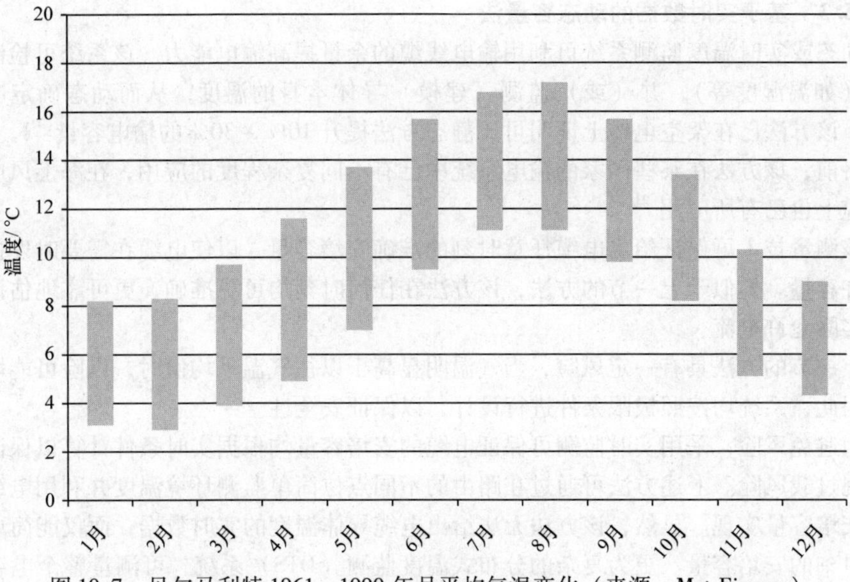

图 10-7 贝尔马利特 1961~1990 年月平均气温变化（来源：Met Eireann）

的电缆更合适。假设阵列发电为 100%，其电力输出在夏季月份几乎达到安培容量极限。因此，通过分析环境数据假定值可缩减电缆截面积。

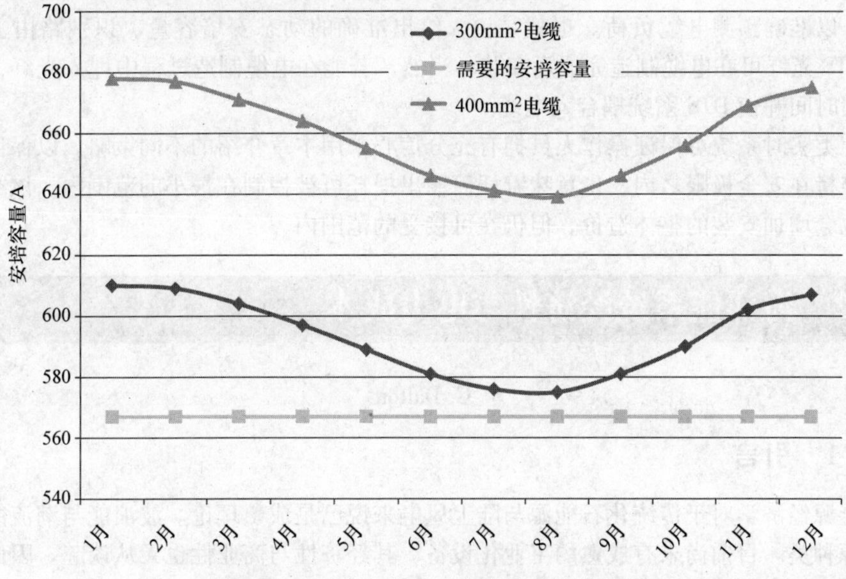

图 10-8 20kV 电缆安培容量的季节性变化

对于 20kV 阵列的输出电缆而言，通过将截面积从 $400mm^2$ 降至 $300mm^2$，其成本削减约为 10%。对整个电气系统成本而言，则可通过缩减阵列间的电缆截面积，特别是最靠近输出端的电缆采用相同方法进行削减。

10.1.5.3 基于实时数据的动态容量法

动态或实时温度监测系统可利用输电线缆的余量提高输电能力。该系统可检测环境条件（如温湿度等），并（或）监测（建模）导体本身的温度，从而动态确定电缆的容量。该方法已在架空电缆上证明可比静态方法提升 10% ~30% 的输电容量[22]。

目前，该方法在某些国家的输电系统中已有不同复杂程度的应用，在海上风电场输出电缆上也已有所应用[23]。

该测量技术可保证给出电缆任意时刻的准确安培容量，以使电缆在需要时发挥其最大容许容量。类似于上一节的方法，该方法在任何时刻均可更准确、更可靠地估计电缆最大实际允许电流。

上一节的方法具有一定风险，当气温明显高于以往气温平均值时，风险可能增大数倍。因此，系统均按照极限条件进行设计，以保证安全性。

为避免风险，采用实时监测可保证电缆的安培容量均根据实时条件计算以保证其不会出现过载风险。上述方法可通过在路由的不同点位简单监测环境温度并利用电缆模型计算安培容量实现。显然，该方法无法给出电缆导体温度的实时数据，而仅能简单给出任意时刻的安培容量。更为复杂的分布式温度监测（DTS）系统，可测量整个电缆路由上的导体温度，并可给出准确度更高的任意时刻电缆容量。

DTS 系统采用光纤技术集成反向散射光强度与时域反射法，能够在长度超过 30km 的电缆上以 1m 的分辨率进行温度测量[23,24]。通过该方法可给出电缆整个长度上的温度分布，以准确预测电缆负荷。也就是说，给出准确的动态安培容量、识别路由上的热点。DTS 光纤可在电缆制造完成后安装。当然，若能在电缆制造过程中埋入光纤，可增强反馈时间并使 DTS 系统耦合入电缆。

此类实时系统可保证操作人员拥有充分信心采用本章介绍的不同策略，以保证电缆始终维持在安全极限之内，也意味着任何输出损耗可被控制在最小的范围内。该类系统自然也会增加安装的整体造价，但仍在可接受的范围内。

10.2 海洋能系统经济性与电力成本

G. Dalton

10.2.1 引言

能源经济学对于传统化石能源与陆上风电来说已是成熟理论。波浪能与潮流能为新兴能源种类。目前尚未有成熟的工业化设备，其经济性与商业性也无从谈起。因此，许多目前的经济性分析与用于可行性评价的数据均来自海上风电，并从试商用成本推断出商用成本。

最大的未知因素为如何推断波浪能的资本支出，即每兆瓦成本，或电力价格（度电成本）。本章将评估波浪能发电不同组件的成本动因，并为这些装置成本明细研究提供相应的参考文献。

商业可行性取决于商业化规模的阵列场。本节将讨论学习理论与大宗购买折扣率，以及可能增长的供求瓶颈。商业可行性也将取决于可行的运维率及收益支持机制。这些机制将与其变化动态、大量增加风险的因素一起进行讨论。

10.2.2　资本支出

10.2.2.1　投资成本明细

各组件与步骤的成本百分比为启动项目前必须构建的重要基线。鉴于波浪能为一完全崭新的工业领域，成本明细百分比变化将非常大。两组明细构成举例如图 10-9 与图 10-10 所示。

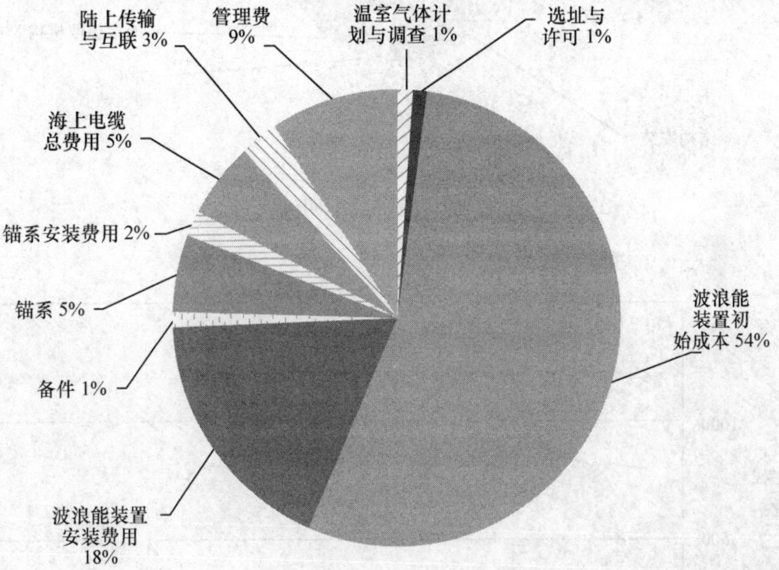

图 10-9　参考文献［25］中以“海蛇”为例的波浪能阵列场项目投资成本明细

1. 钢铁价格

钢铁为波浪能装置主材，因此对初始成本（IC）的影响最大。过去几年中钢材价格波动很大，如图 10-11 所示。最近影响钢材价格波动的主要原因为中国对铁矿石需求的增长，这也导致了近年其价格逐渐上升[27]。价格的最高点出现在 2008 年，并回落稳定至 2007 年的价格。可预见的是，2008 ~ 2013/2014 年间的经济萧条结束后，钢材价格将开始再次增长。成品钢的最终价格，以喷漆防锈蚀的 50 等级（S355）钢为例，价格为5000 ~ 7000 欧/t㊀。该分析示例也可用于其他材料，如混凝土。目前的装置制造则仍以钢结构加工为主。

2. 每千瓦成本或每千瓦投资

每千瓦成本为比较不同技术价格因素的简易成本方法。表 10-4 给出了海上风电与波浪能的每千瓦成本。每千瓦成本通常随规模的增加而减少，稍后讨论。

㊀ 与 Paul Collins 的私人通信，马拉基沃尔什工程公司，Cork。

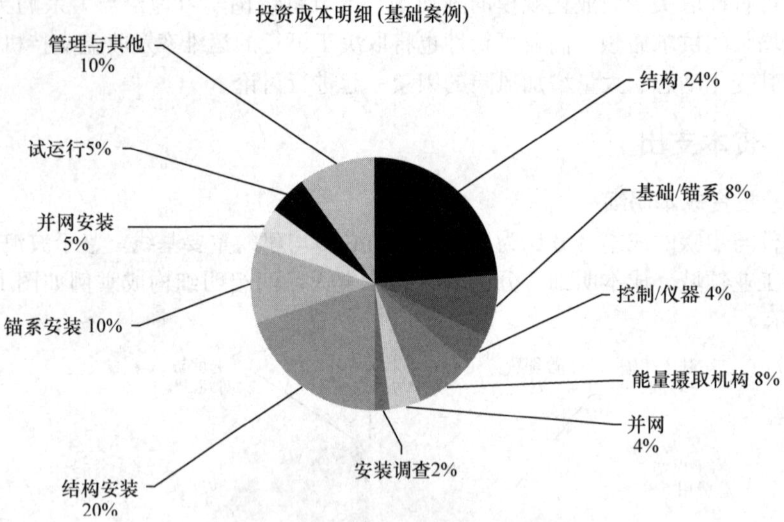

图 10-10 投资成本明细[26]

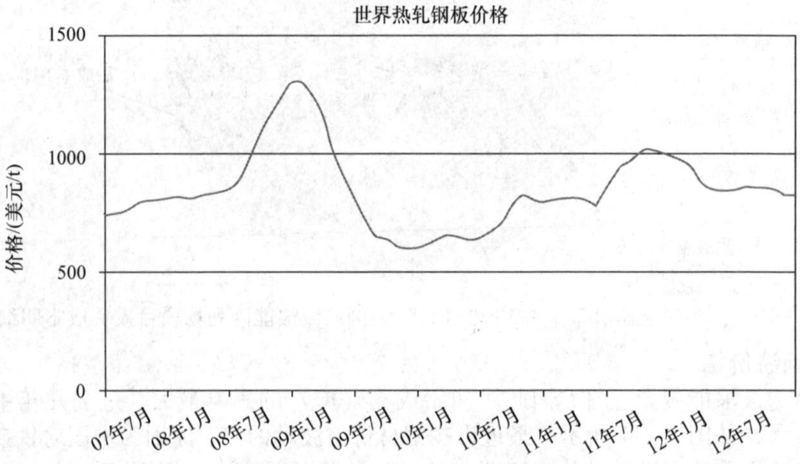

图 10-11 2007~2012 年世界热轧钢板价格（由 MEPS 钢铁提供 www. meps. co. uk/）

表 10-4 不同海上风电与波浪能每千瓦成本研究(按 1 欧元 =1. 4 美元，1 欧元 =0. 82 英镑)

技术	作者	参考文献	风机或阵列场规模	欧元/kW
海上风电	Snyder 和 Kaiser	[28]	1~2MW 风机	1500~3000
			2~5MW 风机	2000~3000
			1~50MW 阵列场	1500~3000
			50~200MW 阵列场	2000~3000

（续）

技术	作者	参考文献	风机或阵列场规模	欧元/kW
	Fingersh 等	[31]	3MW	1500（2100 美元/kW）
	DETI（爱尔兰可再生能源署）	[32]	未提及	1400～2000
	Horns Reef（爱尔兰可再生能源署）		160MW	1700
	Barthelmie 等	[33]	未提及	1650
	Luypaert 等	[34]	未提及	2500
波浪能				
	Previsic（根据作者的报告计算）	[29]	1MW	5350（7500 美元/kW）
	碳信公司	[35]	105MW 阵列场	1900（2600 美元/kW）
			商业化	1400～3500
	Weiss 等	[36]	90MW	1800（2600 美元/kW）
	Dunnett 和 Wallace	[37]	未提及	2500（3500 美元/kW）
	奥雅纳公司	[38]	未提及	7300～10300 英镑/kW

然而也有例外，正如 Snyder 和 Kaiser 在参考文献［28］所提及的，不考虑大宗购买折扣率，某些情况下大型阵列场的成本可能比小型阵列场更高。稍后将具体解释该趋势。

波浪能阵列场的成本随规模而变化[29]，小型阵列场成本为 5300 欧元/kW，而大型阵列场的成本为 1400 欧元/kW[30]。需注意的是，5300 欧元/kW 的成本为 2004 年数据，时至今日可能已有显著增长。

每千瓦或每兆瓦成本常被错误引用，使用时缺少限定与量化条件。如下重要因素需明确：

- 引用年份，通货膨胀、材料成本与供需关系对价格的年际波动有重要影响；
- 引用对象的定义，也就是说装置本身、装置加安装或包含安装的总项目成本；
- 引用对象的数量，也就是说阵列场规模受到大宗购买折扣率的影响。

表 10-5 给出了前述讨论因素影响的每千瓦成本变化情况。举例如下，受到材料价格的影响，2010 年的每千瓦成本比 2004 年高很多。装置本身的每千瓦成本翻了一倍，与原来整个项目成本相当，这也说明了明确引用对象的必要性。受到大宗采购对总投资成本的影响，20MW 阵列场每兆瓦成本比 1MW 的低 30%。

表 10-5 1MW 与 20MW 项目的装置本身与项目总投资（成本）的初始投资[39]。鉴于该时段钢材价格翻倍，2010 年成本因子为 2

		2004 年	2010 年
1MW 阵列场	波浪能装置本身的初始成本	2100 欧/kW①	4300 欧/kW
	项目总投资成本	4000 欧/kW	8000 欧/kW
20MW 阵列场	20 组波浪能装置本身的初始成本	1500 欧/kW	3100 欧/kW
	项目总投资成本	3000 欧/kW	5800 欧/kW

① 基于 0.75MW 装置的成本为 1600000 欧元[29]。

10.2.2.2 安装成本

共有 4 种常用方法用于报告项目安装成本：

1）占项目总成本（或项目总投资）的百分比；

2）占装置初始投资的百分比；

3）每兆瓦成本；

4）千度电成本。

成本计算方法3与4是项目投资成本分析中最常用的方法，可独立于项目使用。另一方面，成本计算方法1与2最常见且依赖于项目总成本或可用的装置成本。表10-6给出了成本计算方法1的文献综述，其百分比变化范围很大，占总投资成本的20%～35%。

表10-6　安装成本占总投资的百分比

作者	参考文献	安装成本占总投资的百分比
Garrad Hassan	[40]	19%（装置占5%，基础占7.5%，电力占6.5%）
碳信公司	[26]	35%（装置占20%，锚系占10%，电缆占5%）
Walker 等	[41]	30%
Beyene 和 MacPhee	[42]	25%
O' Connor 等	[43]	2%

安装成本可进一步细分至不同的服务项目，如港口服务。各项安装服务如图10-12所示，表明各分组的均匀配比。

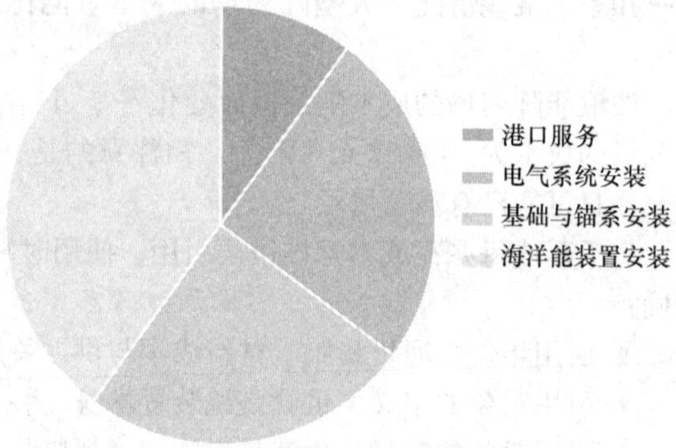

图10-12　安装类型占总安装工序的百分比[44]

10.2.2.3　学习率

学习率是指在一定时间内随经验增长，某产品生产成本将出现下降。累计装机容量加倍后，成本将下降至对应参考年份数值的百分比数，该因子被称为增长比。一般对于波浪能而言，该数值的范围在86%～90%之间。学习率不适用于仅在第一年对购买与安装进行一次性支出的项目。Neij将学习曲线定义为单一厂商标准化产品的成本削减[45]，而经验曲线则可在国家或全球层面上描述非标准化产品的成本削减。Neij发现将经验曲线应用于某产业的各方面存在很多问题，例如，风机、风电场、风力发电无法直接比较。

表10-7给出了该领域的文献总结。Batten与Bahaj[45]以及Gross等[46]均指出“学习曲线无法直接用于评估波浪能或潮流能，这是由于该领域内几乎没有市场经验与数据”“将该方法应用于技术尚未收敛、不成熟的海洋能产业更多的是一种猜测”。

表10-7　学习曲线率的文献综述

作者	参考文献	技术	学习曲线率
国际能源署	[48]	光伏/风能	82%/96%
McDonald 和 Schrattenholzer	[49]	风能	68%～96%
Junginger 等	[50]	海上风能	23%①
Junginger 等	[51]	风能（总结了20篇研究内容）	88%～90%
Batten 和 Bahaj	[46]	波浪能	85%～90%

（续）

作者	参考文献	技术	学习曲线率
碳信公司	[35]	波浪能	情况 A 90%，情况 B 85%
Hoffmann	[52]	光伏	80% ~82%
Pelamis 和 Carcas	[53]	波浪能	85%
Allan 等	[54]	波浪能	82%
Bedard	[55]	波浪能	82%
英国可再生能源公司	[56]	波浪能	85% ~90%
Zwaan 等	[57]	海上风能	95% ~97%

① 更多是指时间而非成本削减。

Hau 提出的学习曲线公式可表达为[58]

$$P = N^{\ln(lc)/\ln(2)} \tag{10.1}$$

式中，N 为波浪能组件数量，lc 为学习曲线因子。

10.2.2.4　批量折扣成本

批量购买比单一购买的单价低，这是因为任何厂商均会为鼓励批量购买提供折扣。该折扣率基于价格比例折减的累计和。n 台装置的累计总和可按下式计算：

$$总\ \mathrm{WECIC} = \sum_{1}^{n} P_n \times \mathrm{WECIC} \tag{10.2}$$

式中，WECIC 为波浪能装置的初始成本，而 P 为用于波浪能初始成本的百分比折减量[58]。

10.2.3　运营成本

10.2.3.1　运行与维护

文献中关于运维费用的指标主要按照以下 4 组定义，见表 10-8。

1）千度电成本：该指标给出了表述项目总初始成本（Total Initial Cost，TIC）与年发电量关系的成本值，也是最常被引用的指标。其主要优势在于直接作为装置性能比值的结果，可被用作绩效指标。该指标可在现金流分析中用作投入成本，并可用以计算与每千度电总发电成本的比例关系。当然，每千度电成本并非最简单指标，因为需计算总电力输出。其劣势在于运维结果与地点相关，即使相同的装置在不同位置千度电成本也会发生变化，若在报告中不加限制地进行引用可能对结果造成混乱。

2）初始成本百分比：另外一个最常用的指标为运维成本占项目总初始投资百分比。该方法的优势是简单，且不随运行地点变化，更易于现金流分析。该指标可在现金流分析中用作投入成本，比值可用作敏感性分析中的变量。该指标的缺点包括以下几个方面：

① 在用到该指标的文献中，往往搞不清该百分数是相对于装置的初始成本（IC_{WEC}）还是总项目初始成本（TIC）而言的；

② 该指标无法反映投放地点的成本差异；

③ 初始成本百分比通常被强行应用于经济性分析而非基于实际证据。

3）总运营成本百分比：该指标将运维成本定义为总运营成本的百分比。该指标的优势在于有利于比较性分析。不利之处在于其无法在现金流分析中用作投入成本。

4）发电成本百分比：最后一个方法是将运维成本与总发电成本进行比较。它需将运维与发电成本均记作千度电成本。发电成本在成本分析中占主体时，该指标往往有用。其不利之处在于发电成本必须是已知的。因此，该指标也通常无法在现金流分析中用作投入成本。

例行维护是基于装置假定的可靠度（P_{OM1}）与维护工作的平均用时（t_{OM1}）计算的，而非例行维护与设计投放点极端波况的发生频率有关（$P_{OM2}=Q\ (H_s>5m)$），其中Q为超过某特定波高波浪出现的可能性，并假定维修时间为P_{OM2}[59]。

通过不同指标方法给出的运维成本综述见表10-8。

表10-8 陆上与海上风电场、波浪能运维成本的文献综述：千度电成本，总初始成本百分比，运营资本支出百分比，发电成本百分比

风能/波浪能	地点	作者	参考文献	千度电成本	总初始成本百分比①	运营资本支出百分比	发电成本百分比
波浪能	美国	Bedard 等/Siddiqui 和 Bedard	[60]/[61]	24			
	美国	Bedard	[55]	19~36			
	美国	Oregon	[62]	16	1.4		14
	欧洲	Batten	[46]		5		
	加拿大	Dunnett 和 Wallace	[37]		2		
	美国	EPRI	[29]	6	4.5		
	英国	碳信公司	[63]	16③	1.5		
	英国	碳信公司	[35]			57	
陆上风能	美国	Bedard	[55]	6			
	美国	Bolinger 和 Wiser	[64]	20（1980）			
	美国	Bolinger 和 Wiser	[64]	6（2000s）			
	欧洲	欧洲风能协会	[77]				25
	德国	Albers	[65]	8~16	1.8~3.6		
	欧洲	欧洲风能协会	[66]	40			
	欧洲	Lemming 和 Morthorst	[67]	1~7			
	丹麦	Morthorst	[68]	5~15~45			
海上风能	欧洲	欧洲风能协会	[69]	16	3.3		26
	英国	Van Bussel	[70]		4~4.5		
	荷兰	Rademakers 等	[71]	8~16			25~30
	欧洲	欧洲风能协会	[73]			26	
	英国	Dale 等	[72]	3②			

① 尽管报告中未明确定义，此处按照总初始成本百分比引用。

② 结果基于论文中每年每千瓦24美元条件引用。

③ 成本按照美元引用，并按照1∶1.25的比率换算为欧元。

10.2.3.2 保险

对于整个海上可再生能源领域来说，保险支出仍为在研课题。现金流分析中有两类评价保险支出的主要方法：初始投资百分比与千度电成本。碳信公司在两份报告中提及了保险。第一份报告中给出了保险的种类与费用[63]，如下所列：

- 综合保险占初始成本总额的 2%；
- 成本超支保险占第一年收益的 3%；
- 运行保险占成本投资总额的 0.8%；
- 业务中断保险占售电收益的 2%。

碳信公司报告中提到保险占总运营成本的 14%[35]。欧洲风能协会的报告认为其占总运营成本的 13%[73]。美国电力研究协会（EPRI）认为俄勒冈项目中“海蛇”的千度电成本为 27 欧元，投保为初始成本的 2%。爱尔兰风能协会㊀采用了另外一个指标，即兆瓦成本（欧元）。保险成本通常为每兆瓦 15000 欧元，用于项目发展与第一年的运行，后续年份其费用将有所下降。

10.2.4 拆撤与回收成本

一旦项目结束，残值对于成本来说也为正面信用。折旧按照线性递减，也就是说某部件的残值直接正比于其剩余寿命。残值按下式计算[74]：

$$S=\frac{RC\times RL}{Lt} \tag{10.3}$$

式中，S 为残值，RC 为组件的重置成本，RL 为剩余年限，Lt 为组件寿命。重置成本按照替换时间使用折减因子计算，通货膨胀不在公式内体现。

若某物的寿命短于项目预期期限，则组件在项目结束时的剩余寿命可按下式计算：

$$RL = Py - CY \tag{10.4}$$

式中，Py 为项目执行年数，CY 为组件至上一次更新的总年数，其计算方法为

$$CY = Lt\times \mathrm{trunc}\left(\frac{Py}{Lt}\right) \tag{10.5}$$

若某项的寿命大于项目的周期，则

$$RL = Lt - Py \tag{10.6}$$

任何拆撤成本均需从最终的折旧成本中扣除。

当某项的更新置换时间接近于项目的终止期，折旧值就显得尤为重要了。

关于海上风电完整的拆撤流程可详见 Kaiser 与 Snyder 的论文[81]。

10.2.5 收益方法：补贴与可再生能源义务证书

与海上风能类似，欧洲对波浪能有许多独立的收益支持办法。收益支持系统希望能够刺激可再生能源的成长与发展，并因此提供了人为支持。上述支持的初衷是希望在产业成熟后能够逐步退出。

㊀ http://www.iwea.com/index.cfm/page/planning_regulationsandadminis

欧盟委员会于2007年确定，欧盟地区需捋顺并协调其电力市场，并纳入欧洲内部能源市场㊀。欧洲被分为七大板块，如FUI区（法国、英国、爱尔兰）。目前对于该单一市场对各国分别制定上网电价补贴政策与支持系统是否具有影响仍存在争议。作者认为不会具有影响。

10.2.5.1 上网电价补贴（FIT）

上网电价补贴是指电力公共事业公司必须付给供给电网电力的私人、独立可再生能源企业强制规定的、最低保证价格[75]。它是指独立可再生能源企业按每度电计的售电全价，包含高于市场价格的奖励部分，但不包括退税或其他由政府提供的生产补贴。

售网价格，或收入可按下式定义：

$$售网价格 = 收益 \times AEO \tag{10.7}$$

式中，AEO为年发电量。收益为一种信用，且附加在每年其他的年度成本之上。欧洲的税率可参考表10-9。

固定税率的局限在于其非指数化变化或不与通货膨胀挂钩。例如，始于2015年的项目不如充分利用该税率的2010年开始的项目。

10.2.5.2 可再生能源义务证书（ROC）

可再生能源义务证书为英国用于可再生能源的收入支持机制。波浪能与潮流能对于装机容量30MW的项目最多每千度电可获得5个证书，装机容量超出的部分每千度电可获得2个证书。该制度仅支持2017年4月之前装机与运行的项目[76]。2017年4月以后，可再生能源义务机制将被新的发电补贴支持机制取代。

英国在现有支持机制下的售网及其他收入主要包含3个部分：生产的电力进入统一电力市场进行售卖，通过发电获得的证书也可进行出售。此外，除了可再生能源义务证书，项目还能通过发电获得免税证书，也可进行售卖。

可再生能源义务证书随每天的电价会发生变化，因此其成本很难估算。对于未来整个电力批发市场来说，有些文献也计算了可再生能源义务证书与免税证书的价格，见表10-9。

截至本书（英文版）出版之日，可再生能源义务证书制度保证可运行至2017年，后续将被电力补贴制度取代，并根据差异模型签署合同，其细节尚未发布㊁。模型的变化也因市场增加了其不确定性。

表10-9 用于分析的电力批发市场电价、可再生能源义务许可证与免税证书价格

（单位：英镑/MWh）

电力批发价格	可再生能源义务证书价格证书	免税证书价格	来源
84.7	41.41	2.45	[78]
69.6	41.37	2.16	[78]
54.5	41.33	1.86	[78]
69.6	40.69	4.72	[79]
47.4	52.46		[80]

㊀ http://www.eirgrid.com/europeanelectricityforum/internalenergymarket/

㊁ https://www.gov.uk/government/uploads/system/uploads/attachment_data/file/65634/7090-electricity-market-reform-policy-overview-.pdf

10.2.5.3　其他收入支持机制

表10-10罗列了其他国家的支持机制。如表所示，上网电价补贴为目前较为通行的做法。受章节篇幅所限，我们无法全面讨论其细节与不同点。图10-13给出了葡萄牙提出的发电补贴细节[82]。

表10-10　全球收入支持机制列表[83]

国家	收入支持机制	价格/（欧元/kWh）
法国	上网电价补贴	0.15
意大利	上网电价补贴	0.34
西班牙	上网电价补贴	0.07
丹麦	上网电价补贴	0.08＋额外补贴
德国	上网电价补贴	0.06
美国	生产税抵免	

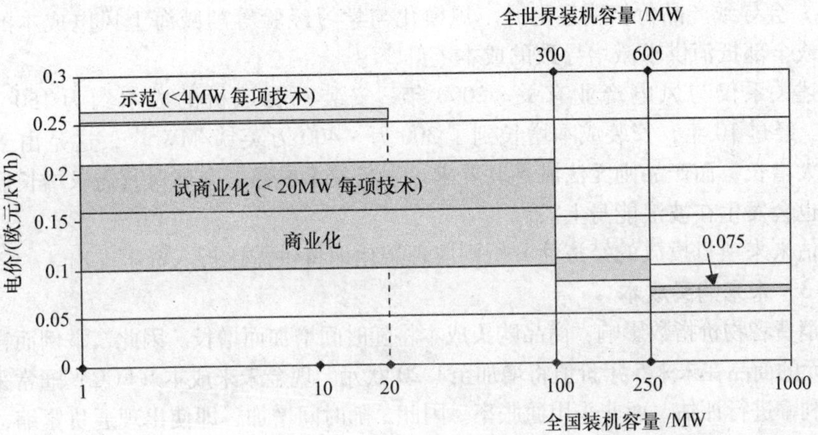

图10-13　参考文献［82］图

10.2.6　经济投入因子

10.2.6.1　折现率

折现因子用于将未来某年的预期收益或成本折算入现值。需牢记的是折现因子假设项目从当年开始且其仅与项目周期有关。未来启动的项目也具有折现因子，但需附加现金因子，该内容随后讨论。总名义利润将通过乘以一个折现因子反映现金贬值的影响。

折现因子（DF）可采用折现率进行计算，如下：

$$\mathrm{DF}=\frac{1}{(1+\mathrm{DR})^{n}} \tag{10.8}$$

折现率（DR）是与感知风险相称、通过转换未来（项目周期内）支付或收入折入现值的利率。定义折现率的方法有两种：

1）考虑通货膨胀的折现率。采用该方法定义折扣率，在经济分析中项目周期内的通胀将被分解出来。也就是说，所有的成本均变为真实成本，即它们都按照恒定的欧元数定义。其假设是通胀率对于所有成本均相同。

2）折现率未分解出通胀。

方法 1 相对于方法 2 的优势在于使用便捷。方法 2 在考虑所有年度成本与收益时均考虑通胀率因子，增加了数据表的复杂度。其不利之处在于限制了用户评估通胀变化带来的影响，而只能采用固定的折现风险因子。

10.2.6.2 供需比

供需法则定义了特定商品的可得性与该商品的需求对其价格的影响。与海上风电有关的供需因素包含如下两个方面：

1）海上风电产品的供需关系。

2）建设海上风电产品的材料供需关系（详见 10.2.2，即钢材价格）。

上述因素均可能导致海上风电产品的价格升高。它们可能同时出现，如 2005～2008 年，会导致产品价格明显上升。规模化与学习经验等削减海上风电成本的因素能够部分或全部抵消供求激增导致的成本上升[57]。

上述关系仅与风电产业有关。2000 年，安装一台风机的成本约为 150 万英镑/MW[84]。经过 10 年，安装成本增长到了 300 万～400 万英镑/MW[84]，这是由于全球需求的巨大增长，而产品则无法满足其要求。一旦技术成熟，全球对其需求增长后，相同的情景也会发生在波浪能身上。

评估未来项目投放的经济性分析则应理想化地将供需比折入资本支出。

10.2.6.3 未来购买成本

受消费者物价指数影响，商品购买成本将随时间增加而增长。因此，举例而言，成本为1 欧元的商品在未来5 年价值将增加至1.20 欧元。现金未来成本（FCC）通常采用利率或借贷利率进行评估，而非采用通胀率。因此，随时间增加，即使出现通货紧缩，启动项目的成本也会增加。项目的初始成本若现在马上启动将比未来启动的成本低。

评估现金未来成本百分比的公式为

$$\mathrm{FCC} = (1+i)^n \tag{10.9}$$

式中，i 为借贷利率，n 为年数。

现金未来成本百分比乘以波浪能装置的初始成本，即可评估未来购买该装置所需的成本。一旦项目按照预设的时间在未来启动，在整个项目周期内，通胀采用折现率进行评估，可按照上一节解释考虑或不考虑通胀因子。

10.2.7 债权比

债权比为评估一个公司资本结构或“资本构成”的财务指标。该指标用于评估形成公司资产的债务或权益相对比例。债权比（也被称为风险比或杠杆率）可为财务分析者或潜在投资者判断一个公司使用的经济杠杆总量时提供一快速工具，并可判断其利率增长或破产的可能性。

杠杆投资的好处在于主债务与利息债务均为已知，可被预测并事先进行计划。债务利息可通过报税扣减，并降低公司贷款的实际成本。

引入债务将增加项目成本，因它会在建设期间增加利息，但对于股权融资项目不存在，因此初始外流将会增长。建设期间的利息一般会被资本化，而利息的资本化也意味着资产的账面价值更高，并产生更高的折旧以及更低的税额。更高的初始现金额（由于建设期间利息产生的资金外流）在接下来数年中比更低的税费外流影响更大。

一般认为，引入债务对项目的内部收益率（IRR，随后讨论）没有影响。但实际中，虽然幅度不大，引入债务通常会改变项目的内部收益率。这是由于企业自由现金流（FCFF）不会受利息与债务支付现金流出的影响。

每年的债务支付 D 可按下式计算：

$$D = Cf_{\mathrm{d}}\left(\frac{i_{\mathrm{a}}}{1-\dfrac{i}{(1+i_{\mathrm{a}})^{n'}}}\right) \tag{10.10}$$

式中，C 为项目的总初始成本，f_{d} 为债务比，i_{a} 为有效年度债务利率，n' 为债务年限。

每年的债务支付可细分为应付债务本金 Dp, n 与应付利息 Di, n。

$$D = \mathrm{Dp,n} + \mathrm{Di,n}$$

Dp, n 与 Di, n 每年均发生变化。

债务支付将受到税收与折旧的影响，上述影响本章不作讨论。

10.2.8　经济指标

经济指标为关于商业、项目与公司的统计学数据。经济学指标可用于分析经济表现，并可用于预测未来的经济表现。上述指标也为评估项目与其他商业主体的发展能力提供数据。

10.2.8.1　发电成本

发电成本可按如下两种方法定义：

1）发电成本；

2）平准化发电成本。

1. 发电成本（COE）（简化形式）

发电成本的简化形式为资本支出与总发电量的简单运算：

$$\mathrm{COE} = \frac{\mathrm{CAPEX} + \mathrm{OPEX}}{\mathrm{AEO}} \tag{10.11}$$

该方法不太常用，也不能与常用的平准化发电成本计算方法混淆。

2. 平准化发电成本（LCOE）

平准化发电成本是系统生产的有效电力每度电的平均成本，也是特定来源产生电力保持收支平衡的价格。其计算方法是将发电总年化成本（TAC）除以年发电量（AEO），计算式如下：

$$\mathrm{COE} = \frac{\mathrm{TAC}}{\mathrm{AEO}} \tag{10.12}$$

总年化成本（TAC）为各系统年化成本总和，可通过净现值（NPV）乘以资本回收

系数（CRF）计算获得。资本回收系数用于计算年金（一系列等年度现金流）的现值。资本回收系数的计算公式为

$$\mathrm{CRF}=\frac{1\,(1+r)^{n}}{(1+r)^{n}-1} \tag{10.13}$$

式中，r 为折现率，n 为年数。折现率为投资人因同意延迟支付而索要的回报。

另一个定义平准化发电成本的方法为现有发电贴现价乘以平准化成本，等于整个投资周期内固定与浮动成本现有贴现价值。

表 10-11 总结了过去 10 年波浪能的平准化发电成本估算。

10.2.8.2 净现值

净现值的定义为投资未来净现金流的现值减去初始投资[85]，可通过对整个项目周期的贴现现金流求和获得，其定义式如下：

$$\mathrm{NPV}=\sum \mathrm{TNC}\times \mathrm{DF} \tag{10.14}$$

式中，TNC 为当年总现金净值；DF 为折现因子，其定义如下：

$$\mathrm{DF}=\frac{1}{(1+r)^{n}} \tag{10.15}$$

式中，r 为折现率，n 为年数。折现率为投资人因同意延迟支付而索要的回报。

总体上，仅净现值大于 0 时，项目方可盈利。净现值数学概念简单，不包含任何任意变量。

10.2.8.3 内部收益率（IRR）

内部收益率表明在相同投资下不同收益对应的商业回报。内部收益率为净现值等于 0 时的折现率。基于净现值计算的内部收益率公式为式（10.14），可通过迭代计算获得净现值为 0 时的解。

$$\mathrm{NPV}(0)=-\mathrm{IC}+\sum \frac{c(n)}{(1+\mathrm{IRR})^{n}} \tag{10.16}$$

式中，c 为第 n 年的成本，NPV(0)是净现值为 0。

表 10-11 电力成本综述（1 美元 = 0.8 欧元，1 欧元 = 0.85 英镑）

研究单位	参考文献	装置	位置	MW	原币成本	电力成本 /(欧元/kWh)	补贴
EPRI (Previsic)	[29]	海蛇	美国加利福尼亚州	160	0.11 美元	0.088	0.06
ESBI	[86]	海蛇	爱尔兰	156		0.105	
St. Germain	[87]	海蛇	加拿大	11.25	0.14～0.18 美元	0.11～0.144	
EPRI (Bedard)	[88]	海蛇	美国加利福尼亚州	33	0.08～0.16 美元	0.06～0.128	
碳信公司	[35]	海蛇	英国		0.05～0.06 英镑	0.058～0.07	
Pelamis 和 Carcas	[53]	海蛇	英国	0.75	0.20～0.40 英镑	0.235～0.47	

（续）

研究单位	参考文献	装置	位置	MW	原币成本	电力成本/(欧元/kWh)	补贴
Dunnet 和 Wallace	[37]	海蛇	加拿大	11~20	0.23~0.38 美元	0.18~0.30	
						0.24	
SQW	[89]		综述				
碳信公司	(2010)		英国	1	0.42 英镑	0.52	
				1000	0.12 英镑	0.14	
俄勒冈波浪能信托公司	[90]		俄勒冈州	100	0.47 美元	0.37	
					0.21 美元	0.17	
Allan 等	[91]		英国		0.19 英镑	0.22	
奥雅纳公司	[38]		英国①	180~280	0.27~0.21 英磅	0.31~0.24	
碳信公司	[26]		英国	(10% disc%)	0.20~0.12 英磅	0.23~0.14	
海上评价集团	[92]		英国	4566①	0.195 英磅	0.23	
俄勒冈波浪能信托公司	[93]		美国		0.25 美元	0.2	
Behrens 等	[94]		澳大利亚		0.26~0.08 美元	0.21~0.06	

① 预测至 2020 年。

对于财务人员来说，内部收益率最小阈值为 10%～12% 时，项目在财务上方为可行⊖,⊜。

10.2.8.4　回收期

资本预算回收期是指投资回报付清初始投资总额所需时间。回收期在分析中有诸多限制，这是由于其不考虑货币的时间价值、风险、财务或其他重要因素，如机会成本。当货币的时间价值不采用资本折扣的加权平均成本时，大家的共识是该工具用于投资决策时不宜单独使用。投资回收期通常用年表示，该年现金流中的净现流由负转正。

10.2.9　技术经济分析方法与工具

经济技术分析所需因素均已介绍完毕，接下来将进行分析。多数公司案头分析采用 Excel 表格，电子表格的复杂程度可从 1 页到 30～40 页多层次复杂工作簿，其中有内嵌宏与 VB 编程代码。这些 Excel 表格分析工具均很优秀，可为有问题的项目提供分析结果。但采用 Excel 表格仍有缺陷：

- 大量多层电子表格 = 使用很慢；
- 只有专家才能使用；

⊖ 与 Tony Dalton 的私人通信，LET 系统公司财务总监，Cork。

⊜ 投资者对内部收益率的需求是另外一回事（此处不做讨论）。投资者基于初始投资与公司退出价格对内部收益率进行判断。投资越有风险，内部收益率也就越高，可达到 30% 左右。

- 容易增加错误 = 花费时间追踪与改正；
- 用户需持续更新，否则会失效；
- 为不同项目开发需耗费大量时间 = 金钱；
- 一旦构建便无法扩展 = 每次均需新增电子表格；
- 静态而非动态工具；
- 信息多重筒仓存储；
- 无标准注入，如 IEC 或美国能源部标准。

现今市面上已有很多软件工具用以帮助用户解决上述问题（见表 10-12）。上述工具需经严格测试与验证，并根据结果给出置信度。

表 10-12 波浪能项目商业可行性分析用技术经济评价软件工具

国家	公司名	产品名	参考文献	商业化产品	技术	经济性			结果	结果
					装置 - 功率矩阵	资源 - 每小时年度数据	已公开的资本支出成本	装置建造成本	敏感性	优化
爱尔兰	HMRC，UCC①	NAVITAS	[1]	✓	✓	✓	✓	×	✓	✓
英国	Garrad Hassan	Wavefarmer	[7]	✓	✓	✓			✓	
丹麦	Energinet		[8]		✓	✓				
加拿大，美国	RE Vison		[9]	✓	✓	✓			✓	

① http：//www. ucc. ie/en/hmrc/projects/navitas/

10.3 参考文献

[1] F. Sharkey, M. Conlon and K. Gaughan, 'Investigation of wave farm electrical network configurations', *World Renewable Energy Congress*, Linkoping, 2011.

[2] R. Green and N. Vasilakos, 'The economics of offshore wind', *Energy Policy*, vol. 39, pp. 496–502, 2010.

[3] RenewableUK – 'Challenging the Energy- A Way Forward for the UK Wave & Tidal Industry Towards 2020', October 2010.

[4] BVG Associates, *A Guide to an Offshore Wind Farm*, The Crown Estate, London, UK, 2011.

[5] D. O'Sullivan and T. Lewis, 'Electrical machine options in offshore floating wave energy converter turbo-generators', *World Renewable Energy Congress*, Glasgow, 2008.
[6] D. O'Sullivan and G. Dalton, 'Challenges in the grid connection of wave energy devices', *8th European Wave and Tidal Energy Conference*, Uppsala, Sweden, 2009.
[7] L. Fingersh, M. Hand and A. Laxon, *Wind Turbine Design Cost and Scaling Model*, National Renewable Energy Laboratory, Golden, CO, USA, 2006.
[8] S. Lundberg, *Performance Comparison of Wind Park Configurations*, Technical Report, Chalmers University, 2003.
[9] J. Green, A. Bowen, L. Fingersh and Y. Wan, 'Electrical collection and transmission systems for offshore wind power', *Offshore Technology Conference*, Houston, TX, USA, 2007.
[10] M. Kenny, *Electrical Connection Issues for Wave Energy Arrays*, Masters thesis, University College Cork, 2010.
[11] P. Djapic and G. Strbac, *Cost Benefit Methodology for Optimal Design of Offshore Transmission Systems*, Centre for Sustainable Energy and Distributed Generation (SEDG), London, UK, 2008.
[12] Offshore Design Engineering (ODE), *Study of the Costs of Offshore Wind Generation*, Department of Trade and Industry (DTI), London, UK, 2007.
[13] P. Hopewell, F. Castro-Sayas and D. Bailey, 'Optimising the design of offshore wind farm collection networks', *Universities Power Engineering Conference*, Brighton, UK, 2007.
[14] E. Stoutenburg and M Jacobson, *Optimizing Offshore Transmission Links for Marine Renewable Energy Farms*, OCEANS, Seattle, WA, USA, 2010.
[15] ESB Networks, *Standard Prices for Generator Connections Rev. 2*, ESB Networks, 2012.
[16] N. Boccard, 'Capacity factor of wind power realized values versus estimates', *Energy Policy*, vol. 37, pp. 2679–2688, Nanjing, China, 2009.
[17] J. Beale, 'Transmission cable protection and stabilisation for the wave and tidal energy industries', *10th European Wave and Tidal Energy Conference*, Southampton, UK, 2011.
[18] J. Yang, J. O'Reilly and J. Fletcher, 'Redundancy analysis of offshore wind farm collection and transmission systems', *International Conference on Sustainable Power Generation and Supply*, Nanjing, China, 2009.
[19] F. Sharkey, M. Conlon and K. Gaughan, 'Practical analysis of key electrical interfaces for wave energy converter arrays', *International Conference on Ocean Energy*, Dublin, 2012.
[20] F. Sharkey, E. Bannon, M. Conlon and K. Gaughan, 'Dynamic electrical ratings and the economics of capacity factor for wave energy converter arrays', *European Wave and Tidal Energy Conference*, Southampton, 2011.
[21] International Electrotechnical Committee (IEC), *IEC 60287 Electrical Cables – Calculation of Current Rating*, IEC, 2013.
[22] T. Seppa, 'Increasing transmission capacity by real time monitoring', *IEE Power Engineering Society Meeting*, vol. 2, pp. 1209–1211, 2002.

[23] J. Downes and H. Leung, 'Distributed temperature sensing worldwide power circuit monitoring applications', *International Conference on Power System Technology*, Singapore, 2004.

[24] M. Luton, G. Anders, J. Braun, N. Fujimoto, S. Rizzetto and J. Downes, 'Real time monitoring of power cables by fibre optic technologies tests, applications and outlook', *International Conference on Insulated Power Cables*, Versailles, France, 2003.

[25] M. O'Connor and G. J. Dalton, 'Operational expenditure costs for wave energy projects and impacts on financial returns', *Renewable Energy*, vol. 50, pp. 1119–1131, 2012.

[26] Carbon Trust, *Marine Cost of Energy Methodology*, 2012. Available at: http://www.carbontrust.com/media/54781/mec_cost_estimation_methodology_-_spreadsheet.xls

[27] B. H. Liebman, 'Safeguards, China, and the price of steel', *Review of World Economics*, vol. 142, no. 2, pp. 354–373, 2006.

[28] B. Snyder and M. J. Kaiser, 'Ecological and economic cost-benefit analysis of offshore wind energy', *Renewable Energy*, vol. 34, no. 6, pp. 1567–1578, 2009.

[29] M. Previsic, *System Level Design, Performance, and Costs of California Pelamis Wave Power Plant*, EPRI. Available at: http://oceanenergy.epri.com/attachments/wave/reports/006_San_Francisco_Pelamis_Conceptual_Design_12-11-04.pdf

[30] Carbon Trust and J. Callaghan, *Future Marine Energy – Results of the Marine Energy Challenge: Cost Competitiveness and Growth of Wave and Tidal Stream Energy Carbon Trust – CTC601*, 2006. Available at: http://www.carbontrust.co.uk/Publications/publicationdetail.htm?productid=CTC601&metaNoCache=1

[31] L. Fingersh, M. Hand and A. Laxson, *Wind Turbine Design Cost and Scaling Model*, National Renewable Energy Laboratory, 2006. Available at: http://www.scribd.com/doc/3862797/NREL-Wind-Turbine-Design-Costs-and-Scale-Model.

[32] SEI, *Cost Benefit Analysis of Government Support Options for Offshore Wind Energy*, SEI, 2002. Availabel at: http://www.sei.ie/uploadedfiles/InfoCentre/offshorewindenergy.pdf

[33] R. Barthelmie, S. Frandsen, C. Morgan, A. Henderson, H. S. Christian, C. Garcia, *et al. State of the Art and Trends Regarding Offshore Wind Farm Economics and Financing*, RISO, 2008. Available at: http://www.offshorewindenergy.org/ca-owee/indexpages/downloads/Brussels01_Economics.pdf

[34] T. Luypaert, S. Lee and P. E. Ellefsen, *Energy 101: Offshore Wind*, MIT & LSPR, 2008. Available at: http://www.mitenergyclub.org/assets/2010/3/4/Energy_101_Offshore_Wind_Energy_1.pdf

[35] Carbon Trust, *Cost Estimation Methodology*, ENTEC, 2006. Available at: http://www.carbontrust.co.uk/SiteCollectionDocuments/Various/Emerging%20technologies/Technology%20Directory/Marine/MEC%20cost%20estimation%20methodology%20-%20report.pdf

[36] J. C. Weiss, B. B. Boehlert and J. R. Baxter, *Fiscal Cost-Benefit Analysis to Support the Rulemaking Process for 30 CFR 285*. U.S. Department of the Interior, Minerals Management Service OCS Study MMS 2007-050,

2007. Available at: www.mms.gov/offshore/alternativeenergy/PDFs/Final_Technical_Report_IEc_MMS_2008_0627.pdf
[37] D. Dunnett and J. S. Wallace, 'Electricity Generation from Wave Power in Canada', *Renewable Energy*, vol. 34, no. 1, pp. 179–195, 2009.
[38] ARUP, *Review of the Generation Costs and Deployment Potential of Renewable Electricity Technologies in the UK*, Department of Energy and Climate Change (DECC), 2011. Available at: http://www.decc.gov.uk/assets/decc/11/consultation/ro-banding/3237-cons-ro-banding-arup-report.pdf
[39] G. J. Dalton, R. Alcorn and T. Lewis, 'A 10 year installation program for wave energy in Ireland, a sensitivity analysis on financial returns', *Renewable Energy*, vol. 40, no. 1, pp. 80–89, 2012.
[40] G. Hassan, *UK Offshore Wind: CHARTING the Right Course. Scenarios for Offshore Capital Costs for the Next Five Years*, BWEA, 2011. Available at: http://www.bwea.com/pdf/publications/ChartingtheRightCourse.pdf
[41] R. Walker, L. Johanning and R. Parkinson, 'Weather windows for device deployment at UK test Site: Availability and cost implications', *Weather Windows for Device Deployment at UK test Site: Availability and Cost Implications, European Wave and Tidal Energy Conference, EWTEC2011*, Southampton, 2011.
[42] A. Beyene and D. MacPhee, 'Integrating wind and wave energy conversion', *International Conference on Electrical and Control Engineering, ICECE 2011 – Proceedings*, IEEE Computer Society, Yichang, China, 2011. Available at: http://dx.doi.org/10.1109/ICECENG.2011.6058252
[43] M. O'Connor, T. Lewis and G. Dalton, 'Weather window analysis of Irish west coast wave data with relevance to operations & maintenance of marine renewables', *Renewable Energy*, 52.0: 57–66, 2013.
[44] BVG, *Wave and Tidal Energy in the Pentland Firth Area Crown Estate*, 2011. Available at: http://www.bvgassociates.co.uk/Portals/0/publications/BVG%20TCE%20Pentland%20Firth%20and%20Orkney%20waters%201105.pdf
[45] L. Neij, 'Cost dynamics of wind power', *Energy*, vol. 24, no. 5, pp. 375–389, 1999.
[46] W. M. J. Batten and A. B. Bahaj, *An Assessment of Growth Scenarios and Implications for Ocean Energy Industries in Europe*, Report for CA-OE, Project no. 502701, WP5, Sustainable Energy Research Group, School of Civil Engineering and the Environment, University of Southampton, 2006. Available at: http://eprints.soton.ac.uk/53003/
[47] R. Gross, M. Leach and A. Bauen, 'Progress in renewable energy', *Environment International*, vol. 29, no. 1, pp. 105–122, 2003.
[48] IEA, *Experience Curves for Energy Technology Policy*, 2000. Available at: http://reaccess.epu.ntua.gr/LinkClick.aspx?fileticket=Driek6XFOMs%3D&tabid=582&mid=1096
[49] A. McDonald and L. Schrattenholzer, 'Learning rates for energy technologies', *Energy Policy*, vol. 29, no. 4, pp. 255–261, 2001.
[50] M. Junginger, A. Faaij and W. C. Turkenburg, 'Cost reduction prospects for offshore wind farms', *Wind engineering*, vol. 28, no. 1, pp. 97–118, 2004.

[51] M. Junginger, A. Faaij and W. C. Turkenburg, 'Global experience curves for wind farms', *Energy Policy*, vol. 33, no. 2, pp. 133–150, 2005.

[52] W. Hoffmann, 'PV solar electricity industry: Market growth and perspective'. 14th International Photovoltaic Science and Engineering Conference, *Solar Energy Materials and Solar Cells*, 90. 18–19, 3285–3311, 2006.

[53] M. Carcas, *The Pelamis Wave Energy Converter*, Ocean Power Delivery Ltd., 2007. Available at: http://hydropower.inl.gov/hydrokinetic_wave/pdfs/day1/09_heavesurge_wave_devices.pdf

[54] G. J. Allan, I. Bryden, P. G. McGregor, T. Stallard, J. Kim Swales, K. Turner, *et al*., 'Concurrent and legacy economic and environmental impacts from establishing a marine energy sector in Scotland', *Energy Policy*, vol. 36, no. 7, pp. 2734–2753, 2008.

[55] R. Bedard, *Ocean Wave Power/Energy Economics*. EPRI, 2009. Available at: http://hinmrec.hnei.hawaii.edu/wp-content/uploads/2010/01/EPRI-Wave-Energy-Economics.ppt#839,5,'Learning

[56] ENTEC, *RenewableUK Wave and Tidal Report*, RenewableUK, 2010. Available at: http://www.bwea.com/pdf/publications/RenewableUK_Wave_tidal_report_%202010.pdf

[57] B. van der Zwaan, R. Rivera-Tinoco, S. Lensink, and P. van den Oosterkamp, 'Cost reductions for offshore wind power: Exploring the balance between scaling, learning and RD', *Renewable Energy*, vol. 41, pp. 389–393, 2012.

[58] E. Hau, *Wind Turbines: Fundamentals, Technologies, Application, Economics*. Springer, Berlin; New York, 2006.

[59] T. Stallard, R. Rothschild and G. A. Aggidis, 'A comparative approach to the economic modelling of a large-scale wave power scheme', *European Journal of Operational Research*, vol. 185, no. 2, pp. 884–898, 2008.

[60] R. Bedard, M. Previsic and G. Hagerman, *North American Ocean Energy Status*, EPRI, 2007. Available at: http://www.oceanrenewable.com/wp-content/uploads/2008/03/7th-ewtec-paper-final-032907.pdf

[61] O. Siddiqui and R. Bedard, *Feasibility Assessment of Offshore Wave and Tidal Current Power Production: A Collaborative Public/Private Partnership*, IEEE Power, Piscataway, NJ, 2005.

[62] Oregan Wave, *Value of Wave Power*, Oregan Wave Energy Utility Trust, 2010a. Available at: http://www.oregonwave.org/our-work-overview/market-development/utility-market-initiative/

[63] Carbon Trust, *Oscillating Water Column Wave Energy Converter Evaluation Report*. Marine Energy Challenge, ARUP, EON, 2005. Available at: http://www.carbontrust.co.uk/SiteCollectionDocuments/Various/Emerging%20technologies/Technology%20Directory/Marine/Other%20topics/OWC%20report.pdf

[64] M. Bolinger and R. Wiser, *Annual Report on U.S. Wind Power Installation, Cost, and Performance Trends*, NREL, 2007. Available at: http://eetd.lbl.gov/ea/ems/reports/ann-rpt-wind-06-ppt.pdf

[65] A. Albers, *O&M Cost Modelling, Technical Losses and Associated Uncertainties*, German Windguard Consulting, 2008. Available at: http://www.ewec2009proceedings.info/allfiles2/554_EWEC2009presentation.pdf

[66] EWEA, *Operation and Maintenance Costs of Wind Generated Power*, 2010b. Available at: http://www.wind-energy-the-facts.org/en/part-3-economics-of-wind-power/chapter-1-cost-of-on-land-wind-power/operation-and-maintenance-costs-of-wind-generated-power.html
[67] J. Lemming and P. E. Morthorst, 'O&M costs and economical costs of wind turbines', *European Wind Energy Conference*, 1999. Available at: http://books.google.com/books?hl=en&lr=&id=AhuLVrUMP7UC&oi=fnd&pg=PA294&dq=/mwh+operation+and+maintenance+wave+wind&ots=QExHLII_4U&sig=d0OwGU1S2MlgmxV1CCMTAerqvTQ#v=snippet&q=maintenance%20&f=false
[68] P. E. Morthorst, *Costs and Prices*, EWEA and RISO, 2003. Availabel at: http://www.ewea.org/fileadmin/ewea_documents/documents/publications/WETF/Facts_Volume_2.pdf
[69] EWEA, *The Cost of Energy Generated by Offshore Wind Power – Wind Energy the Facts*, RISO, 2010a. Available at: http://www.wind-energy-the-facts.org/en/part-3-economics-of-wind-power/chapter-2-offshore-developments/the-cost-of-energy-generated-by-offshore-wind-power.html
[70] G. J. W. van Bussel and M. B. Zaaijer, 'Reliability, availability and maintenance aspects of large-scale offshore wind farms, a concepts study', *Marine Renewable Energies Conference*, Newcastle, UK, 2011. Available at: http://ocw.tudelft.nl/fileadmin/ocw/courses/OffshoreWindFarmEnergy/res00055/MAREC_2001_OM_Paper.pdf
[71] L. Rademakers, H. Braam, M. Zaaijer and G. Van Bussel, *Assessment and Optimisation of Operation and Maintenance of Offshore Wind Turbines*, EWEC, 2003. Available at: http://www.ecn.nl/docs/library/report/2003/rx03044.pdf
[72] L. Dale, D. Milborrow, R. Slark and G. Strbac, 'Total cost estimates for large-scale wind scenarios in UK', *Energy Policy*, vol. 32, no. 17, pp. 1949–1956, 2004.
[73] Intelligent Energy Europe, *Wind Energy – The Facts DEWI*, 2010. Available at: http://www.wind-energy-the-facts.org/en/part-3-economics-of-wind-power/chapter-1-cost-of-on-land-wind-power/operation-and-maintenance-costs-of-wind-generated-power.html
[74] T. Lambert and P. Lilienthal, *HOMER: The Micro-Power Optimisation Model*, Software produced by NREL, 2004. Available at: http://www.pspb.org/e21/media/HOMERModelingInformation.pdf
[75] J. P. M. Sijm, *The Performance of Feed-in Tariffs to Promote Renewable Electricity in European Countries*, ECN, 2002. Available at: http://www.wind-works.org/FeedLaws/Netherlands/ECNFeedLawsc02083.pdf
[76] Departmen of Enterprise Trade and Investment Northern Ireland, *Proposed Changes to the Northern Ireland Renewables Obligation*, Department of Enterprise, Trade and Investment Northern Ireland, 2011. Available at: http://www.detini.gov.uk/niro_2012_consultation.pdf
[77] EWEA, *Wind Power Economics*, EWEA, 2008. Available at: http://www.ewea.org/fileadmin/ewea_documents/documents/publications/factsheets/factsheet_economy2.pdf

[78] FIM Services Ltd, *UK Renewable Energy Pricing Analysis*, 2008. Available at: http://www.fimltd.co.uk/downloads/UK%20Renewable%20Energy%20Pricing%20Paper%20-%20December%202010%20-%20FINAL.pdf
[79] DECC, *Consultation on Proposals for the Levels of Banded Support under the Renewables Obligation*, 2011. Available at: http://www.decc.gov.uk/en/content/cms/consultations/cons_ro_review/cons_ro_review.aspx#
[80] T. Prassler and J. Schaechtele, "Comparison of the financial attractiveness among prospective offshore wind parks in selected European countries." *Energy Policy*, vol. 45, pp. 86–101, 2012.
[81] M. J. Kaiser and B. Snyder, 'Offshore wind decommissioning regulations and workflows in the Outer Continental Shelf United States', *Marine Policy*, vol. 36, no. 1, pp. 113–121, 2011.
[82] A. J. N. A. Sarmento, *Wave Energy: from demonstration to commercialization* 2008. http://www.oestecim.pt/_uploads/AntonioSarmentoAMOeste.pdf
[83] EREC, *National Policy – Overview of EU Member States*, European Renewable Energy Council, 2012. Available at: http://www.erec.org/policy/national-policies.html
[84] O. B. Nielsen, 'The Ormonde Wind Farm: construction process for The UKs first full scale 5 MW offshore wind project', *Offshore Wind Construction and Installation Conference*, London, 2010. Available at: http://www.windenergyupdate.com/offshoreinstallation/index.shtml
[85] H. Khatib, *Economic Evaluation of Projects in the Electricity Supply Industry*, vol. 4, Institution of Electrical Engineers (IEE) power and energy series London, 2003. Available at: http://www.sciencedirect.com/science/article/pii/S0301421505001709
[86] ESBI (2005). *Accessible Wave Energy Resource Atlas*. ESBI Report 4D404A-R2 for Marine Institute (MI) and Sustainable Energy Ireland (SEI). Available at: http://www.marine.ie/NR/rdonlyres/90ECB08B-A746-4247-A277-7F9231BF2ED2/0/waveatlas.pdf
[87] L. A. St. Germain, *A Case Study of Wave Power Integration into the Ucluelet Area Electrical Grid*, Department of Mechanical Engineering, University of Victoria, Canada, 2005. Available at: http://www.iesvic.uvic.ca/pdfs/Dissertation-StGermain.pdf
[88] R. Bedard, *EPRI Ocean Energy Program, Possibilities in California*, EPRI, 2006. Available at: http://oceanenergy.epri.com/attachments/ocean/briefing/June_22_OceanEnergy.pdf
[89] G. Connor, *Economic study for ocean energy development in Ireland*, SQW and SEAI and OEDU, 2010. Available at: http://www.investni.com/ocean_energy_development_ireland_economic_study_sd_july-2010.pdf
[90] Oregan Wave, *Value of Wave Power-Summary of Results*, Pacific Energy Ventures, 2010b. Available at: http://www.oregonwave.org/wp-content/uploads/Task-3.3.1-Value-of-Wave-Power_Summary.pdf
[91] G. Allan, M. Gilmartin, P. McGregor and K. Swales, 'Levelised costs of wave and tidal energy in the UK: Cost competitiveness and the importance

of 'banded' Renewables Obligation Certificates', *Energy Policy*, vol. 39, no. 1, pp. 23–39, 2011.
[92] Offshore Valuation Group, *The Offshore Valuation*, Public Interest Research Centre, 2011. Available at: www.offshorevaluation.org/downloads/offshore_vaulation_full.pdf
[93] Oregon Wave Energy Trust, *Ocean Energy Blue Tag Study – Bridging the Gap between the Cost of Wave Energy and Its Market Value*, Robert K. Harmon & Company LLC, 2011. Available at: http://www.oregonwave.org/wp-content/uploads/R.Harmon_Blue-Tag_Final-Report_July-2011.pdf
[94] S. Behrens, J. Hayward, M. Hemer and P. Osman, 'Assessing the wave energy converter potential for Australian coastal regions', *Renewable Energy*, 2012.

Electrical Design for Ocean Wave and Tidal Energy Systems/by Ray Alcorn, Dara O'Sullivan/ISBN 978-1-84919-561-4
Original English Language Edition published by The Institution of Engineering and Technology

北京市版权局著作权合同登记 图字：01-2014-1590 号。

图书在版编目（CIP）数据

海洋波浪与潮流能电气系统设计/（爱尔兰）雷·阿尔科姆（Ray Alcorn）等著；刘臻，黎明译. —北京：机械工业出版社，2018.8
（新能源开发与利用丛书）
书名原文：Electrical Design for Ocean Wave and Tidal Energy Systems
ISBN 978-7-111-60157-9

Ⅰ. ①海… Ⅱ. ①雷… ②刘… ③黎… Ⅲ. ①波浪能-海浪发电-电力系统-设计 ②潮汐能-潮汐发电-电力系统-设计 Ⅳ. ①TM612

中国版本图书馆 CIP 数据核字（2018）第 124201 号

机械工业出版社（北京市百万庄大街 22 号 邮政编码 100037）
策划编辑：刘星宁 责任编辑：闾洪庆
责任校对：樊钟英 张晓蓉 封面设计：马精明
责任印制：孙 炜
北京中兴印刷有限公司印刷
2019 年 1 月第 1 版第 1 次印刷
169mm×239mm · 19.25 印张 · 425 千字
标准书号：ISBN 978-7-111-60157-9
定价：119.00 元

凡购本书，如有缺页、倒页、脱页，由本社发行部调换

电话服务	网络服务
服务咨询热线：010-88361066	机 工 官 网：www.cmpbook.com
读者购书热线：010-68326294	机 工 官 博：weibo.com/cmp1952
010-88379203	金 书 网：www.golden-book.com
封面无防伪标均为盗版	教育服务网：www.cmpedu.com